"十四五"时期国家重点出版物出版专项规划项目
半导体与集成电路关键技术丛书

Ansys芯片-封装-系统协同仿真：方法、验证与实践

主　编　侯明刚　褚正浩
参　编　冯雪刚　郭永生　何　里　廉海浔　王　鑫
　　　　张百玲　张理想　张向月　赵　阳　周小侠

机械工业出版社

本书详细介绍了 Ansys 芯片 – 封装 – 系统（Chip-Package-System，CPS）协同仿真方案的组成、应用流程和实践案例。通过使用 CPS 协同仿真方案，将芯片设计、封装设计和 PCB 系统设计结合起来。芯片工程师在芯片设计时能够生成代表真实工作状态的芯片电源、信号和热模型。系统工程师在系统分析时，可以利用芯片工程师生成的芯片模型，并充分考虑芯片对封装和 PCB 系统的影响，以全面改善电子设备的信号、电源和热完整性。同时系统工程师也会将封装和 PCB 的电磁模型和热边界条件传递给芯片工程师，完成考虑系统的芯片设计 Sign off。

本书适合芯片、封装和系统设计等领域的工程师阅读参考，也适合电子工程、微电子等相关专业的师生学习。

图书在版编目（CIP）数据

Ansys 芯片 – 封装 – 系统协同仿真：方法、验证与实践 / 侯明刚，褚正浩主编． -- 北京：机械工业出版社，2025．8（2025．10重印）．--（半导体与集成电路关键技术丛书）．
ISBN 978-7-111-78750-1

I. TN405

中国国家版本馆 CIP 数据核字第 2025TC5619 号

机械工业出版社（北京市百万庄大街 22 号　邮政编码 100037）
策划编辑：林　桢　　　　　　责任编辑：林　桢　朱　林
责任校对：曹若菲　张昕妍　　封面设计：鞠　杨
责任印制：邓　敏
河北虎彩印刷有限公司印刷
2025 年 10 月第 1 版第 2 次印刷
184mm×260mm · 16.25 印张 · 409 千字
标准书号：ISBN 978-7-111-78750-1
定价：99.00 元

电话服务　　　　　　　　　　　网络服务
客服电话：010-88361066　　机　工　官　网：www.cmpbook.com
　　　　　010-88379833　　机　工　官　博：weibo.com/cmp1952
　　　　　010-68326294　　金　书　网：www.golden-book.com
封底无防伪标均为盗版　　　机工教育服务网：www.cmpedu.com

FOREWORD /推荐序

当今世界正经历着一场由数字化、智能化驱动的深刻变革。作为电子信息技术产业的核心基石，芯片、封装和 PCB 系统设计扮演着至关重要的角色，三者相互依存，协同创新，共同推动着电子产品向着更小、更快、更强、更省电的方向发展。同时，人工智能、5G 通信和物联网等新兴技术的快速发展，也为电子信息技术产业带来了广阔的市场空间。

仿真在整个设计到制造流程中扮演着越来越关键和核心的角色，它将从设计、制造到测试的各个环节紧密结合在一起，从而减少了芯片重新流片的次数和成本。

现代芯片的集成密度极高，再加上 3D 堆叠和异构集成等先进封装技术，使得迭代物理原型设计的成本变得高昂且耗时。而且在设计的早期阶段，错误常常难以察觉，这可能导致芯片多次重新流片、良率损失和产品上市延迟。而仿真有助于在流程早期减少错误数量，加快产品上市时间，降低缺陷率，并提高整体设计效率。

Ansys CPS 协同仿真平台可以从深度和广度上提供多种先进技术来帮助电子设计团队应对各种挑战，特别是在协同设计、先进封装和 RF 模块设计领域的挑战。Ansys 强大的电磁、热和结构应力多个物理场仿真、多物理场耦合仿真和高性能计算（HPC）能力是如此引人注目。

作为工程仿真解决方案行业的领导者，我们坚信，Ansys CPS 协同仿真方案将为电子信息技术产业带来革命性的变革。我们期待与广大客户和合作伙伴携手共进，拥抱芯片、封装与系统协同仿真设计的新时代，共同推动电子设计技术的进步，共创美好未来！

Ansys 大中华区总经理，副总裁

PREFACE 前 言

随着芯片制造工艺一再突破物理极限,芯片设计的复杂程度和数据传输带宽不断提高,芯片的低功耗设计问题也越来越突出,尤其是各种手持移动设备的广泛应用,对功耗和散热提出了更高的要求。功耗的降低要求更低的供电电压,使得芯片对电源噪声、可靠性的容忍阈值也越来越低,同时翻转速率越来越高的 I/O 信号也带来严重的开关同步噪声问题。整个电子设计的成功与否已经无法单独依靠芯片或 PCB 设计来满足,必须全面考虑芯片与封装和 PCB 的相互作用,才能克服电源噪声及高速信号传输和散热性能在内的各种挑战。

Ansys 是业内第一个提出 CPS(芯片 – 封装 – 系统)协同仿真的工程解决方案供应商,该解决方案获得台积电和三星等多家半导体制造商认证。Ansys 为芯片、封装和 PCB 协同设计提供了一套完整的解决方案,助力实现从芯片到系统的全方位仿真和优化。

在传统的电子设计流程中,芯片、封装和 PCB 设计往往是相互独立的环节,缺乏有效的协同和沟通。这种割裂的设计模式容易导致以下问题:
- 设计周期长:各环节独立设计,反复迭代,导致设计周期延长。
- 成本高昂:设计后期发现问题,需要进行大量返工,增加成本。
- 性能瓶颈:缺乏系统级考虑,难以实现整体性能优化。

Ansys CPS 协同仿真方案打破了传统设计模式的桎梏,将芯片、封装和 PCB 设计有机地结合在一起,实现了以下优势:
- 缩短设计周期:通过协同仿真,提前发现并解决问题,减少设计迭代次数。
- 降低设计成本:避免后期返工,有效控制成本。
- 提升系统性能:从系统层面进行优化,实现性能最大化。

本书聚焦于 Ansys CPS 协同仿真方案,共分为 9 章,每章均由 Ansys CPS 团队经验丰富的应用工程师编写完成,全面介绍了 Ansys CPS 协同仿真方案的组成、应用流程和实践案例。

第 1 章:概述 CPS 协同仿真方案,介绍 SI、PI、TI 流程。

第 2 章:介绍 AEDT 软件,包括模型导入、仿真设置、结果查看等操作。

第 3 章:讲解电源仿真,包括仿真挑战、案例分析和 CPM 在 PI 仿真中的应用。

第 4 章:介绍高速 SerDes 接口仿真,包括 IBIS-AMI 模型、COM 模型和串行仿真案例。

第 5 章:讲解 DDR/LPDDR 设计仿真与合规检查,包括 DDR 总线介绍、仿真方法和合规性检查。

第 6 章:介绍 2.5D/3D 先进封装仿真,包括 HBM 仿真案例和 D2D 仿真案例。

第 7 章:讲解 PKG/PCB 散热仿真,包括基础功能、电热耦合、封装热阻和 CPS Thermal。

第 8 章:介绍片上无源元件仿真,包括模型导入、建立流程和仿真案例。

第 9 章：讲解仿真自动化，包括基于录制脚本开发、基于 PyAEDT 开发。

本书理论与实践相结合，不仅介绍了理论知识，还提供了丰富的实践案例，帮助读者快速掌握 CPS 协同仿真技术；图文并茂，易于理解，采用大量图表和实例，使内容更加直观易懂；紧跟技术发展趋势，涵盖先进封装、高速接口等前沿技术，帮助读者把握行业发展方向。

在此要感谢机械工业出版社林桢编辑为本书出版提供的帮助。Ansys CPS 团队应用工程师褚正浩、冯雪刚、郭永生、何里、廉海浔、王鑫、张百玲、张理想、张向月、赵阳和周小侠也参与了本书编写工作。

由于作者水平有限，书中难免会有错误和不妥之处，恳请广大读者批评指正。

侯明刚

CONTENTS 目 录

推荐序
前言

第1章 Ansys CPS 协同仿真 ··· 1
  1.1 CPS 协同仿真的必要性及挑战 ·· 1
    1.1.1 CPS 协同仿真的必要性 ·· 1
    1.1.2 CPS 协同仿真的挑战 ·· 2
  1.2 Ansys CPS 协同仿真的流程 ·· 2
    1.2.1 Ansys CPS 协同仿真流程概览 ··· 2
    1.2.2 Ansys CPS 电源完整性仿真流程 ·· 2
    1.2.3 Ansys CPS 信号完整性仿真流程 ·· 4
    1.2.4 Ansys CPS 可靠性仿真流程 ·· 6

第2章 AEDT ··· 8
  2.1 AEDT 概述 ··· 8
    2.1.1 什么是 AEDT ··· 8
    2.1.2 AEDT 工作环境介绍 ·· 10
  2.2 HFSS 3D Layout 项目建模 ··· 18
    2.2.1 封装/PCB 导入前准备 ·· 18
    2.2.2 封装/PCB 导入与切割 ·· 19
    2.2.3 叠层编辑 ·· 23
    2.2.4 过孔和焊盘编辑 ··· 26
    2.2.5 建立新的 Layout 元素 ·· 28
    2.2.6 创建 Component 和 Pin Group ·· 29
    2.2.7 使用参数化变量 ··· 30
    2.2.8 使用 S 参数模型 ··· 32
    2.2.9 PKG+PCB Merge ··· 33
    2.2.10 PCB+3D Component 组装 ·· 36
  2.3 HFSS 3D Layout 仿真参数设置 ··· 38
    2.3.1 空气盒子与辐射边界设置 ··· 38
    2.3.2 HFSS 3D Layout 中的端口设置 ··· 39

2.3.3　求解设置 ··· 49
2.3.4　Mesh 设置 ·· 56
2.3.5　HPC 并行计算设置 ·· 60
2.3.6　HFSS 3D Layout 仿真结果查看与后处理 ·· 62
2.4　SPISim S 参数处理 ·· 67
2.4.1　S 参数检查和修正 ·· 68
2.4.2　S 参数去嵌 ·· 71

第 3 章　电源仿真 ·· 73
3.1　CPS 电源仿真流程概述 ·· 73
3.2　直流仿真案例 ·· 74
3.2.1　背景知识 ·· 74
3.2.2　检查叠层 ·· 75
3.2.3　检查 Padstack ·· 75
3.2.4　准备 Power Net ·· 76
3.2.5　器件禁用 ·· 76
3.2.6　设置电压源、电流源 ··· 76
3.2.7　求解设置 ·· 78
3.2.8　开始仿真 ·· 78
3.2.9　查看 Profile ·· 78
3.2.10　查看 Element Data ··· 78
3.2.11　查看电压 / 电流 / 功率分布 ·· 79
3.3　交流分析案例 ·· 80
3.3.1　背景知识 ·· 80
3.3.2　设置电容参数 ··· 80
3.3.3　设置求解端口 ··· 82
3.3.4　设置求解项 ··· 83
3.3.5　运行和查看结果 ·· 84
3.3.6　调用 SIwave 求解器 ··· 84
3.3.7　HFSS 和 SIwave 结果对比 ·· 85
3.4　电源瞬态分析 ·· 86
3.4.1　CPM 介绍 ··· 87
3.4.2　CPM 对电源阻抗的影响 ·· 88
3.4.3　2.5D/3D 芯片电源分析 ·· 90
3.4.4　系统电源瞬态分析 ··· 92
3.4.5　电源噪声的电磁干扰分析 ··· 93

第 4 章　高速 SerDes 接口仿真 ··· 95
4.1　SerDes 接口仿真概述 ·· 95
4.1.1　IBIS-AMI 模型和建模 ··· 96

VII

	4.1.2	COM 相关计算	105
	4.1.3	PCIe 总线	108
	4.1.4	高速以太网总线	109
4.2	高速串行通道技术		112
	4.2.1	均衡技术的使用	112
	4.2.2	Tx 端 FFE	112
	4.2.3	Rx 端 CTLE	112
	4.2.4	Rx 端 DFE	114
	4.2.5	CDR 电路	115
	4.2.6	PAM4	115
4.3	高速串行通道系统仿真分析		116
	4.3.1	信道脉冲响应	116
	4.3.2	通道时域 AMI 分析	117
	4.3.3	通道统计 VerifEye 眼图分析	119
4.4	高速 SerDes 接口仿真案例		120
	4.4.1	高速串行通道电磁场提取理想实践	121
	4.4.2	112G XSR 通道分析案例	125
	4.4.3	PCIe4 均衡系数优化	130

第 5 章　DDR/LPDDR 设计仿真与合规检查　132

5.1	总体介绍		132
	5.1.1	技术进步	133
	5.1.2	设计挑战	133
5.2	接口特性		134
	5.2.1	DDR4 和 LPDDR4	136
	5.2.2	DDR4x 和 LPDDR4x	138
	5.2.3	DDR5 和 LPDDR5	138
5.3	通道合规仿真		139
	5.3.1	设计挑战	139
	5.3.2	仿真方案	140
	5.3.3	通道后仿真案例	141
5.4	IBIS 建模		149
	5.4.1	建模流程	149
	5.4.2	批量建模	153
	5.4.3	多模型合并	154

第 6 章　2.5D/3D 先进封装仿真　155

6.1	先进封装介绍		155
	6.1.1	先进封装演进	155
	6.1.2	先进封装和 Chiplet 相结合带来的优势	160

6.2 HBM 仿真案例 162
6.2.1 HBM 简介 162
6.2.2 HBM 的优势与设计仿真挑战 163
6.2.3 HBM 无源通道 S 参数抽取 164
6.3 D2D 仿真案例 171
6.3.1 HBM DQ 信号有源仿真 171
6.3.2 眼图判别 172

第 7 章 PKG/PCB 散热仿真 175
7.1 基础功能概述 175
7.1.1 MCAD/ECAD 模型接口 175
7.1.2 网格 176
7.1.3 求解器设置 179
7.1.4 物理模型 179
7.1.5 可视化后处理 180
7.1.6 多物理场耦合 181
7.2 PCB 电热耦合 182
7.2.1 背景知识 182
7.2.2 电热双向耦合 182
7.2.3 温变材料设置 182
7.2.4 电热耦合三大设置 183
7.2.5 导入 PCB 184
7.2.6 修改求解空间 185
7.2.7 设置边界条件 185
7.2.8 设置监控器 186
7.2.9 设置网格 187
7.2.10 设置求解参数 187
7.2.11 设置双向耦合 187
7.2.12 启动求解 187
7.2.13 观察 Profile 188
7.2.14 观察温度分布 189
7.3 封装热阻模型 189
7.3.1 双热阻模型 189
7.3.2 DELPHI 热阻网络模型 190
7.3.3 双热阻模型实例 191
7.3.4 DELPHI 热阻网络实例 193
7.4 芯片封装跨尺度仿真 196
7.4.1 概述 196
7.4.2 模型导入 196

7.4.3 模型的网格划分 ………………………………………………………… 201
  7.4.4 参数设置 ……………………………………………………………… 203
  7.4.5 后处理显示及分析 ……………………………………………………… 205
  7.4.6 小结 …………………………………………………………………… 206
 7.5 电子产品动态热管理 …………………………………………………………… 206
  7.5.1 DTM 概述 ……………………………………………………………… 206
  7.5.2 基于 GUI/ 脚本的 DTM 仿真计算 ……………………………………… 206
  7.5.3 基于降阶模型的 DTM 仿真计算 ………………………………………… 213
  7.5.4 小结 …………………………………………………………………… 217

第 8 章 片上无源元件仿真 ……………………………………………………… 218
 8.1 片上无源元件的重要性 ………………………………………………………… 218
  8.1.1 IPD 的背景介绍 ………………………………………………………… 219
  8.1.2 片上电容、电感 ………………………………………………………… 221
  8.1.3 仿真的必要性 …………………………………………………………… 222
 8.2 片上电感仿真案例 ……………………………………………………………… 222
  8.2.1 模型前处理 ……………………………………………………………… 222
  8.2.2 网格和求解设置 ………………………………………………………… 224
  8.2.3 查看结果 ………………………………………………………………… 229
 8.3 片上电容仿真案例 ……………………………………………………………… 230
  8.3.1 叉指电容仿真 …………………………………………………………… 230
  8.3.2 电容参数化建模仿真 …………………………………………………… 231

第 9 章 仿真自动化 ……………………………………………………………… 237
 9.1 仿真自动化的必要性 …………………………………………………………… 237
 9.2 仿真自动化的开发环境 ………………………………………………………… 238
 9.3 AEDT 脚本的录制和执行 ……………………………………………………… 238
 9.4 IronPython 环境概述 …………………………………………………………… 241
 9.5 PyAEDT 概述和安装 …………………………………………………………… 242
 9.6 PyAEDT 进行脚本的开发 ……………………………………………………… 244

第1章 Ansys CPS 协同仿真

1.1 CPS 协同仿真的必要性及挑战

1.1.1 CPS 协同仿真的必要性

随着人工智能、5G、物联网等新兴应用需求的不断增长，芯片已经成为人类社会迈向数字时代的强大引擎和雄厚基石。人类正在加速进入"智能"社会，尤其是以 DeepSeek 等为代表的 AI 大模型已经不断渗入生活中的各个角落，AI 大模型需要训练和运行在拥有超强算力、高存储带宽和低功耗的高性能芯片上，这些设计指标的提升使得 Chip/Package/System（芯片/封装/系统）的设计都面临着前所未有的挑战。各大芯片公司都在积极研发高性能芯片，其中硅基 CMOS 集成电路仍将是半导体产业的主导方向，并依然会迅速发展，7nm、5nm、3nm 等新工艺都已经逐步量产，2nm 工艺也在不断推进中。同时封装集成技术也在不断演进，从 BGA、Flip chip 等传统结构发展到 InFO、CoWoS、EMIB 等先进封装结构。InFO、CoWoS、EMIB 等封装技术相对于传统封装技术可以节省空间，允许不同技术的集成，提高芯片性能，已经成为大量高性能芯片的首选结构。但随着封装集成度的提高，Chip/Package/System 的协同设计也越来越重要。

传统的设计流程中，Chip/Package/System 一般单独设计，在所有部件设计完成后进行系统集成验证，才能够确认系统是否可以正常工作，并满足设计指标。但集成度的提高会使得设计余量越来越小，必须准确将余量分别分配至 Chip/Package/System 才能提高设计成功概率，而高性能芯片，尤其是采用 2.5D/3D 堆叠方式设计的芯片，部件之间的耦合越来越紧，设计成本也越来越高，所以为了保证信号 IO 性能（输入输出性能）/电源传输等指标，在流片前就要组装 Chip/Package/System 各部分的模型，进行协同分析。

一方面，Chip 设计部门要求提供 Package/System 的电性能参数 RLCG、S 参数模型，或者换热边界，进行 Chip 本身的 Signoff；另一方面，Package/System 设计人员也需要根据芯片的模型，比如电磁模型、热模型等对互连结构进行优化，对寄生效应进行必要的补偿，改善系统性能，从而最大限度地减少设计迭代，在有限的设计周期内完成高质量的设计，所以 Chip/Package/System 协同的芯片 – 封装 – 系统（Chip-Package-System，CPS）仿真方法目前使用得越来越多。

1.1.2 CPS 协同仿真的挑战

仿真 Signoff 已经是 Chip/Package/System 设计过程必不可缺的流程，尤其是在 2.5D/3D 设计中，Die-to-Die 的互连会通过 Interposer/TSV（Through Silicon Via，硅通孔）等结构实现。这些互连结构可以进一步缩小器件互连的距离，不仅电性能能够得到提高，还可实现多样化集成，包括通过异质集成的方法实现多种形式的微系统。但同时这些细微结构也对设计方法，包括仿真方法提出了很大的挑战，包括电磁、热、结构以及多物理场耦合分析。

（1）微小尺度仿真与跨尺度协同仿真

在 Interposer（硅中介板）等结构中，结构尺寸约在 μm 的尺度，细微结构的存在使得单一工程的网格数量会增大，比如在典型的硅中介板电磁仿真工程中，网格会多至百万甚至千万量级，所以针对细微结构的网格处理非常关键，高效的并行计算也是必不可少的条件。

（2）各物理场分开设计，无法准确评估设计可靠性

传统的设计流程中，电磁、热、结构分属于不同的专业领域，一般由独立的设计人员进行专业分析，相互之间的耦合考虑较少，但随着集成度的提高，功率密度越来越大，大量的电能转换成热量导致工作温度发生变化，同时温度的升高又会导致热应力等问题的产生，所以必须在设计阶段进行准确的多物理场仿真模拟及优化，才能有效提高设计的可靠性。

1.2 Ansys CPS 协同仿真的流程

1.2.1 Ansys CPS 协同仿真流程概览

Ansys 的仿真工具在市场上广受认可，在 CPS 协同仿真的领域上，其也有完善的仿真方案和积累。芯片的设计工具类型、设计方法与封装、PCB 设计工具、设计环境有着较大不同，所以在 Ansys 的 CPS 仿真流程中，其特点在于通过芯片电源模型（Chip Power Model，CPM）、芯片信号模型（Chip Signal Model，CSM）、芯片热模型（Chip Thermal Model，CTM）等模型作为交互基础，将芯片、封装、PCB（印制电路板）及系统放在同一平台，通过模型互连的方式对 2.5D/3D 芯片的信号完整性（Signal Integrity，SI）/电源完整性（Power Integrity，PI）/热等指标进行准确分析，如图 1-1 所示。

1.2.2 Ansys CPS 电源完整性仿真流程

稳定、干净的电源供电是系统正常工作的必要条件，目前数字芯片大都使用 LDO、DC/DC 等模块供电，设计者期望电压能够稳定不变，但实际上，在 PCB/PKG（封装）等结构上，电源/地走线及平面、去耦电容等构成的电源分配网络（PDN），会存在寄生 RL 参数，这样当电流流经电源分配网络时，就会造成一定的直流压降和交流噪声，尤其是对于交流噪声，设计者需仔细设计电源的去耦网络，保证电压平稳。

图 1-2 显示了一个完整电源去耦网络的去耦能力在频域上的分布，芯片、封装和 PCB 都对电源噪声有贡献，所以必须进行从电源至地的全频段优化。通常 MHz 级别的去耦由电路板上的电源输出电容或板载陶瓷电容完成，百 MHz 级别的去耦由封装完成，GHz 以上的高频去耦则由芯片内部去耦。

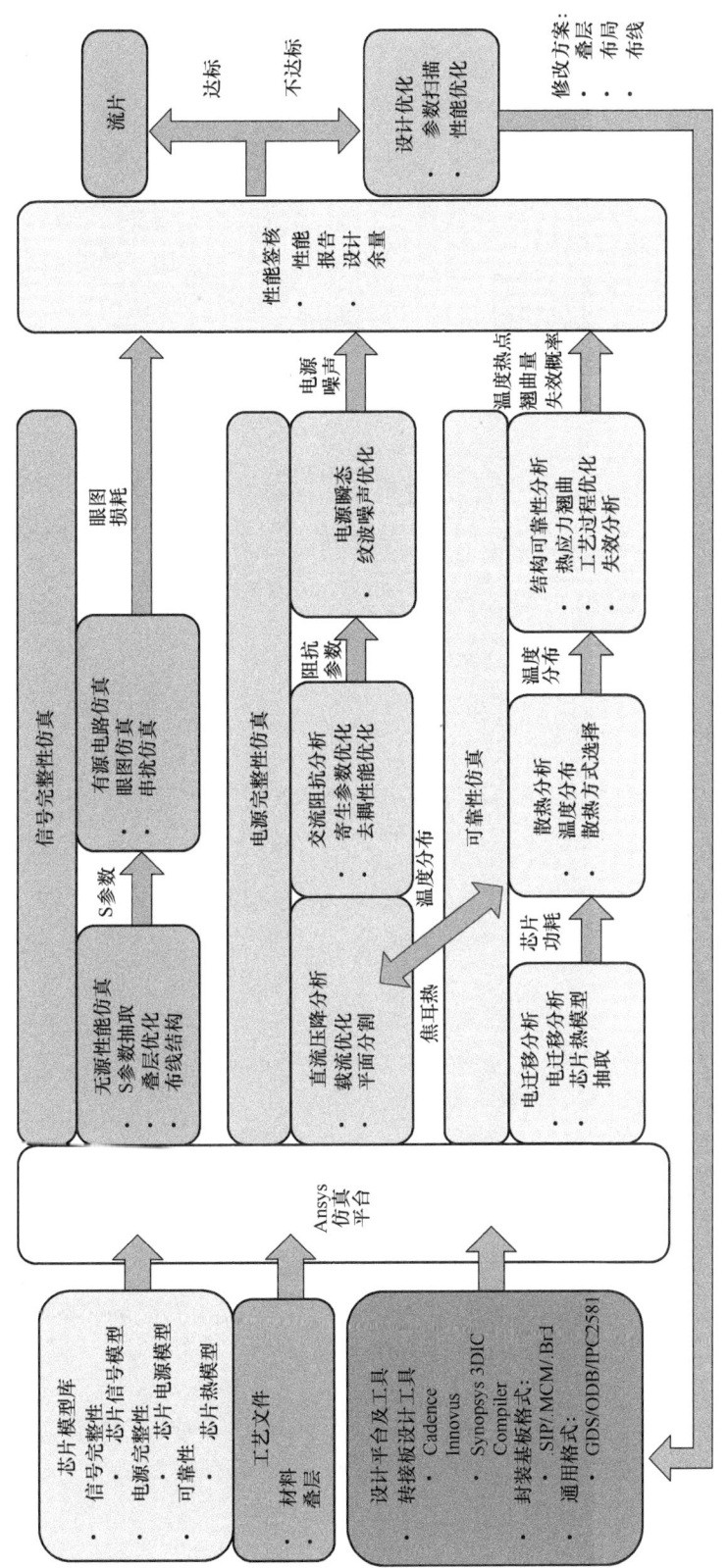

图 1-1 Ansys CPS 协同仿真流程图

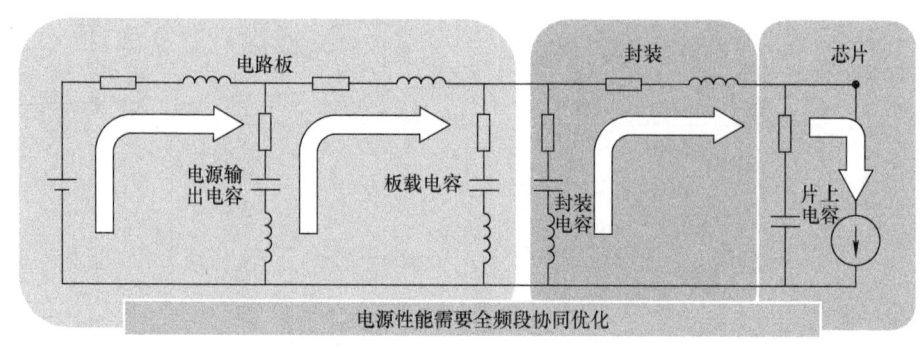

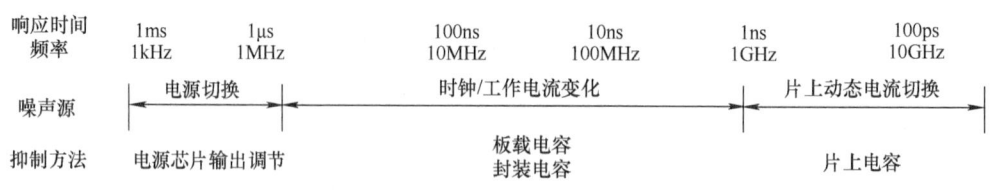

图 1-2　全频段电源协同仿真优化

1.2.3　Ansys CPS 信号完整性仿真流程

1. 仿真目标及价值

随着芯片速度的不断提高，信号速率也不断提升，互连结构的各种寄生效应成为影响 SI 设计成功的关键因素。CPS SI 仿真需要涵盖芯片 IO 模型及无源通道分析两部分。有源芯片主要优化预加重和均衡设置。

无源链路需要考虑和优化的问题包括高频衰减、信号串扰、趋肤效应、表面粗糙度等，尤其是硅中介板等结构，由于叠层较薄，必须仔细地优化 Pattern、Layout 才能获取良好的性能，而通过 3D 电磁仿真精确建模传输特性就至关重要。

电路仿真可以将无源传输模型，如 S 参数等，以及芯片模型 IBIS（Input/Output Buffer Information Specification）/SPICE 等互连起来进行瞬态分析，得到眼图等指标来评估系统性能。

2. 仿真流程

在 Ansys CPS SI 仿真流程中，如图 1-3 所示，设计者输入版图设计文件、材料叠层信息、芯片模型等，可以通过仿真得到信号通道的无源电磁模型，优化其无源传输能力，并进行瞬态电路分析，包括同步开关噪声仿真分析等，以得到系统的眼图、瞬态波形，从而评估系统的性能是否达标。

其中硅中介板的结构由于尺寸较小，HFSS 在新版本中提供了 HFSS IC 套件，引入专门针对此结构的 IC Mode 求解功能，可进一步提高仿真效率，同时保证仿真精度。

第 1 章　Ansys CPS 协同仿真

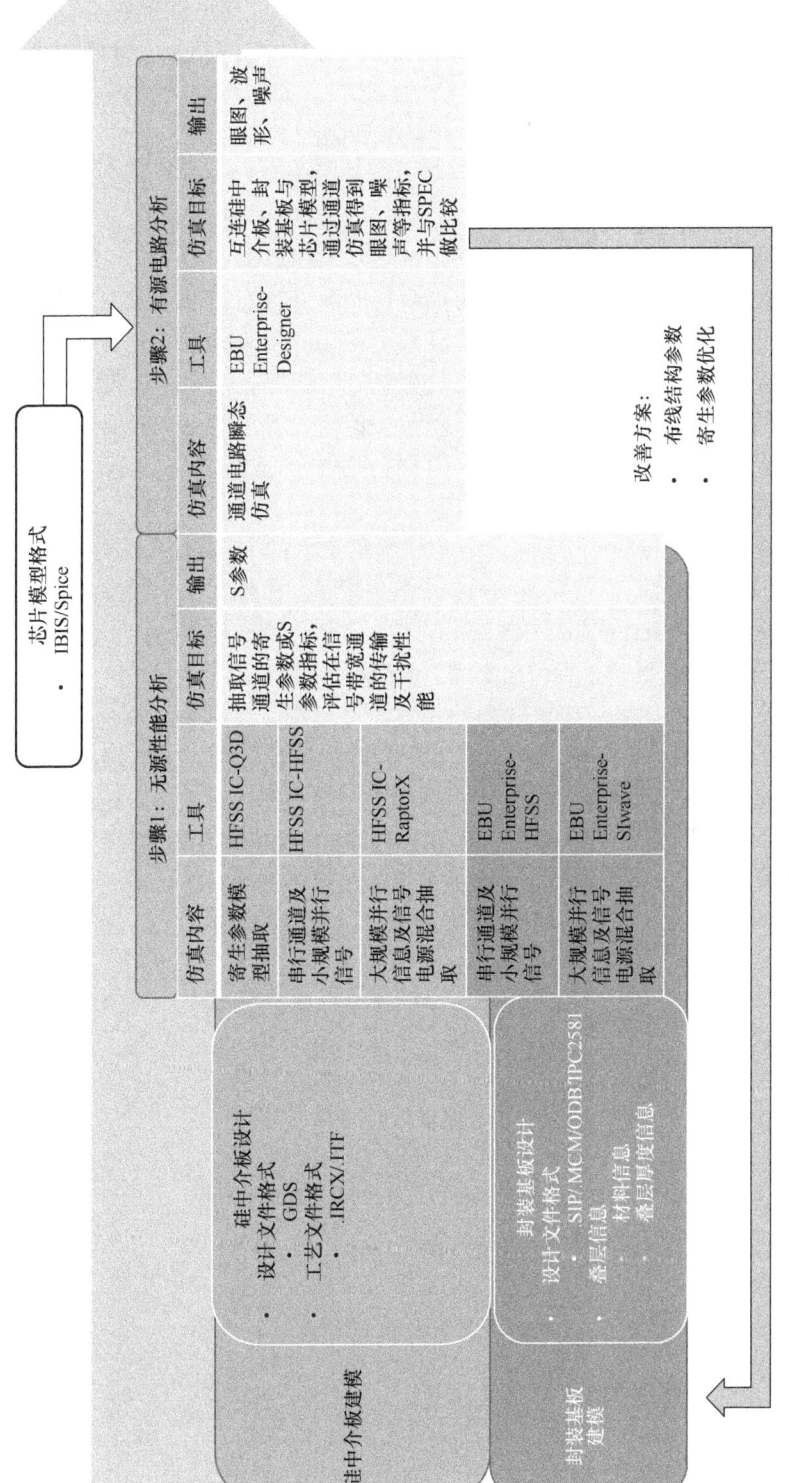

图 1-3　Ansys CPS 协同仿真流程图

1.2.4 Ansys CPS 可靠性仿真流程

1. 仿真目标及价值

堆叠方式提高了芯片的集成度，但功率密度的提升也给散热设计带来了很大的挑战，大电流产生的热量如果不及时处理，芯片结温过高，会导致芯片工作异常。同时长时间的热应力也会使芯片和封装上的互连结构变形熔断，甚至烧毁芯片。如何将芯片产生的热量通过封装及时散出去，并不造成应力破坏，是热应力仿真要解决的问题。

2. 仿真流程

如图 1-4 所示，在此流程中，设计者需要输入各个部件的设计文件，包括版图设计文件和系统散热环境的机械设计文件，芯片的功耗则使用 CTM 描述。Icepak 将所有模型组装后可以得到系统的温度分布云图，同时 Icepak 还可以将得到的系统温度分布回推至 RedHawk 等芯片工具中进行 Thermal-aware EM Signoff，或者推送给 Mechanical 进行热应力的可靠性分析。

其中对于芯片热源的建模，传统方式用户普遍使用功耗表格描述芯片工作时的功耗分布，但实际上，芯片的漏电流功耗会随着温度变化而变化，但功耗表格中的功耗通常为固定值，无法表征此现象，RedHawk 在抽取 CTM 时，可以包含器件自发热、温变的漏电流功耗、金属分布密度等信息，极大提高热源精度。

而对于硅中介板等结构的热分析，Ansys 提供了全新的 RedHawk-SC-ET 仿真平台，通过 3DIC 仿真模板，在该平台可以直接导入 3DIC 各芯片的 CTM，Package/System 则经由 Icepak 计算的传热系数（Heat Transfer Coefficient，HTC）进行等效，RedHawk-SC-ET 可以专注在硅中介板 /TSV 等结构上的仿真，得到每层金属上的温度分布。

散热仿真的另一个挑战来自于电热协同仿真，由于现在芯片电源网络的工作电流越来越大，甚至可能超过 1000A，电流流经电源平面后产生的焦耳热将会提高芯片周围的温度，而温度变化则会影响通道材料的电导率变化，从而影响其传输性能。通过 SIwave-DC 与 Icepak 协同将可准确仿真这一过程，其中 SIwave-DC 会首先计算电源通道的直流损耗作为 Icepak 热仿真的输入，而 Icepak 通过热仿真得到温度后，可将结果传递给 SIwave-DC 重新计算直流损耗，通过多次仿真迭代达到稳态后，可得到精确的温度分布和直流损耗。

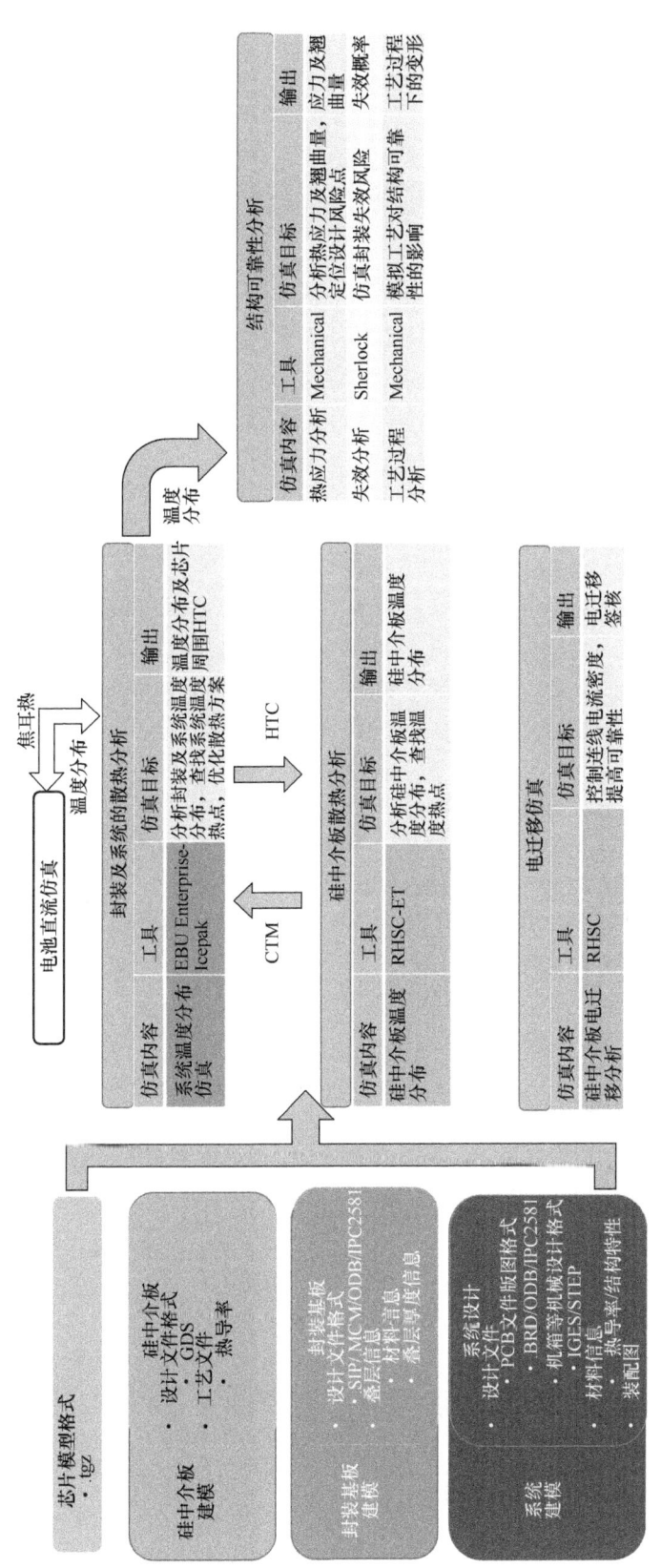

图 1-4 Ansys CPS 可靠性仿真流程

第 2 章 AEDT

2.1 AEDT 概述

2.1.1 什么是 AEDT

AEDT（Ansys Electronics Desktop，Ansys 电子设计平台）是 Ansys 电子产品的通用用户平台，包含 HFSS、HFSS 3D Layout、SIwave、Q3D、Icepak 等仿真工具，可实现电磁场、电路、系统协同仿真，电子产品热仿真，多物理场耦合仿真。包括电热双向耦合、电路与电磁场协同仿真等。下面对 AEDT 中包含的信号完整性（SI）、电源完整性（PI）以及热完整性（TI）仿真工具进行介绍。

1. HFSS（三维电磁场仿真工具）

HFSS 是业界领先的高频电磁场仿真工具，分为 HFSS 3D 和 HFSS 3D Layout，二者均使用 HFSS 求解器。其中 HFSS 3D 能够求解射频和微波设计的各种应用问题，例如天线；HFSS 3D Layout 对高速 PCB 和 IC 封装以及 HBM（高带宽存储）的信号完整性（SI）和电源完整性（PI）进行分析。HFSS 求解器具有以下特性：

1）频域求解。
2）时域求解。
3）积分方程。
4）电路与系统分析。
5）基于区域分解法的并行计算技术，在阵列天线设计仿真方面有绝对领先的技术优势。
6）多算法混合：有限元/积分/弹跳射线/物理光学。
7）场路协同仿真。
8）与 Ansys Mechanical 和 Ansys Icepak 的多物理场耦合。

2. SIwave（板级信号完整性/电源完整性全波仿真工具）

SIwave 是封装/PCB 整板电磁仿真工具，是集成电路封装和 PCB 整板进行信号完整性（SI）、电源完整性（PI）和电磁干扰（EMI）分析的专用设计平台。具有以下特性：

1）ECAD（电气 CAD）导入。
2）多物理场耦合。
3）IBIS&IBIS-AMI SerDes 分析。

4）DDR 虚拟合规性。
5）去耦电容优化，内嵌电容模型库。
6）阻抗扫描。
7）串扰扫描。
8）EMI/EMC 扫描分析。
9）支持 HFSS 区域，实现速度和效率的平衡。

3. Q3D（三维结构 RLC 参数抽取工具）

Q3D Extractor 是三维结构寄生参数抽取工具，用于提取各种电子部件（包括 IGBT、迹线、连接器、母线和线缆）中的电阻、电感、电容和导纳（RLCG）参数。广泛应用于触摸屏和 IC 封装设计。具有以下特性：

1）RLCG 参数的快速 3D 提取。
2）IBIS 封装模型提取。
3）等效电路模型创建。
4）触摸面板设计优化。
5）电力电子分析。

4. Circuit（电路和系统级仿真工具）

Circuit 是跨时域、频域的电路与系统级仿真工具，具备瞬态电路分析功能，将芯片驱动电路、封装、PCB、连接器、电阻、电容、电感等各种无源模型包括在内，进行高速通道设计与优化。具有以下特性：

1）线性网络分析。
2）瞬态分析。
3）QuickEye 和 VerifEye 分析，进行高速通道设计，生成浴盆曲线、眼图，快速评估误码率。
4）Monte Carlo 和 DOE 分析支持 Spectre、Pspice 以及 Hspice 功能。
5）包含稳压器模块（VRM）。
6）HFSS、Q3D Extractor、SIwave 的动态链接。
7）IBIS-AMI 分析和模型支持。
8）具有 EMI 工具箱。

5. Icepak

Icepak 是电子产品散热仿真设计工具，具有功能强大的电子散热设计解决方案，利用业界领先的 Ansys Fluent 计算流体力学（CFD）求解器对集成电路（IC）、封装、PCB 和电子装配体进行热分析和流体流动分析。具有以下特性：

1）集成化多物理场耦合仿真。
2）商用风扇、热沉、鼓风机等的模型库。
3）传导、对流、辐射等热传递模式。
4）集成到 AEDT。
5）导入 MCAD（机械 CAD）几何模型。
6）导入 ECAD 几何模型。
7）强大的 Python 脚本编写功能，可实现自动化。

2.1.2 AEDT 工作环境介绍

双击桌面上的 AEDT 图标，即可打开进入 AEDT 窗口。注意此时软件会默认新建一个空白的项目，单击最上方菜单栏中的 Project 菜单或者右击新建的空白项目名即可添加子设计，包括 HFSS 3D、HFSS 3D Layout、Q3D、Circuit 等，下面以插入 HFSS 3D Layout Design 为例（见图 2-1），介绍 AEDT 工作环境。

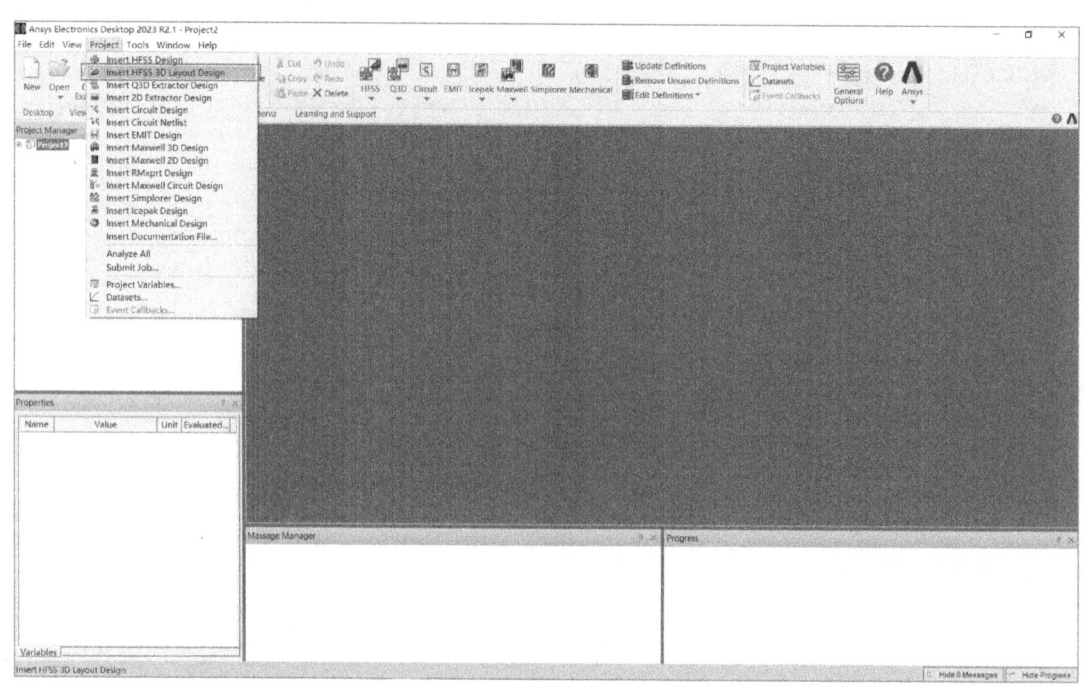

图 2-1　插入新的 HFSS 3D Layout 仿真设计

HFSS 3D Layout 的整体窗口如图 2-2 所示，其他工作窗口包括项目管理（Project Manager）窗口、属性（Properties）窗口、叠层显示控制（Layers）窗口、器件管理（Components）窗口、网络显示（Nets）窗口、消息（Message Manager）窗口、仿真进度（Progress）窗口、菜单分类标签和各种快捷按钮。其中 Message Manager 窗口主要用来反馈仿真过程中的各种信息，如一些警告或者错误提示等。Progress 窗口主要用来显示当前仿真所处的进度位置，如网格划分阶段或者扫频阶段等。其他几个窗口（如 Components、Layers 和 Nets 等），主要用于对仿真对象进行分类操作和显示。

用户可以通过拖拽各个窗口，将其放置在不同的位置。也可以单击菜单栏中的 View 菜单，然后选中菜单中的各命令（见图 2-3），从而控制某项窗口的显示与否。如果要恢复默认布局，单击 View → Docking Window Layouts → Default 即可。

1. Project Manager 窗口

Project Manager 窗口的功能是对各类仿真项目进行设置和管理。AEDT 集成了 HFSS、Q3D、HFSS 3D Layout、Circuit、2D Extractor、Maxwell、RMxprt 和 Simplorer 等电磁场与电路工具模块，全面覆盖从高频到低频，功率到信号，器件到系统等不同层次的仿真需求。对于 HFSS 3D Layout 仿真项目，其在 Project Manager 窗口中的树状结构如图 2-4 所示。

第 2 章　AEDT

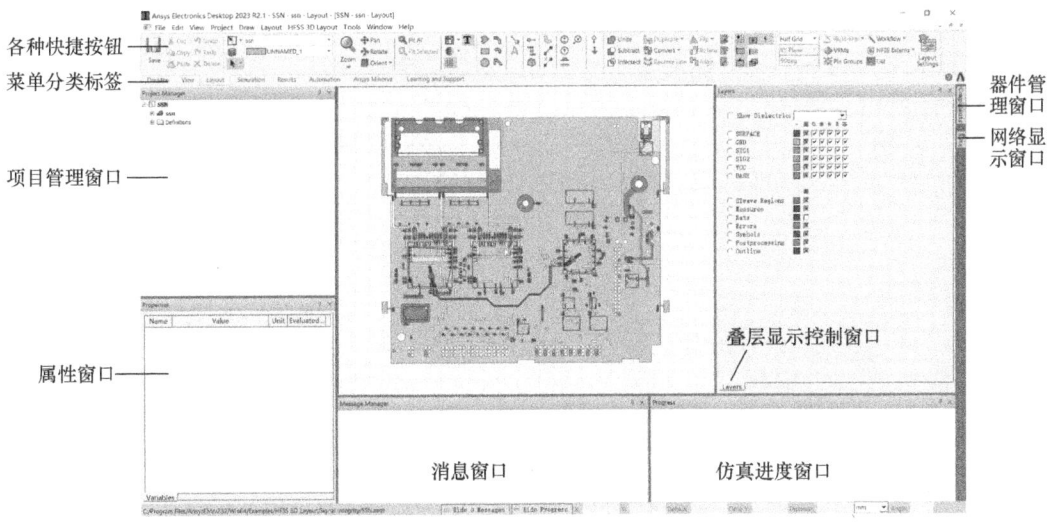

图 2-2　HFSS 3D Layout 的整体窗口图

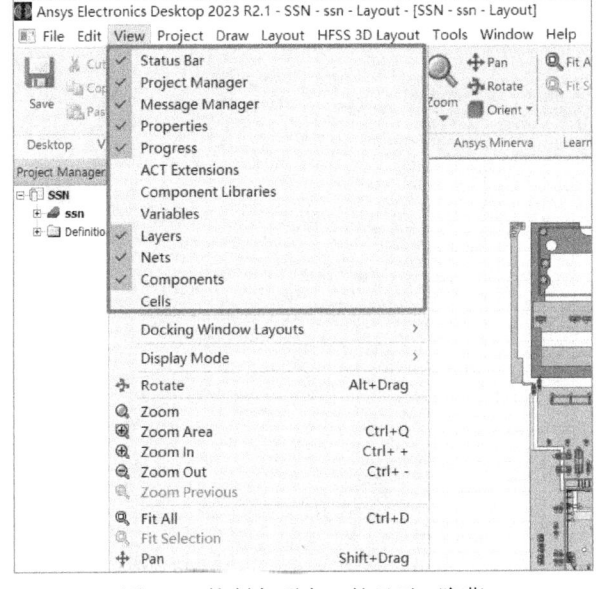

图 2-3　控制各项窗口的显示 / 隐藏

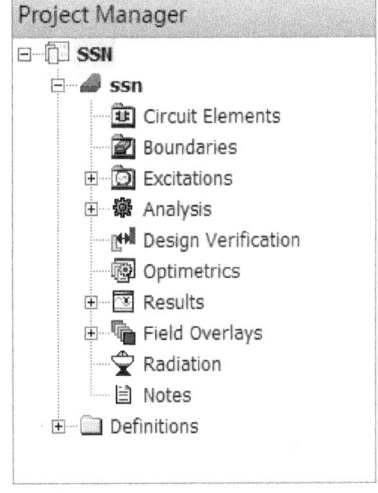

图 2-4　Project Manager 窗口中的
树状结构图

树状结构中各主要功能作用如下：

1）Circuit Elements：HFSS 3D Layout 支持 RLC 器件和 S 参数器件，Circuit Elements 是对这些器件的管理。

2）Boundaries：空气盒子与辐射边界设置。

3）Excitations：端口与激励属性相关设置。

4）Analysis：设置仿真选项与扫频。

5）Optimetrics：参数优化扫描。

6）Results：各种仿真结果显示，如 S 参数。

11

7) Field Overlays：求解域内部的电磁场与网格显示。

8) Radiation：近场和远场显示。

2. Layout Editor 窗口

Layout Editor 窗口（见图 2-5）显示整个 Layout（封装 /PCB）的形状，默认是自上而下的视角，用户通过这个界面可以完成视角的变化和物体的选择。

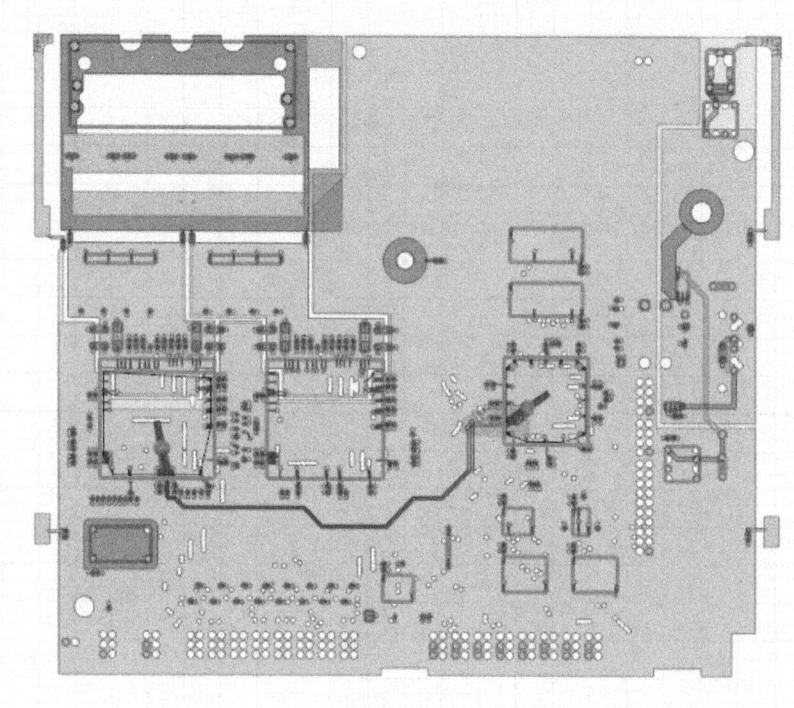

图 2-5　Layout Editor 窗口

1) 旋转视角：按住 Alt 键和鼠标左键，然后移动光标。

2) 平移视角：按住 Shift 键和鼠标左键，然后移动光标。

3) 放大 / 缩小视角：按住 Alt+Shift 键和鼠标左键，然后移动光标。

4) 恢复默认视角：先右击，在菜单中单击 View → Reset Orientation。

5) 放大叠层显示厚度：先右击，在菜单中单击 View → Stretch Z。

6) 显示模式：有三种显示模式，default、sketch 和 solid。可以通过右击，在菜单中单击 View → Display Mode 进行设置。其中 sketch 模式下，PCB 上的各元素将只显示轮廓边缘，default 模式下 PCB 各个元素将显示实体，但是实体之间会有透视效果。solid 模式下 PCB 各个元素将显示实体，且实体之间无透视。

7) 选择物体：单击物体本身。

8) 选择 Edge：先右击，在菜单中选择 Select Edge，然后单击要选中的 Edge。

9) 框选：按住鼠标左键，拖动光标画出矩形框，框内物体都会被选中。

10）循环选择：当出现多个物体重叠在一起时，比如器件与焊盘，会难以选中位于下方的物体。此时可以先选中其中一个物体，然后按字母 B 键，即可对重叠在一起的物体进行循环选择，直到选中要选中的物体为止。

11）放弃所有选中物体：同时按 Ctrl+Shift+ 字母 A 键。

3. Layers 窗口

Layers 窗口的第一个作用是控制不同层上各元素的显示和隐藏。在图 2-6 上方的方框内，共有 6 个图标，分别用来控制相应层不同元素的显示和隐藏。按从左到右顺序依次是所有元素、Plane、走线、焊盘、过孔和器件，用户可以进行相应的选择，以便更好地查看 Layout。

Layers 窗口的第二个作用是设置哪一层为 active 状态。当需要新建立元素时，新建立的元素将会被默认放置在 active 的层上。修改 active 的层只需单击图 2-6 左侧方框内的相应单选按钮即可。

4. Components 窗口

HFSS 3D Layout 在导入 PCB 时会同时导入器件信息，所有的器件信息均显示在 Components 窗口中，如图 2-7 所示。Components 窗口的主要作用是修改器件的属性，包括修改器件本身的类型和设置 RLC 器件的模型。如果要修改器件本身的类型，可以在 Components 窗口中选中相应器件，然后右击，在 Type 中进行修改。

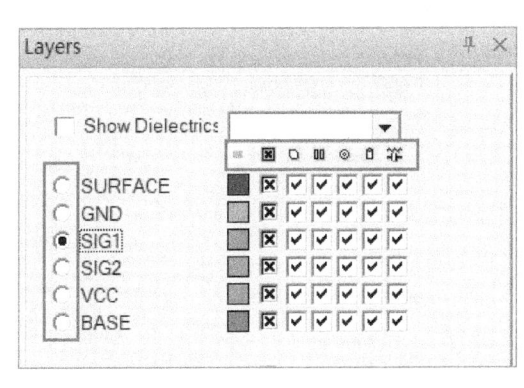

图 2-6　Layers 窗口

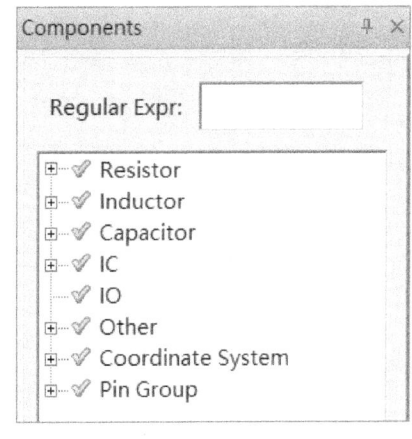

图 2-7　Components 窗口

在 HFSS 3D Layout 中，可以直接考虑 RLC 器件的效应，使得对电源网络阻抗或有串联电容的高速链路的仿真变得非常容易。以电容器件建模为例，在 Components 窗口中选中一种电容并右击，在菜单中单击 Model，进入如图 2-8 所示的对话框。可以看到，HFSS 3D Layout 中提供有 5 种建模方法，分别是 RLC network、S-parameter model、Circuit model、Library 和 SPICE model。

1）RLC network：这种方法是默认方法，用户可以为电容设置一阶 RLC 模型，其中 RLC 之间的关系可以设置为串联或者并联。

2）S-parameter model：为电容指定一个 S 参数模型，请注意 S 参数需要是在串联模式下测量得到的两端口 S 参数文件，并且其数据频率范围需要完全覆盖仿真的扫频范围。有时候，由于 PCB 切割的原因，某些电容器件可能只有一个引脚，这种电容不要赋予 S 参数模型，否则会报引脚数目不匹配的错误。

3）Circuit model：在电路原理图中自定义创建模型，或者使用 netlist 创建模型。

4）Library：从 HFSS 3D Layout 自带的电容库中选择一种电容，同样需要注意仿真扫频范围不要超过库模型本身的数据频率范围。

5）SPICE model：为电容指定一个 SPICE 模型。

5. Nets 窗口

Nets 窗口的主要作用是控制不同网络的显示和隐藏。只需先选中网络，然后右击，再进行选择即可（见图 2-9）。同时在 Nets 窗口中可以把相应的网络归为 Power/Ground，以及设置成差分对。

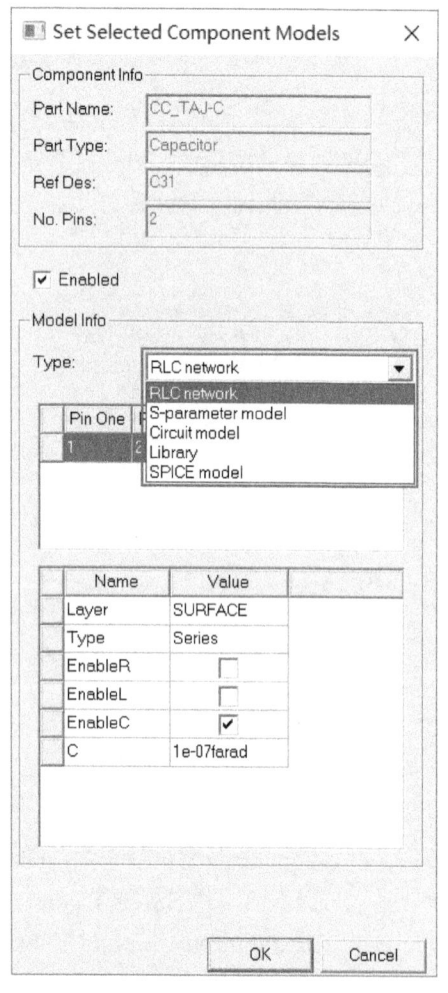

图 2-8　电容器件建模

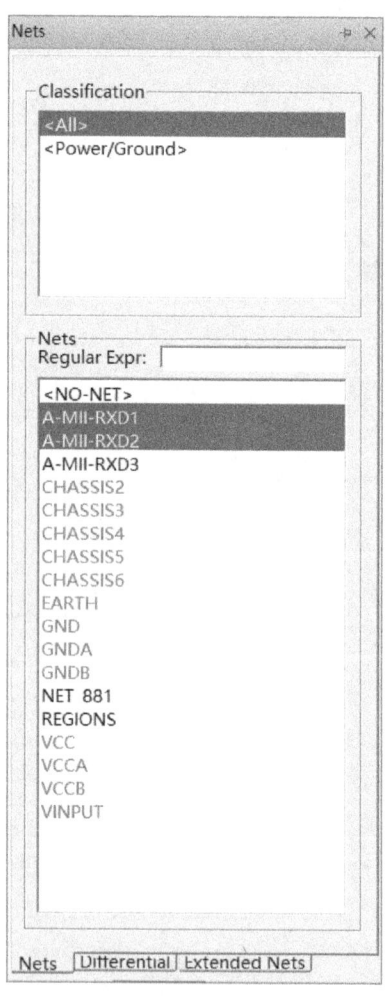

图 2-9　Nets 窗口

6. Properties 窗口

HFSS 3D Layout 中对物体的修改基本上都是基于属性设置来完成的，因此 Properties 窗口在 HFSS 3D Layout 中是非常重要的。任意选中一个物体，在 Properties 窗口中都会出现该物体独有的各种属性。以走线为例，其 Properties 窗口如图 2-10 所示，包括了所在层（Placement-

Layer)、走线宽度(LineWidth)、拐角类型(BendType)、终端类型(EndCapType)、总的线长(TotalLength)和各关键点坐标(Pt0、Pt1、Pt2、Pt3)。其中一些参数是允许用户修改的(如走线宽度),另外一些参数是软件自动计算得到的(如总的线长)。用户在 Value 中填入的信息除了数值外,也可以填入变量。通过对这些变量的参数化扫描和优化,能够帮助用户找到最佳设计尺寸。

有些物体,比如 Port,其 Properties 窗口可能包括多个标签(见图 2-11),每个标签可以查看或设置不同类型的信息。

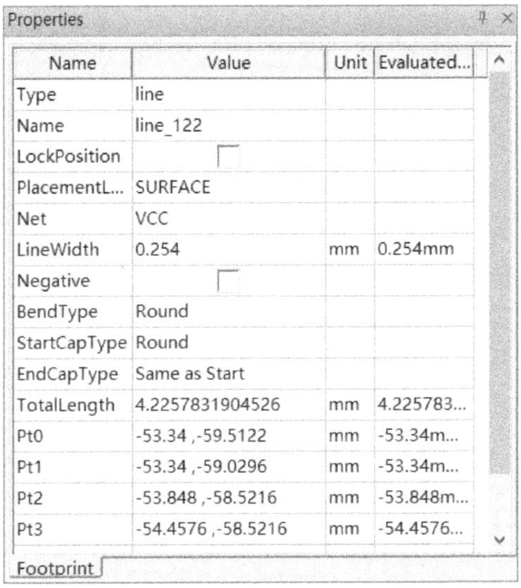

图 2-10 走线 Properties 窗口 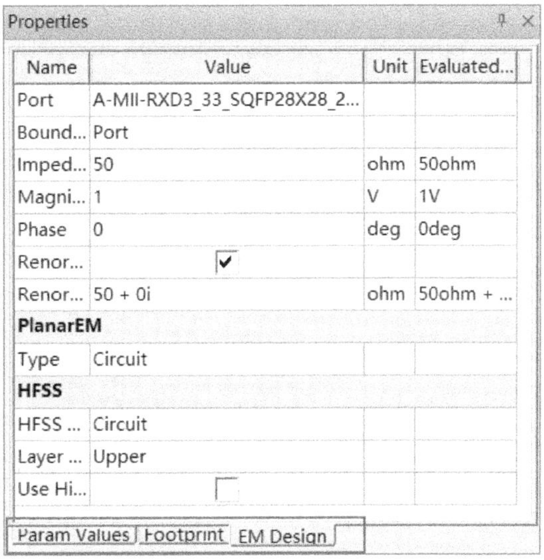　　图 2-11 Port Properties 窗口

7. Message Manager 窗口与 Progress 窗口

其中,Message Manager 窗口主要用来反馈仿真过程中的各种信息,如一些警告或者错误提示等。Progress 窗口主要用来显示当前仿真所处的进度位置,如网格划分阶段或者扫频阶段等。

8. 菜单分类标签

菜单分类标签包括 6 大类,分别是 Desktop、View、Layout、Simulation、Results、Automation(见图 2-12),单击不同的分类,相应的菜单按钮就会相应切换。

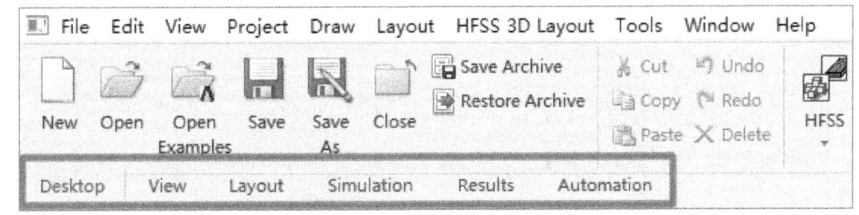

图 2-12 菜单分类标签

下面介绍各分类标签中的一些重点菜单按钮。

1)View 分类标签:主要控制各种视角和显示相关的菜单(见图 2-13)。

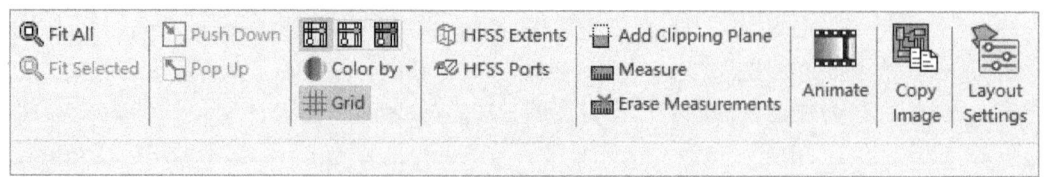

图 2-13 View 分类标签里的菜单按钮

 Color by ▼ ：设置按照 Layer 或按照 Net 进行显示颜色分类，默认是按照 Layer，即不同层的物体显示颜色不同。

 Grid ：控制 Layout Editor 窗口背景网格的显示和隐藏。

 HFSS Extents ：显示和隐藏空气盒子和介质层的界面。

 Measure ：测量 2 个点之间的距离。

 Layout Settings ：设置 Layout 控制相关的一些选项，单击后会进入如图 2-14 所示的对话框，这个界面中有关于 Layout Editor 窗口的很多细节设置，如对齐精度、显示精度等。另外在这个对话框中可以设置是否保留内部的 non-functional 焊盘。

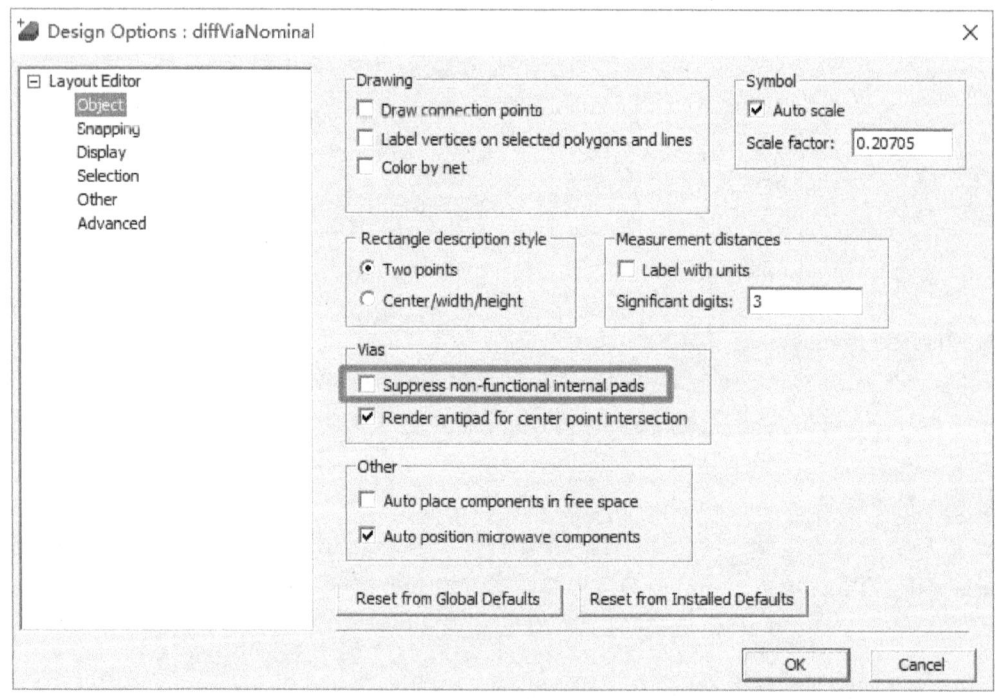

图 2-14 设置是否保留 Suppress non-functional internal pads

2）Layout 分类标签：控制 Layout 元素的建立、修改、清理和切割等（见图 2-15）。

 ：新建多边形、矩形和圆形的 Plane，以及新建直线形和圆弧形的 Trace。新建元素的 NET 属性为空。

 ：新建一个过孔。

第 2 章 AEDT

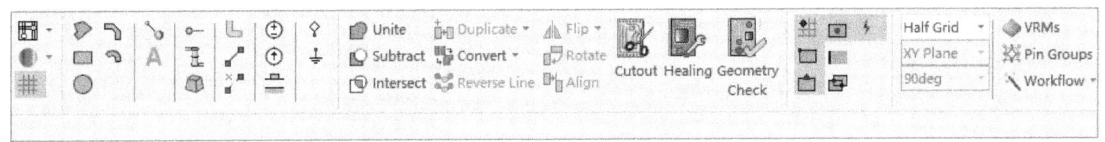

图 2-15 Layout 分类标签里的菜单按钮

Unite：把选中的 Plane 和 Trace 进行合并（需连接在一起）。
Subtract：选中的 Plane 和 Trace 图形相减，第一个被选中的作为被减数。
Intersect：保留选中的 Plane 和 Trace 重叠部分图形。
Duplicate：复制选中的元素，可以复制到本层（In Layer）或者其他层（Across Layers）。
Convert：把满足一定条件的 Plane 转变为 Trace，或者把 Trace 转变为 Plane。
Flip：沿 X 轴或 Y 轴翻转图形。
Rotate：顺时针 90° 旋转图形。

Cutout：打开版图切割对话框。
Healing：打开版图修复和清理对话框。
Geometry Check：打开版图检查对话框。

3）Simulation 分类标签：包括仿真求解器的选择、优化、并行计算设置和远程任务提交（见图 2-16）。

图 2-16 Simulation 分类标签里的菜单按钮

建立一个 HFSS 3D Layout 仿真任务。

建立一个优化任务，包括参数扫描、参数优化、统计分析、灵敏度分析和 DOE（Design of Experiment）。

Validate：仿真前对 Layout 和设置进行检查。
Analyze：运行仿真分析。

打开全局 HPC 选项的对话框，包括决定使用何种 License，是否使用 GPU，是否使用虚拟内存等。

Active Local：选择用于下次仿真的 HPC 资源配置。
Analysis Config：新增和修改 HPC 的资源配置。

Scheduler：选择远程提交任务的管理工具。
Submit：提交一个远程仿真任务。
Monitor：观察远程仿真任务状态。

4）Results 分类标签：包括常见仿真结果的生成和查看，清理仿真结果和导入外部仿真数据（见图 2-17）。

图 2-17　Results 分类标签里的菜单按钮

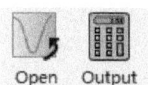　Open Report：打开一个建立好的报告。
Output Variables：建立一个新的自定义输出变量，可以用于结果查看或者仿真收敛判据。

：从预设的结果报告类型中选择一个并建立相应报告。

Browse Solutions：查看现有任务的求解结果。
Clean Up Solutions：删除结果中的电磁场、S 参数和网格数据（可选），从而减小结果数据大小。
Import Solutions：导入外部的 S 参数。

5）Automation 分类标签：仿真自动化和脚本开发相关的功能（见图 2-18）。

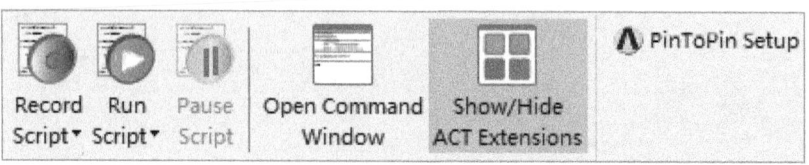

图 2-18　Automation 分类标签里的菜单按钮

　Record Script：把用户操作记录保存为脚本，支持 Python 和 VBS。
Run Script：运行脚本。
Pause Script：暂停正在运行的脚本。

：打开内置的 IronPython 命令行界面，可以直接输入脚本命令控制软件。

PinToPin Setup：内置的自动化流程，提取器件 Pin 到 Pin 的 S 参数。

2.2　HFSS 3D Layout 项目建模

2.2.1　封装 /PCB 导入前准备

AEDT 可导入主流的封装和 PCB 设计工具的版图文件，支持厂家包括 Cadence、Mentor Graphic、Altium 和 Zuken 等。其中 Cadence 的设计文件支持直接导入；Altium Designer 19.0 或者更高版本可以直接输出 Ansys EDB 格式的数据并用于导入；Zuken 支持直接输出 Ansys ANF 格式的数据并用于导入。在其他情况下，可以通过设计工具把版图输出为如下中立格式并导入到 AEDT 中。

1）ODB++　　　　　2）IPC-2581
3）GDSII　　　　　4）Gerber
5）XFL　　　　　　6）IDF
7）ANX

版图文件一旦导入之后，AEDT 会以 Ansys EDB（Electronic Database）格式的形式对齐进行存储和管理。Ansys EDB 位于与仿真工程文件同路径的 aedb 文件夹中，除了包含版图信息外还可能包含电路的信息，如果删除将导致仿真工程无法正常打开。如果一个仿真工程中包含了 HFSS 3D Layout 项目或者电路仿真项目，那么进行工程文件分享时，必须通过单击 File → Archive（见图 2-19）生成扩展名为 aedtz 的打包文件。将该打包文件通过单击 File → Restore Archive（见图 2-19）进行解压，即可恢复原始工程文件和对应 Ansys EDB 文件夹。

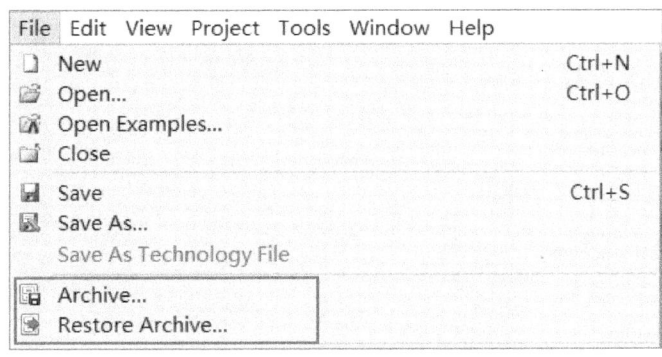

图 2-19　生成 / 解压 aedtz 文件

如果要导入 Cadence 的设计版图，且 Allegro 的版本为 17.2，那么还需要确保 Allegro 已经安装，并且在环境变量 Path 中添加了 Allegro 安装路径信息。假设 Allegro 安装在 C:\Cadence 目录下，那么请在 Windows 环境变量 Path 中添加一项值等于 C:\Cadence\SPB_17.2\tools\bin。添加该值的目的是为了让 HFSS 3D Layout 能够调用该目录下的 extracta.exe 文件对 Cadence 的版图文件进行处理；如果 Allegro 版本高于 17.2，则需要有 Cadence 的 License。

2.2.2　封装 /PCB 导入与切割

以导入 Allegro 版图文件为例，单击 File → Import → Cadence APD/Allegro/Sip，选中一个 .brd 文件，单击"确定"按钮，稍等便会弹出如图 2-20 所示的对话框。在这个对话框中用户可以选择要导入的网络，如果要导入没有网络属性的金属，请选中 Import Dummy Net 复选按钮。在这个对话框中，有 Setup ports 复选按钮，请不要选中。

当 PCB 导入成功之后，出于提高仿真效率的需求，一般需要对 PCB 进行切割。单击 Layout → Cutout，进入图 2-21 所示的对话框。在这个对话框中，用户可以选择要保留的网络。一般来说，要保留的信号网络建议仅选中 Include 复选按钮，而要保留的电源 / 地网络建议还要选中 Clip at extents 复选按钮。然后单击 Auto Generate Extent 按钮，进入图 2-22 所示的对话框，来自动生成切割边界（Extent）。用户可以通过调整对话框中的 Expansion 和 Corner style 来控制 extent 的大小和拐角形状。extent 的生成规则是，extent 会将仅选中了 Include 的网络全部包含在内。在图 2-22 的对话框中单击 OK 按钮后，会在 Layout Editor 窗口上生成 extent 的形

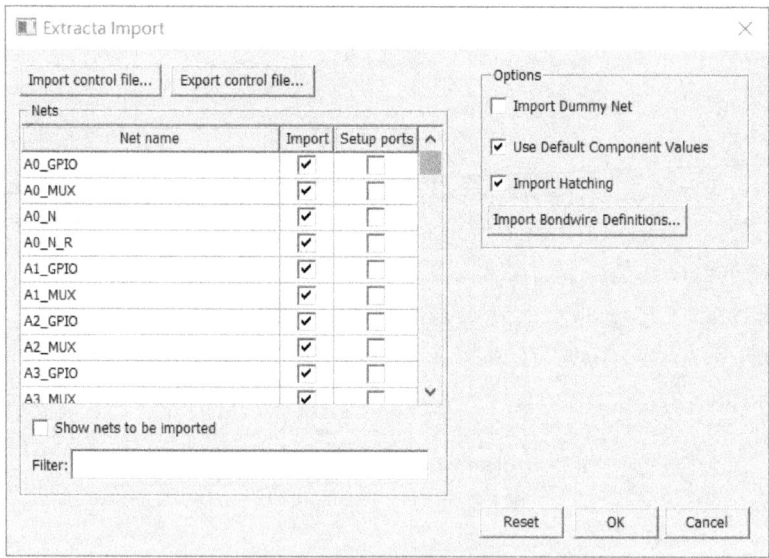

图 2-20　选择导入网络

图 2-21　选择要保留的网络

状（见图 2-23）供查看并返回上一层界面。如果 extent 的大小没有问题，那么再单击 OK 按钮，软件即会开始切割 PCB 并将切割后的 PCB 单独生成一个 HFSS 3D Layout Design。切割的时候，extent 内的所有被选中了 Include 的网络会被保留。这样最终切割效果就是信号网络（仅选中了 Include）会全部保留，电源/地网络（还选中了 Clip at extents）则仅保留 extent 内的（见图 2-24）。图 2-21 上方的单选按钮如果选中 Use current，会在当前 design 上进行切割，如果选中 Create new，则会新建 design 生成切割之后的 PCB。

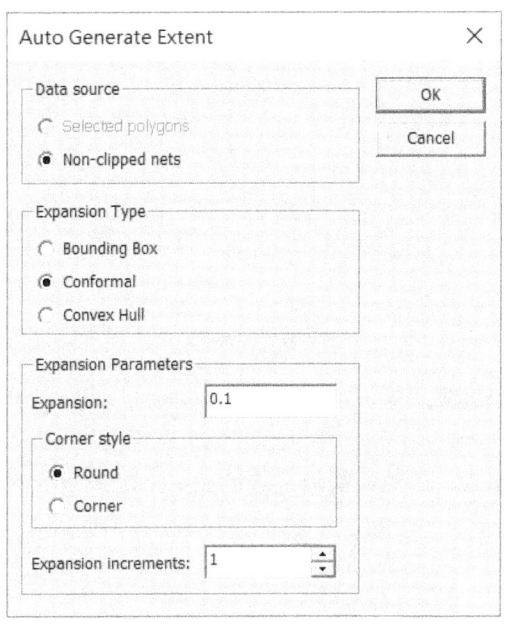

图 2-22　设置切割边界大小和形状

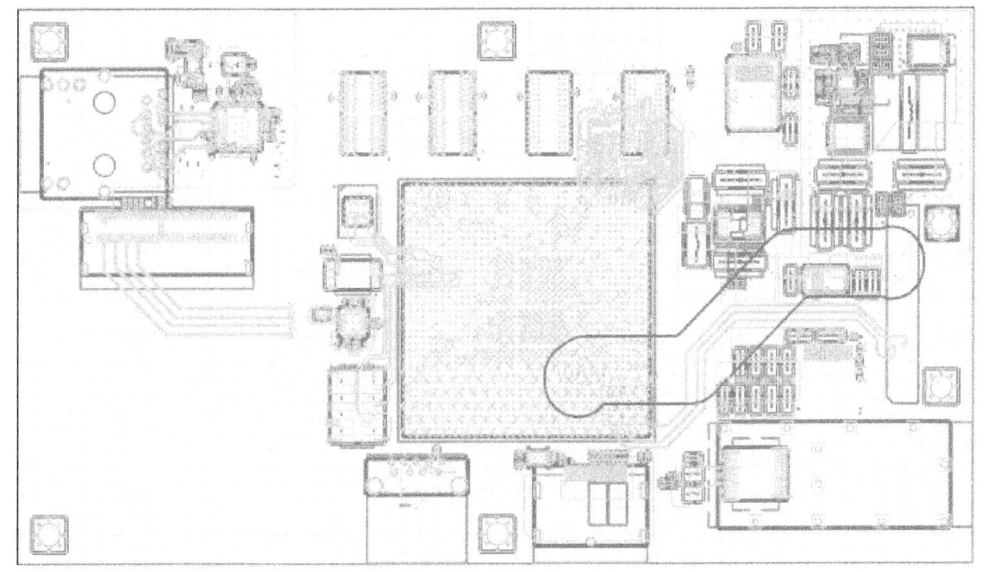

图 2-23　图中的线为自动生成的切割边界

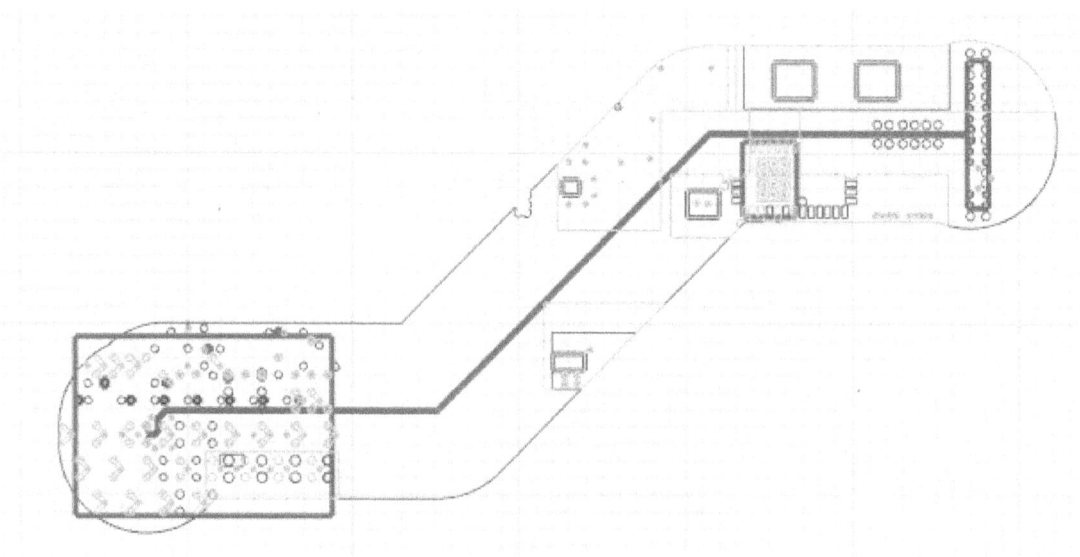

图 2-24 按照自动边界切割之后的新版图

除了按照 NET 进行切割,还可以按照指定区域进行切割。首先单击菜单栏上的 Active Layer,设置 Postprocessing 层为 Active Layer,如图 2-25 所示。然后单击 Draw → Primitive → Rectangle,在要切割的区域绘制一个矩形,绘制完成后,保持该矩形处于选中状态,然后单击 Layout → Cutout,出现图 2-26 所示的对话框后,不选 Filter geometry by net 复选按钮,然后单击 OK 按钮。软件就会以该矩形为边界,仅保留边界内的 PCB。

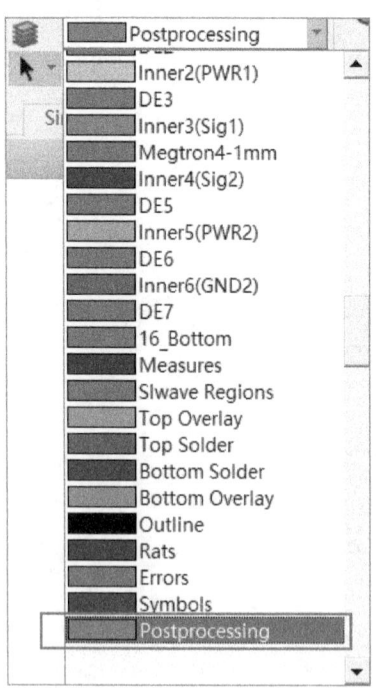

图 2-25 设置 Postprocessing 层为 Active Layer

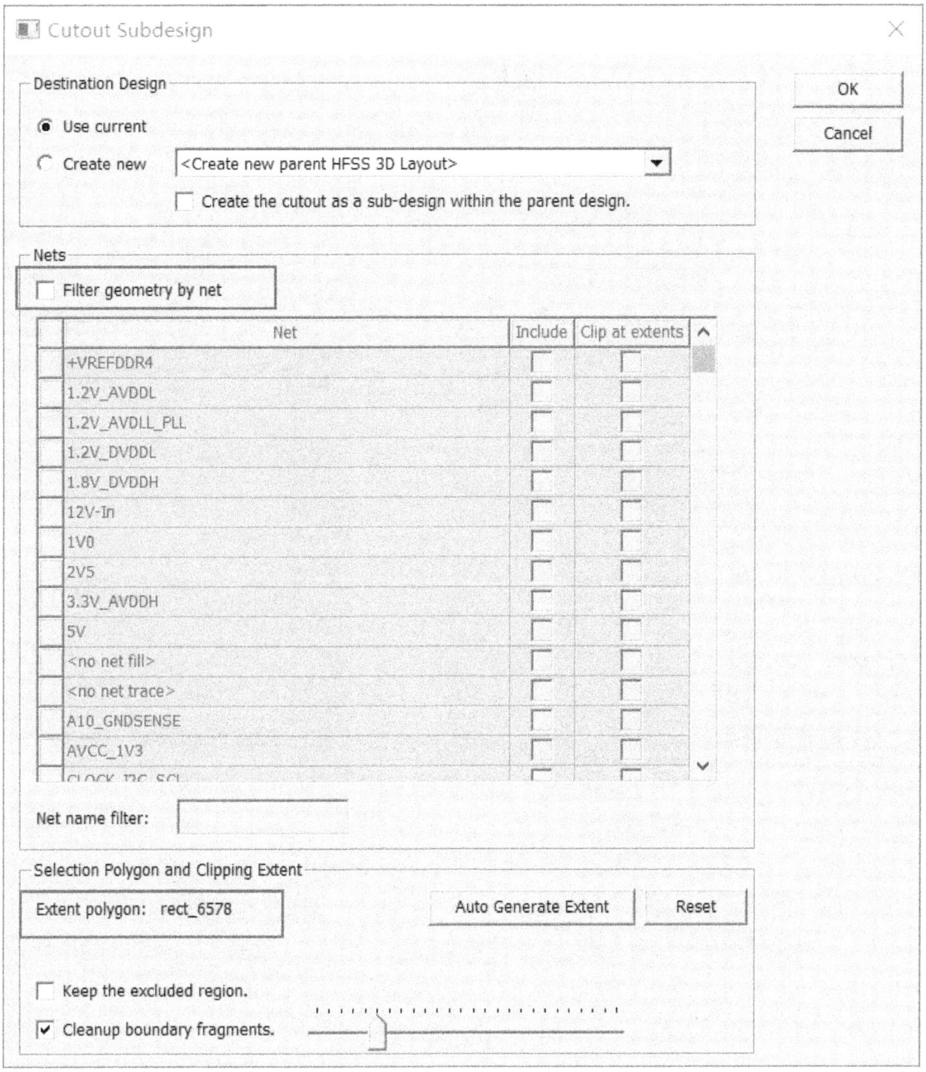

图 2-26 按指定区域切割 PCB

2.2.3 叠层编辑

HFSS 3D Layout 会自动读取版图设计文件中的叠层信息，但是有的设计文件中的叠层信息是不正确的，如果需要修改叠层，并且加入一些额外的仿真专用信息，就需要在 HFSS 3D Layout 中进行修改。

对于叠层修改，单击 Layout → Layers，可以进入叠层修改对话框（见图 2-23），主要需要修改的是各层的材料和厚度。金属层有一项额外的属性 Dielectric Fill，其含义是指定该层上没有金属的地方是何种介质。如果将来需要多次用到同样的叠层配置，可以通过在图 2-27 所示的对话框中单击 Stackup → Import XML/Export XML 来复用叠层设置。如果需要新添加材料或者修改已有材料的物理属性，那么请单击任意一层的 Material 的值，然后选择 Edit，即可进入材料添加 / 修改界面。

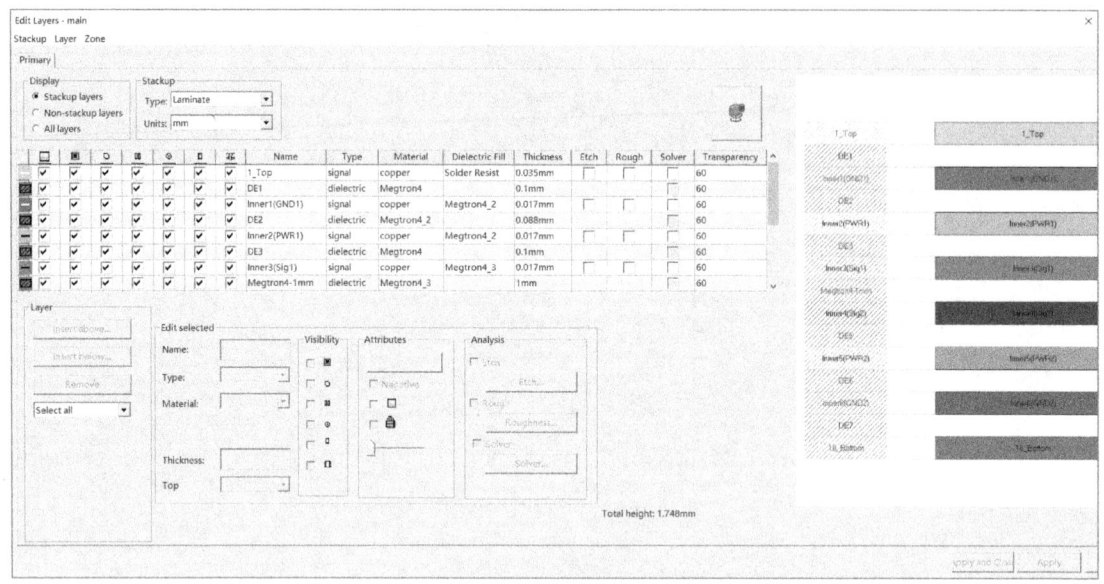

图 2-27 叠层设置

在图 2-27 中任意选中某一金属层，可以看到图 2-28 中有一些额外的设置可选择，分别是：

1）Top Bottom：仅用于有 bondwire 时，可控制该层 bondwire 的方向。
2）Attributes：修改该层的颜色。
3）Negative：设置该金属层为负片，即如果没有绘制 void 的地方都是金属。
4）Etch：设置该层走线横截面的形状（见图 2-29），可通过 Etch factor 控制。
5）Rough：设置金属表面粗糙度，上下表面可独立设置，支持 Groiss 和 Huray 两种模型（见图 2-30）。
6）Solver：控制该金属层是否使用 Solve inside 和采用何种 DC Thickness 计算模式（见图 2-31）。由于 HFSS 3D Layout 的有限元求解引擎早已克服低频求解准确性的问题，因此推荐不选 Solve inside 这项，采用默认即可。

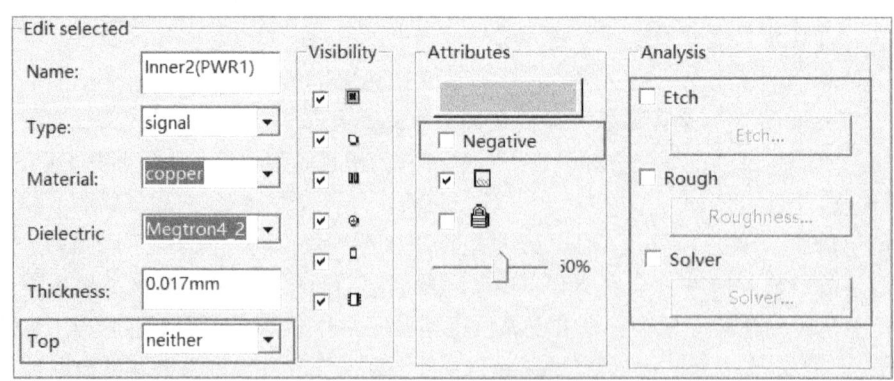

图 2-28 金属层的其他设置

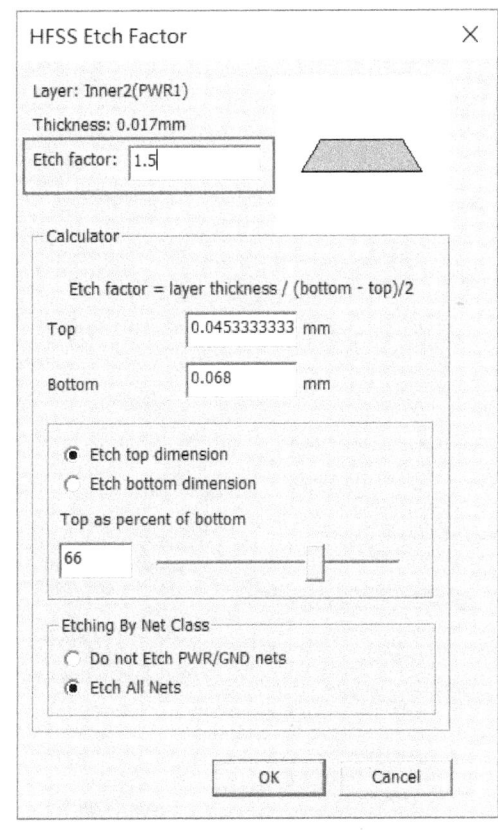

图 2-29 设置该层走线的横截面形状

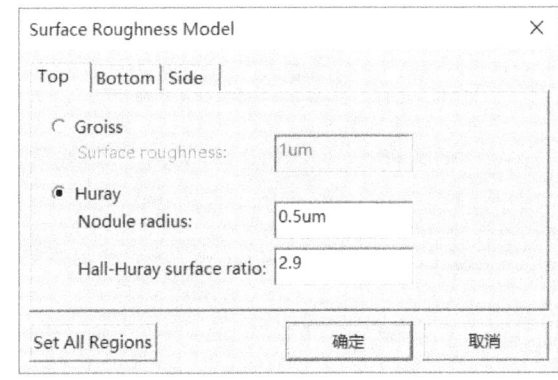

图 2-30 设置相应层上下表面的金属粗糙度

在图 2-27 中的左下区域可以插入新层（Insert above 或 Insert below）或者删除（Remove）已有层（见图 2-32）。要注意的是，在删除层前，必须先删除该层上的所有版图元素，否则无法删除该层。

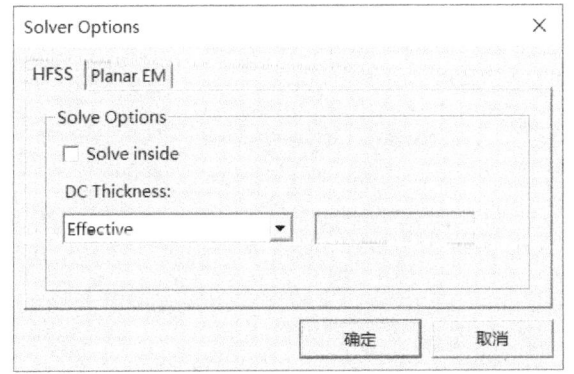

图 2-31 设置该层是否使用 Solve inside 以及采用何种 DC Thickness 计算模式

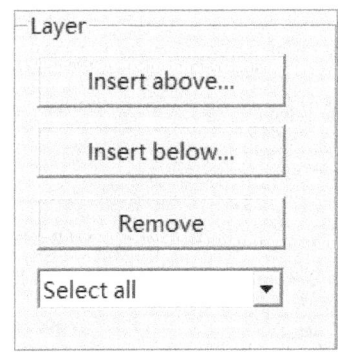

图 2-32 新增层或者删除已有层

2.2.4 过孔和焊盘编辑

过孔和焊盘的修改主要通过 Padstack 设置来完成。在 Layout 界面上选中任意焊盘或者过孔，在 Properties 窗口中单击 Padstack Definition 属性，然后选择要修改的 Padstack，单击左下角的 Edit Padstack 按钮，即可打开详细的 Padstack 编辑对话框（见图 2-33）。

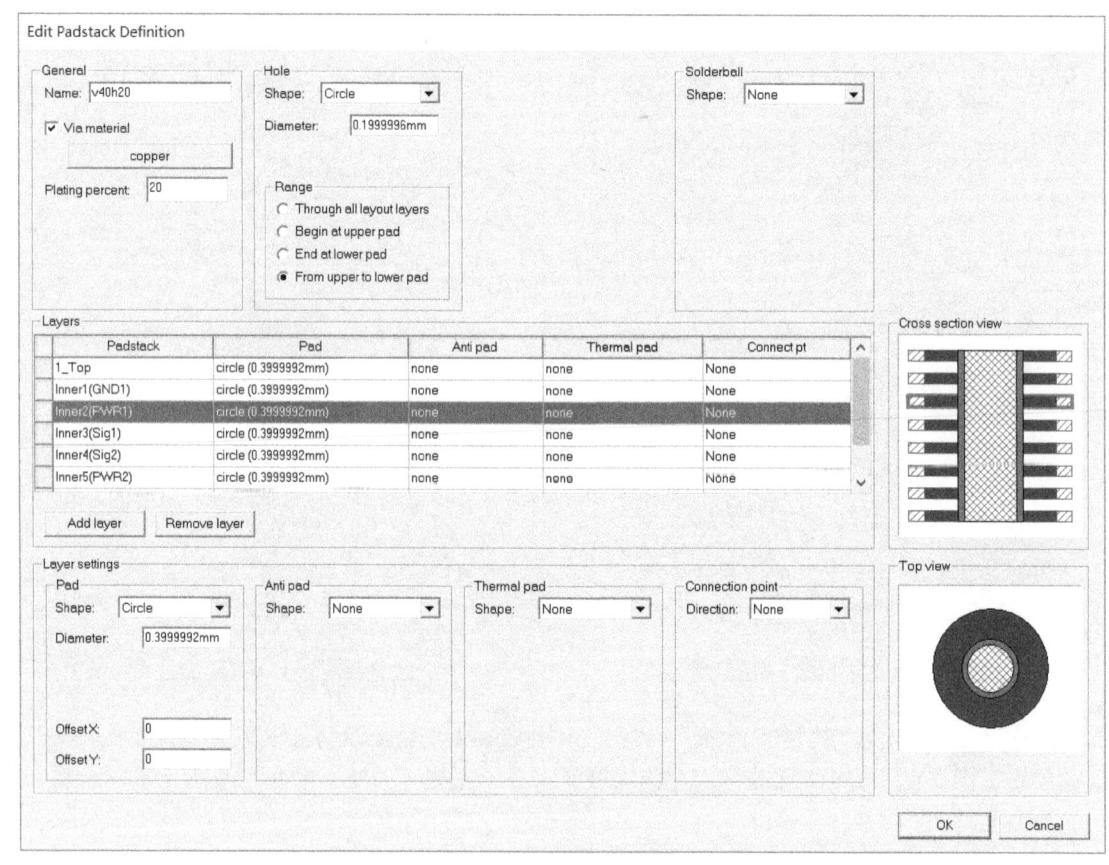

图 2-33　Padstack 详细设置

在图 2-33 所示的对话框中，用户可以修改的包括各层焊盘的形状尺寸及反焊盘的形状尺寸，可以修改孔径的形状和材料，以及定义焊盘上的需要生成的 Solder Ball 及其形状。

通过 Properties 窗口的 Padstack Usage 属性，即可进入 Padstack Usage and Definition 对话框（见图 2-34）。在对话框右上角 Backdrill 属性，可以设置背钻（Backdrill）的起始位置，从 Top 或者 Bottom 开始，单击 Backdrill 按钮即可进入详细的 Backdrill 编辑对话框（见图 2-35）。可设置背钻的孔径大小，背钻到特定层或者直接输入背钻的深度数值。

第 2 章 AEDT

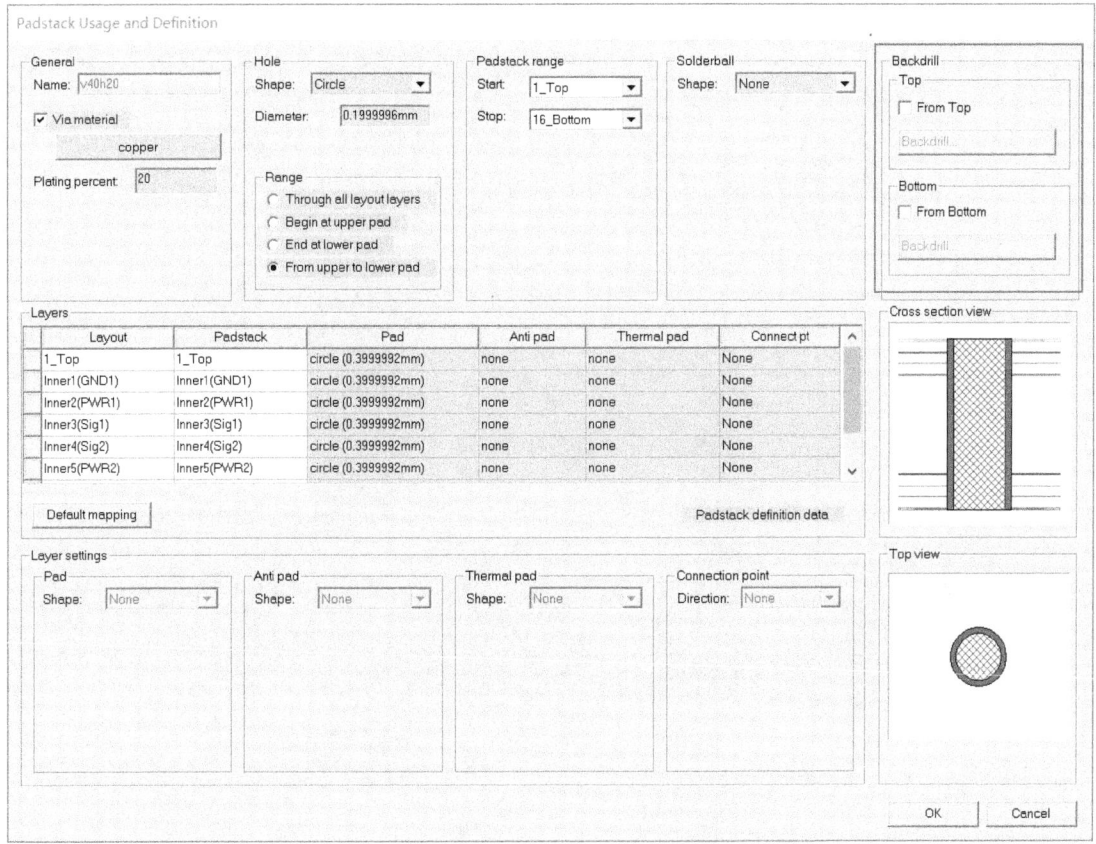

图 2-34 Padstack Usage and Definition 设置

图 2-35 Backdrill 详细设置

2.2.5 建立新的 Layout 元素

通过单击 Draw → Primitive 可以在当前 Active 的层上新建 Layout 元素（见图 2-36），其中 Line 和 Arc 用于新建 Trace；Rectangle、Polygon 和 Circle 用于新建各种形状的平面；3D Line 用于在空间中建立一条直线，仅用于 Near Field 显示的后处理，不会对仿真本身造成影响。

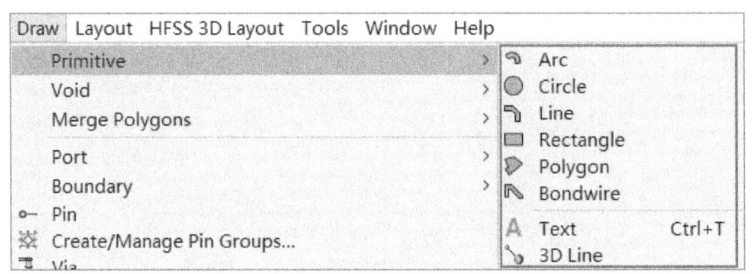

图 2-36 新建各种 Layout 元素

先选中某个 Plane，然后单击 Draw → Void 可以绘制该 Plane 上各种形状的挖空（见图 2-37），代表在该处没有金属铜皮。

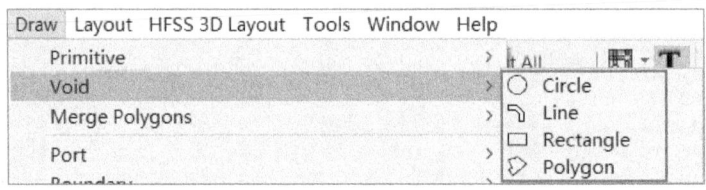

图 2-37 新建立 Void

单击 Draw → Via，然后单击 Layout 上具体位置可以在该处新建一个过孔。新建过孔的默认 Padstack Definition 为 PlanarEMVia，由于这个 Padstack 在所有层上的信息均为空，因此需要根据实际情况再选择正确的 Padstack，或者新建 Padstack，并根据需求在 Padstack Usage 中设置背钻信息，以及定义 Net 信息，同时还需要在 Start Layer 和 Stop Layer 栏中设置正确的起始层信息（见图 2-38）。

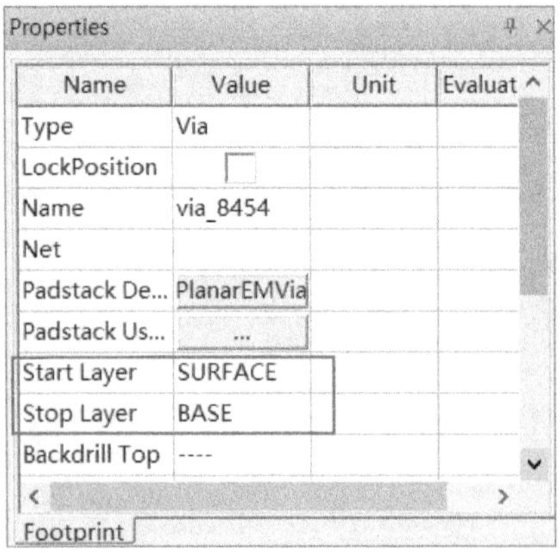

图 2-38 新建立 Via

2.2.6 创建 Component 和 Pin Group

所有的 Component 都是基于 Pin 来创建的。单击 Draw → Via（不要直接使用 Draw → Pin，不然会生成额外的 Port），在 Layout 视图上绘制一组 Via，然后选中这些 Via，在 Properties 窗口中将 Type 改成 Pin，定义好 Net 和 Padstack。保持这些 Pin 处于选中状态，然后单击 Draw → Component → Create，弹出如图 2-39 所示的对话框。设置好名称（Name）、器件类型（Type）、器件编号（Ref Des）和放置层（Placement Layer），单击 OK 按钮，即可生成一个新的 Component。图 2-40 展示了基于 4 个 Pin 建立一个 Component 的效果。

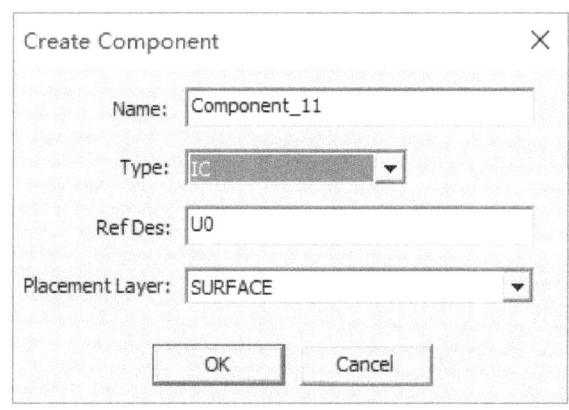

图 2-39　输入器件的基本信息

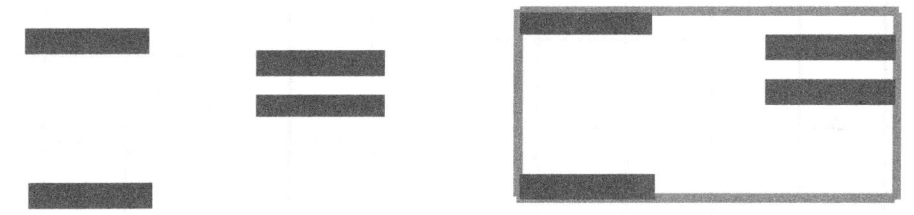

图 2-40　从左图的 4 个 Pin 生成右图的器件

选中某个已有的 Component，单击 Draw → Component → Dissolve，就可以取消其 Component 定义，变为若干个彼此无关的 Pin。灵活运用上述操作可以实现把一个 Component 拆分为多个 Component。

HFSS 3D Layout 支持 Pin Group 概念，可以用于 Circuit Port 的建立。选中某个 Component，单击 Draw → Create/Manage Pin Groups，弹出如图 2-41 所示的对话框，其中 Part Name 和 Reference Designator 已经是当前选中的 Component 了。在 Nets 中选中要建立 Pin Group 的网络，同时确保选中 Create pin groups for each net 复选按钮，然后单击 Create Pin Group(s) 按钮即可为该 Component 上被选中的 NET 分别建立起一组 Pin Group。如果该 Component 上之前已经建立了 Pin Group，选中 Delete existing pin groups 复选按钮可以在建立新的 Pin Group 前把已有的 Pin Group 删除。

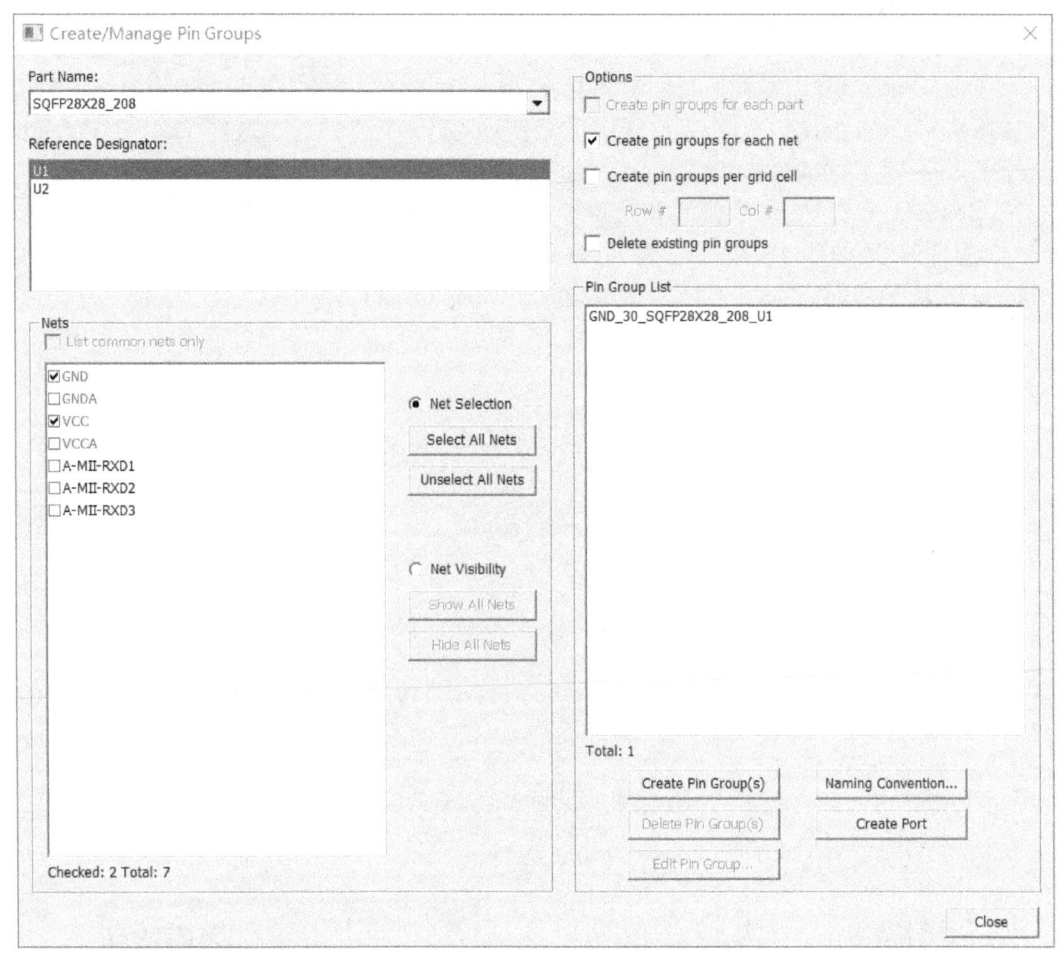

图 2-41　新建立 Pin Group

2.2.7　使用参数化变量

HFSS 3D Layout 支持参数化建模，即用变量来表示属性的值。一般来说只要该属性是数值，那么就可使用变量。以图 2-42 为例，将走线宽度改为变量 width。

当在图 2-42 中的 LineWidth 一栏输入变量 width，便会弹出如图 2-43 所示的对话框，在该对话框中可以设置变量的单位和值。

设置变量最大的作用在于可以使用优化功能，在 Project Manager 窗口中，先右击 Optimetrics，然后在菜单中单击 Add → Parametric，新建一个参数扫描分析。在弹出的图 2-44 所示对话框，设置变量 width 的扫描范围和步进大小。

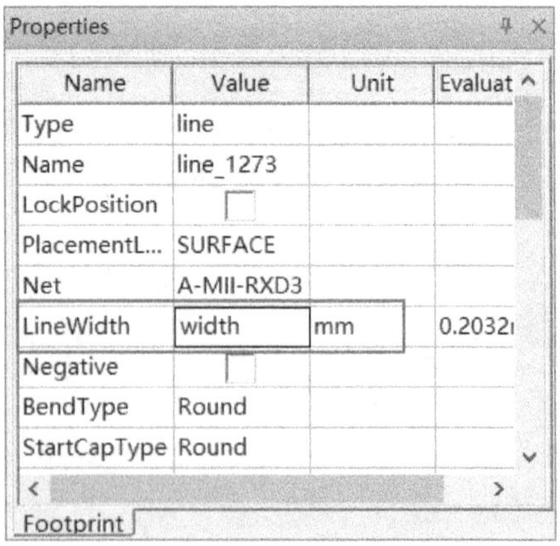

图 2-42　将走线宽度设置为变量 width

图 2-43 设置变量 width 的单位和值

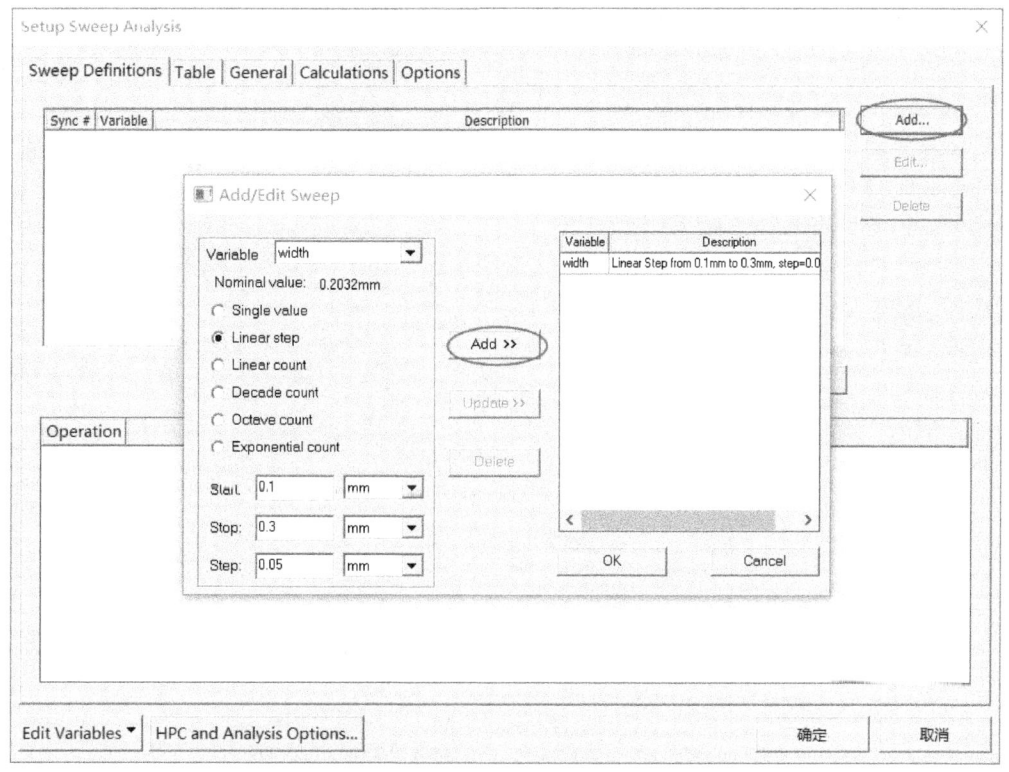

图 2-44 设置变量 width 参数扫描范围和步进大小

用户设置的变量名称不能和软件保留变量的名称重复，在工程窗口中右击任意工程，在菜单中单击 Project Variables → Intrinsic Variables 即可查看软件保留变量名称（见图 2-45）。

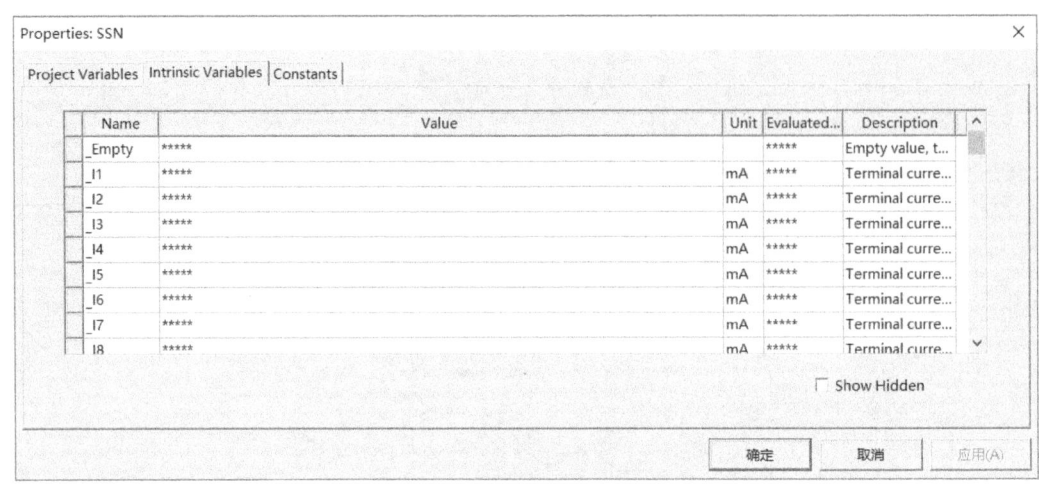

图 2-45　查看软件保留变量的名称

2.2.8　使用 S 参数模型

如果仿真的链路中包含多端口无源器件，HFSS 3D Layout 允许用户使用 S 参数模型（也称为 Nport Model）直接进行建模，并在进行电磁仿真时考虑其效应。这项功能避免了过去对无源器件建模必须在器件引脚处建立 Port，然后在电路工具中再考虑器件 S 参数模型的烦琐过程。

首先选择 Circuit Elements 并右击，在菜单中单击 Add Nport Model，然后在弹出的对话框（见图 2-46）中单击 Create new 按钮，选择 S 参数文件并定义模型名称。

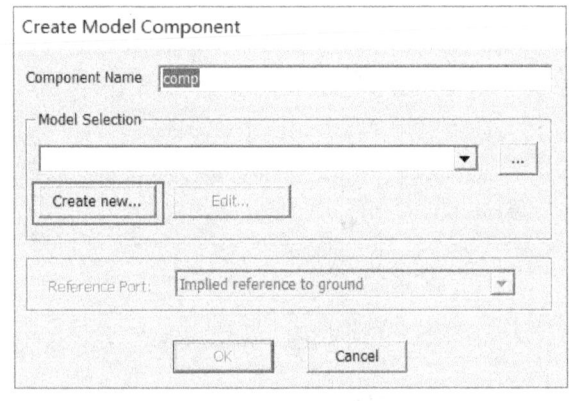

图 2-46　通过 Create new 按钮新建一个 Nport Model

单击 OK 按钮后，便可看到 S 参数文件以一个 Nport Model 器件的形式出现在 Layout Editor 窗口中（见图 2-47）。

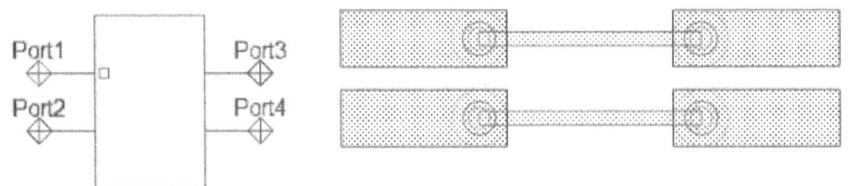

图 2-47　Layout Editor 窗口中的 Nport Model 器件

下面要做的是将该 Nport Model 的各个端口与 PCB 上相应位置连接起来。这里需要注意的是，Nport Model 的端口只能和 PCB 上的 Edge 进行连接。为了完成这个目的，需要如下操作：

1）在 PCB 上任意空白处右击，在菜单中选择 Unselect All，确保没有选中任何物体。

2)右击,在菜单中选择 Select 模式,单击 Nport Model 的一个端口。如果在 Properties 窗口中看到的第一项属性是 Type,并且值为 Port Instance(见图 2-48),表示选择成功,此时还可以在 Layout Editor 窗口中看到该端口是高亮显示的。但是有时候,会发现选中的并不是端口,而是整个 Nport Model 器件,此时会看到该器件本身为高亮显示,并且 Properties 窗口中的第一项没有显示 Port Instance。如果出现这种情况,请按字母 B 键,便可进行循环选择,直到选中该端口为止。

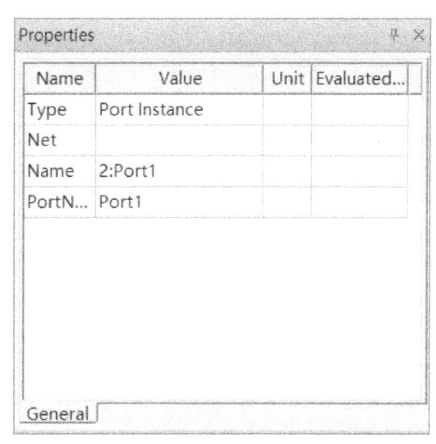

3)然后右击,在菜单中选择 Select Edges 模式,并按住 Ctrl 键不放(这样才可以保持 Nport Model 端口本身始终处于选中状态),在 PCB 窗口上单击要连接的 Edge。

4)单击 Draw → Connection(快捷键为 Ctrl+W 键),完成该端口和 PCB 的连接。在 Layout Editor 窗口上可以看到连接效果如图 2-49 所示。

图 2-48 选中 Nport Model 的一个端口后,Properties 窗口中的内容

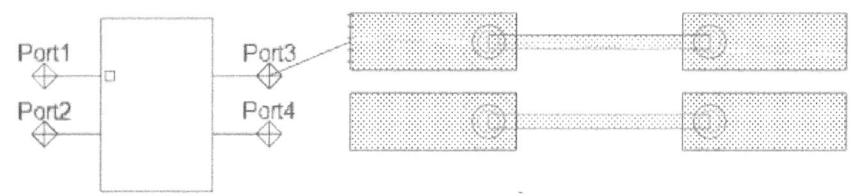

图 2-49 完成端口和 PCB 的连接

2.2.9 PKG+PCB Merge

HFSS 3D Layout 可以实现层次化仿真(Hierarchical Design),允许用户把封装(PKG)和 PCB 设计组合在一起进行分析,连接处通过 Solder Ball 实现物理连接,可支持 PCB 有多个封装并且其各封装叠层可以不同。

以封装和 PCB 的级联为例,分别导入封装和 PCB 的版图文件,并将二者的 HFSS 3D Layout Design 拖入同一 Project 目录下(见图 2-50)。然后拖动封装设计到 PCB 设计上,会弹出图 2-51 所示的对话框,选择 Link To Original。

按 Ctrl+D 键显示所有物体,可以看到 PCB 和封装的版图都已经出现在了 PCB 的 Layout 窗口中,同时在 PCB 的 Design 的下一层,也出现了封装的 Design(见图 2-52)。选中 U1,通过右击,在菜单中选择 Push down 和 Push up 可以切换当前激活的 Design 是封装还是 PCB。Layer 和 Component 里面的信息会根据当前激活 Design 的不同而发生变化。

为了将封装与 PCB 组装在一起,首先确保当前激活的 Design 为 PCB,然后选中封装(见图 2-53 中的 U1),右击,在菜单中选择 Place Design,在弹出的对话框中从封装上和 PCB 上分别选择要对齐的器件名(见图 2-54)。接下来按住 Ctrl 键依次单击封装和 PCB 上要对齐的两个 pin,工具会自动对齐两个器件,从而实现封装和 PCB 的对齐(见图 2-55)。

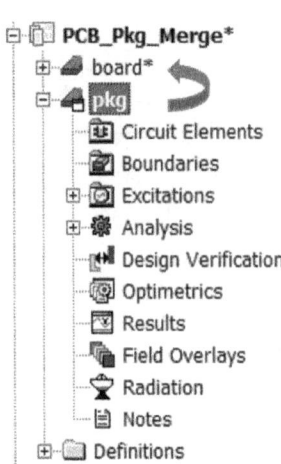
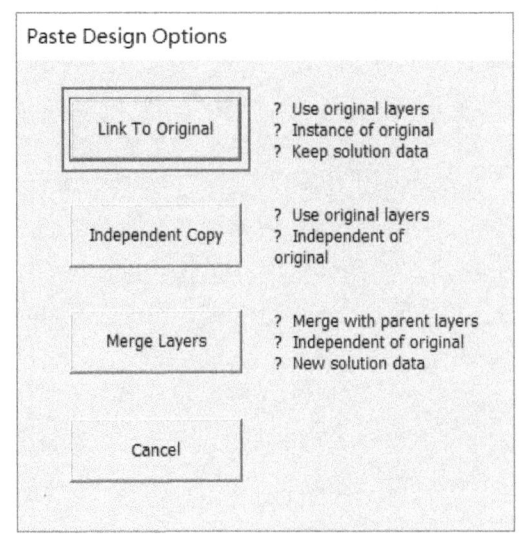

图 2-50　同一 Project 目录下的封装与 PCB HFSS 3D Layout Design

图 2-51　选择 Design 和叠层保留方式

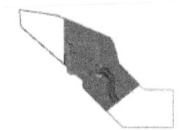

图 2-52　封装（U1）出现在 PCB 的 Layout 窗口

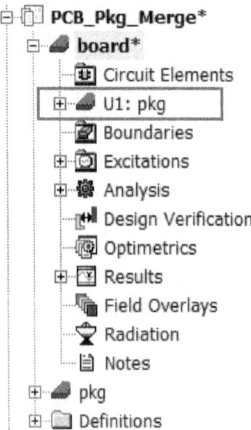

图 2-53　封装 Design 出现在 PCB Design 的下一层

第 2 章　AEDT

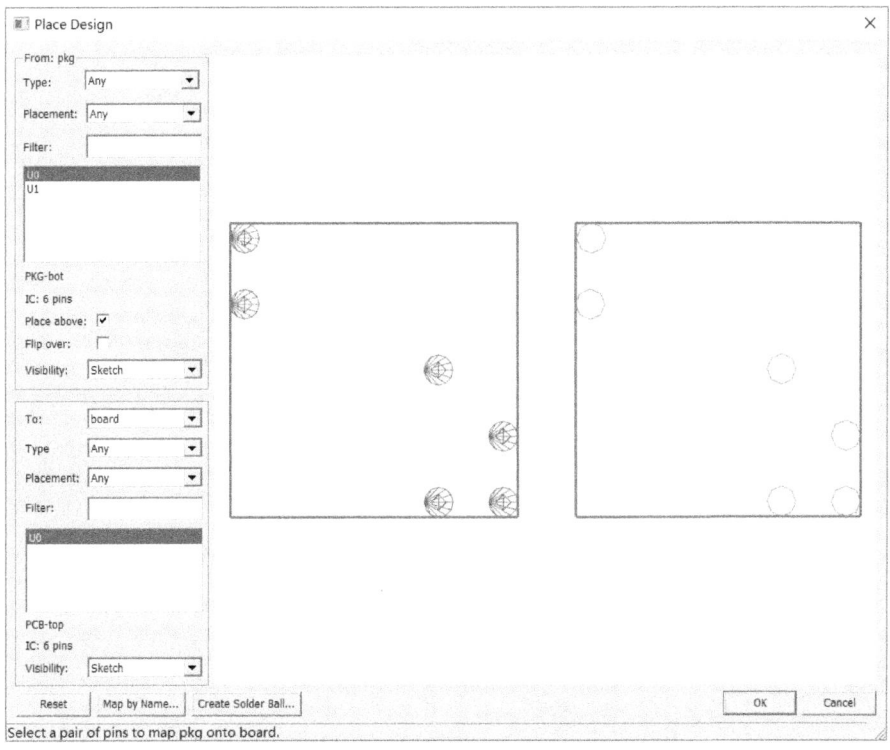

图 2-54　在左边选项中选择封装和 PCB 要对齐的器件

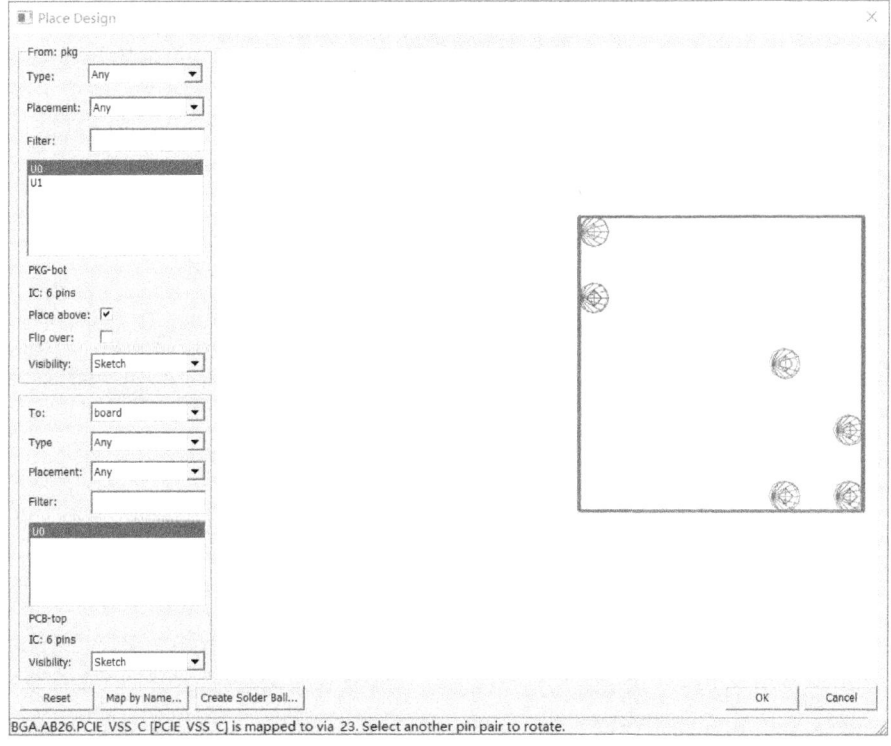

图 2-55　封装和 PCB 实现了对齐

封装和 PCB 之间的 Solder Ball 连接，可以通过单击图 2-55 中的 Create Solder Ball 按钮，设置 Solder Ball 的形状、直径、高度和材料（见图 2-56）。

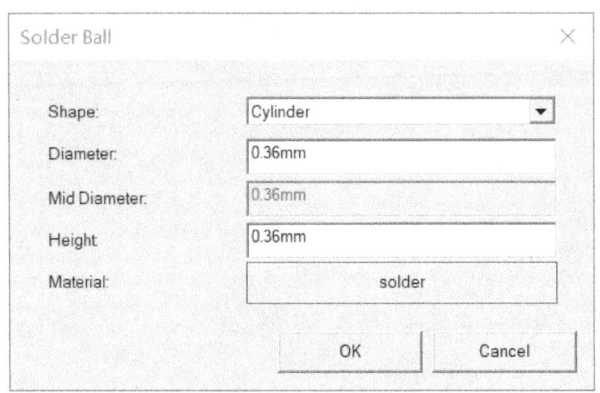

图 2-56　设置 Solder Ball 的规格

当封装和 PCB 上的 Component 已对齐，以及 Create Solder Ball 设置完毕并连续单击 OK 按钮后，Layout 窗口中的封装会移动到 PCB 指定的器件上，在相应焊盘上生成 Solder Ball 并按照 Pin 对齐，同时调整自身高度位置以确保 Solder Ball 正好接触到 PCB 的 Pin（见图 2-57）。

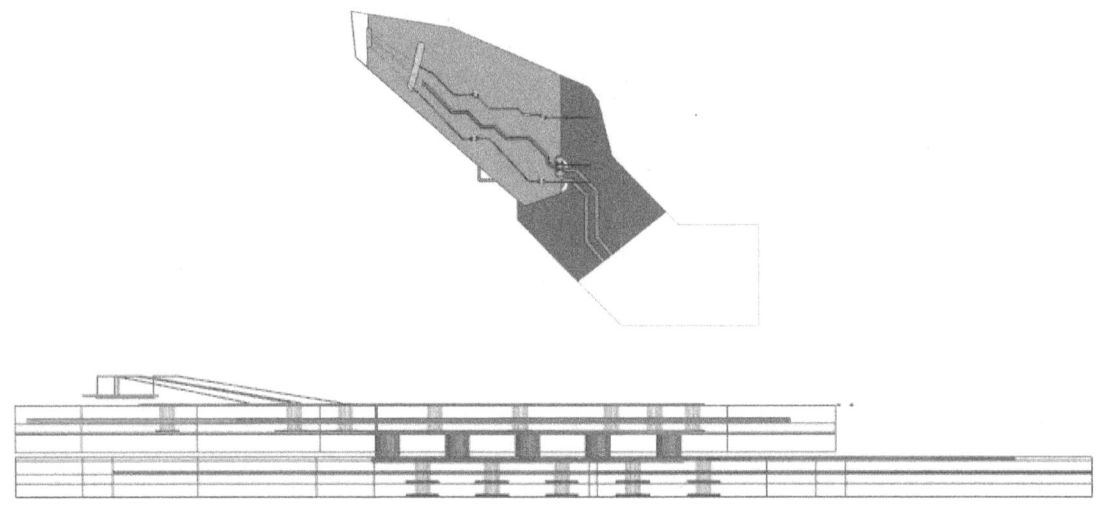

图 2-57　设置后的效果

2.2.10　PCB+3D Component 组装

除了进行板与板之间的级联仿真之外，有的时候还需要考虑 PCB 上的 3D 器件，例如电容器、电感器、连接器等。通过将 3D 结构打包成 3D Component，实现 Package+PCB+Connector+LC 的全波 3D 耦合仿真。3D Component 包含所有模型的 3D 结构及材料信息，基于专有加密技术保护各方知识产权。目前支持 3D Component 的主流厂家包括 Murata、TDK、Molex、Samtec、三星、Kemet 等。

HFSS 3D Layout 可直接导入 3D Component 与 PCB 进行组装，支持加密与非加密模型，通过单击 Layout → Import → 3D Component 来导入。导入进来的 3D Component，可通过控制光标移动选取要放置在 PCB 上的位置（见图 2-58），然后单击即可进行放置。保持 3D Component 处于选中状态，在左下角 Properties 窗口单击 Footprint → Location，也可以通过坐标方式控制 3D Component 的放置位置，单击 Placement 可以修改 3D Component 在 Z 方向的放置层（见图 2-59）。或者选中 3D Placement 复选按钮，此时 Location 的坐标变成三维坐标（见图 2-60），Z 方向也可以通过坐标进行控制，Z 方向的 0 点参考坐标为 Layout 叠层的 bottom 层，可通过叠层厚度信息确定所放置层的 Z 坐标。

图 2-58 通过移动光标控制 3D Component 的放置位置

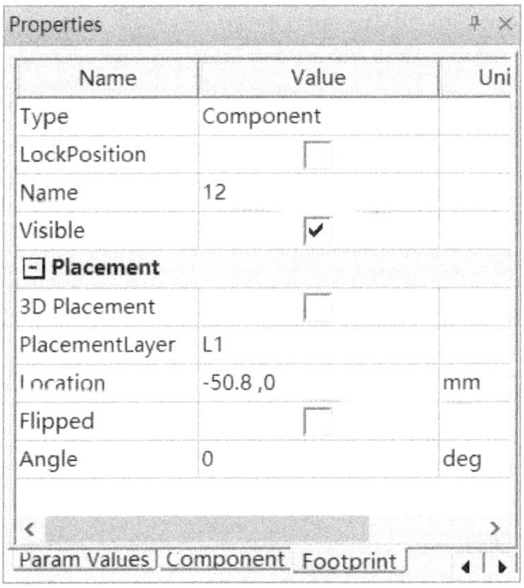

图 2-59 通过 3D Component 的 Properties 窗口修改放置位置

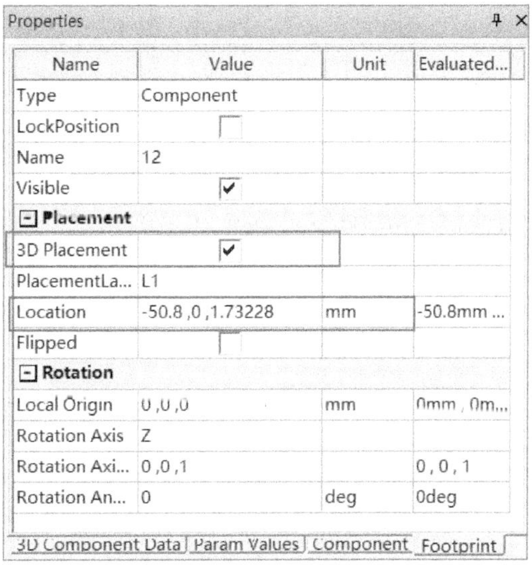

图 2-60 通过 3D Component 的 Properties 窗口修改放置位置（三维坐标）

2.3　HFSS 3D Layout 仿真参数设置

2.3.1　空气盒子与辐射边界设置

在 HFSS 3D Layout 中，空气盒子及其上的辐射边界默认是存在的，不用专门添加。但是默认情况下，空气盒子是不显示的。单击 Layout → Draw HFSS Air Box，可以在 Layout Editor 窗口中显示空气盒子的形状和大小。图 2-61 展示了隐藏和显示空气盒子的情况下，HFSS 3D Layout 中的显示效果。

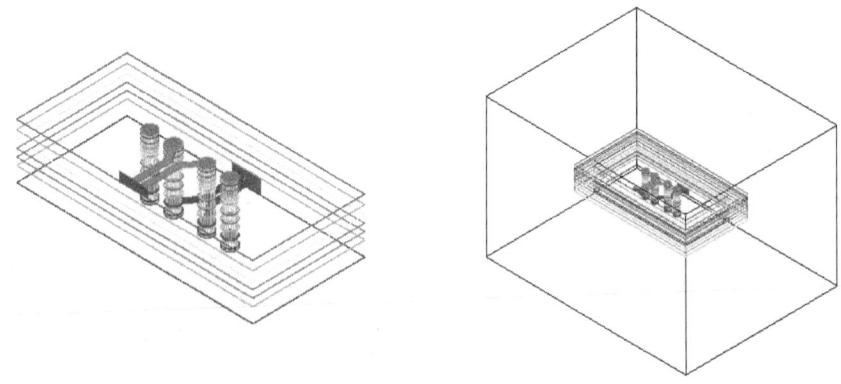

图 2-61　左图中空气盒子为隐藏状态，右图则显示了空气盒子

单击 HFSS 3D Layout → HFSS Extents，会弹出图 2-62 所示的对话框，可用于空气盒子与辐射边界的修改。该界面中的主要选项含义如下：

1）Open Region：决定是否使用辐射边界。默认情况是选中状态，支持普通 Radiation 和 PML（Perfect Match Layer）两种辐射边界技术。如果不选中，那么空气盒子的表面就是 PEC 边界。

2）PML 辐射边界是采用特殊构建的材料覆盖在空气盒子表面，能够吸收电磁波，采用 PML 边界要求空气盒子形状必须为 Bounding Box。

- Visible：PML 层是否可见。
- Operating Frequency：该 PML 的适用频率。
- Radiation Factor：设置 PML 层的厚度，越厚对电磁波吸收越好。

3）Type：空气盒子的形状类型，Bounding Box 表示长方体，Conformal 表示与 PCB 轮廓外形一致，Convex Hull 表示凸多边形。

4）Dielectric 下的 Horizontal：表示 PCB 上的介质层向外的扩展因子。当这个数值无单位时，表示按比例扩展。比例基准为原始 PCB 尺寸在 X、Y 这两个方向上较大那个值。当这个数值带单位时，表示的是扩展的绝对长度。另外，扩展的形状受前述参数 Type 控制。

5）Airbox 下的 Horizontal：控制空气盒子的表面在 X、Y 方向离 PCB 有多远。当这个数值无单位时，表示按比例设置距离。比例基准为介质层扩展后的 PCB 尺寸在 X、Y 这两个方向上较大那个值。当这个数值带单位时，表示的是扩展的绝对长度。

6）Vertical 下的 Positive 和 Negative：分别控制空气盒子的上下表面离 PCB 有多远。当这个数值无单位时，表示按比例设置距离。比例基准为介质层扩展后的 PCB 尺寸在 X、Y 这两个方向上较大那个值。当这个数值带单位时，表示的是扩展的绝对长度。如果 Sync 复选按钮被选中，那么 Negative 无须填写，将等于 Positive 的值。

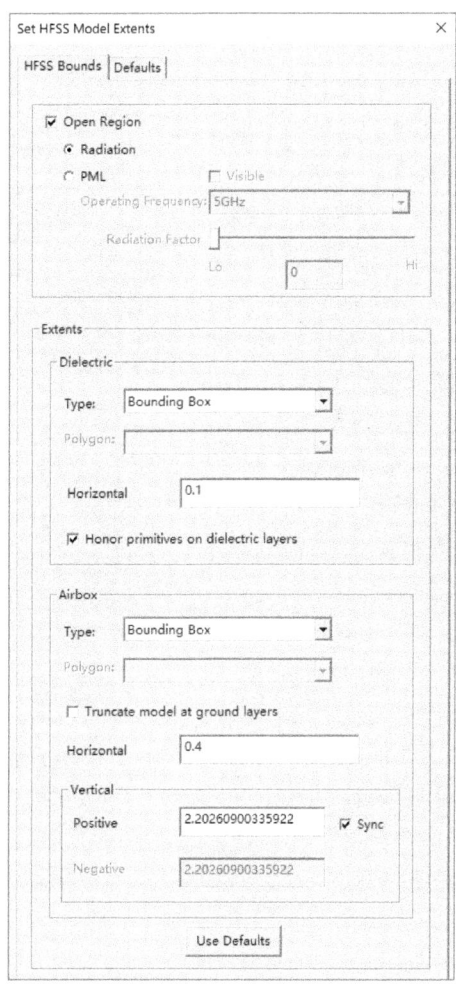

图 2-62　空气盒子与辐射边界设置

2.3.2　HFSS 3D Layout 中的端口设置

在 HFSS 3D Layout 中，端口类型按照外形划分，主要可以分为三种，分别是 Edge Port、同轴 Port 和 Circuit Port。其中 Edge Port 主要用于走线及矩形焊盘位置的端口设置。同轴 Port 主要用于 Solder Ball 和圆形焊盘等位置的端口设置。Circuit Port 最灵活，主要用于 Edge Port 和同轴 Port 无法使用的场景。

在端口的建立方法上，HFSS 3D Layout 和 HFSS 有很大区别。HFSS 中一般要求用户自己绘制端口的形状，然后定义为 Wave Port 或者 Lumped Port，因此在 PCB 这种仿真项目中建立端口时，用户必须计算叠层之间的距离以保证端口的边缘正好和 PCB 的上下叠层对齐。在 HFSS 3D Layout 中，用户不再需要绘制端口的形状，而是基于选中和设置的方法，完成端口建立，能够节约很多操作。

当 Port 建立好后，单击此 Port，在 Properties 窗口中会有 EM Design 选项卡（见图 2-63），包括 Port 的各项电磁属性，用户可以根据需要对 Port 的类型、尺寸、参考面等进行调整，其也是 HFSS 3D Layout 中对端口进行设置的主要页面。该页中的属性内容会根据 Port 类型的不同而不同，如尺寸这项参数不会出现在所有 Port 类型中。

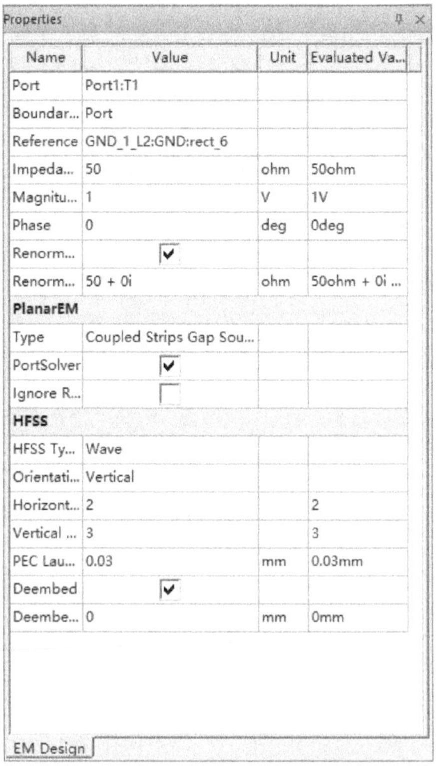

HFSS 3D Layout 中的 Edge Port 和同轴 Port 是按照外形划分的，但是从本质上来讲，它们都属于 HFSS 中的 Wave Port 或者 Lumped Port。因此，对于追求仿真精度的用户，必须首先对 HFSS 中的这两种端口有足够的了解，然后在 HFSS 3D Layout 中设置端口时也要时刻考虑到在具体场景下，到底是哪种端口更合适。一般来说，只有在进行前仿真时，才使用 Wave Port；进行后仿真时，一般都使用 Lumped Port，以便更灵活地选择端口的位置。

要修改端口类型，那么可以单击在图 2-63 中 PlanarEM 下的 Type 参数，根据 Port 具体位置的不同，可能会出现 Gap、Wave 或者 Circuit 等选

图 2-63 Port 各项参数的修改

项。其中 Gap 就是 Lumped Port，Wave 表示 Wave Port，Circuit 则表示 Circuit Port。修改之后，可以看到端口的外形发生变化（见图 2-64）。Wave Port 一般尺寸较大。另外一个需要注意的是，当 Wave Port 位于求解区域内部时，必须在背面覆盖一层 PEC 以确保传播方向正确。因此 HFSS 3D Layout 会自动在内部的 Wave Port 背面覆盖一个 PEC 薄层，用户可以在 EM Design 属性页中修改该 PEC 的厚度。

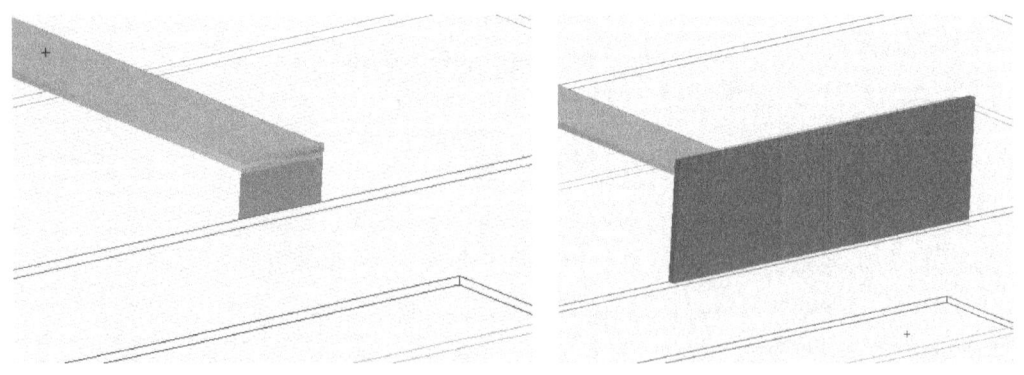

图 2-64 端口外形变化，左图为 Gap，右图为 Wave

HFSS 3D Layout 支持各种端口类型的混合，用户可以在一个项目中同时使用不同类型的端口。

1. Edge Port 设置详解

Edge Port 是指端口生成过程要求用户必须指定相应的 Edge Port，常用场景包括：

1）走线边缘添加端口。

2）矩形焊盘添加端口。

3）同层 Edge 之间添加端口。

（1）在走线边缘添加端口

适用于走线是微带线或者带状线等，并且可以在正上方或正下方找到相应参考平面的情况。

首先在 Layers 显示控制窗口中，将其他层隐藏，只显示该走线所在层。然后在 Layout Editor 窗口空白处右击，在菜单中选择 Select Edges（见图 2-65）。

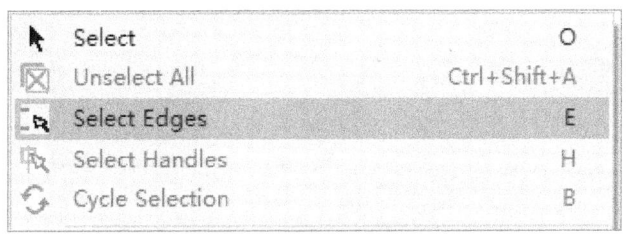

图 2-65　只选中 Select Edges 模式

单击单根走线末端的边缘，被选中的边缘会高亮显示，然后右击，在菜单中单击 Port → Create（见图 2-66）。软件会根据该边缘的宽度，以及到上方或下方参考层的距离，建立 Gap Port。其属性页（见图 2-67）中包含如下信息：

1）Reference：该参数提供了本端口的参考平面的信息。在图 2-67 中的值为 GND_1_L2：GND：rect_6，由两个冒号分隔为三部分，第一部分表示的信息是该参考平面位于哪一层，第二部分表示该参考平面的 NET 名，第三部分表示该参考平面本身的名字。

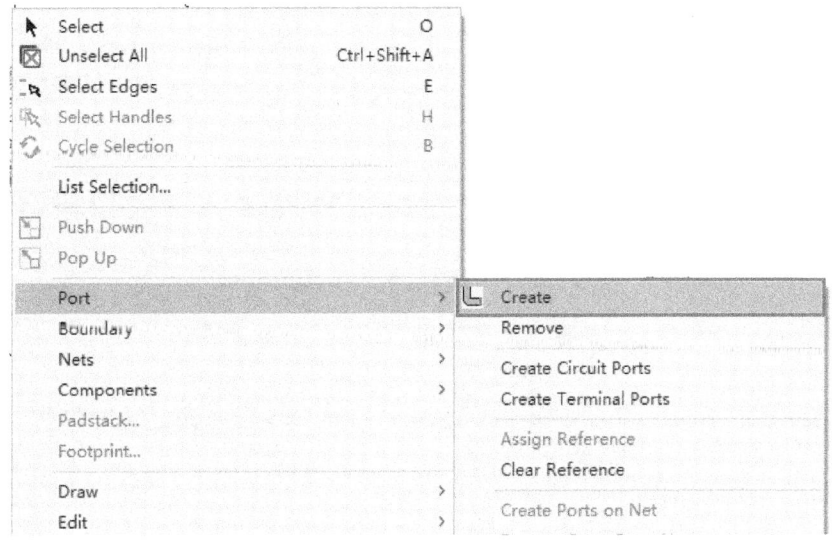

图 2-66　建立端口

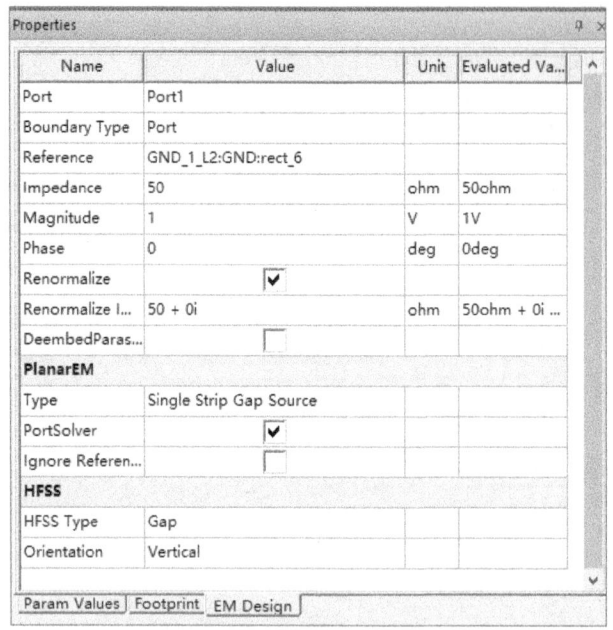

图 2-67 Gap Port 属性

2) Impedance：指该 Gap（Lumped Port）Port 的预设端口阻抗。

3) Magnitude 和 Phase：指该端口输入激励的幅度和相位，仅影响场相关的显示，不影响 S 参数结果。

4) Renormalize：表示是否对仿真完的 S 参数做归一化。

5) Renormalize Impedance：对 S 参数做归一化时的参考阻抗。

6) DeembedParasiticPortInductance：是否去嵌入该 Gap Port 的寄生电感效应。

7) Orientation：端口的方向，有水平或者垂直两种选择。

对于 Gap Port 而言，重点需关注 Reference 平面是否是想要的，软件本身默认是找上方和下方中最近的平面。如果不想参考最近的平面，用户可以修改 Reference 参数的值。

对于带状线，往往会使用 Wave port 以便同时参考上下两个平面。此时需要将 Gap Port 属性中 HFSS Type 的值改为 Wave。修改之后，除了端口本身的形态会发生变化之外，Properties 窗口在底部也会增加 5 项可调参数（见图 2-68）：

1) Horizontal Extent Factor：端口水平扩展因子，当数值无单位时表示按比例拓展。值为带长度单位的数字时，表示按此长度拓展。

2) Vertical Extent Factor：端口垂直扩展因子，当数值无单位时表示按比例拓展。值为带长度单位的数字时，表示按此长度拓展。如果是带状线，那么无此选项，因为带状线的 Wave Port 高度是确定的。

3) PEC Launch Width：设置贴在 Wave Port 背面的 PEC 的厚度。该 PEC 可以避免 Wave Port 处于求解空间内部时的报错。

4) Deembed：该 Wave Port 是否做去嵌入操作。

5) Deembed Distance：去嵌入的长度，正值表示沿着 Wave Port 往外延长，负值表示沿着 Wave Port 往里缩短。

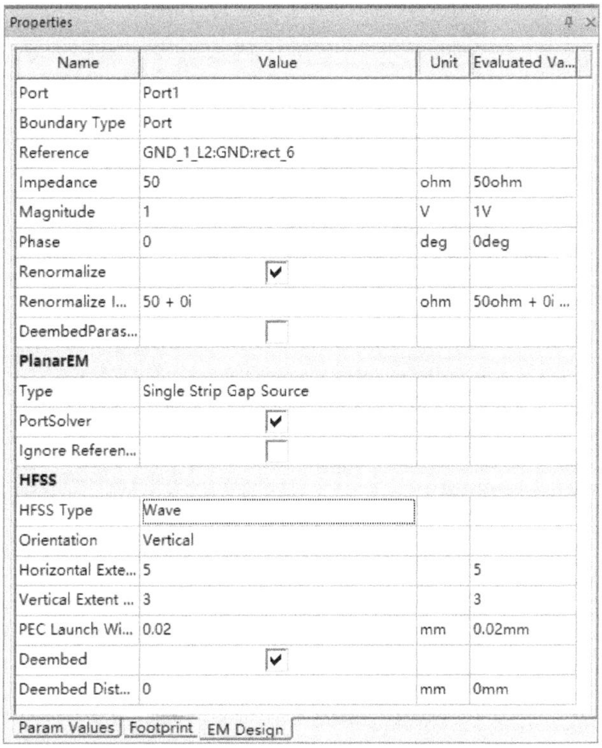

图 2-68　Wave Port 新增属性

对差分走线而言，如果在两条走线上分别设置 Wave Port，那么这两个端口处往往会发生交叠。正确的做法是只设置一个 Wave Port，但同时包含两条走线的 Terminal。首先分别在两条走线边缘建立起 Gap Port，然后在 Layout Editor 窗口上同时选中这两个端口，右击，在菜单中单击 Port → Couple Edge Ports（见图 2-69），软件便会建立起一个包含两个 Terminal 的 Wave Port。

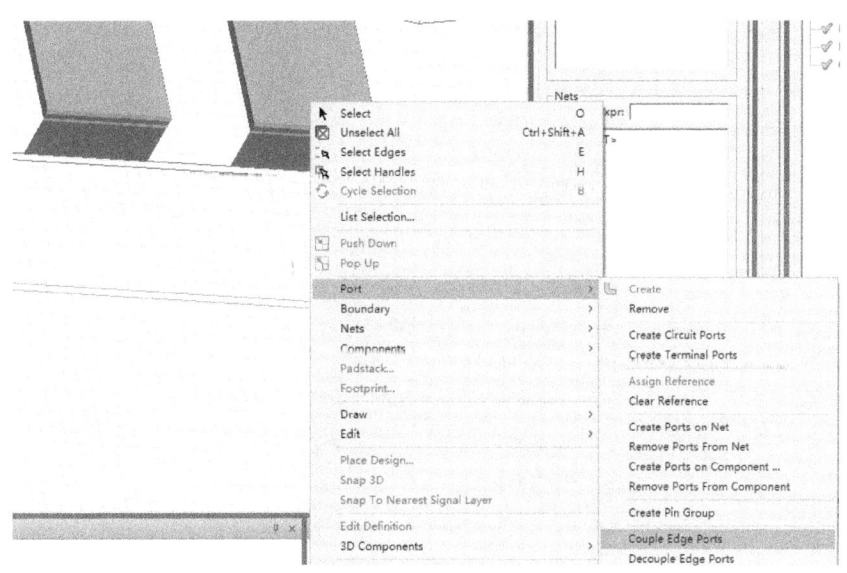

图 2-69　建立包含 2 个 Terminal 的 Wave Port

如果遇到走线的边缘是圆弧形无法找到平的 Edge 的情况，可以先选中走线本身，然后在 Properties 窗口中将走线参数 StartCapType 由 Round 修改为 Flat 即可（见图 2-70）。

（2）在矩形焊盘上添加端口

在矩形焊盘上添加 Edge Port 的方法与在走线上添加类似，只需选中焊盘的某条 Edge，然后右击，在菜单中单击 Port → Create 即可添加出垂直的端口。有时候，由于器件的 outline 会与焊盘的边缘重合，会导致难以选中 Edge。此时可以在 Layer 显示控制窗口中，将器件（Components）的显示关闭（见图 2-71），便可选中 Edge 了。

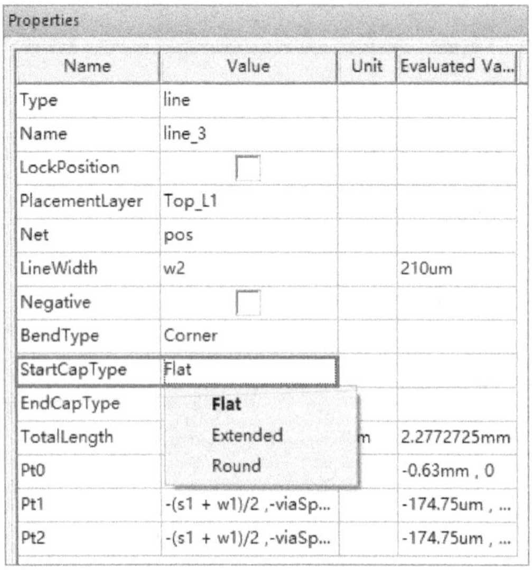

图 2-70　改变走线边缘的形状 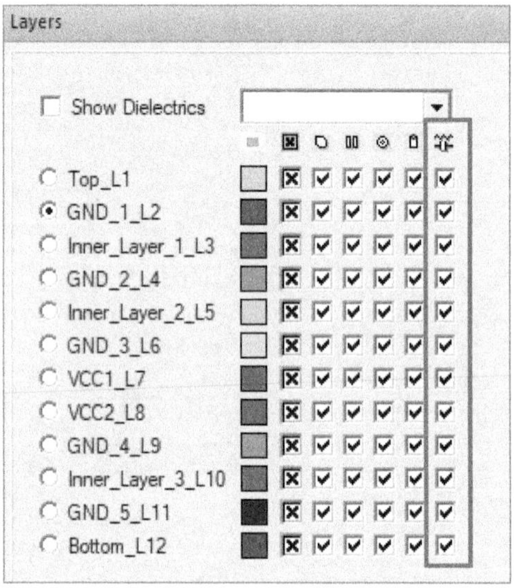　　图 2-71　隐藏器件以选中焊盘的 Edge

在矩形焊盘上添加端口时容易犯的错误操作是，直接选中焊盘本身，然后右击，在菜单中单击 Port → Create。这样建立的端口是一个水平同轴 Port，视觉上看起来是一个圆形（见图 2-72）。此端口的外边缘没有接触到任何参考导体，无法正常工作。

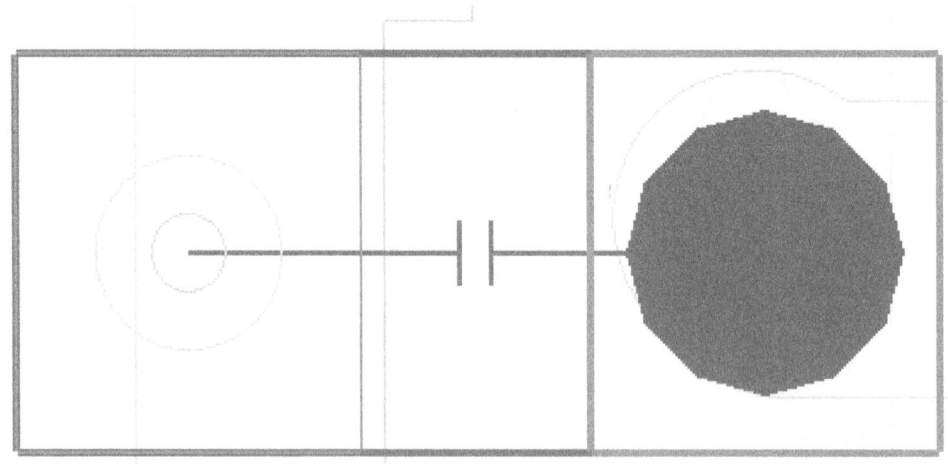

图 2-72　矩形焊盘添加端口的错误形式

（3）在同层两条 Edge 之间添加端口

如果被选中 Edge 的上下层都无法找到合适的参考平面，可以考虑在同层寻找合适的参考，这种基于同层的 Edge 生成端口是水平的。保持两条 Edge 被选中（后选中的会作为 Reference 端），右击，在菜单中单击 Port → Create，软件会根据这两条 Edge 来生成一个水平的 Lumped Port（见图 2-73）。用户需确保端口面上是均匀介质，没有和其他物体重叠。

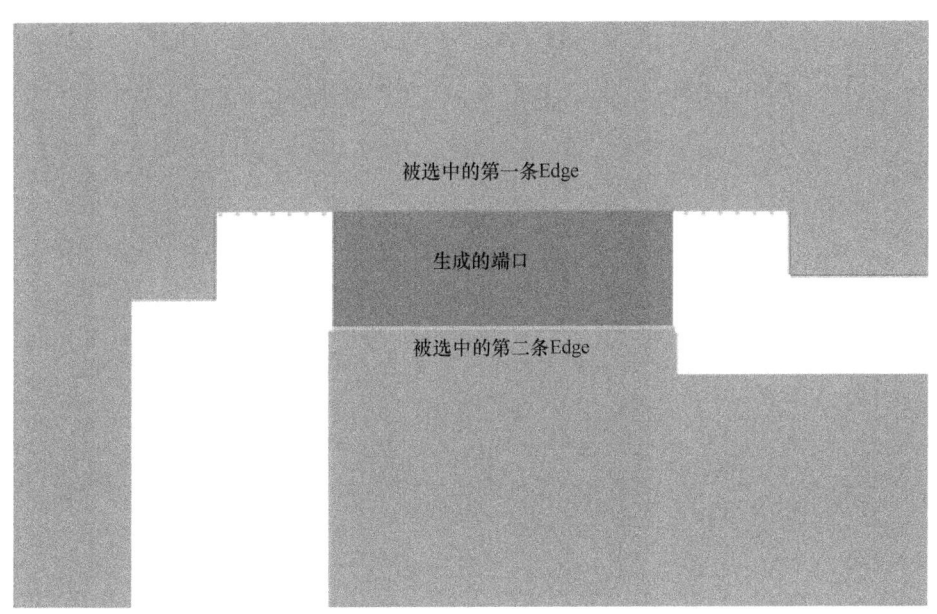

图 2-73　基于同层的两条 Edge 建立端口

Gap Port 技术可以支持非规则的端口形状，因此即使被选中的两条 Edge 没有对齐或者平行，软件也可以生成端口形状并求解。图 2-74 展示了一个非规则形状的端口例子。

2. 同轴 Port 设置详解

同轴 Port 主要用于批量设置器件引脚的端口，如 BGA 器件等。由于器件一般包含较多 Pin，手动建立每个端口会导致很大的工作量。对于多 Pin 的器件，其设置端口的基本思路是：通过在器件上方或者下方生成 PEC 平平面，各 Pin 通过生成 Solder Ball 与 PEC

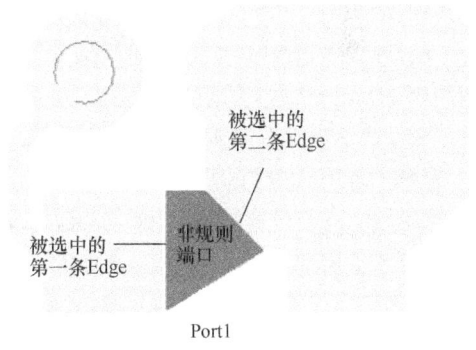

图 2-74　非规则形状的 Gap Port

平面相连。然后在信号线的 Solder Ball 上建立同轴 Port，参考为 PEC 平面。其他参考信号引脚（如 GND）的 Solder Ball 保持与 PEC 连接，这样所有的参考信号引脚都通过 PEC 平面短路了起来，形成一个良好的参考平面。具体操作过程如下。

在 Components 窗口中查看要设置端口的器件的类型是否为 IC，如果不是 IC，最好修改为 IC（见图 2-75）。

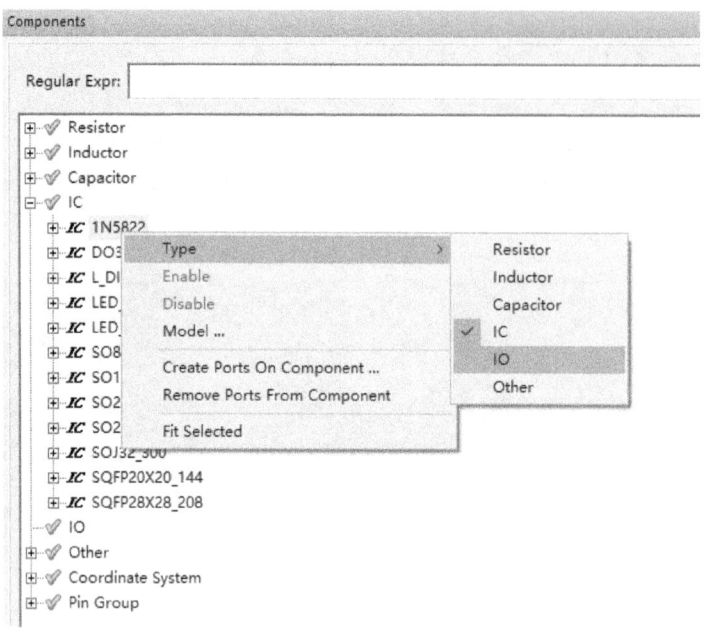

图 2-75 修改器件类型为 IC

然后选中该器件，在 Properties 窗口中单击 Model Info，弹出如图 2-76 所示的对话框，其中可以设置的内容包括以下部分：

1）Die Properties：选择 Flip chip，通过设置 Orientation 来决定该器件在基板的安装方式。Chip down 是指器件位于 PCB 的顶层，所以会从基板向上生成 Solder Ball。Chip up 是指器件位于 PCB 的底层，所以会从基板向下生成 Solder Ball。如果器件类型没有被设为 IC 的话，此选项可能不存在，会导致无法控制 Solder Ball 的方向。

2）Solder Ball Properties：用于设置要生成的 Solder Ball 的形状、尺寸和材料。

3）Reference Offset：设置自动生成的 PEC 平面与 Solder Ball 底面在 Z 方向的距离。设置为 0 的话，自动生成 PEC 平面的位置将直接接触 Solder Ball 的底面，从而把所有的 Solder Ball 都短路起来。

4）Reference Size：选中 Auto 复选按钮的话，表示自动生成的 PEC 平面的尺寸与器件的 Outline 保持一致。取消选中后，可以在 X 和 Y 的输入框内手动设置 PEC 平面的尺寸。如果希望只生成 Solder Ball，不生成 PEC 平面，那么只需将 X 和 Y 的尺寸都设置为 0。

图 2-77 展示了经过设置后的器件的外形，可以看到各个引脚 Solder Ball 和参考 PEC 平面已经生成。此时选中要

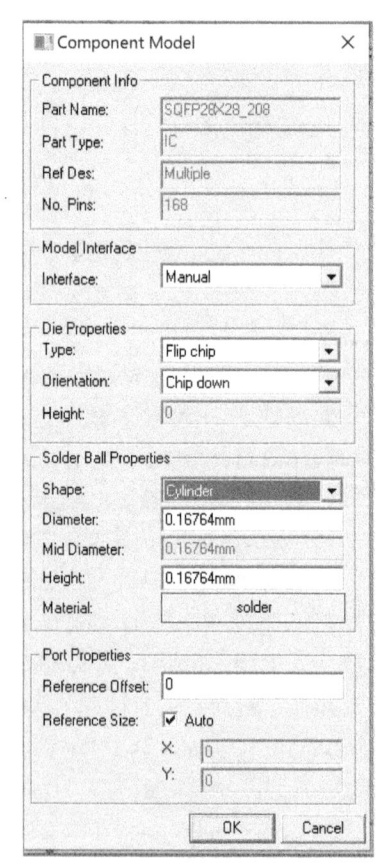

图 2-76 Component Model 对话框

批量建立端口的器件，先右击，在菜单中选择 Create Ports on Component，然后在弹出的对话框中（见图 2-78）选择要建立端口、PEC 边界或者 RLC 边界的网络名。

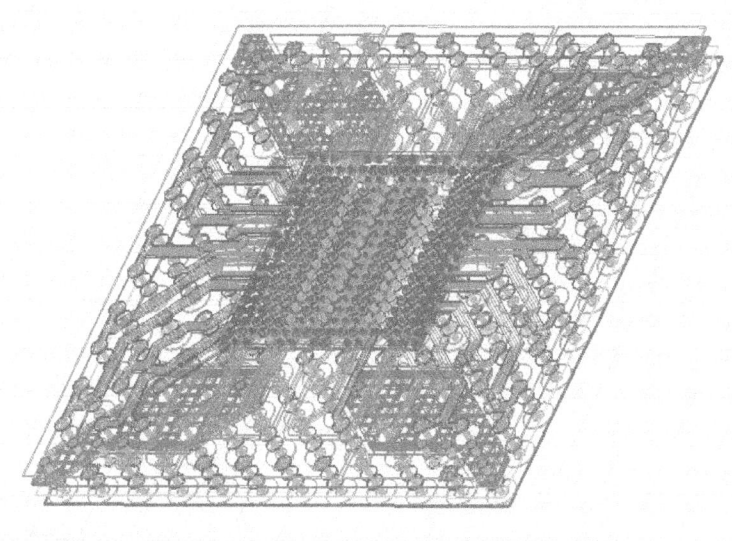

图 2-77　设置后的器件视图

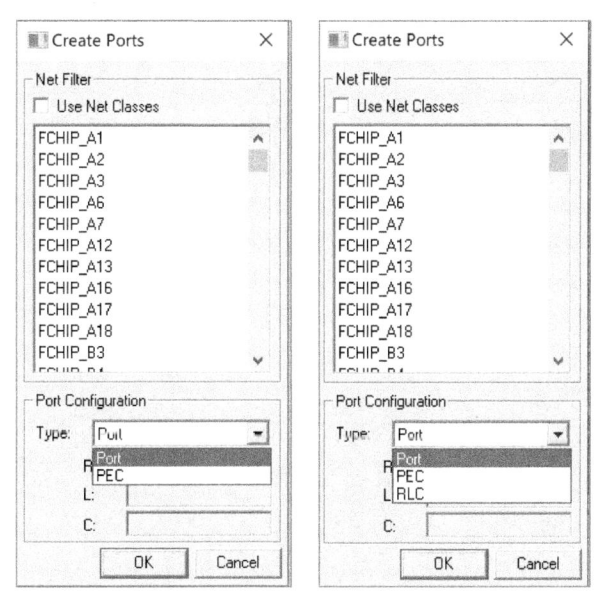

图 2-78　在器件上批量生成端口，PEC 边界和 RLC 边界
左图：Reference Offset 等于 0　右图：Reference Offset 大于 0

如果 Reference Offset 的值为 0，那么 Type 中只能选择 Port 或者 PEC（见图 2-78 左图）。当选择 Port 时，选中网络的 Solder Ball 上会生成水平同轴 Port，其他网络会通过 Solder Ball 和参考 PEC 平面短路。这种同轴 Port，在端口属性中的 HFSS Type 里的值为 Gap（coax），Reference 的值一般为空，但这并不是说这个端口没有参考。仔细观察的话，可以看到这种同轴 Port

是在 Solder Ball 和 PEC 平面之间挖出了一个圆环，内圆就是 Solder Ball，外圆则和 PEC 平面接触。这种端口的信号导体为 Solder Ball，参考导体是所接触的 PEC 平面。

如果 Reference Offset 的值大于 0，Type 中除了 Port 和 PEC 边界外，还可以选择 RLC 边界（见图 2-78 右图）。由于参考 PEC 平面与 Solder Ball 之间有一定距离，所以如果选择 Port 的话，生成的将是介于 Solder Ball 和参考 PEC 平面之间的垂直 Gap Port。其他电源/地网络如果需要和参考 PEC 平面连接，那么请设置其 Type 值为 PEC，在对应 Solder Ball 和参考 PEC 平面之间会生成垂直的 PEC 平面。其他不加 Port 的信号网络，可以通过设置 Type 值为 RLC，在对应 Solder Ball 和参考平面之间生成一个垂直的 RLC 边界模拟负载；也可以什么都不做，此时这些网络对应的 Solder Ball 将保持悬空。

3. Circuit Port 设置

Circuit Port 的设置非常灵活，主要有两种方法。方法 1：任意选中两条 Edge，然后右击，在菜单中单击 Port → Create Circuit Ports，即可在这两个 Edge 之间建立起一个 Circuit Port。方法 2：先右击，在菜单中单击 Port → Create Circuit Ports，然后在要设置端口的地方单击两个点，其中第一个点为端口的 Positive 端，第二个点为 Negative 端，然后在弹出的对话框（见图 2-79）中选择 Positive 端和 Negative 端的层即可。

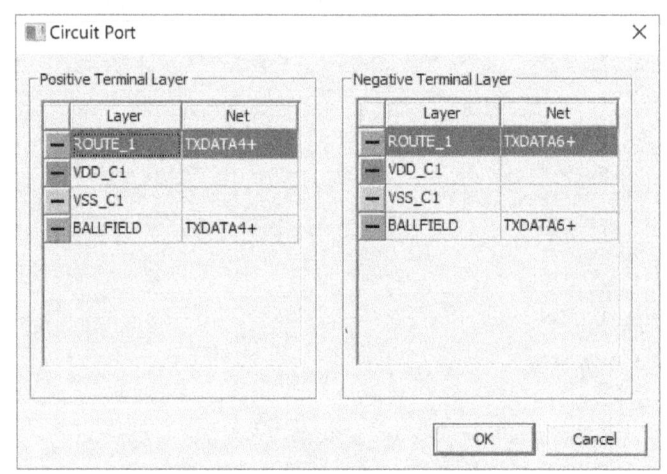

图 2-79　设置 Circuit Port 正负端的所在层

Circuit Port 是通过在 Positive 端和 Negative 端加电流来激励的，因此并不需要求解端口的电磁场。用户需要确保 Circuit Port 尺寸满足电路微小尺寸要求，不穿过其他物体，并且考虑该电流激励的位置是否合理，Circuit Port 虽然足够灵活，但是并非第一选择，用户应该优先使用 Edge Port 和同轴 Port。

Circuit Port 也可以基于 Pin Group 建立。单击 Draw → Create/Manage Pin Groups。在弹出的对话框（见图 2-80）的 Pin Group List 中选中两个 Pin Group，然后单击 Create Port 按钮，即可完成建立。先选中的 Pin Group 会作为该 Port 的 Positive 端，后选中的 Pin Group 会作为 Negative 端。

如果要建立 Pin 和 Pin Group 之间的 Circuit Port，需要按住 Ctrl 键，在 Layout 窗口中同时选中 Pin 和一个 Pin Group，然后右击，在菜单中单击 Port → Create，即可完成。

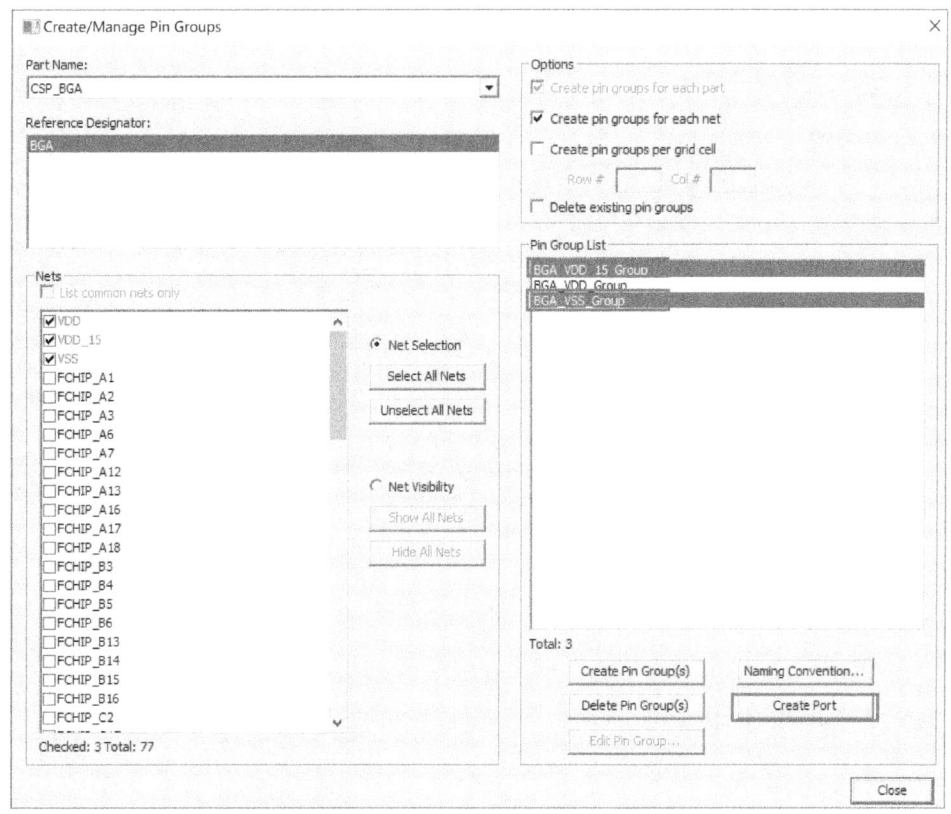

图 2-80 基于 Pin Group 建立 Circuit Port

4. 层次化仿真项目中的端口设置

层次化仿真项目中，主设计 Design 和作为子设计 Design 中的 Port 的建立过程和普通 Design 是一致的，但是需要将子设计的端口添加到主设计列表中，如图 2-81 所示。选中子设计右击，在菜单中单击 Port → Create Ports on Component，之后弹出如图 2-82 所示的对话框，单击 OK 按钮即可将子设计中的端口添加到主设计中，如图 2-83 所示，主设计列表中包含子设计中的端口。

2.3.3 求解设置

在 Project Manager 窗口中的 HFSS 3D Layout 项目上，右击 Analysis，在菜单中单击 Add HFSS Solution Setup → Advance，便会弹出如图 2-84 所示的对话框。该对话框包括了 HFSS 3D Layout 最主要的仿真设置，一共分为 7 个标签。大部分情况下，用户只需要修改 General 标签中的选项即可，其他标签都可以使用默认参数。

1）General 标签：设置求解频率（Solution Frequency），网格最大迭代次数（默认是 10）和收敛判据（默认是 0.02）。在下方有一个 Save fields 复选按钮，默认是未选中。如果仿真结束后需要查看求解频率的场，请选中。如果只需查看求解频率处的辐射场，那么请选中 Save radiated fields only 复选按钮，能够节约保存电磁场所占用的磁盘空间，但是就不能查看空气盒子内的电磁场了。

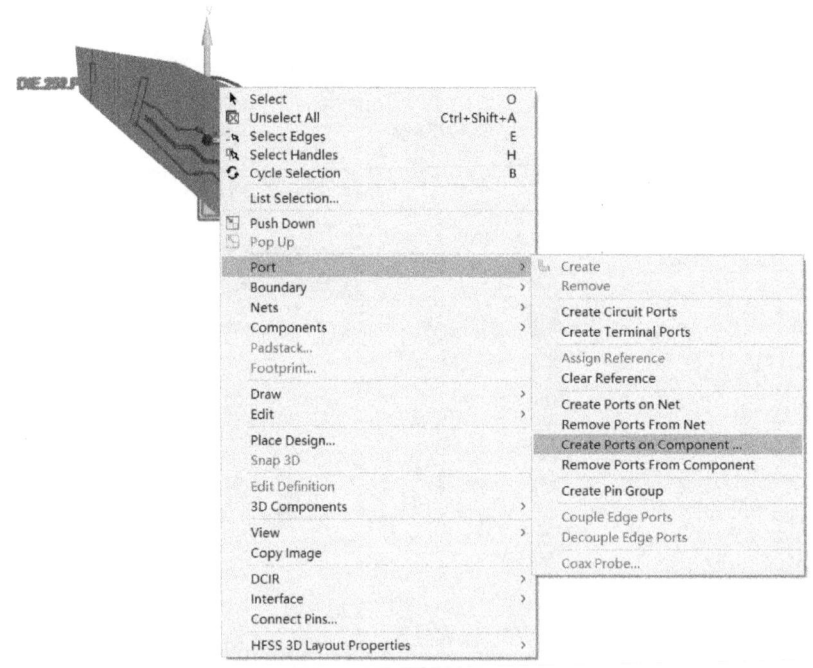

图 2-81　将子设计中的端口添加到主设计列表

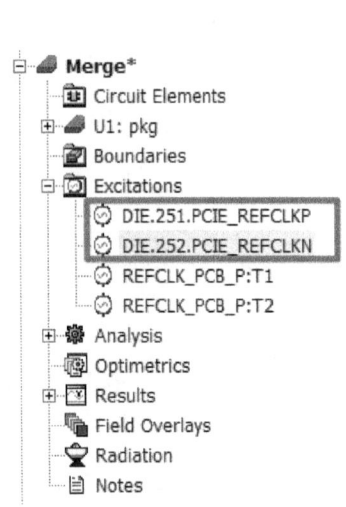

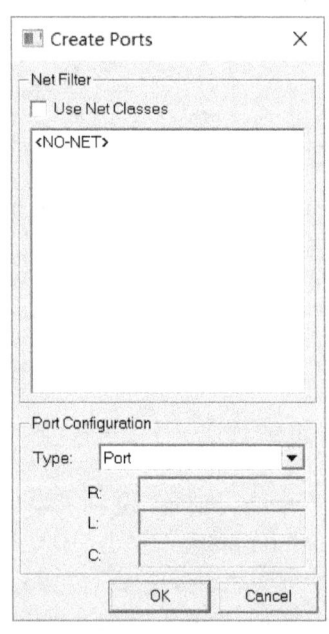

图 2-82　主设计列表中的子设计端口　　　　图 2-83　Create Ports on Component

HFSS 3D Layout 允许用户同时设置多个求解频率（Multi-Frequencies），这在宽带仿真或者多频率器件的仿真中尤为有用。如图 2-85 所示，在这个选项组中，用户除了可以指定若干个求解频率之外，还可以通过预先定义的 Output Variable 来自定义每个求解频率的收敛条件。软件最终生成的网格能够在所有求解频率上都满足收敛条件。

如果不清楚哪些求解频率最合适，可以使用 Broadband，然后在 Low Frequency 和 High Frequency 中输入感兴趣频率的上下限（见图 2-84），软件会根据仿真问题的复杂程度、计算机硬件条件和软件 HPC 设置来自动决定使用哪些频点作为求解频率。这种设置适合超宽带并且无明确工作频点的情况，如高速信号提取。

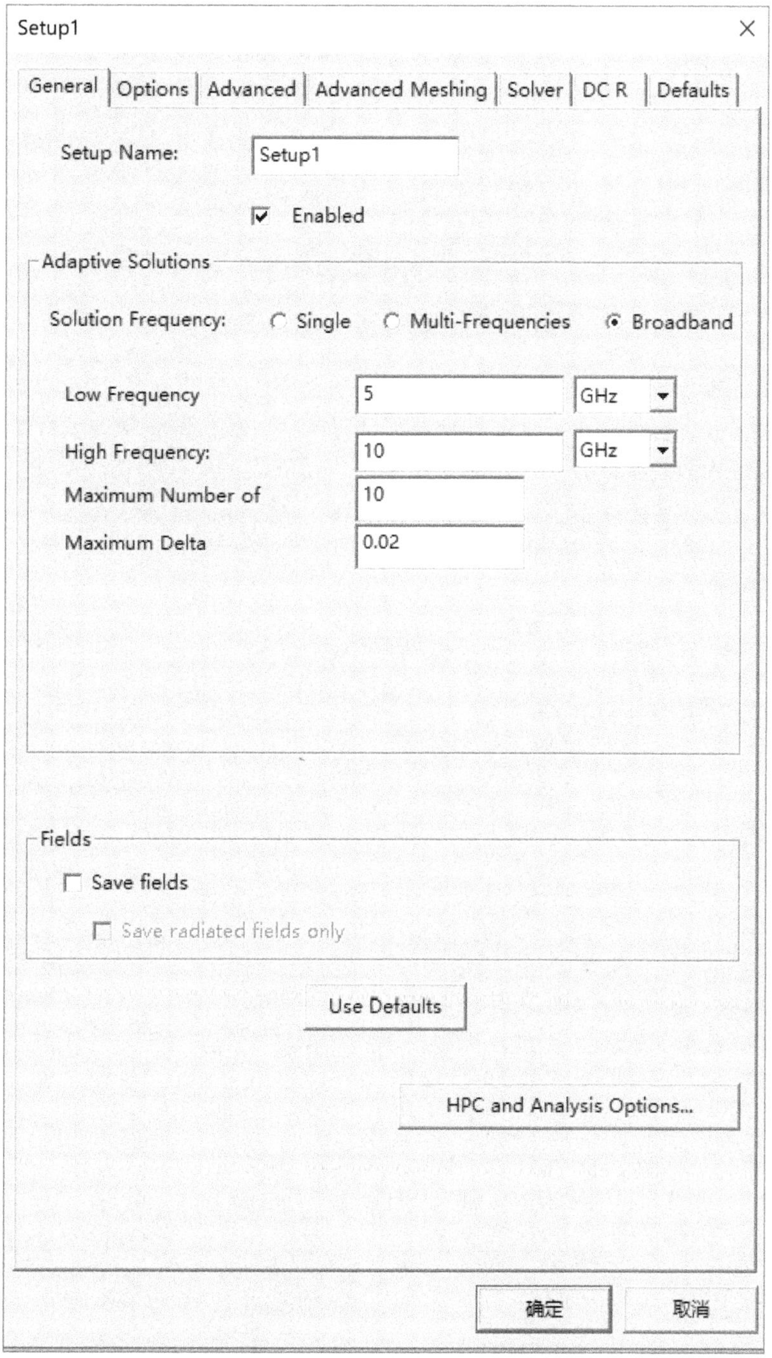

图 2-84　Analysis Setup 中的 General 标签，设置 Broadband

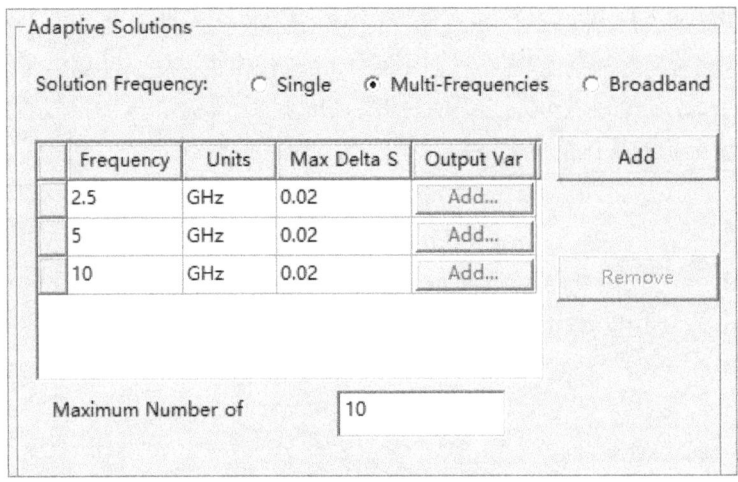

图 2-85　设置 Multi-Frequencies

2）Options 标签（见图 2-86）：设置初始化网格尺寸与波长的关系（Initial Mesh Options），默认是三分之二波长，除此之外，初始化网格尺寸还和仿真物体的结构细节有关；可以设置每次网格加密时增加的网格百分比（Maximum Refinement Per Pass）；可以设置最小网格加密次数（Minimum Number of Passes）和最小连续收敛次数（Minimum Converged Passes）。

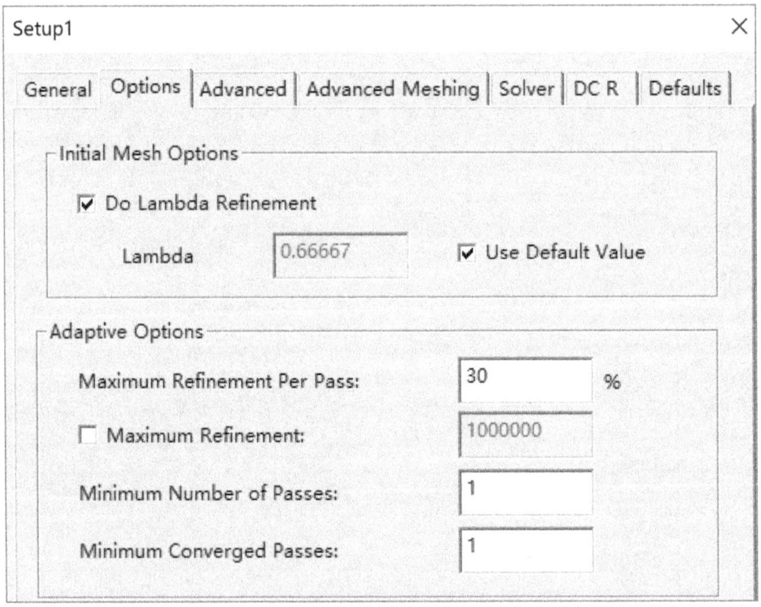

图 2-86　Analysis Setup 中的 Options 标签

3）Advanced 标签（见图 2-87）：Form polygon unions before meshing 复选按钮会在生成网格前先把各个 Plane 尽可能组合成一个；Use polygon defeaturing 复选按钮可以简化平面上一些不必要的细节；Mesh as a 3D via 中的 Number of sides 决定圆形过孔在做网格时会被处理成什么样的正多边形。

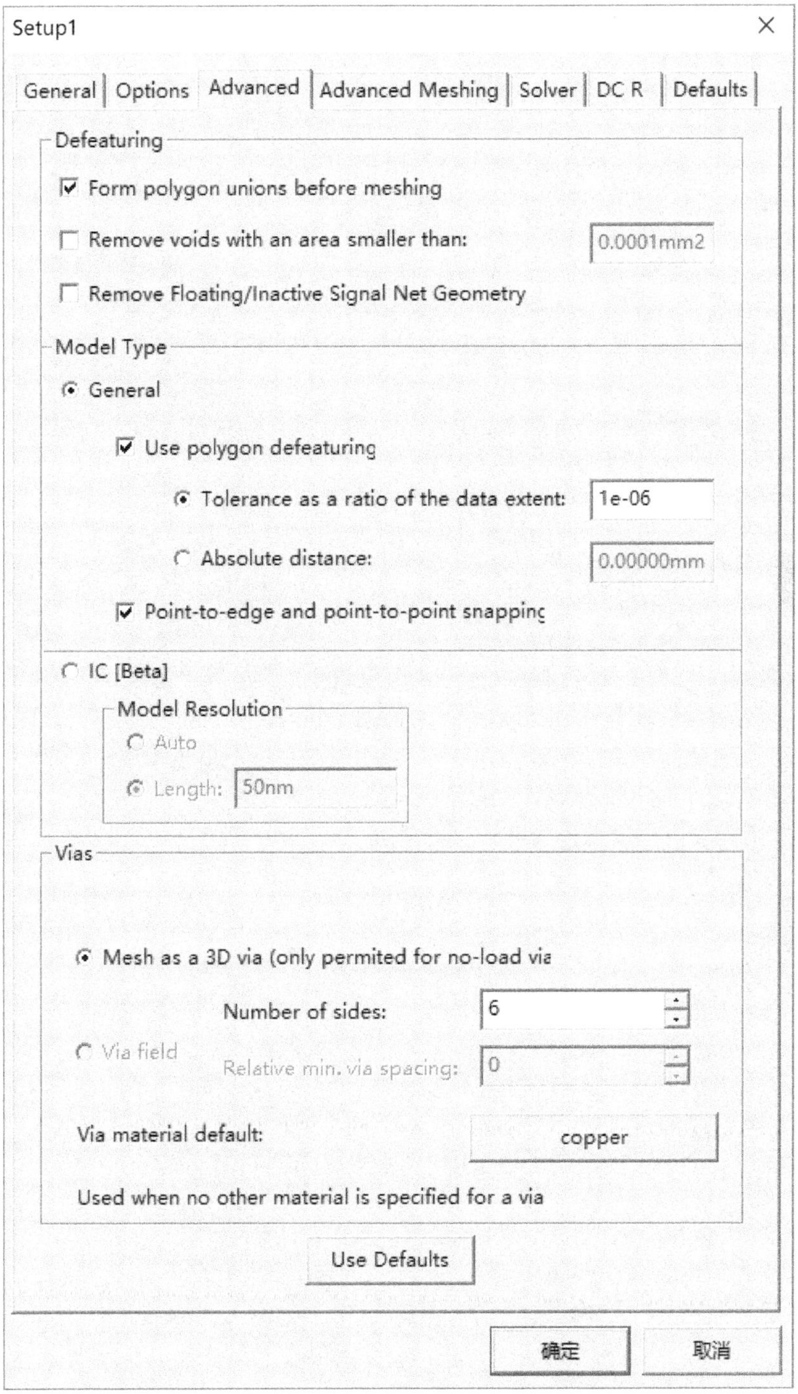

图 2-87　Analysis Setup 中的 Advanced 标签

4) Advanced Meshing 标签 (见图 2-88): 主要设置划分网格时对曲线的逼近精度等。如 Arc step size 控制弧线的拟合精度是多少度。

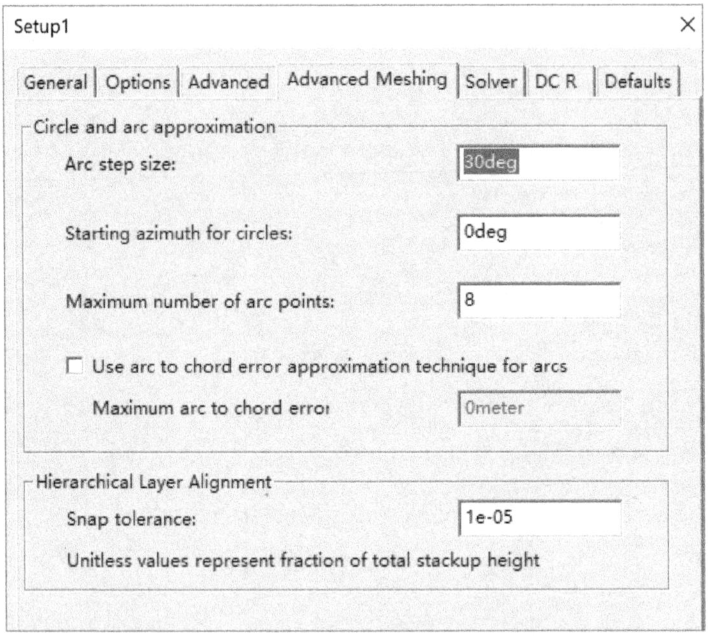

图 2-88 Analysis Setup 中的 Advanced Meshing 标签

5）Solver 标签（见图 2-89）：Port Options 可以设置 Wave Port 的求解精度；Modelling Options 可以设置何时将金属层当作 Sheet 处理；Enable intra-plane coupling of Pwr/Gnd nets for enhanced accuracy 复选按钮如果被选中，那么所有 Pwr/Gnd 组里面的网络会使用 Volumetric Shell Element 技术，可以在不生成体网格的前提下，更准确地考虑低频电磁波穿透金属的效应，从而使得低频时不同层之间的电磁耦合计算得更准确。

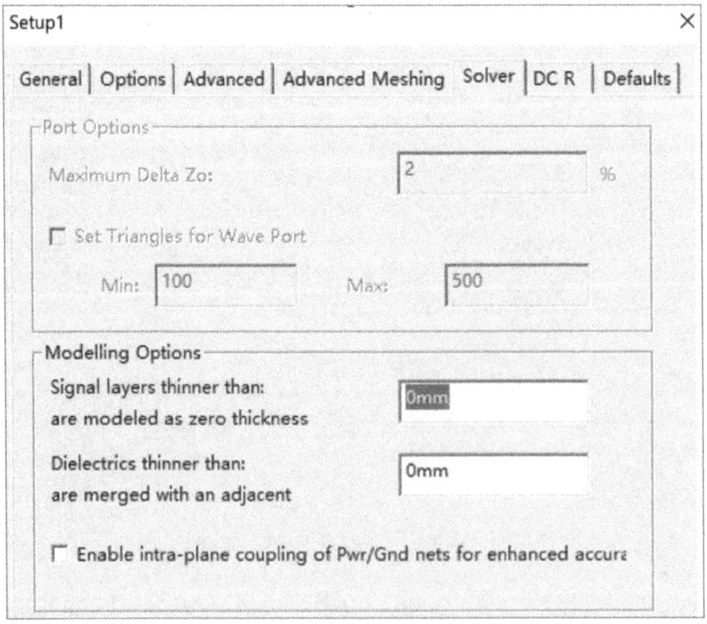

图 2-89 Analysis Setup 中的 Solver 标签

6) DC R 标签（见图 2-90）：如果在扫频时，选择了使用 Q3D 求解 DC，那么本页面就决定 Q3D 求解时的设置，包括最大网格加密次数、最小网格加密次数、最小连续收敛次数、收敛误差判据和每次网格加密百分比。

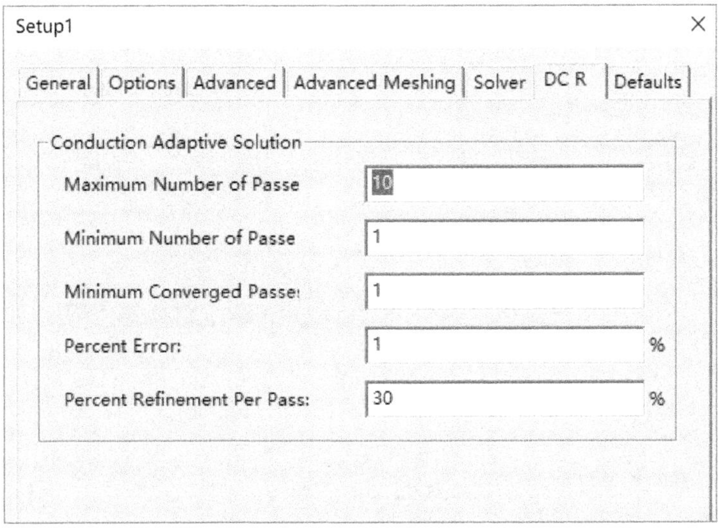

图 2-90 Analysis Setup 中的 DC R 标签

7) Defaults 标签（见图 2-91）：可以将用户在其他标签中的设置保存为默认设置。

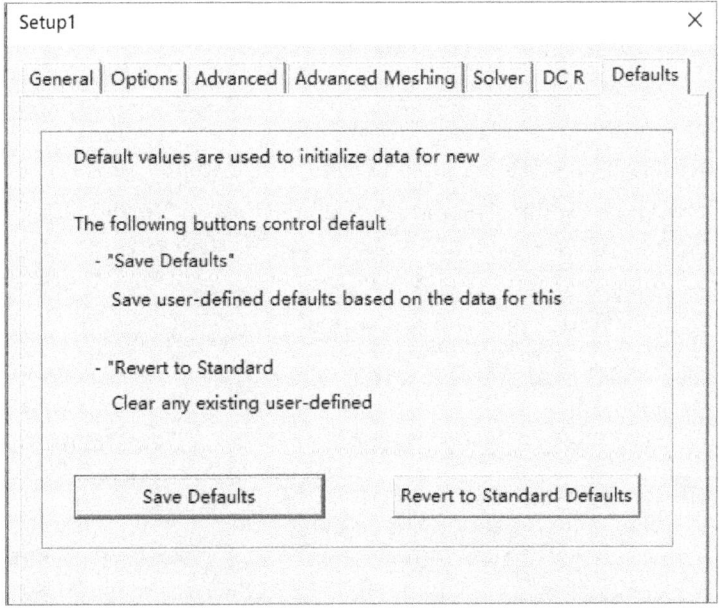

图 2-91 Analysis Setup 中的 Defaults 标签

当用户设置完 Analysis Setup 对话框，单击"确定"按钮后，软件会继续弹出 Frequency Sweep（扫频设置）对话框（见图 2-92），用户可以设置扫频的起始频率、终止频率、采样点数和频率间隔方式等；Sweep Type 支持 Interpolating 和 Discrete 两种扫频方式，如果只需得到 S 参数，那么请选择 Interpolating 以节约时间；Use Q3D to solve DC point 复选按钮可以在后台调用 Q3D 仿真 DC 的解，但是建议不选中，HFSS 3D Layout 本身的技术已经可以很准确地得到低频和直流时的 S 参数了。

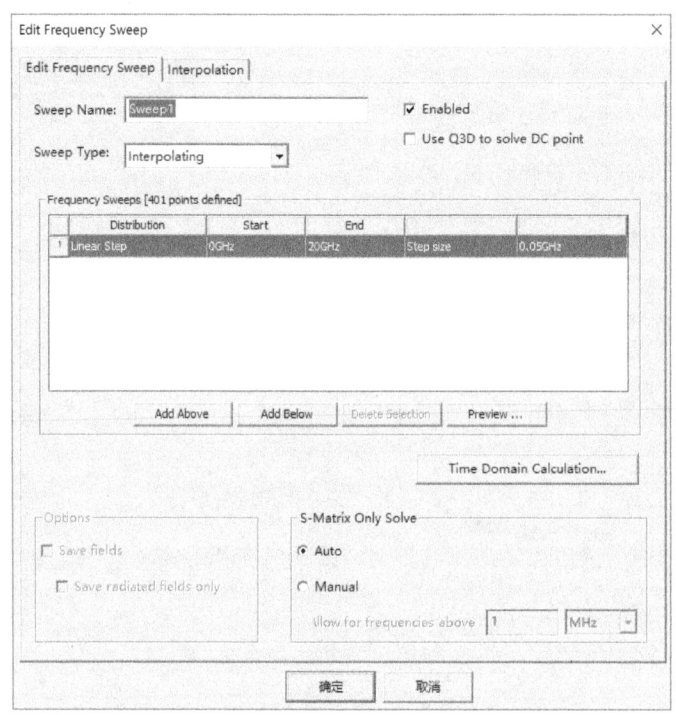

图 2-92　Frequency Sweep 对话框设置

Analysis Setup 对话框设置完毕后，可以通过右击 Setup1，在菜单中选择 Export（见图 2-93），将 HFSS 3D Layout 仿真项目输出为普通的 HFSS 3D 仿真项目或者 Q3D 仿真项目，输出的 HFSS 3D 仿真项目端口和边界条件都会被保留，但是 RLC 器件不会被输出。在输出过程中，HFSS 3D Layout 会对 PCB 版图先做一个初步的网格划分，然后把这个剖分后的模型输出为 HFSS 3D 模型，这样相当于利用了 HFSS 3D Layout 更稳定的 mesh 技术做预处理，从而使得输出的 HFSS 工程的 CAD 模型质量更好，同时也意味着在 Advanced Meshing 标签中的设置会影响输出的 HFSS 工程。

2.3.4　Mesh 设置

初始化 Mesh 方法设置：HFSS 3D Layout 中除了包含 HFSS 传统的 Mesh 方法之外，还提供了一种全新的 Phimesh 技术。Phi mesh 技术利用了绝大部分 PCB 和封装结构上都是分层均匀的特点，在保持网格数量相当的前提下，极大地缩短了初始化网格的生成时间。如果仿真项目中包括一些非均匀的三维物体，如 bondwire 等，那么 HFSS 3D Layout 将会使用 HFSS

传统的 Mesh 方法生成初始化网格。用户可以通过单击 HFSS 3D Layout → Design Settings：analysis → HFSS Meshing Method，在对话框中选择优先使用的网格划分技术（见图 2-94）。另外，由于无须生成 CAD 类型的结构数据，因此对于复杂的版图结构，无论使用哪种网格划分方法，在 HFSS 3D Layout 中的初始化网格生成的成功率都会高于 HFSS。

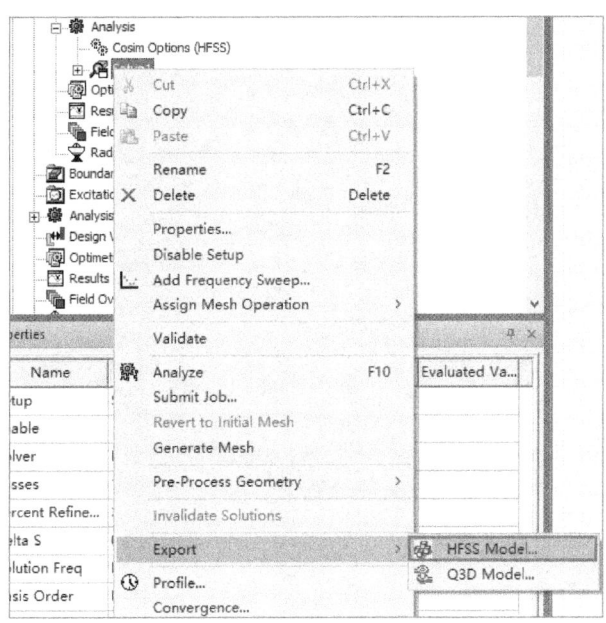

图 2-93　输出 HFSS 仿真项目

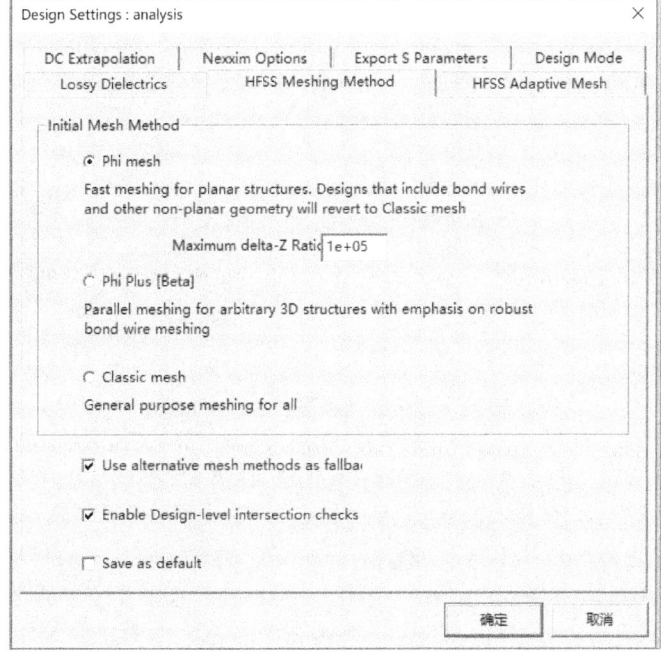

图 2-94　Mesh 方法设置

图 2-95 展示了在一个完整的真实 PCB,该 PCB 有 10 层,长 221mm,宽 162mm,使用 Phi mesh 技术进行整版仿真,从 Profile 里可以看到,初始化网格过程耗时约一个半小时,生成 600 万个网格,内存最大消耗仅 20G(见图 2-96)。

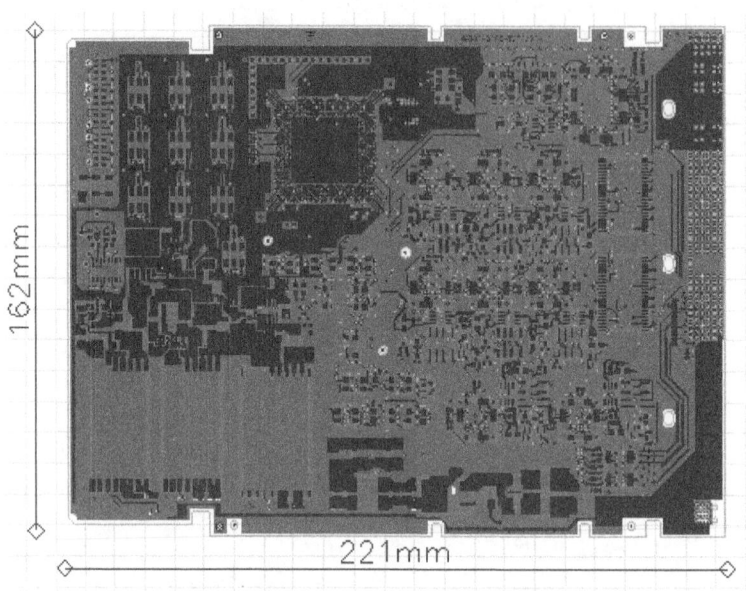

图 2-95 Phi Mesh 处理整版 PCB

Task	Real Time	CPU Time	Memory	Information
				Solution Basis Order: Mixed
Initial Meshing				Time: 06/28/2018 11:35:04
Mesh Phi	00:29:39	00:29:31	19.8 G	5093091 tetrahedra
Mesh (MRL based)	00:33:59	00:33:09	20.3 G	6076534 tetrahedra
Mesh (lambda based)	00:08:12	00:07:55	5.01 G	6076242 tetrahedra
Simulation Setup	00:05:30	00:05:19	8.75 G	Disk = 0 Bytes
Port Adaptation	00:01:06	00:01:05	8.79 G	Disk = 2.1 KBytes, 4244017 tetrahedra
Mesh (port based)	00:10:41	00:10:35	4.95 G	6076352 tetrahedra
Initial Meshing				Elapsed time: 01:30:33

图 2-96 Phi Mesh 处理整版 PCB 的 profile

1)Mesh Operation:通过 Mesh Operation 可以指定在某些 Layer 和某些 Net 中的初始化网格密度,以便提升该区域的仿真准确性。要打开 HFSS 3D Layout 中的 Mesh Operation,在 Analysis 中右击 Setup1(需要先插入一个 HFSS Setup),在菜单中单击 Assign Mesh Operation → On Selection → Length Based(见图 2-97),然后选中要设置的相应的 Net 和 Layer,并且在下方设置最大网格长度(Maximum Length of Elements)或者最大网格数目(Maximum Number of Elements)。

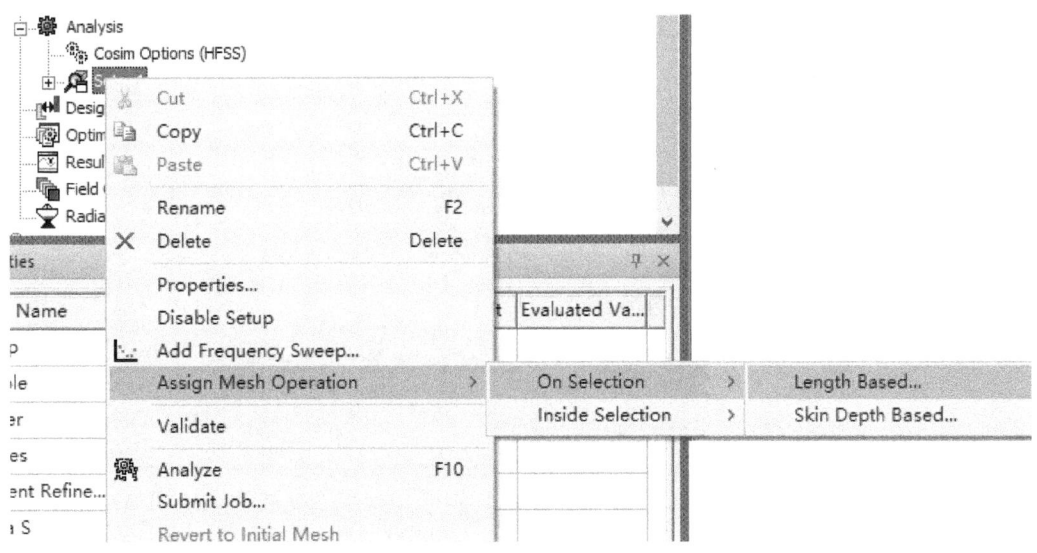

图 2-97 Mesh Operation 设置

2）Browse Mesh Errors：仿真过程中，如果 Mesh 过程出现问题，除了可以在 Message Manger 窗口中看到提示外，对于部分错误还可以通过在 Analysis 中右击 Setup1（需要先插入一个 HFSS Setup），在菜单中选择 Browse Mesh Errors（见图 2-98）来查看网格具体的失败位置，从而可以进行有目的性的 Layout 微调。

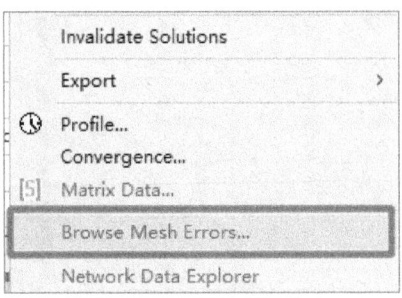

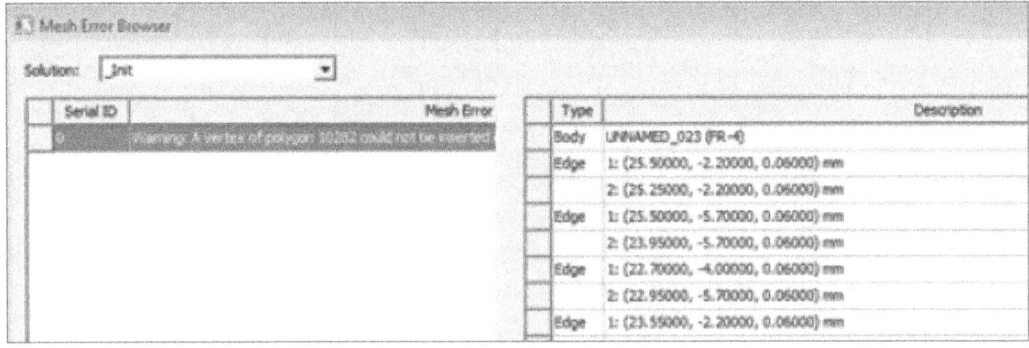

图 2-98 Browse Mesh Errors 设置

2.3.5 HPC 并行计算设置

单击 Tools → Options → HPC and Analysis Options，进入 HPC 并行计算设置的对话框（见图 2-99），其中已有一个默认的 HPC 配置，叫作 Local。确保 Design 类型为 HFSS 3D Layout Design，然后单击 Add 按钮，添加一个新的 HPC 配置。

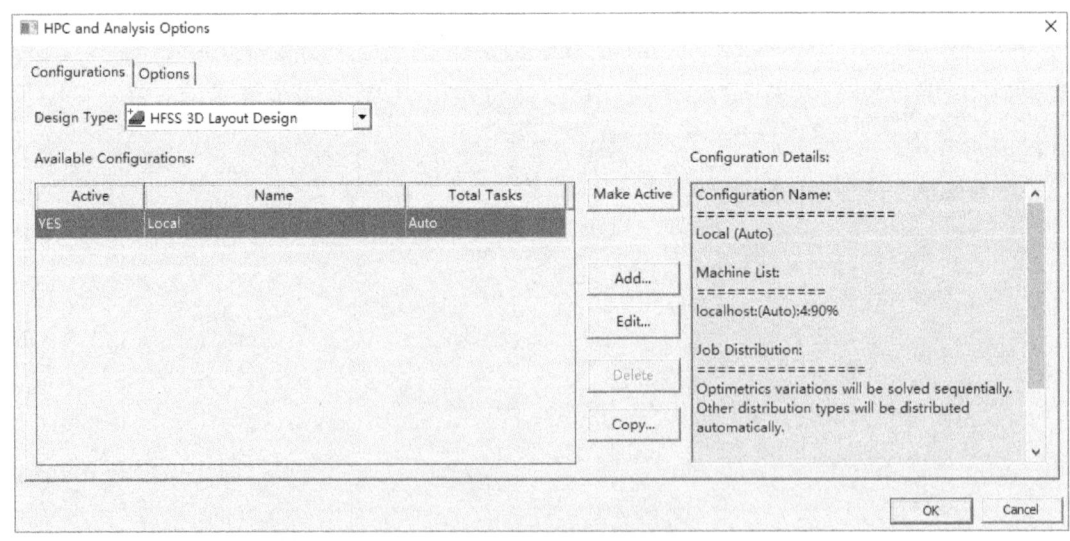

图 2-99 HPC 设置对话框

添加新的 HPC 配置的对话框如图 2-100 所示，用户可以在 Machine Details 中选择一种指定计算机的方式，如本机、IP 地址、DNS 名等，然后单击 Add Machine to List 按钮将该计算机添加到可以用于并行计算的计算机列表中，然后可以指定该计算机上所能使用的 CPU 核数和内存百分数。由于在仿真前无法确定单个频点所需消耗的内存大小，因此建议选中 Use Automatic Settings 复选按钮，这样就无须指定 Tasks 数目。软件会根据计算 Solution Frequency 时占用的内存大小和计算机上所允许使用的总内存大小，自动确定扫频时候的 Tasks 数目，在确保内存不溢出的前提下，尽量同时仿真更多的频率点。设置完毕后，单击 OK 按钮，完成新增一个 HPC 配置。

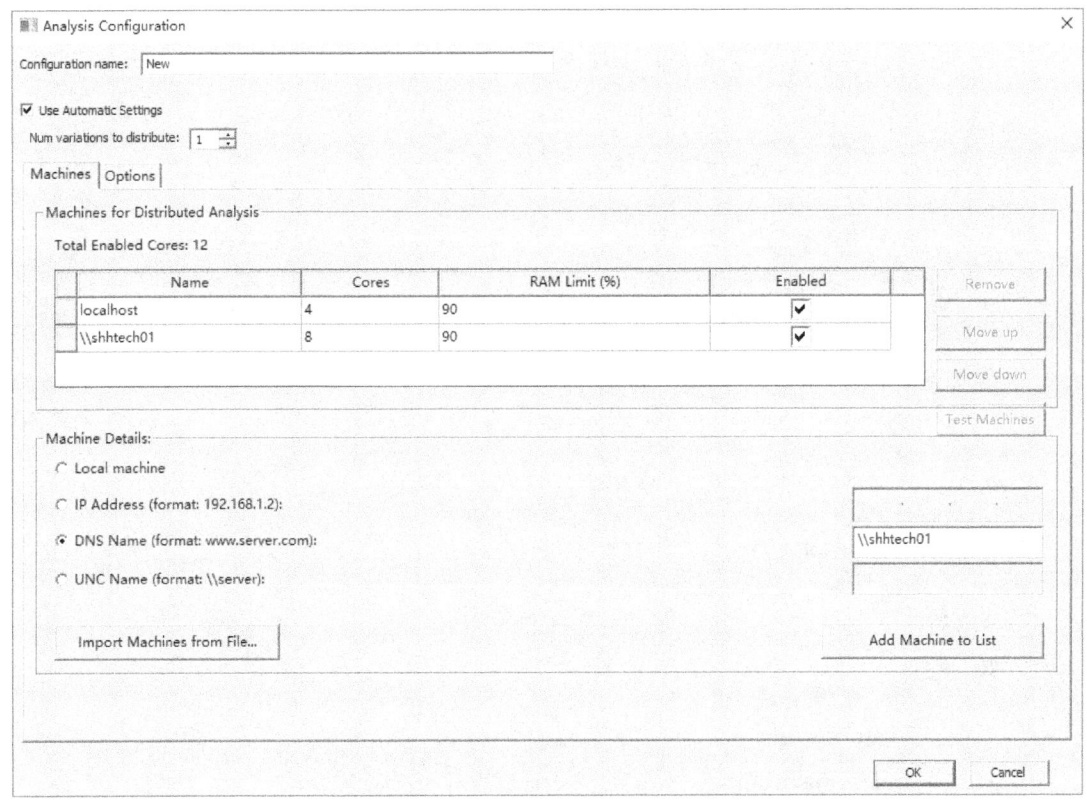

图 2-100　新增/修改 HPC 配置对话框

在仿真开始前，用户应该选择本次仿真所使用的 HPC 配置，这可以通过快捷工具栏中的 Analysis Option 的下拉列表框来完成（见图 2-101）。

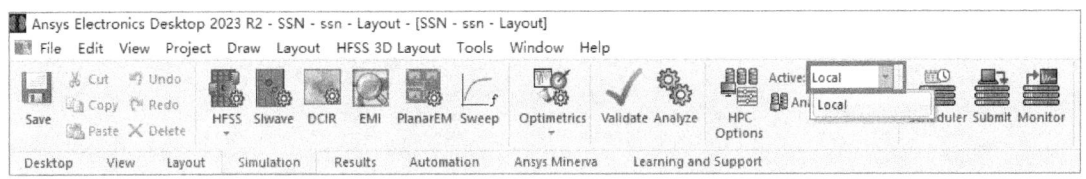

图 2-101　选择本次仿真使用的 HPC 配置

2.3.6　HFSS 3D Layout 仿真结果查看与后处理

1. 查看仿真状态

在仿真过程中可以随时查看仿真状态（见图 2-102）：右击 Analysis 下的 Setup1，选择 Profile 或 Convergence 便可打开相应的对话框（见图 2-103 和图 2-104）。其中 Profile 标签主要包含仿真每一步所消耗的时间、内存、网格数目等信息，Convergence 标签主要提供求解频率点处的收敛状况信息。

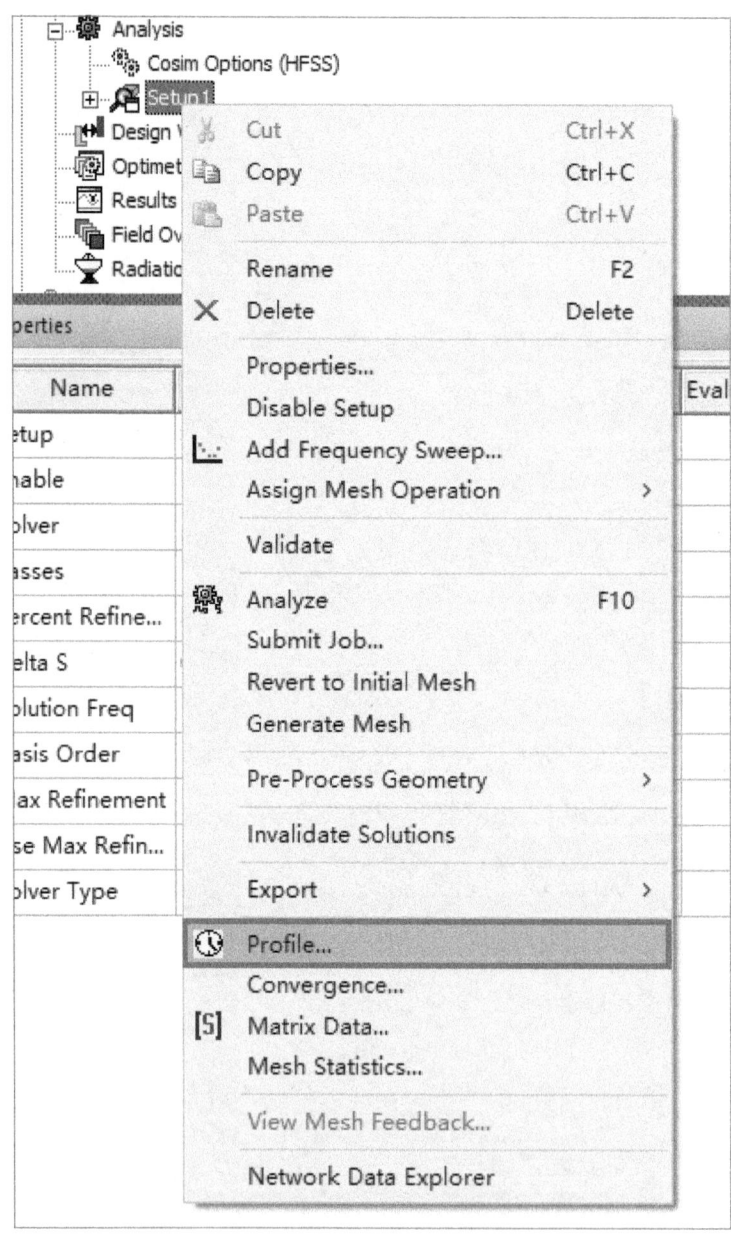

图 2-102　查看仿真状态

第 2 章　AEDT

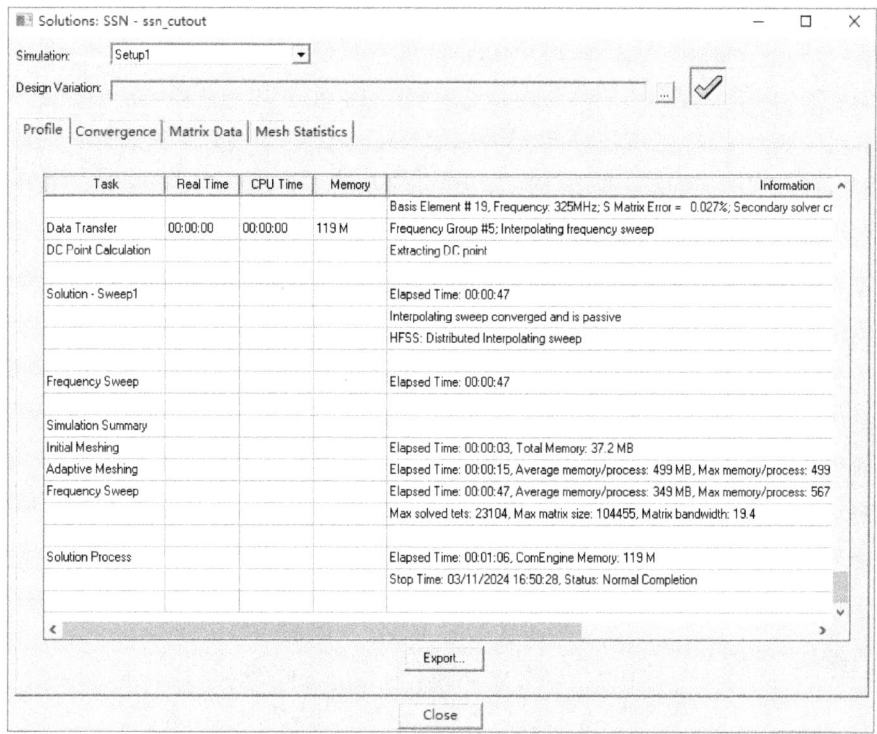

图 2-103　Profile 标签

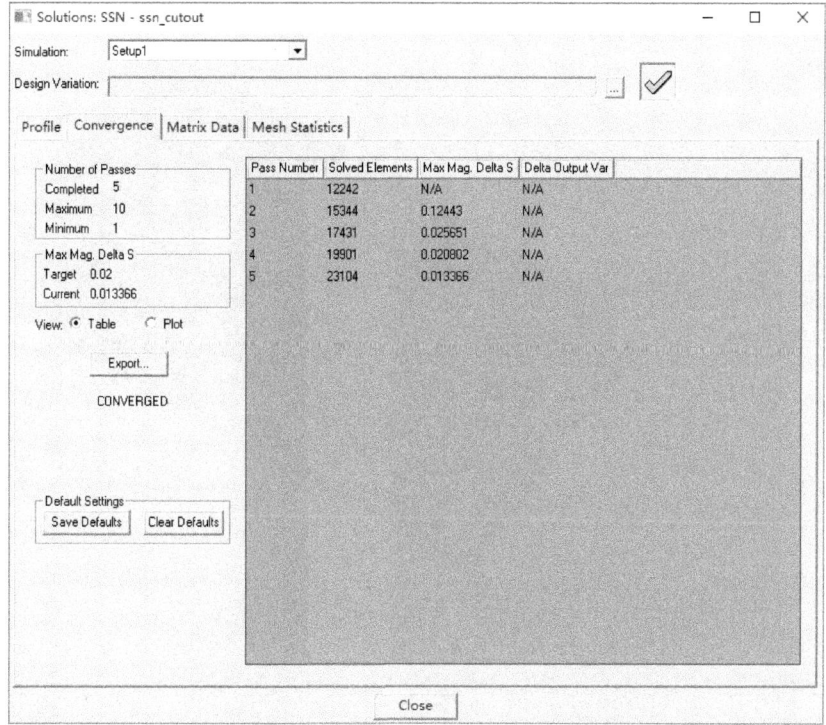

图 2-104　Convergence 标签

2. 显示电磁场和网格质量

在 HFSS 3D Layout 中，可以通过 Project Manager 窗口下的 Field Overlays 来显示电磁场和网格。如果仿真完毕后发现相应的电磁场显示项目是灰色的，那么请检查仿真设置中是否有选中 Save fields。Field Overlays 用于显示求解域内物体上的场。首先选中要查看的物体，然后单击 Field Overlays → Plot Fields，然后选择要查看的场的类型，然后在弹出的对话框中确认层和网络（见图 2-105），单击"确定"按钮即可在该物体上显示电磁场（见图 2-106）。

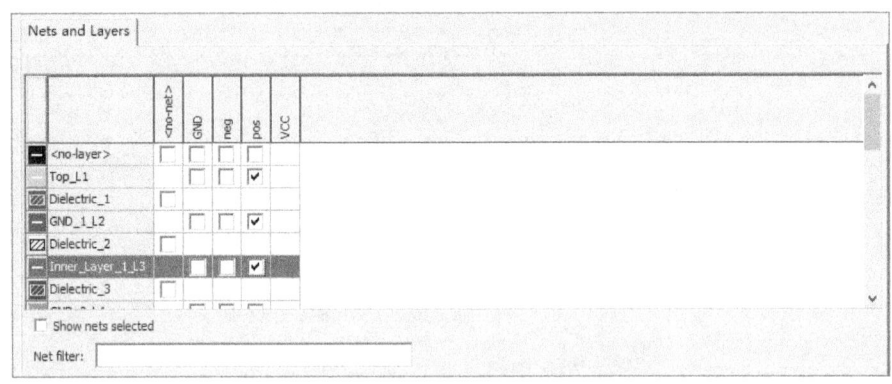

图 2-105　设置电磁场显示的层和网络

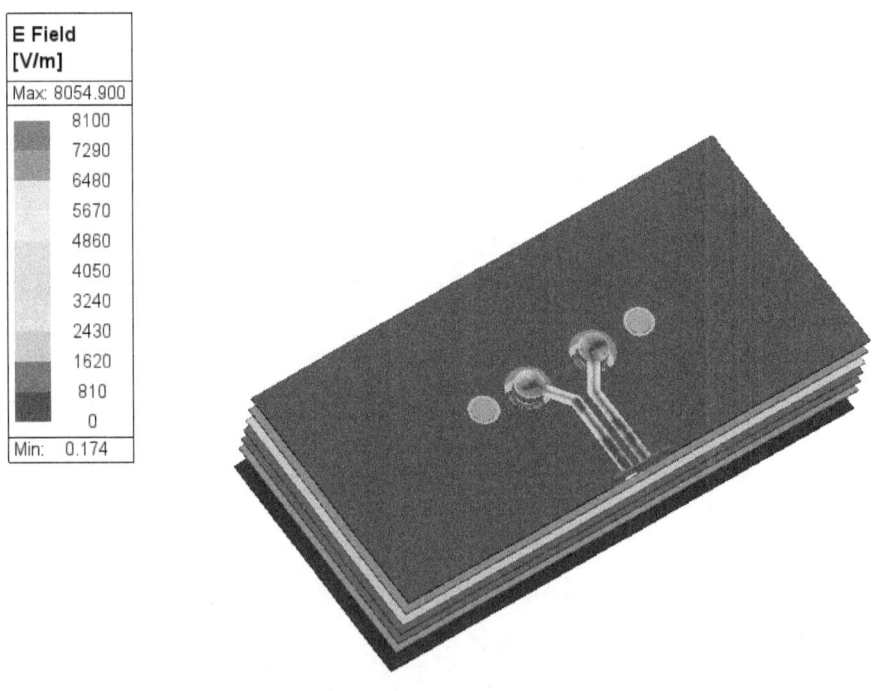

图 2-106　显示电磁场结果

如果要查看某物体的网格，需要先选中该物体，然后单击 Field Overlays → Plot Mesh，即可把网格划分情况显示出来（见图 2-107）。

第 2 章　AEDT

图 2-107　某物体上的网格

3. 查看和导出 S 参数仿真结果

在 Project Manager 窗口中单击 Results → Create Standard Report → Rectangular Report，即可弹出结果查看对话框（见图 2-108）首先，用户需要在 Solution 中选择要查看 S 参数所对应的 Setup1，Domain 需要选择为 Sweep。如果是查看单端 S 参数，那么 Show 这一项应选择为 Terminals，如果要查看差分 S 参数，应选择为 Differential pairs（见图 2-108）。

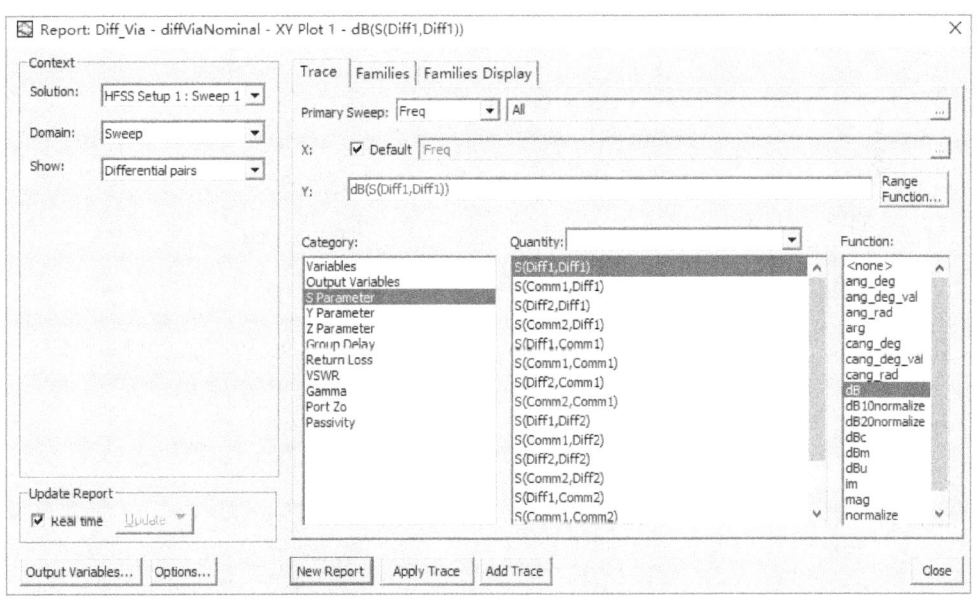

图 2-108　Rectangular Report 设置对话框

然后在 Category 列表框中选择 S Parameter，在右边的列表框中选中要查看哪些 S 参数，单击 New Report 按钮，即可生成 S 参数结果（见图 2-109）。

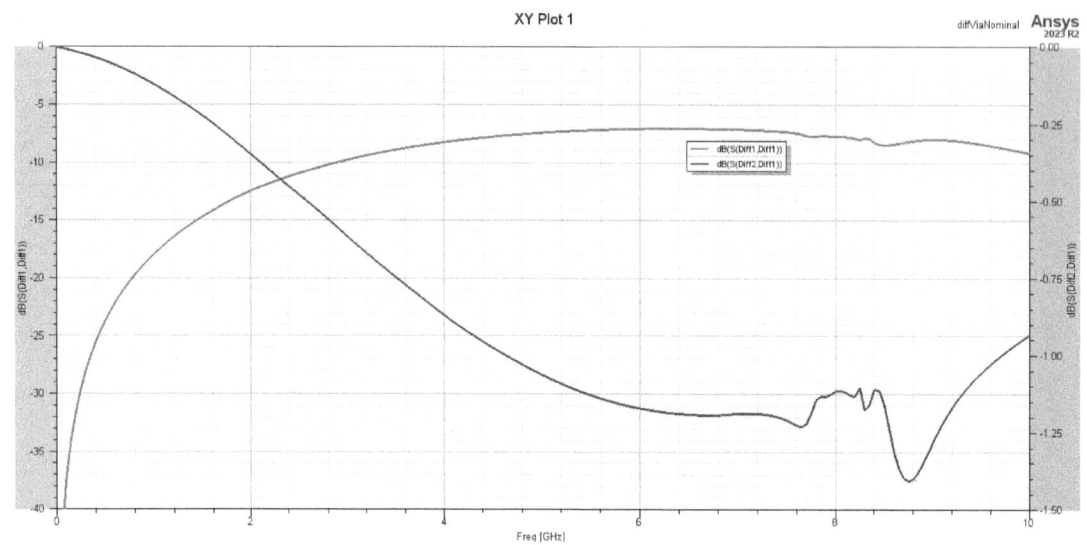

图 2-109　生成的 S 参数曲线

仿真得到的 S 参数可以直接导出或者转换为 SPICE 电路再导出。右击 Project Manager 窗口中 Analysis 下的相应 Setup1，在弹出的菜单中单击 Matrix Data。之后单击 Export Matrix Data 按钮，可以将 S 参数以 Touchstone 格式直接导出。如果要转换为 SPICE 电路导出，请单击 Equivalent Circuit Export 按钮，软件会先做等效电路转换，再输出为指定格式的 SPICE 电路。等效电路的转换所需时间视 S 参数本身的复杂度而定。如果转换失败，用户可以适当调节转换参数和精度来提高成功率。

4. 查看和导出 TDR 仿真结果

从 R19.1 版本开始，HFSS 3D Layout 可以直接对仿真的 S 参数生成 TDR 结果。在 Project Manager 窗口中右击 Results，在弹出的菜单中单击 Create Standard Report → Rectangular Report，然后在弹出的 S 参数查看对话框将 Domain 修改为 Time（见图 2-110），即可在 Category 列表框里找到 TDR Impedance 选项了。单击 TDR Options 按钮可以修改 TDR 激励的上升时间、时间间隔和窗函数类型等。生成的 TDR 结果如图 2-111 所示。

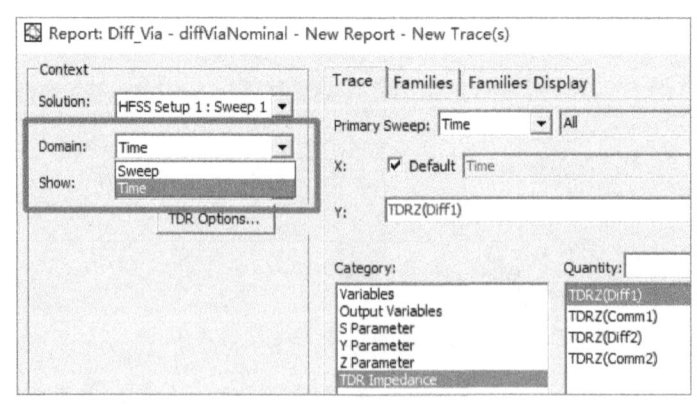

图 2-110　TDR 设置界面

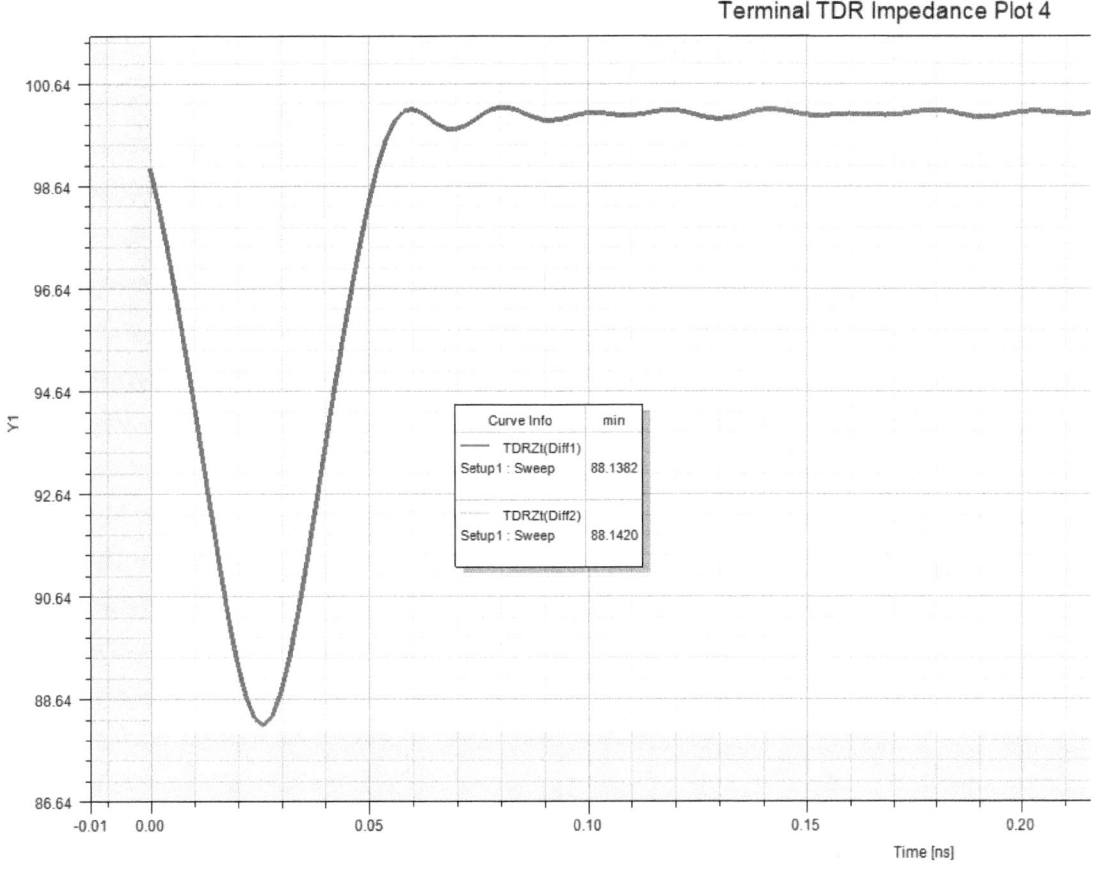

图 2-111　TDR 仿真结果

2.4　SPISim S 参数处理

SPISim 是 Ansys 2020 R2 版本加入的专业 SI/PI 的工具，包含 VPro 和 MPro 两个模块。其中 VPro 模块专门用于 S 参数处理，包括无源和因果性检查、去嵌、合并和拆分；以及无源通道质量评估，如 ILD、ICR、PSXT、COM 和 ERL 计算等。MPro 模块用于 IBIS 和 IBIS-AMI 的检查和建模。

SPISim 可以从 AEDT → Tools → SPISim 打开，或者通过安装目录下 AnsysEM\v241\Win64\spisim\bin 打开，其窗口如图 2-112 所示。

在菜单栏中单击 Module 菜单选择 Module：VPro 之后会出现 S-Param 选项表示 SPISim 进入波形查看和 S 参数处理的界面，如图 2-113 所示。

S-Param 菜单下有很多关于 S 参数后处理的功能，本章将介绍部分常用的功能。

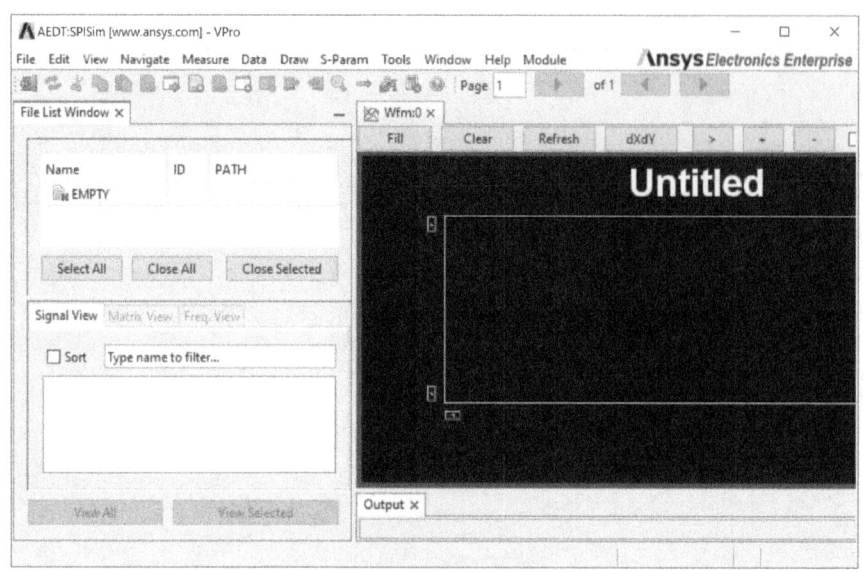

图 2-112　SPISim 窗口

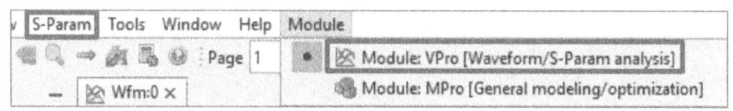

图 2-113　SPISim 模块选项

2.4.1　S 参数检查和修正

S-Param 菜单下的 Checkand Fix 功能，主要用来检查 S 参数的无源性、因果性和互易性等特性。

（1）无源性

无源网络是指只会消耗或短暂保存能量而不能产生能量的网络，即整个网络中没有加电压源、放大器等，比如 PCB、封装和铜缆等。在仿真和测试过程中，如果操作不当或者设置不合理，则会引起数据误差造成无源性问题。无源器件的 S 参数如果不满足无源性，可能会导致结果异常、时域仿真不收敛等。无源性的判定方法是计算每个频点的 $[S^*.S]$ 矩阵的特征值是否不大于 1（一般实际应用中的容许偏差为 1.0001），其中 S^* 表示 S 参数矩阵的共轭转置矩阵，见下式：

$$\max(|\operatorname{eigenvalue}(S^* \cdot S)_i|, \ i = 1 \cdots N) \leq 1$$

式中，S 为 S 个频点下的参数矩阵；S^* 为 S 参数矩阵的共轭转置矩阵；i 为矩阵数，即频点数，也可以使用 PQM（Passive Quality Metric）参数来表示，其中 PQM 的计算方法见下式：

$$\mathrm{PQM} = \max\left[\frac{100}{N_f}\left(N_f - \sum_{n=1}^{N} PW_n\right), 0\right]\%$$

式中，

$$PW_n = \begin{cases} 0 & PM_n < 1.00001 \\ \dfrac{PM_n - 1.00001}{0.1} & PM_n \geq 1.00001 \end{cases}$$

$$PM_n = \sqrt{\max(|\operatorname{eigenvalue}(S^* \cdot S)_n|)}$$

式中，N_f 为总的频点数；S 为某频点的 S 参数矩阵；S^* 为某频点的 S 参数矩阵的共轭转置矩阵，一般认为 PQM 大于 99% 的 S 参数是满足无源性要求的。

（2）因果性

一个 S 参数模型在电路仿真中，如果其响应明显比激励信号超前这便是不合理的，即不满足因果性。Network Data Explorer 中使用的是希尔伯特变换的方法来检查，这是最准确的检查方法，检查结果用颜色来标明可以一目了然，如图 2-114 所示。只是这种方法在处理端口特别多的 S 参数文件（如连接器的 .s96p 或 .s128p 文件）时会非常非常慢，甚至跑不出来。

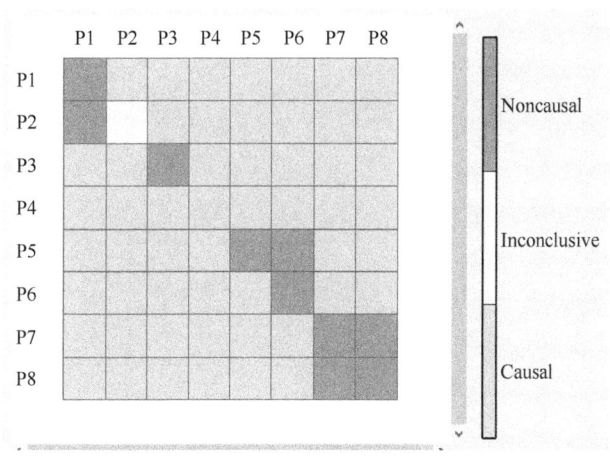

图 2-114　NDE 检查因果性结果 1

另外一种方法是通过观察 S 参数极坐标中的曲线是否都是按照顺时针旋转，如果有非顺时针的部分，则需计算非顺时针的严重程度。如图 2-115 所示，当频点比较多时很难通过肉眼观察，此时可以用下式计算出 CQM（Causality Quality Metric）：

$$\text{CQM} = \max\left[100 \cdot \frac{\sum_{R_n > 0} R_n}{\left| \sum_{n=1}^{N_f - 2} R_n \right|}, 0 \right]\%$$

式中，

$$R_n = \operatorname{Re}(V_{n+1}) \cdot \operatorname{Im}(V_n) - \operatorname{Im}(V_{n+1}) \cdot \operatorname{Re}(V_n)$$
$$V_n = S[1:N_f] - S[0:N_{f-1}]$$

式中，S 为 S 参数矩阵；N_f 为最大频点数。

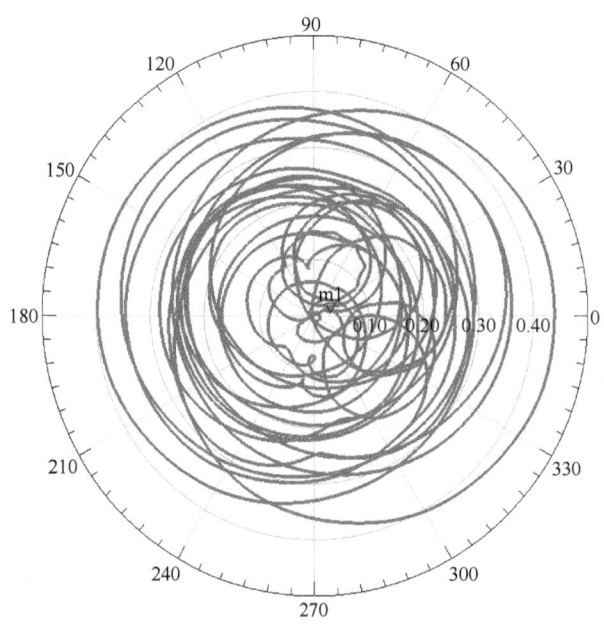

图 2-115 NDE 检查因果性结果 2

一般认为 CQM 大于 80% 的 S 参数才能满足因果性，否则是不能用于时域仿真的。

（3）互易性

对于无源对称网络（除了包含铁氧体这类非对角化的材料）一般情况下是满足矩阵对角线对称的，即 $S_{ij} = S_{ji}$。可以使用 RQM（Reciprocity Quality Measure）来评估，见下式：

$$\text{RQM} = \max\left[\frac{100}{N_{\text{total}}}\left(N_{\text{total}} - \sum_{n=1}^{N_{\text{total}}} RW_n\right), 0\right]\%$$

式中，

$$RW_n = \begin{cases} 0, & RM_n < 10^{-6} \\ \dfrac{RM_n - 10^{-6}}{0.1} & RM_n \geq 10^{-6} \end{cases}$$

$$RM_n = \frac{1}{N_f} \sum_{i,j} |S_{i,j}(f) - S_{j,i}(f)|$$

式中，S_{ij} 为 S 参数矩阵在 i 行 j 列的值；S_{ji} 为 S 参数矩阵在 j 行 i 列的值；N_f 为最大频点数。一般要求 RQM 大于 99%。

操作步骤如下：

1）打开 Check and Fix 对话框，将需要检查的 S 参数文件拖入到 Input S-param from 中。

2）选择该 S 参数是单端模式还是差分模式。

3）选中需要检查的项，单击 OK 按钮便可以执行检查，如图 2-116 所示。

4）如果需要修复无源性、互易性和因果性，可以选中 Enforce passivity，symmetry and causality（best effort）复选按钮，然后选择输出修复后的结果是到内存（Stored in memory）还是到单独的文件 [Write file(s) to path]。

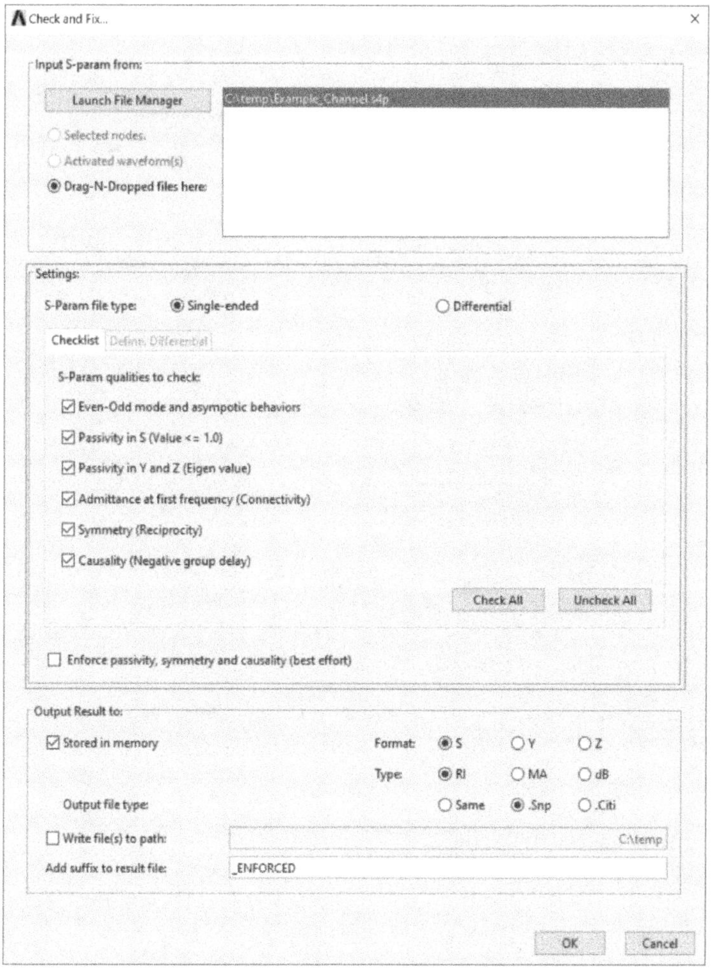

图 2-116　检查和修复 S 参数的对话框

参数检查结果如图 2-117 所示。

Click on table cell to find report details.

File	DC Conductivity	PQM(S_Passivit...	RQM(Symmetry...	CQM(Causality)%	EQM(EvenOdd/...	PQM(Y_Passivit...
C:\temp\Exampl...	1.894E-02	100	99.71	98.46	75	82.11

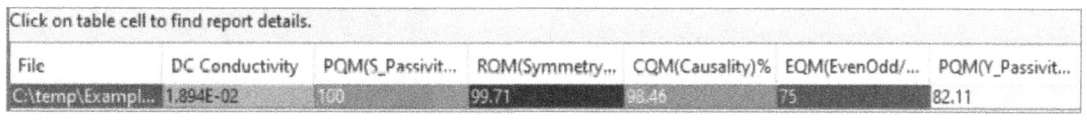

图 2-117　S 参数检查结果

2.4.2　S 参数去嵌

测试所得的 S 参数文件可能包含测试夹具（Fixture）和待测件（DUT）的效应，已知测试夹具的 S 参数文件，即可使用 Deembed 功能获取只包含 DUT 特性的 S 参数。

打开 S-Param 菜单下的去嵌（Deembed）对话框，如图 2-118 所示，拖入 Fixture 和 DUT 混合的 S 参数文件。右击，选择菜单中 Move Up/Move Dn 将输入的 S 参数文件按照 Settings 选项组对应的说明顺序进行排列，如图 2-119 所示。

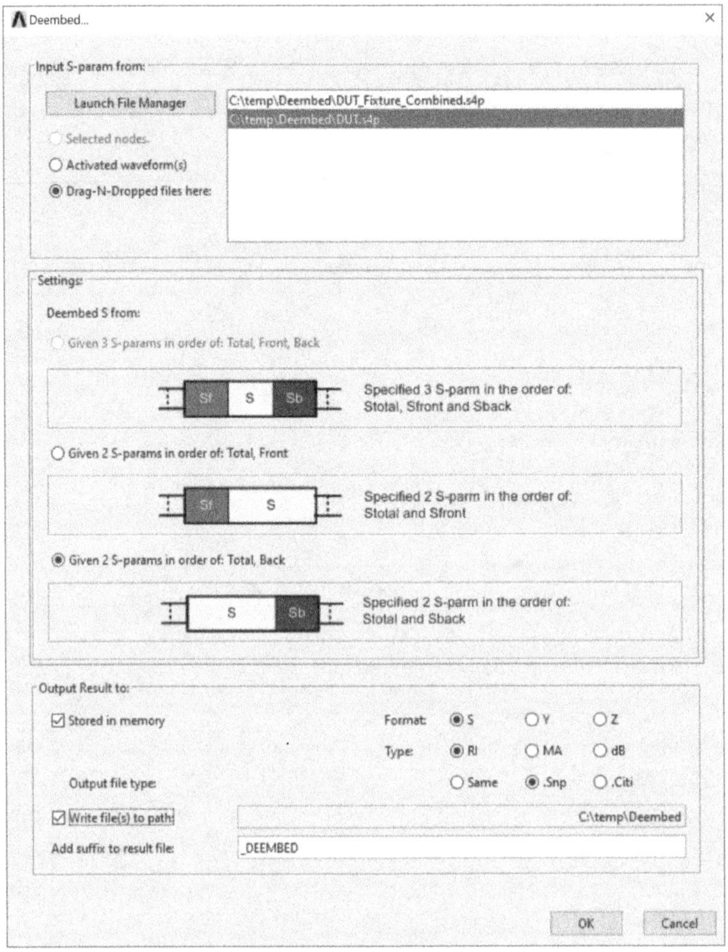

图 2-118 SPISim 设置去嵌（Deembed）的对话框

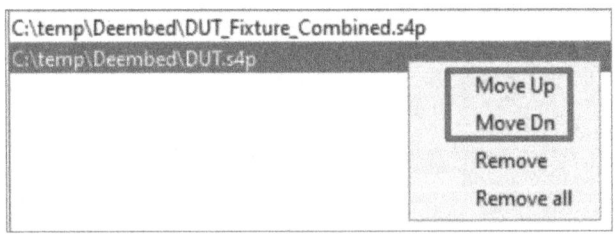

图 2-119 去嵌（Deembed）对话框中调整 S 参数文件顺序

Settings 第一个选项要求输入 3 个 S 参数文件。需要将 S 参数文件顺序按照 Total（Front Fixture + DUT + Back Fixture）、Front Fixture 和 Back Fixture 的顺序排序；后两个选项要求输入 2 个 S 参数文件。第二个选项按照 Total（Front Fixture + DUT + Back Fixture）和 Front Fixture 顺序；第三个选项按照 Total（Front Fixture + DUT+ Back Fixture）和 Back Fixture 顺序。

最后选择输出去嵌后的结果是到内存（Stored in memory）还是到单独的文件 [Write file(s) to path]。

第 3 章　电　源　仿　真

3.1　CPS 电源仿真流程概述

在芯片算力持续突破的今天，供电系统的设计标准正经历架构升级。稳定、干净的供电电源不仅是芯片工作的基础，更成为支撑千亿级晶体管并行计算的关键生命线。理想电源虽被视作恒定电压源，但实际电源分配网络（Power Distribution Network，PDN）是由电源/地走线、平面及去耦电容构成的物理结构，其寄生参数引发的动态效应正面临前所未有的极限挑战——甚至当百安级瞬态电流在纳秒尺度内冲击 PDN 时，传统频域阻抗分析方法已难以捕捉高频非线性噪声。

尤其对于采用 3D 堆叠架构的 AI 芯片，其电源网络需同时克服三维电流分布梯度和皮秒级信号同步带来的双重压力。设计者必须在毫米波频段重构去耦网络模型，通过电磁–热耦合仿真确保将电压波动控制在 4% 以内。并且当前最先进的仿真平台已开始集成机器学习算法，通过动态负载预测优化电容布局，这标志着电源设计正从被动分析向智能预判的 AI 驱动模式跨越。

图 3-1 展示了电源网络中多级去耦的频域响应特性：MHz 级去耦由 PCB 的电解/陶瓷电容实现，百 MHz 级通过封装内电容完成，GHz 以上高频段则由片上电容承担。在 CPS 电源完整性分析中，需将 PCB、封装和芯片的去耦参数进行跨层级阻抗融合，构建全频域 PDN 模型。其中 PCB 和封装的寄生参数通过 HFSS 3D Layout 电磁仿真工具提取，而芯片内部的去耦信息及动态电流特征则由芯片电源模型（Chip Power Model，CPM）提供，最终在电路仿真工具中进行联合仿真。

如图 3-2 中 CPS 电源仿真流程所示，CPS 电源仿真的另一核心环节是瞬态分析。基于 CPM 提供的动态电流特征，在电路仿真工具中执行瞬态分析可直接提取电源引脚的 Pin2Pin 噪声波形，这种时域分析方法为电源完整性验证提供了直接量化的评估依据。通过将芯片工作时的电流时域特征与 PDN 阻抗特性结合，仿真工具可精确捕捉从电压调节模块（Voltage Regulator Module，VRM）到裸片（Die）的完整路径上由 di/dt 效应引发的电压波动。

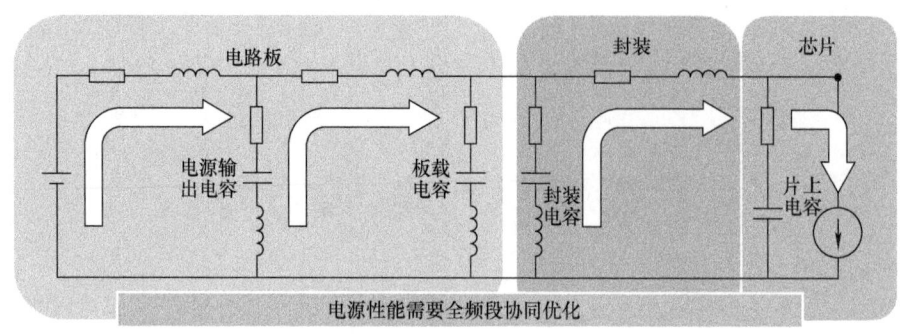

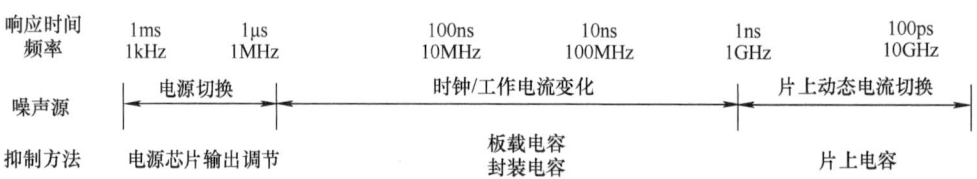

图 3-1 电源去耦网络去耦能力频域分布

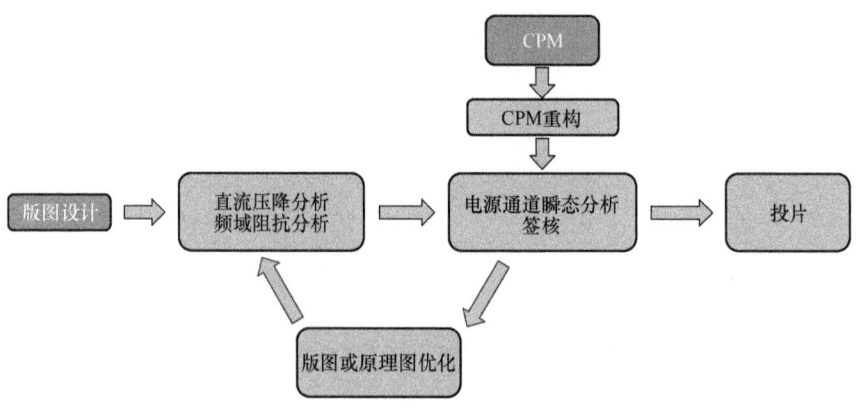

图 3-2 CPS 电源仿真流程

3.2 直流仿真案例

3.2.1 背景知识

在算力需求激增的驱动下，集成电路面临千亿级晶体管集成带来的供电挑战。随着先进制程节点演进，供电电压持续降低与工作电流倍增形成剪刀差，金属互连横截面积缩减引发电阻（$R = \rho L/S$）不断攀升，进而引发压降现象愈发显著。该效应导致电源无法为芯片提供足够的电压，直接影响芯片核心的稳定性。

大电流同时存在潜在的热危害。电源平面因其他层的钻孔破坏而失去完整性。而在通常位于该区域上方的高度集成芯片运行时，若电流过大导致电阻升高，则可能引起该区域温度的升高,进而影响整体芯片的散热效果。这种情况可能引起芯片性能下降(例如增加热噪声),最糟的情况下会导致系统宕机。

通过 DCIR 仿真构建功率密度云图,可以直观地观察电流路径及电压降落情况,并进一步分析电流密度、载流能力等参数,为系统的稳定运行提供关键设计保障。

3.2.2 检查叠层

单击 Layout → Layers,打开 Stackup 界面。

重点检查叠层厚度和金属电导率,介质材料不影响 DCIR 的结果。

3.2.3 检查 Padstack

选择关键过孔,在属性框单击 Padstack Definition 按钮。在弹出的对话框中检查定义是否正确。过孔的尺寸和覆铜率决定了通流能力,所以必须设置准确。如图 3-3 所示。

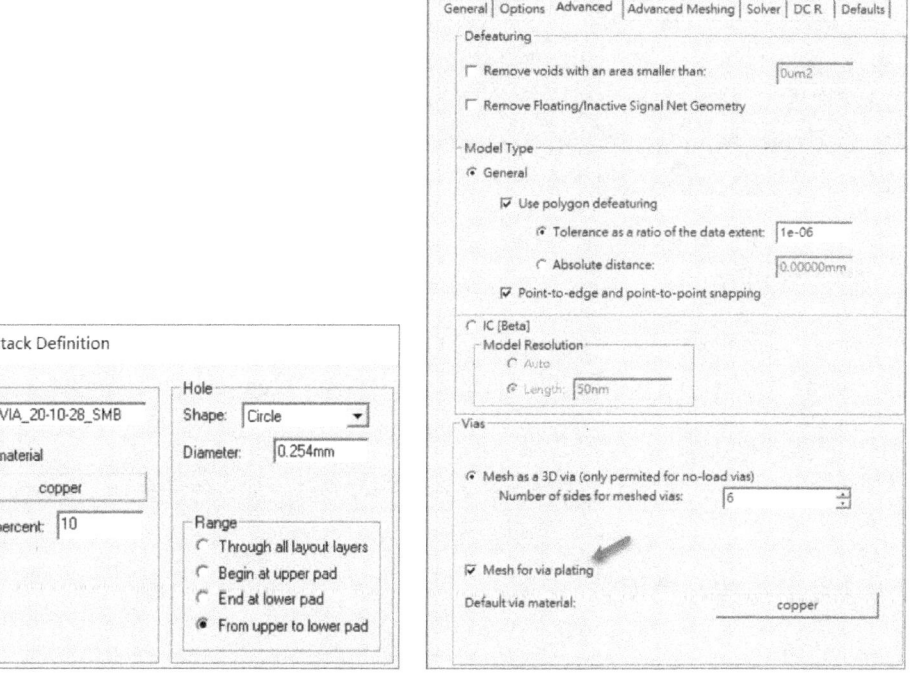

图 3-3 过孔 Padstack 设置

> **Tips:空心孔和实心孔。**
> HFSS 3D Layout 的 Via 设置了 plating percent 后,对 2025R1 版本之前的 HFSS 求解器无效(2025R1 版本开始支持对过孔镀层厚度求解,如图 3-3 右图所示的设置),对 SIwave 的 DCIR 求解器有效。
> 由于趋肤效应的存在,空心孔和实心孔在高频的区别并不大,仅对 DC 点有影响。

3.2.4 准备 Power Net

和设计部门沟通，准备好需要仿真的电源路径相关信息。

对某一路电源，需要找到 VRM 器件和用电芯片，确定电流和 VRM 电压，并找到中间串联的电阻、电感，以及一个或多个 Net 名称（如果有串联器件分割）。

本例中，电压源器件为 U3A1，初始 Net 为 BTS_VP5_S5，经过串联电感 L3A1，Net 变成 V3P3_S5，经过中间段的串联电阻 U2L1_SW，Net 变成 V3P3_S3，到达电流源器件 U2A5，见表 3-1。

表 3-1 直流仿真参数列表

参数	电压源	电流源	中间段
器件	U3A1	U2A5	L3A1、U2L1_SW
网络	BTS_VP5_S5	V3P3_S3	V3P3_S5
值	3.3V	10A	

> **Tips：多级电源仿真。**
> 在 IR-Drop 的系统级仿真中，电源会有 LDO、DC/DC 级联，其前后的电压不一致，如由 5V 转到 3.3V，如何设置？
> 建议的仿真方式是分成两级电压，每级电压单独设置 Source 和 Sink。即 LDO 进去 Pin 的位置设置一个对应 5V 的 Sink。LDO 出来 Pin 的位置设置 3.3V 的 Source。

3.2.5 器件禁用

单击 Layout → Workflow → View Circuit Element。

除了电感 L3A1、电阻 U2L1_SW 之外的电阻、电容、电感全部禁用。

> **Tips：最简化原则。**
> 原则上，把和本次仿真无关的器件和 Net 都删掉，可以加快仿真时间，减少出错可能。

3.2.6 设置电压源、电流源

1. 自动设置

单击 Layout → Workflow → Configure DC IR Drop Analysis。

在窗口左边选中电压源 Net（BST_V3P3_S5）和电流源 Net（V3P3_S3），右上方找到电压源器件 U3A1，选择 Source 为 Voltage Source，Magnitude 为 3.3V。找到电流源器件 U2A5，选择 Source 为 Current Source，Type 为 Constant Voltage，Magnitude 为 10A。

单击下方 Configure Simulation 按钮，就会自动创建 Pin Group，并完成电压源和电流源设置，如图 3-4 所示。

2. 手动设置

如果不使用 PI Wizard，则可用 Layout Tab 的电压源、电流源图标来手动设置，如图 3-5 所示。

单击电压源图标后,单击电感左边 Pin L3A1-2 和最近的 GND Via,会弹出对话框,左边选择 TOP 层 Net:V3P3_S5,右边选择 TOP 层 Net:GND,就会创建一个手动电压源,如图 3-6 所示。

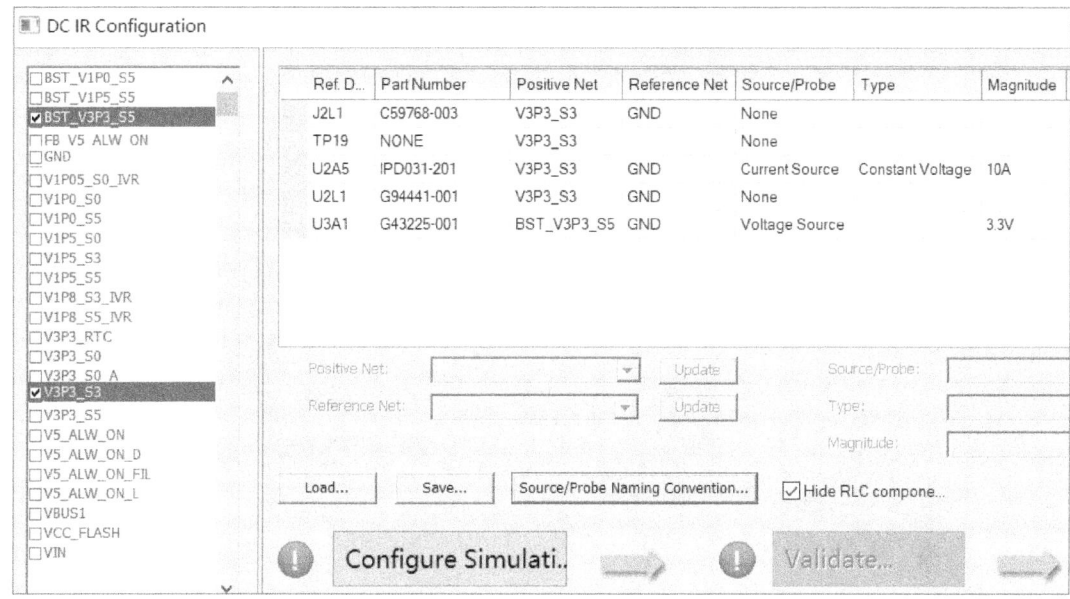

图 3-4 DC IR 设置窗口

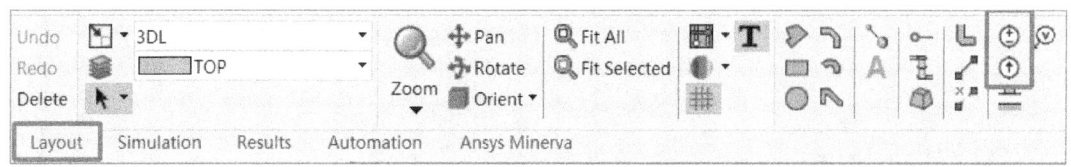

图 3-5 电压源、电流源图标

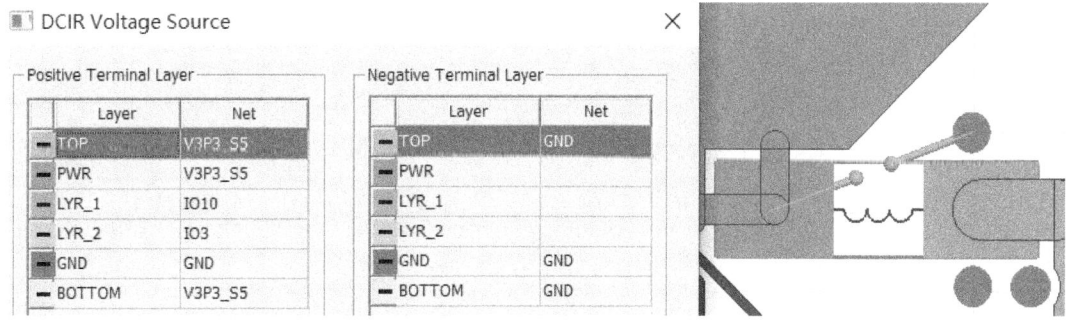

图 3-6 手动设置电压源

Tips:电压源定义在 VRM 上还是电感上?

通常电压源采用 DCIR Wizard,定义在 VRM 上。但使用 DCIR Wizard 的前提是,此器件有电源和地 Pin。如果一定要定义在 VRM 后面的电感上,则因为电感自身没有地 Pin,无法使用 DCIR Wizard,只能采用手动定义的方式。

3.2.7 求解设置

在 Project Manager → Analysis 上右击，选择 Add SIwave DCIR Solution Setup，启动 DCIR 求解设置对话框，观察想要的电压源、电流源都已正确设置，然后单击 OK 按钮即可，如图 3-7 所示。

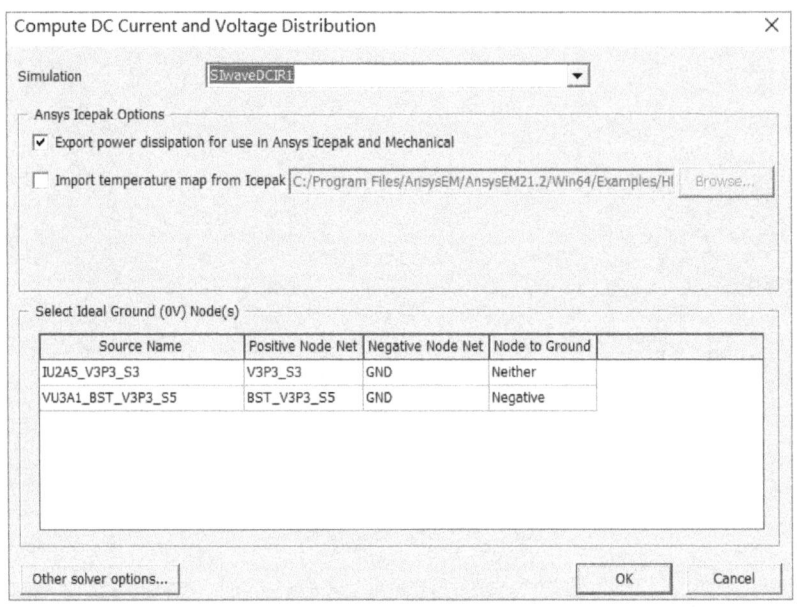

图 3-7　DCIR 求解设置对话框

> **Tips：Node to Ground 栏的 Negative 是什么意思？**
> 通常把电压源的 Node to Ground 设置为 Negative，意思是这个点为绝对的 0 电位，其他地方电压的绝对值都以此为参考。
> 如果设置了多个 Negative，则只有第一个 Negative 有效。
> 如果没有设置 Negative，则系统会自动设置一个 Negative。

3.2.8 开始仿真

在 Project Manager 窗口中的 SIwaveDCIR1 上右击，在菜单中选择 Analyze，开始仿真。

3.2.9 查看 Profile

仿真结束后，在 Project Manager 窗口中的 SIwaveDCIR1 上右击，在菜单中选择 Profile，查看仿真的 log 文件。从中可以看到仿真时间、收敛情况等信息。

3.2.10 查看 Element Data

仿真结束后，在 Project Manager 窗口中的 SIwaveDCIR1 上右击，在菜单中单击 Results →

Display Element Data，查看仿真的结果细节，在 Current Sources 标签中的 Voltage/V 为 Sink 端的电压。用电压源电压减去它即可得到电压降。此处为 3.3V－3.188V＝0.112V，如图 3-8 所示。

DC Simulation Element Data - DCIR_2023R2

Bondwires | Current Sources | Metallization | Vias | Voltage Probes | Voltage Sources

Source Name	Parallel R Current / A	Voltage / V
IU2A5_V3P3_S3	6.376703610277e-08	3.188351805139e+00

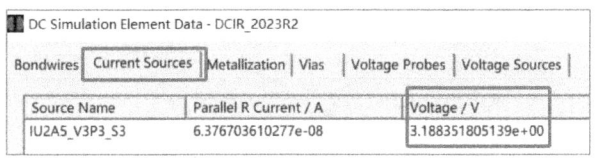

图 3-8　电流源电压结果

Vias 标签显示了所有过孔的电流信息，大于 Limit 标准会显示 Fail，如图 3-9 所示。

Tips：过孔电流的 Limit 标准？

Via 电流门限 I_{Limit} 计算方法：$I_{Limit} = tA$。A 是过孔面积（考虑了覆铜率），t 是电流密度，常温下为 90e6A/m^2。这个值可以在系统目录下的文本文件里修改：C：\Program Files\ANSYS Inc\v251\AnsysEM\dc_coeff.txt。

DC Simulation Element Data - DCIR_2023R2

Bondwires | Current Sources | Metallization | Vias | Voltage Probes | Voltage Sources

Via	P...	Net	x (mm)	y (mm)	Current / A	Limit / A	Pass / Fail
via536 (LYR_1-...		V3P3_S5	5.7455e+...	4.0869e+...	9.953634692018e-01	8.664697892567e-01	Fail
via536 (PWR-L...		V3P3_S5	5.7455e+...	4.0869e+...	1.034583710829e+00	8.664697892567e-01	Fail
via536 (TOP-P...		V3P3_S5	5.7455e+...	4.0869e+...	1.170431589963e+00	8.664697892567e-01	Fail
via537 (LYR_1-...		V3P3_S5	5.7480e+...	4.0157e+...	1.074272774388e+00	8.664697892567e-01	Fail
via537 (PWR-L...		V3P3_S5	5.7480e+...	4.0157e+...	1.079246060295e+00	8.664697892567e-01	Fail
via537 (TOP-P...		V3P3_S5	5.7480e+...	4.0157e+...	1.995278871551e+00	8.664697892567e-01	Fail
via538 (LYR_1-...		V3P3_S5	5.6718e+...	4.0183e+...	1.091027602525e+00	8.664697892567e-01	Fail
via538 (PWR-L...		V3P3_S5	5.6718e+...	4.0183e+...	1.041079402520e+00	8.664697892567e-01	Fail
via538 (TOP-P...		V3P3_S5	5.6718e+...	4.0183e+...	2.032324328067e+00	8.664697892567e-01	Fail
via539 (LYR_1-...		V3P3_S5	5.8318e+...	4.0894e+...	9.967846594369e-01	8.664697892567e-01	Fail
via539 (PWR-L...		V3P3_S5	5.8318e+...	4.0894e+...	1.045081926289e+00	8.664697892567e-01	Fail

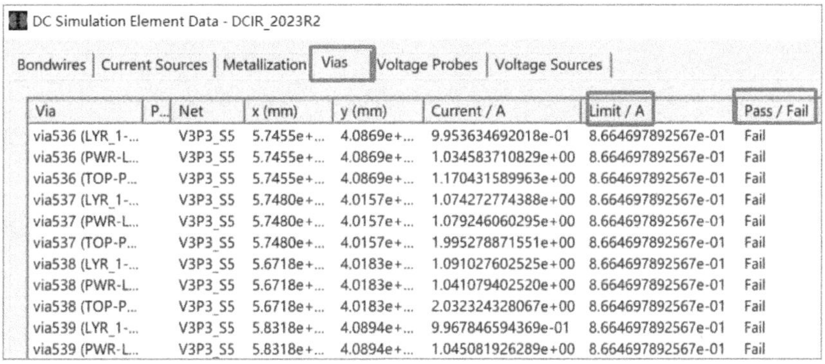

图 3-9　过孔电流结果

3.2.11　查看电压 / 电流 / 功率分布

在 Project Manager 窗口中的 Field Overlays 上右击，在菜单中单击 Plot DC Fields → Voltage，选择相关的电源网络（见图 3-10），即可看到电压分布（见图 3-11）。

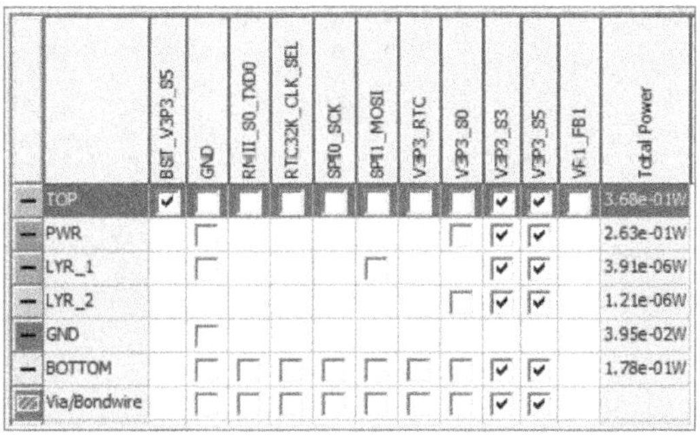

图 3-10　选择电压 Net

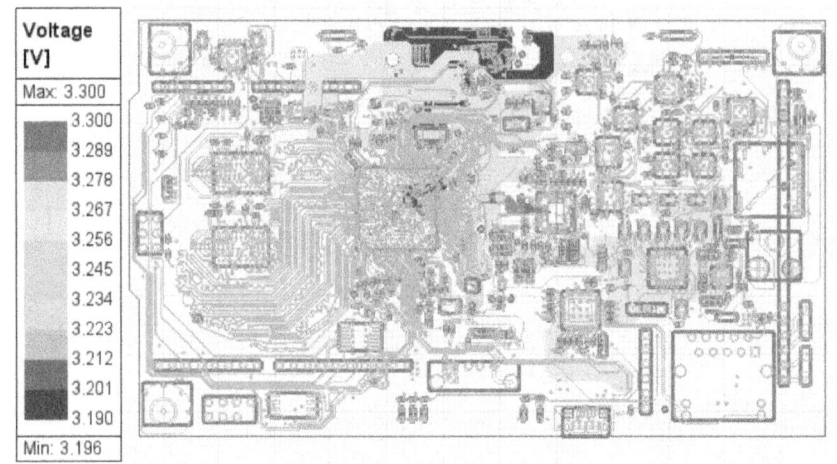

图 3-11　电压分布图

同理，选择 Mag_VolumeJdc、Power Density，可以查看电流、功率密度。

3.3　交流分析案例

3.3.1　背景知识

电源分配网络（PDN），是指将电源功率从电源输送到负载的物理路径。电流通过 PDN 从电源端流向负载端，然后再通过 PDN 从负载端流回电源端。PDN 包括电源调整模块（如 DC/DC 或 LDO）、靠近源端的大电容、去耦电容，最终到达主 IC。PDN 的主要功能在于为负载提供稳定的电压、快速响应负载电流变化，以及减小开关噪声。

电源网络噪声会导致信号的噪声容限降低，甚至导致信号无法准确识别。此外，电源网络噪声也是电磁干扰（EMI）辐射的重要来源。以往对电源网络参数的提取通常在 2.5D 场工具（如 SIwave）下进行，但当电源/地平面被众多挖空和反焊盘打碎变得不再完整时，2.5D 场提取工具可能导致精度下降。使用 HFSS 3D Layout 的 HFSS 求解器，可以获得准确的电源网络参数，特别适用于对电源网络参数精度要求较高或者在某些极端 Layout 情况下使用。

本节以 V1P5_S3 电源网络为例，提取了负载 CPU 和两个 DDR 的 PDN 参数，以评估电源网络在每个负载处的滤波性能。

3.3.2　设置电容参数

打开文件，检查叠层，不再赘述。

此仿真重要的是设置电容参数。

可以在 Component 窗口中，为器件分配 RLC 或者 S 参数。本节演示使用 HFSS 3D Layout 自带的向导，为电容进行批量赋值。

单击 Layout → Workflow → Assign S-parameters，打开电容库管理对话框。在对话框中可以为电容分配 AEDT 自带的电容库模型，如图 3-12 所示。

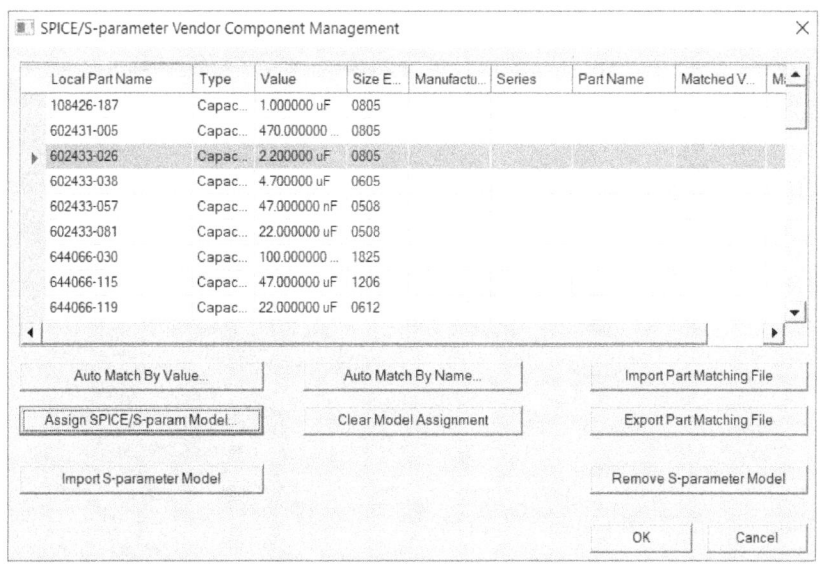

图 3-12　设置单个电容 S 参数

在电容列表中单击最左侧，选中其中的一行，单击下方 Assign SPICE/S-param Model 按钮，在弹出的对话框中，会显示当前电容库中所有的电容模型，可以通过设置 Filter 选项，对电容进行快速过滤。

1）Manufacture：Murata。

2）Size：0805。

3）Series：GCM21。

4）Value Range：2.1 ~ 2.3μF。

确定需要的电容型号后，单击 OK 按钮，HFSS 3D Layout 会自动带入选中的电容参数，如图 3-13 所示。

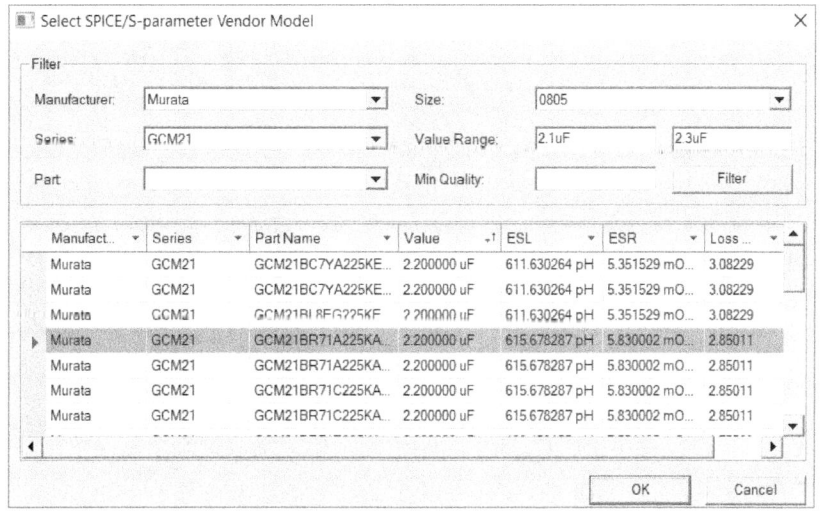

图 3-13　手动指定 S 参数

如果不是特别关注电容的型号,可以选中所有的 Local Part Name,单击 Auto Match By Value 按钮,软件会从电容库中自动匹配相同尺寸和容值的电容,如图 3-14 所示。

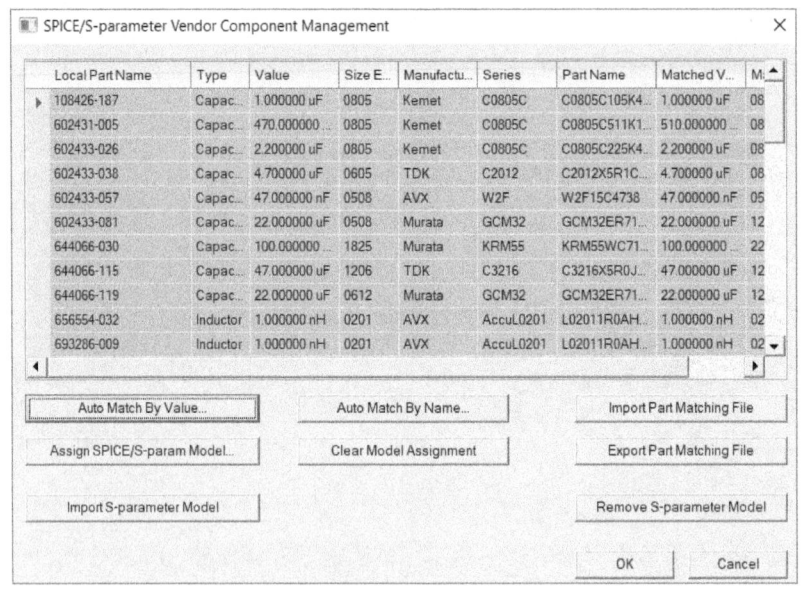

图 3-14　自动设置所有电容 S 参数

3.3.3　设置求解端口

单击 Layout → Workflow → Configure PI Analysis,打开 PI Configuration 窗口,在左侧选中参与仿真的电源网络 V1P5_S3,窗口右侧会列出跟网络相关的器件列表。在列表中配置分布器件,将 DDR 器件 U1A1、U1B5 和控制器 U2A5 的 Port 属性设置为 Port,Ref. Imp.(参考电阻)设置为 0.1ohm(Ω),如图 3-15 所示。

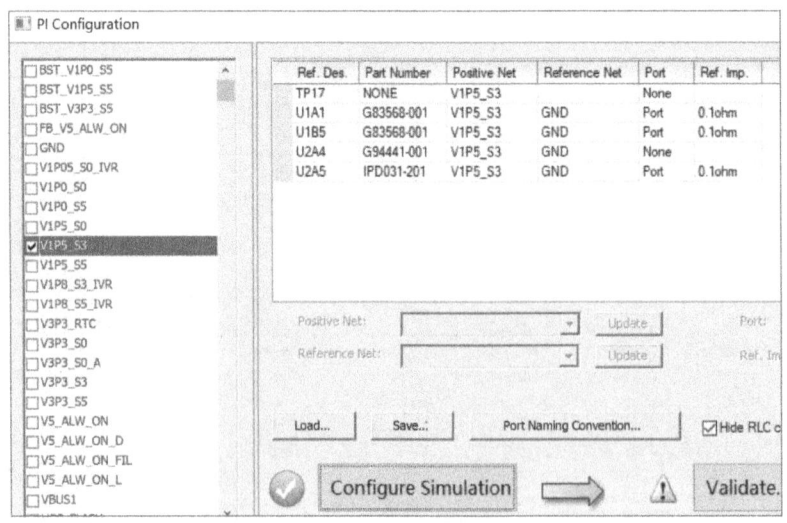

图 3-15　电源端口配置窗口

单击 Configure Simulation 按钮，HFSS 3D Layout 将会对设置器件的端口自动进行配置。

配置完成后关闭配置面板，可以观察 HFSS 3D Layout 中自动生成的三个电源端口。HFSS 3D Layout 根据 PI Configuration 面板中的配置，对配置电源和 GND 引脚进行 Pin Group 设置，在 Pin Group 的基础上生成 Port，如图 3-16 所示。

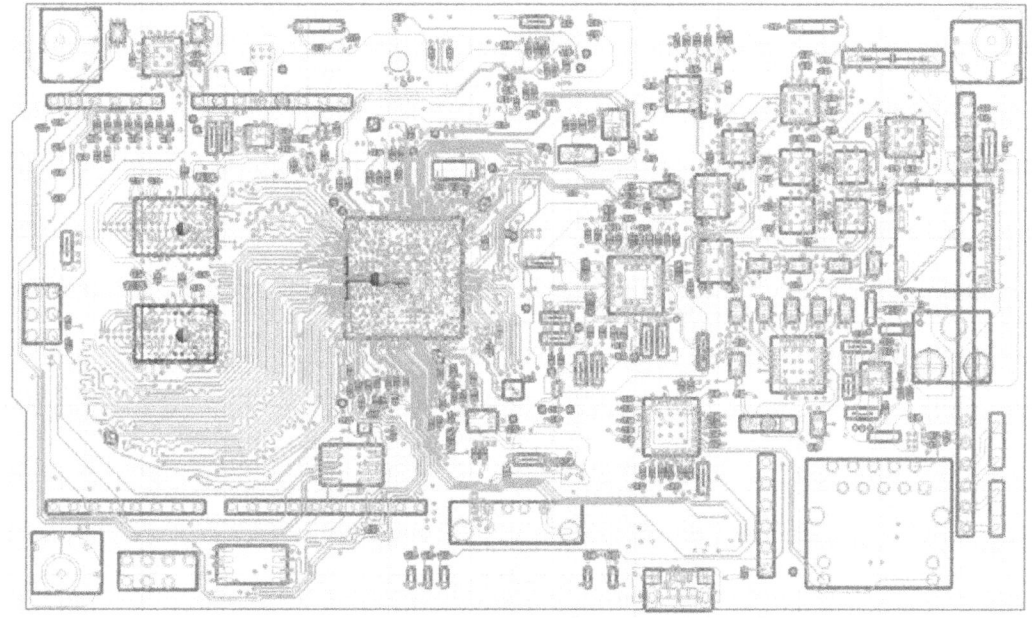

图 3-16　Layout 上电源端口

3.3.4　设置求解项

在 Project Manager 窗口中的 Analysis 上右击，在菜单中单击 Add HFSS Solution Setup → Advanced，添加 HFSS Solve 求解选项。

设置求解频率为 1GHz，其他保持默认。

设置扫频频率。100kHz ~ 10MHz 采用对数取样设置，每段取样数为 20。10MHz ~ 2GHz 采用线性取样，Step = 0.01GHz，如图 3-17 所示。

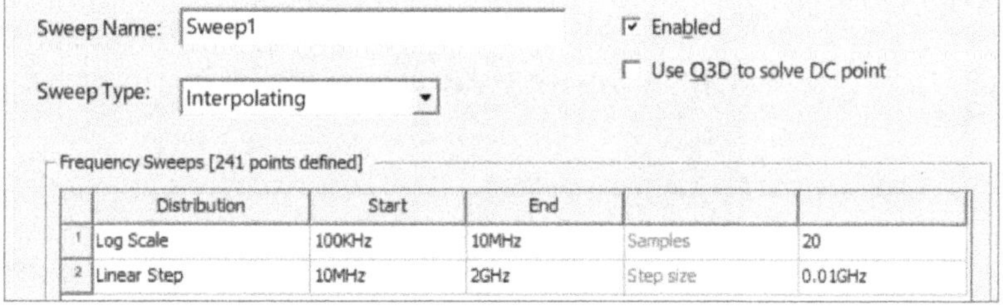

图 3-17　HFSS 扫频设置

3.3.5 运行和查看结果

仿真完成后，可以进行 PDN 阻抗报告的查看，在 Project Manager 窗口中的 Results 上右击，在菜单中单击 Create Standard Report → Rectangular Report，设置如下：

1）Solution：Setup 1：Sweep 1。
2）Category：Z Parameter。
3）Quantity：（Only Self Terms）Z（PortU1A1_V1P5_S3，PortU1A1_V1P5_S3）。
4）Function：mag。

单击 New Report 按钮生成报告（Report），如图 3-18 所示。

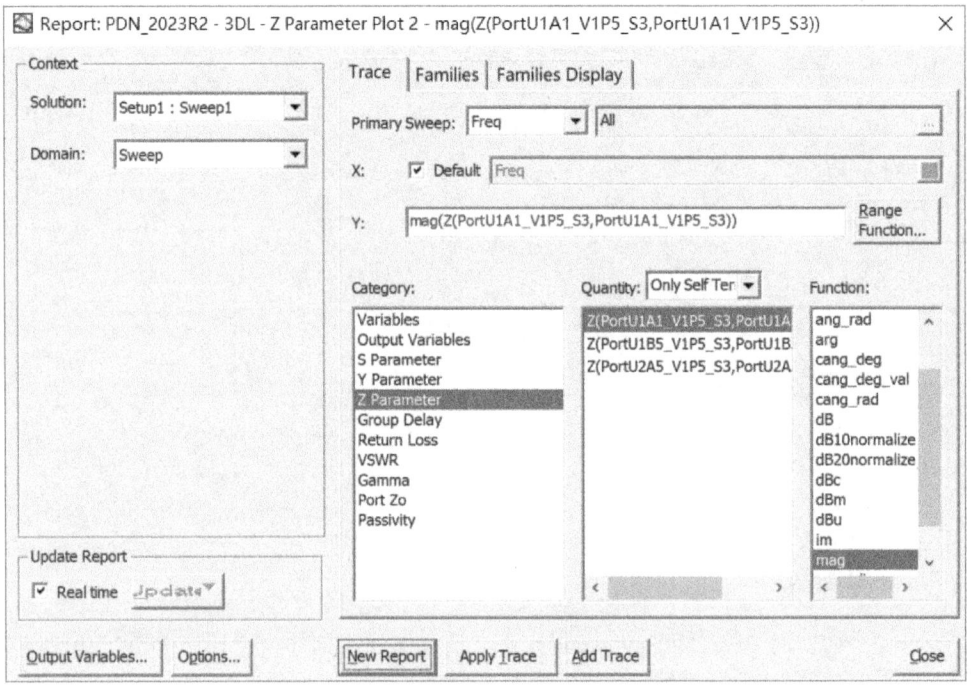

图 3-18　查看结果

在 Report 中，选中 X 轴，在 Properties 窗口的 Scaling 页面中设置 Axis Scaling 为 log，Units 为 MHz。同样操作，选中 Y 轴，设置 Axis Scaling 为 log。使得 Report 以对数方式进行显示，如图 3-19 所示。

3.3.6　调用 SIwave 求解器

HFSS 3D Layout 可以直接调用 SIwave SYZ 求解器进行 PI 的计算，大部分时间不需要对设计做任何更改。

在 Project Manager 窗口中的 Analysis 上右击，在菜单中单击 Add SIwave Solution Setup，添加 SIwave Solve 求解选项。对 SIwave Solution 界面直接确认，到扫频界面，设置和前面 HFSS 同样的扫频频率。

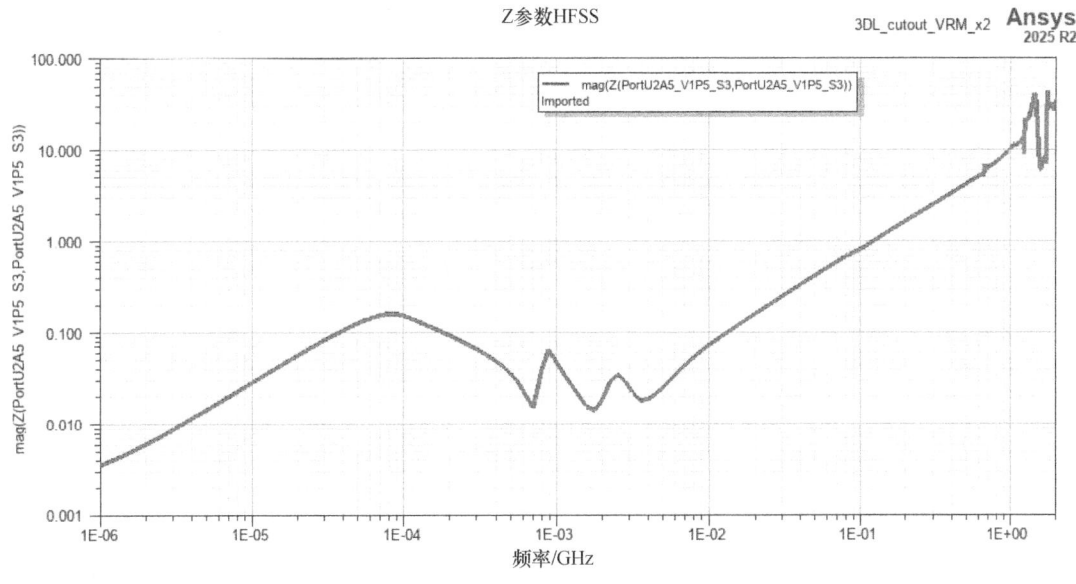

图 3-19　HFSS 仿真 Z 参数

3.3.7　HFSS 和 SIwave 结果对比

这里 SIwave Solve 和 HFSS Solve 计算结果趋势基本一致（见图 3-20），但 SIwave 计算时间比 HFSS 少一两个数量级。用户按需选择合适的求解技术，在精度需求和时间效率之间进行切换。当电源/地平面比较完整时，建议选用 SIwave 求解器，可以获取更快的计算效率。当电源/地平面被众多挖空和反焊盘打碎变得不再完整时，建议选用 HFSS Solve 求解器，以保证求解的精度。

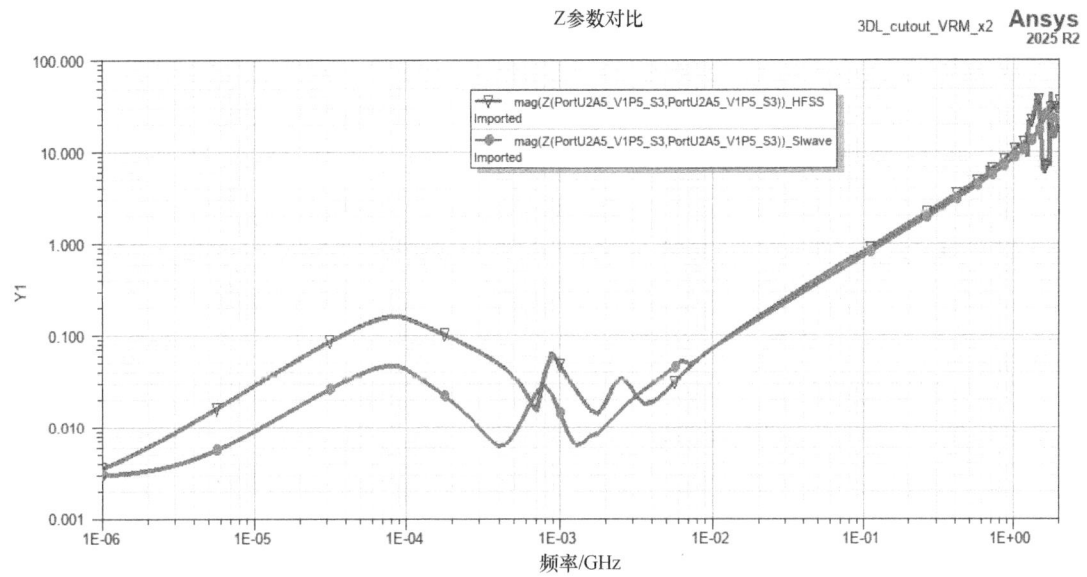

图 3-20　HFSS 和 SIwave 求解器 Z 参数结果对比

> Tips：同时设置信号和电源端口。
> 对于有些应用（如 SSN 分析），需要电源和信号一起仿真。采用 PI Workflow 可以一次设好所有端口：
> 单击 Layout → Workflow → Configure PI Analysis。
> 选择需要生成端口的信号和电源网络。
> 选择对应器件，设置 Port 和参考阻抗（信号 50Ω，电源 0.1Ω）。
> 单击 Configure Simulation 生成 Pin Group Port。
> 退出此界面，进行求解设置。
> 此方法的优点：同一个 Power Net 只生成一个端口。从而减小了计算量，提升了运算效率。

3.4 电源瞬态分析

随着芯片供电电压的下降，芯片可以容忍的电压波动也越来越小，从而要求供电网络具有更低的阻抗。传统的电源设计方法，只关心 PCB 上的电源网络设计，但是由于供电能量要先经过 PCB 和封装，最后到达芯片内部。只有同时考虑 PCB、封装和芯片内部的供电网络后，才能正确评估计算芯片所感受到的电源阻抗。因此传统的只分析 PCB 的电源完整性分析方法通常难以准确地模拟实际工作中的电源行为，需要新的建模技巧。Ansys 公司在业界首创并提供领先的 CPM，在芯片低功耗设计的同时，生成准确的芯片负载模型用于系统分析。

Ansys 公司的芯片电源模型（Chip Power Model，CPM）为电源完整性仿真提供了一种有效的方式，其能够有效地模拟负载芯片在不同工作场景的电源特性。能够帮助设计工程师识别和解决电源噪声问题。本节将探讨 CPM 在电源瞬态仿真中的应用。

如图 3-21 所示，CPM 由 Ansys 公司芯片后端电源完整性和可靠性分析工具 RedHawk-SC（SoC 分析）或 Totem-SC（模拟或 IP 分析）产生。在 SIwave 或 AEDT 环境中与封装和 PCB 版图设计配合，共同完成电源网络系统分析。包括 CPM 重构（根据芯片前端设计提供的 Power Profile 信息进行调制，添加前端网表长时间运行对应的低频成分）、直流压降分析、频域阻抗分析、瞬态分析和电磁干扰分析。

其基本原理如下：

1）动态负载模型：CPM 记录了工作场景下芯片电源负载的动态特性，能够反映真实电源网络行为。

2）频/时域仿真：除了传统的频域分析，CPM 还可以在时域中进行仿真，提供对瞬态响应的精确描述。

3）集成电源特性：CPM 应用可以整合供电模块、电源分配网络（PDN）和用电芯片负载特性的多种因素，使得仿真结果更具真实性。

如图 3-22 所示，CPM 的宽带、高效和硅验证等特性，使其成为芯片供货商和系统设计单位之间的桥梁之一。系统设计单位提取封装或电路板模型给芯片供货商，用于考虑系统的芯片电源设计优化和验证。同样地，芯片供货商输出 CPM 给系统设计单位，用于系统设计单位对其封装或电路板电源设计优化和验证。形成 CPS 仿真分析生态闭环。

第 3 章 电源仿真

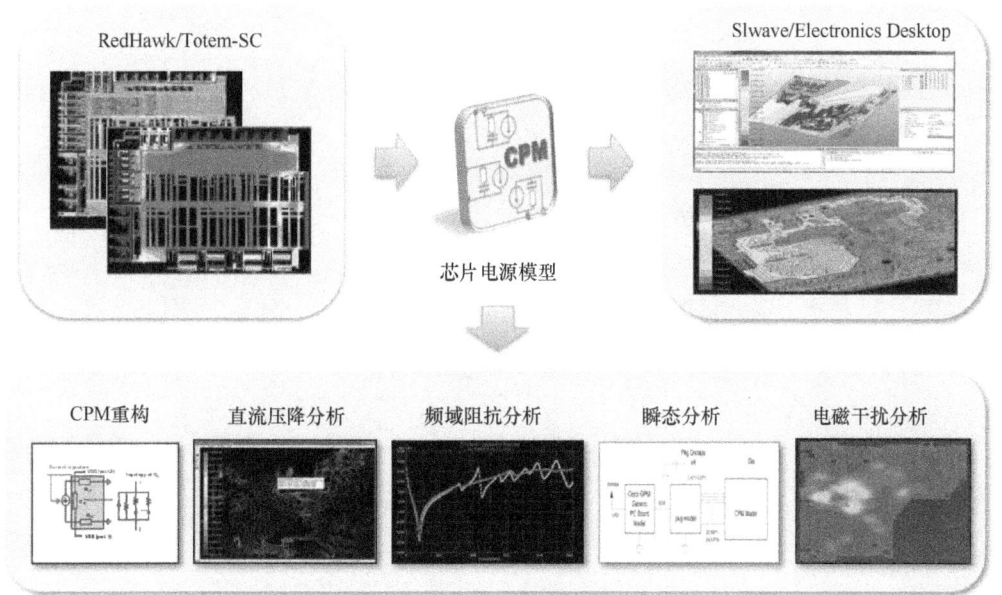

图 3-21 CPM 芯片电源模型生态

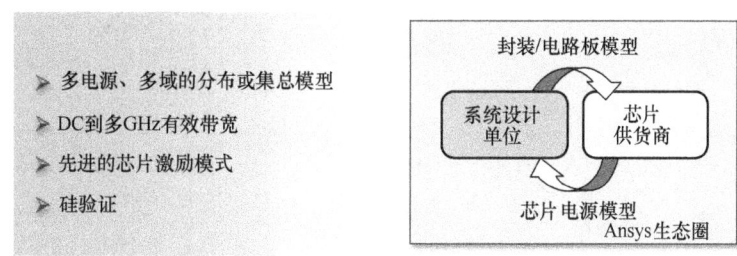

图 3-22 CPM 特点和生态

3.4.1 CPM 介绍

使用 RedHawk-SC/Totem-SC 分析芯片后端设计电源完整性和可靠性流程中可设置芯片的工作模式，该模式会决定芯片工作时各晶体管的工作状态。RedHawk-SC/Totem-SC 会提取芯片版图中电源/地网络的无源分布参数，以及在设置的工作模式下芯片电源端的瞬态电流波形。将分析得到结果综合为一个芯片电源模型（建议电源/地端口数小于 200，否则瞬态分析时可能会遇到收敛问题），该模型本身完全符合 SPICE 语法结构，可以被瞬态电路仿真工具所读取和识别。

如图 3-23 所示，芯片电源/地网络从裸片（Die）上凸点（Bump）开始，经过裸片内金属走线层上印制的环、栅格和线等结构到达晶体管构成的有源器件层，为相关门电路/晶体管供电。

CPM 是一种基于芯片内部供电网格的 SPICE 格式模型，如图 3-24 所示。包含芯片内部电源/地路径，模拟了芯片工作时片上电源的动态响应。芯片与封装相连的每个电源/地焊接凸点将被关联到其对应的片内供电网络的分布式 RLC 寄生参数，以及晶体管的电流、电容和等效电阻。

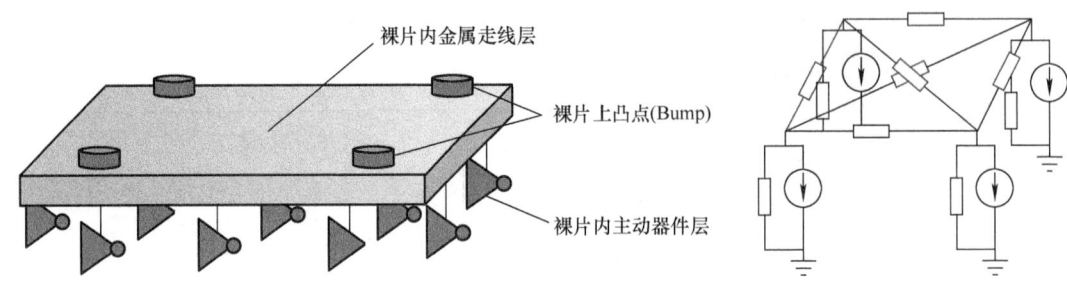

图 3-23 芯片供电网络路径

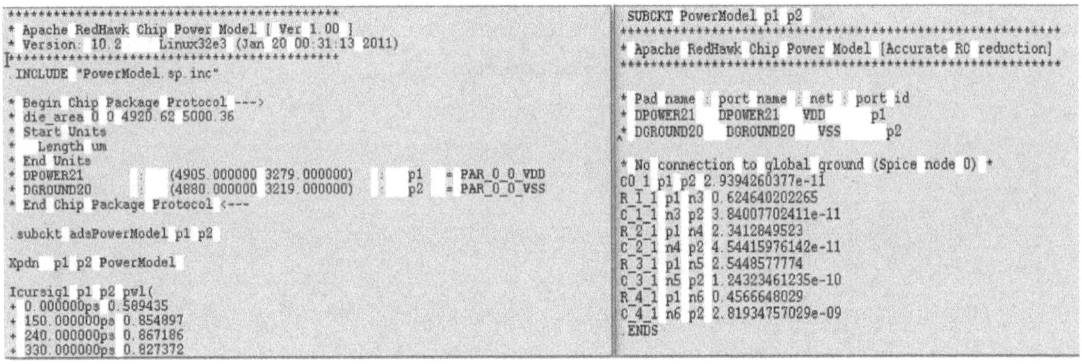

图 3-24 CPM 网表

如图 3-24 所示，本例中 CPM 是名为 PowerModel.sp 的 SPICE 文件。模型内容如下：

1) INCLUDE 语句导入片内供电网络寄生电路文件 Power Model.sp.inc。

2) 芯片封装协议（CPP）注释部分，包括芯片大小、长度单位、焊接凸点的位置坐标、模型电路节点名和分组。

3) CPM 子电路定义（.subckt adsPowerModel p1 p2），X 语句调用 Power Model.sp.inc 文件中的 RLC 分布网络子电路，I 语句定义分段线性电流源（PWL）作为负载。

3.4.2 CPM 对电源阻抗的影响

从电源负载引脚往电源网络上游看到的频域阻抗是电源完整性分析的重要手段，用来衡量当前设计的电源网络质量。高质量的电源网络是低阻网络，确保用电负载电源噪声足够小。

为对电源供电网络进行定性分析，将其等效为一阶 RLC 电路。如图 3-25 所示，可以看出低频段由直流电阻决定，中频段由感抗决定，高频段由容抗决定。低阻的电源网络意味着具备足够小的直流电阻和单路/回路电感。

为验证 CPM 对芯片电源阻抗的影响，创建如图 3-26 所示的仿真场景，提取芯片电源网络阻抗，通过后处理计算 Vdd 和 Vss 间电源回路电感。

第 3 章 电源仿真

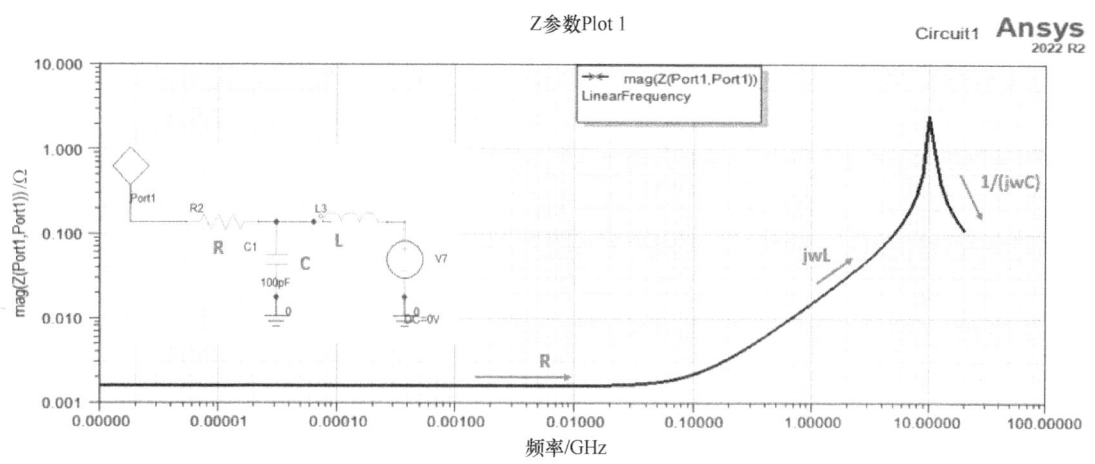

图 3-25 电源供电网络一阶等效电路阻抗特征曲线

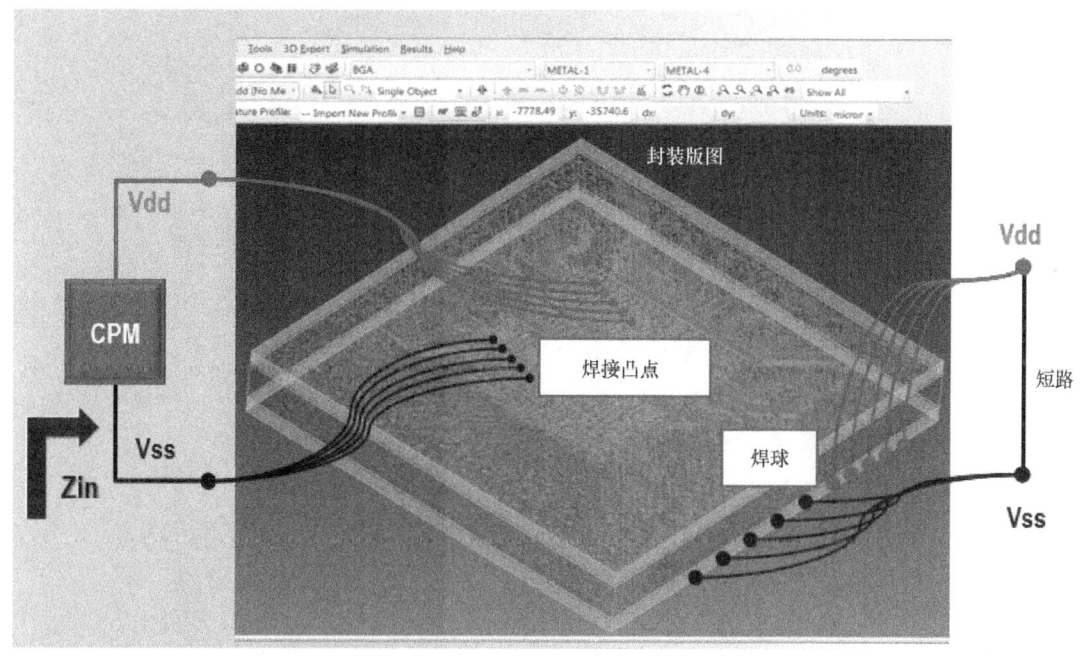

图 3-26 芯片电源网络阻抗提取

从图 3-27 看出，CPM 会影响高频段的回路电感。考虑 CPM 的芯片电源网络在高频段的阻抗远小于不考虑 CPM 时的阻抗。所以做封装系统电源完整性阻抗分析时必须要考虑芯片内部电源网络，否则无法准确了解中高频段的真实阻抗，造成不必要的中高频去耦成本。

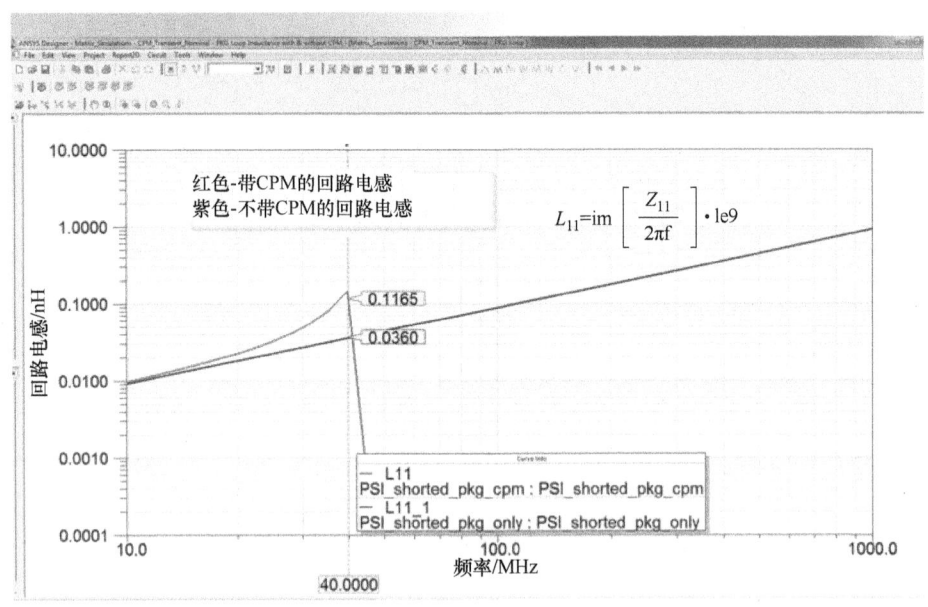

图 3-27　CPM 对芯片电源回路电感的影响

3.4.3　2.5D/3D 芯片电源分析

以图 3-28 中的 2.5D/3D 芯片为例，使用 HFSS 3D Layout 和 CSM（集成在 RedHawk-ET 中）分别仿真硅中介板、硅中介板加 CPM 和硅中介板加 CPM 加封装基板三种情况的电源阻抗。

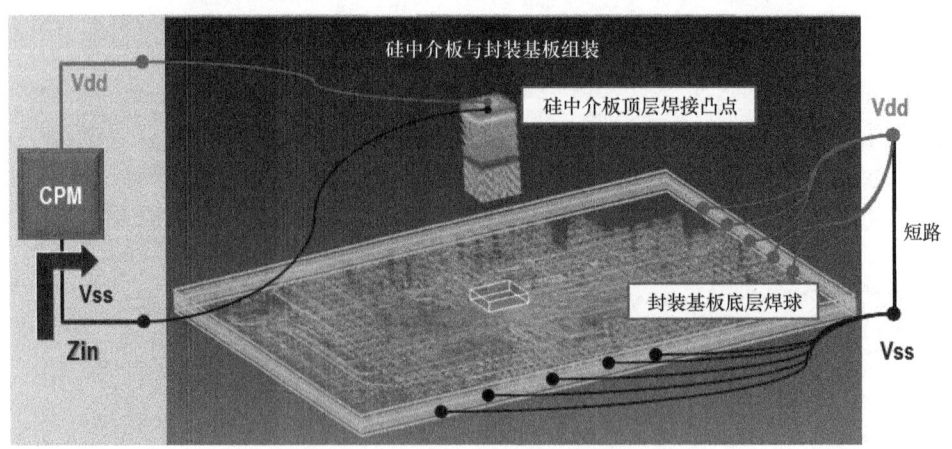

图 3-28　2.5D/3D 芯片电源网络阻抗提取

硅中介板时阻抗曲线如图 3-29 所示。
硅中介板加 CPM 时阻抗曲线如图 3-30 所示。

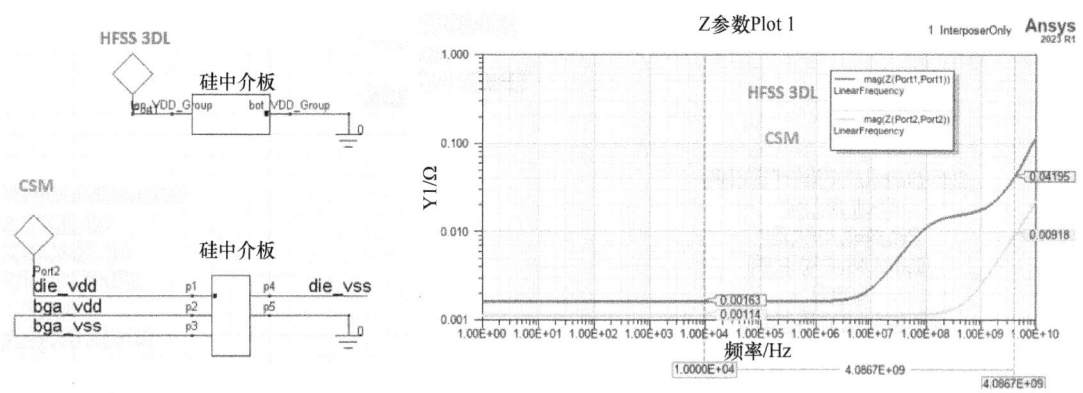

图 3-29　硅中介板电源阻抗曲线

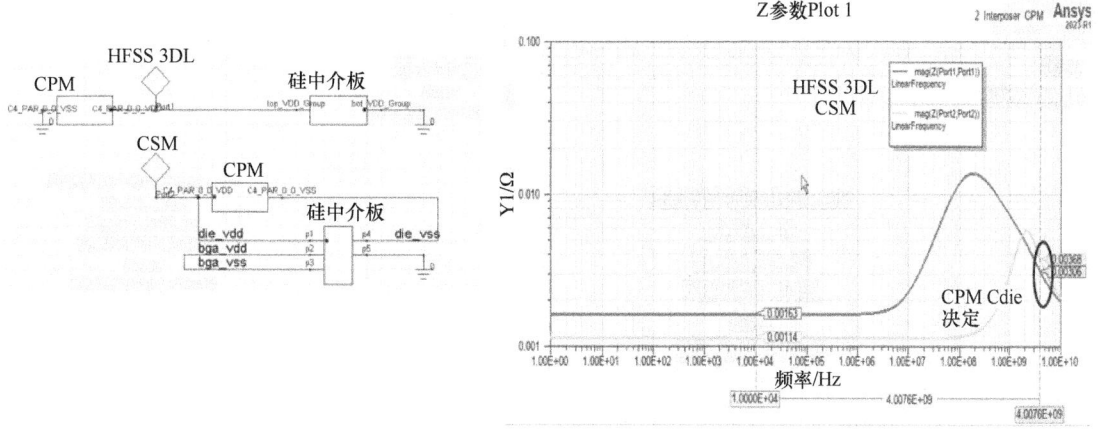

图 3-30　硅中介板加 CPM 电源阻抗曲线

硅中介板加 CPM 加封装基板时阻抗曲线如图 3-31 所示。

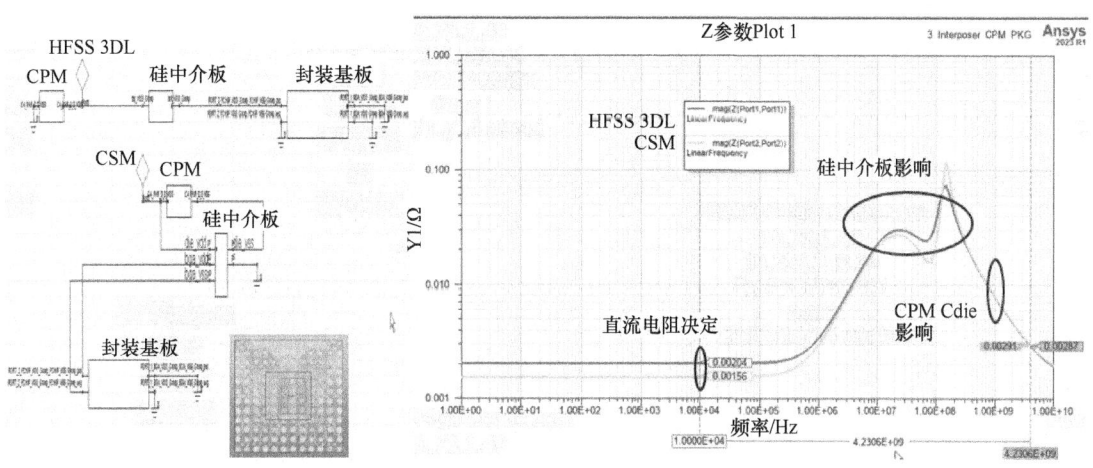

图 3-31　硅中介板加 CPM 加封装基板电源阻抗曲线

从图 3-29 ~ 图 3-31 可以看出，HFSS 求解器在中高频段具备黄金精度，并且在扫频设置中选中 Use Q3D to solve DC point 复选按钮，得到黄金精度的直流电阻（见图 3-32）。

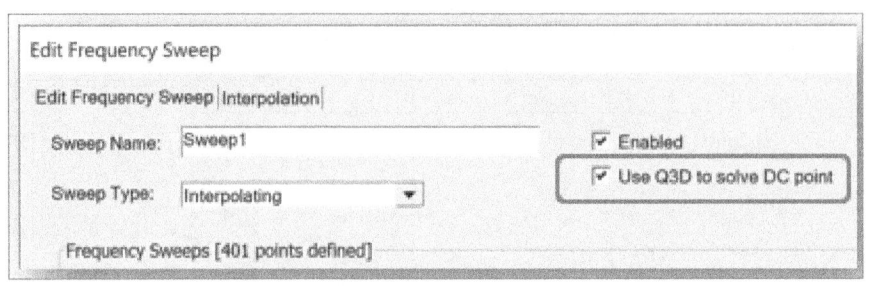

图 3-32　HFSS 调用 Q3D 求解直流电阻的设置

CSM 更适合用于硅中介板电源网络提取。原因在于：相比 HFSS，CSM 容量更大，适合如今动则上万焊接凸点的场景。CSM 的 RLC 寄生参数提取速度非常快，并且直流和低频阻抗足够准确。虽然中高频阻抗提取精度有所不足，但从图 3-31 的结果可以看出，CSM 中高频弱点会被 CPM 和封装基板模型覆盖。

3.4.4　系统电源瞬态分析

在 SIwave 中，分别导入封装和 PCB 的设计文件，然后使用版图融合（Merge）功能，将封装和 PCB 按照实际的位置关系融合成为一个完整的仿真工程，并确保网络名能够自动对齐。这样组合的目的除了可以在提取封装和 PCB 电源网络模型时可以考虑封装和 PCB 之间的互耦，还可以在以后进行电磁辐射计算时，把封装和 PCB 作为一个辐射整体来分析。

封装端使用 CPM 定义的电路节点和电源引脚分组，如图 3-33 所示。

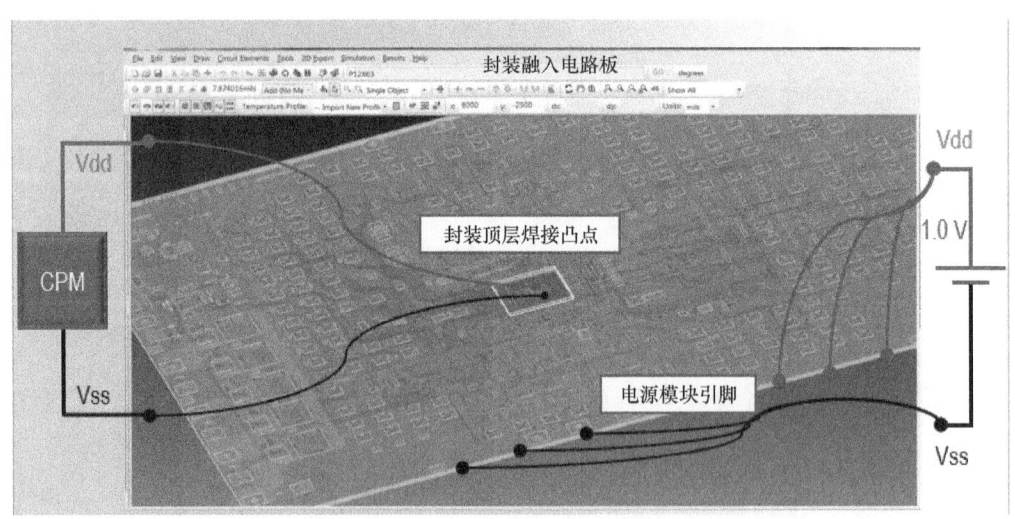

图 3-33　系统电源瞬态分析

创建 AEDT Circuit 电路项目，导入芯片的 CPM 和 SIwave 提取的融合封装的 PCB 模型，按照实际电气连接关系进行连接，形成完整的系统电源瞬态仿真链路，如图 3-34 所示。

第 3 章 电源仿真

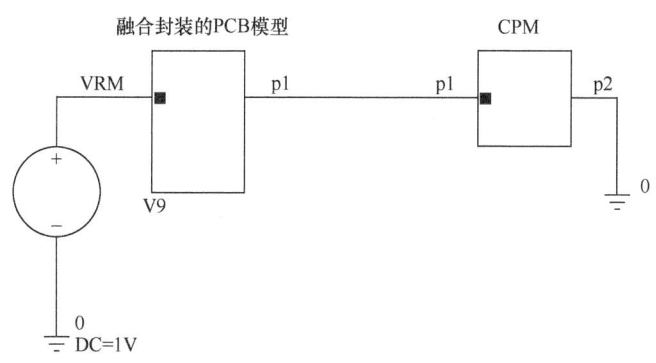

图 3-34 CPM 瞬态分析

瞬态仿真将会得到基于 CPM 中负载电流工况下，封装和 PCB 上各端口处的电压和电流分布。如图 3-35 所示，对比了正常情况、半电流和平均电流三种情况的封装焊接凸点上的电源电压波形。

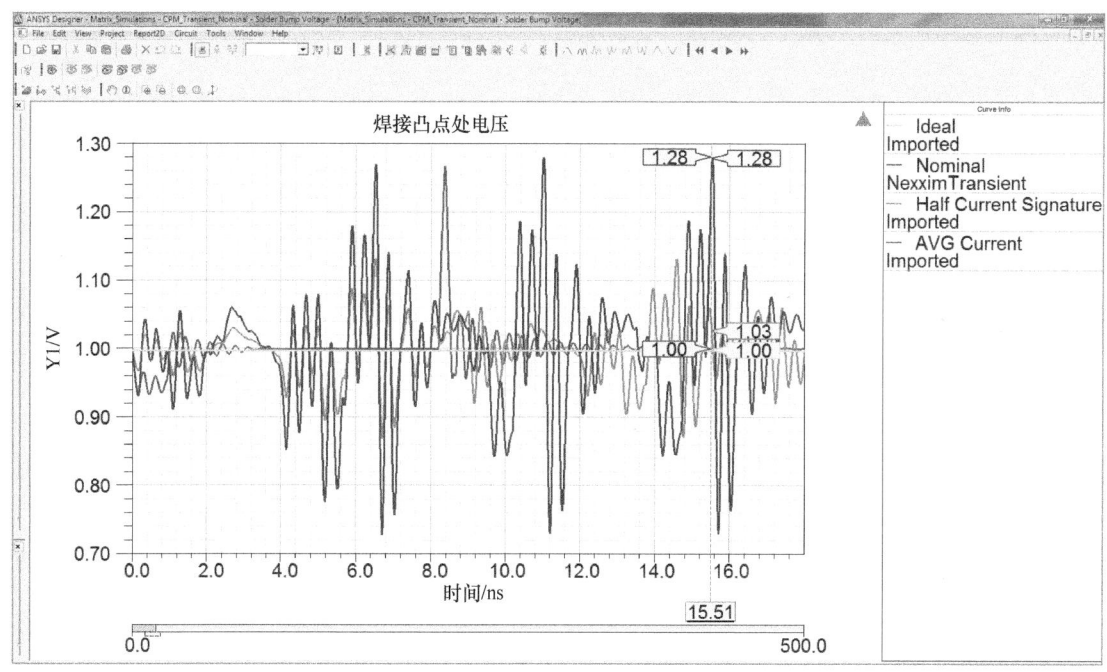

图 3-35 封装焊接凸点处的电源电压波形

3.4.5 电源噪声的电磁干扰分析

AEDT 平台支持电路和电磁场软件模块动态链接。如果电磁场设计是以项目链接的方式直接从项目管理树下被拖进电路设计里的，而不是以 S 参数的形式，电路模块支持激励推送

93

（Push Excitation）操作。该操作会将 3.4.4 节得到的封装和 PCB 上各端口的时域电流回给电磁场模块，并被转换为频域数据。然后电磁场模块便可基于频域的电流数据，进行辐射发射计算，从而得到在该 CPM 负载下的封装和 PCB 的辐射特性，如图 3-36 所示。

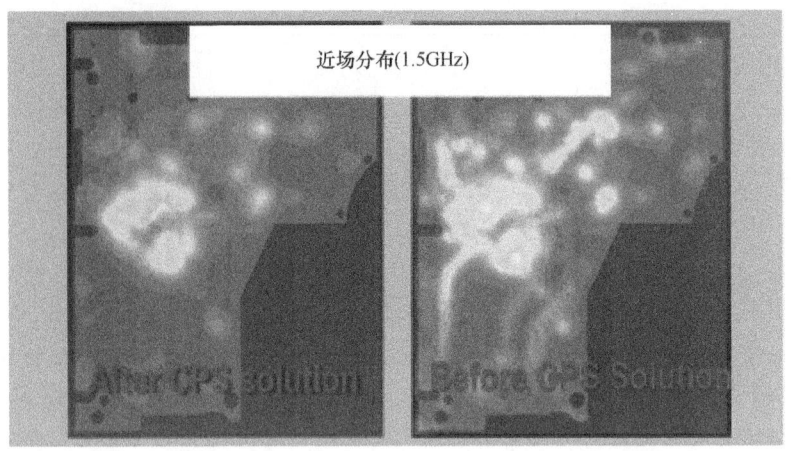

图 3-36　基于 CPM 的近场辐射发射分布

第 4 章 高速 SerDes 接口仿真

4.1 SerDes 接口仿真概述

SerDes（Serializer/Deserializer）是串行解串器。

随着集成电路技术的飞速发展，电子设备的运行速度持续提高，这对传统的并行总线架构提出了更高的要求。高速运行导致并行信号之间的串扰问题加剧；并行总线对 I/O 数量的大量需求引发了功耗过高和同步时的噪声问题。此外，系统复杂性的增加也使得 PCB 互连设计变得更加困难。正是由于并行总线存在的这些问题，人们开始寻求其他解决方案，从而促成了现代高速互连中串行总线架构的诞生。

串行总线架构（见图 4-1）的工作原理是，在发送端将低速的并行信号通过并转串的方式转换为高速串行信号，然后通过芯片间的互连传送至接收端；在接收端，这些高速串行信号再通过串转并的过程还原为低速并行信号。发送端的信号经过特定的编码处理，确保了频繁的电平跳变，使得接收端能够利用时钟数据恢复（CDR）电路直接从接收到的信号中恢复出时钟信号。

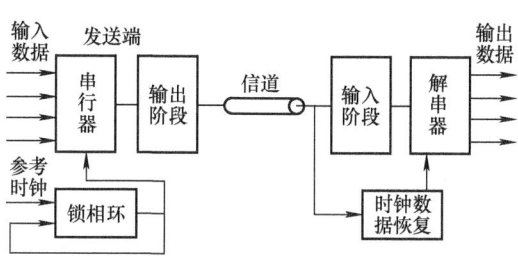

图 4-1 SerDes 串行总线架构

高速 SerDes 的串行链路速率从业界广泛应用的 25Gbit/s、56Gbit/s 向 112Gbit/s 等更高速率持续演进。高速 SerDes 的设计面临着诸多挑战，传统经验已无法保证设计精度。硬件工程师们亟须一款合适的仿真工具，帮助他们实现高效、精确的设计和验证，从而优化产品性能，缩短上市时间。如图 4-2 所示，AEDT 集成了适合任意三维结构和多层平面结构的黄金精度三维电磁场求解器及晶体管级和系统级电路分析工具，实现了封装、PCB 及大规模集成电路的协同仿真和设计优化，极大地增强了高速 SerDes 接口设计的合规性和可扩展性。配合高性能计算（HPC），AEDT 可根据高速 SerDes 接口设计中的不同指标进行设计参数优化，为一次设计成功提供了可能。

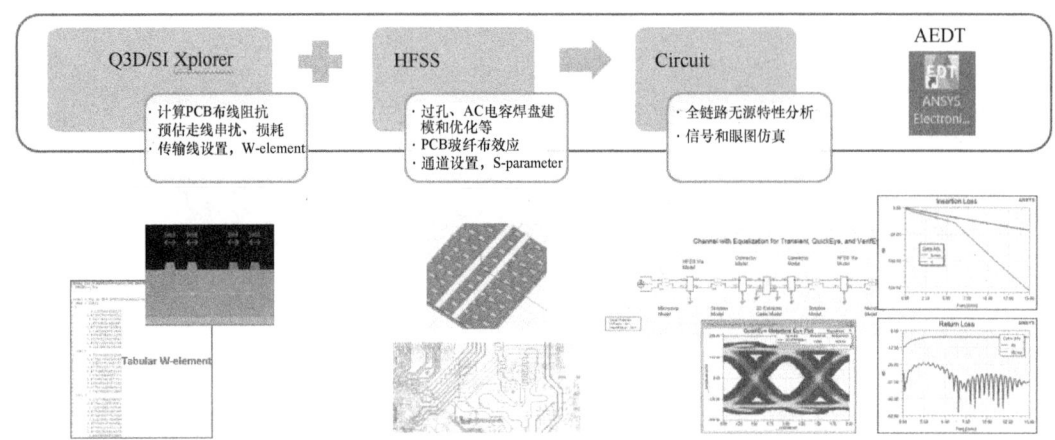

图 4-2　Ansys 高速 SerDes 接口仿真平台 AEDT

4.1.1　IBIS-AMI 模型和建模

1. IBIS-AMI 模型

IBIS-AMI（Input/Output Buffer Information Specification - Algorithmic Modeling Interface）是在传统的 IBIS 模型的基础上增加了算法模型接口（AMI）模型，用以描述 SerDes 数字电路特性，如均衡算法（FFE、CTLE 和 DFE 等）等。IBIS-AMI 模型在 IBIS V5.0 版本首次引入，目前已经广泛应用于高速 SerDes 和 DDR5 的信号完整性仿真。

AMI 是 IBIS 标准的一个扩展，用于描述更复杂的电路行为，特别是对于高速 SerDes 中的信号处理功能，如均衡、时钟数据恢复（CDR）和其他信号处理算法。它将内部具体算法和信号处理行为包装成一个黑盒子（Windows 的 dll 库、Linux 的 so 文件）。仿真器将仿真出来的波形送进黑盒子，然后再给出经过处理后的波形，同时还提供了 AMI 的配置参数，可以通过调节参数来优化信号波形的质量。图 4-3 所示为 IBIS-AMI 模型中的 AMI 关键字。

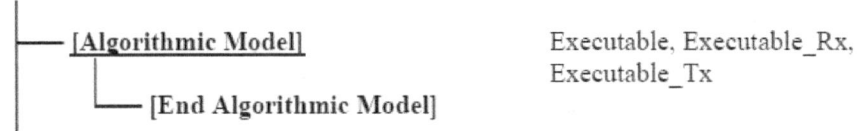

图 4-3　IBIS-AMI 模型中的 AMI 关键字

AMI 将 SerDes 分成两部分：模拟部分和算法部分。在线性信道上链接用户指定的 IBIS 发送/接收模型加编译后的 AMI 动态链接库，如图 4-4 所示。

线性时不变的部分包括发送和接收端的模拟部分（包括 I/V table 和 voltage ramp），也包含器件封装、电路板和电缆等构成的串行通道。

2. IBIS-AMI 建模

IBIS-AMI 模型包含以下 3 部分文件：

1）.ibs 文件描述了 Buffer 输出的特性。

第 4 章 高速 SerDes 接口仿真

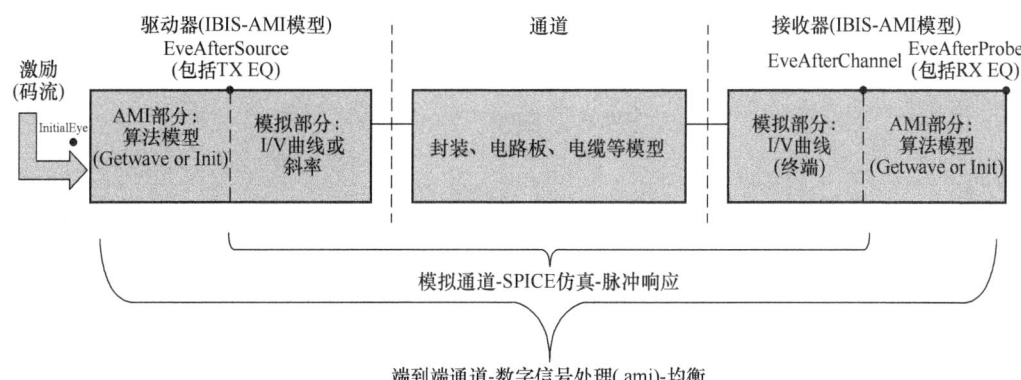

图 4-4 AMI 通道架构

2）.ami 文件定义了 AMI 模型的参数。

3）.dll/.so 文件分别对应 Windows 和 Linux 操作系统的可执行库文件，包含均衡算法。

相关的 IC 公司需要提供 IBIS-AMI 模型给设备厂商使用。Ansys 软件中的 SPISim 工具提供了简单快捷的建模流程：选择需要的算法模型、输入基本的参数即可创建完整的 IBIS-AMI 模型，不用用户自己写入算法、C 语言编译等，大大降低了使用难度。根据 2.4.1 节所介绍的，SPISim 工具中的 Mpro Module 包含了 IBIS-AMI 建模的功能，可以从 IBIS 菜单打开 Generate Spec IBIS-AMI model... 对话框（见图 4-5）。其中包含常见的数字电路模型和均衡算法，如 FFE、AGC、CTLE 和 DFE 等。

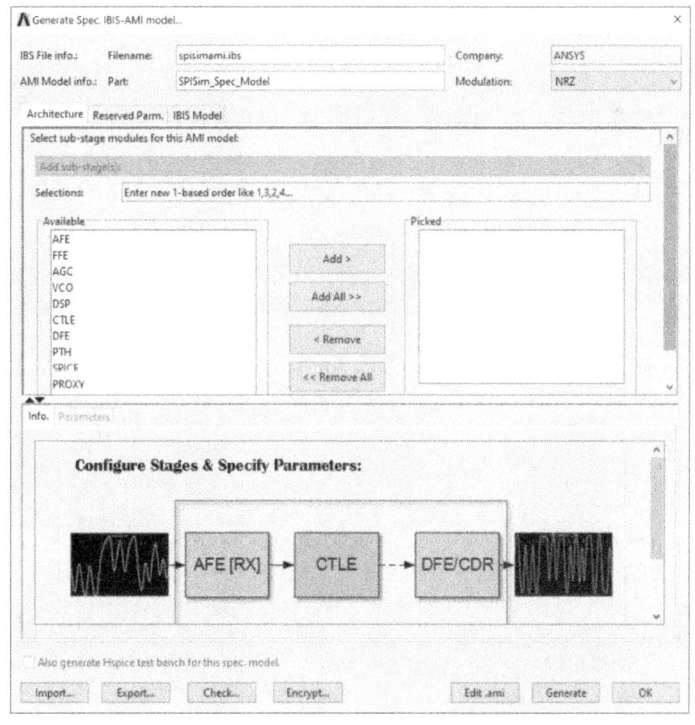

图 4-5 SPISim 工具中用于创建 IBIS-AMI 模型的对话框

（1）发送端 FFE 建模流程

1）在图 4-5 所示的对话框中选择 FFE，单击 Add 按钮将其添加到 Picked 列表框。

2）在图 4-6 所示的 Enabling pre and post cursors 选项组中选择 Pre Cursor 和 Post Cursor 的 Tap 数。

3）修改 Filename 为需要的 .ibs 文件名字，如图 4-6 所示。

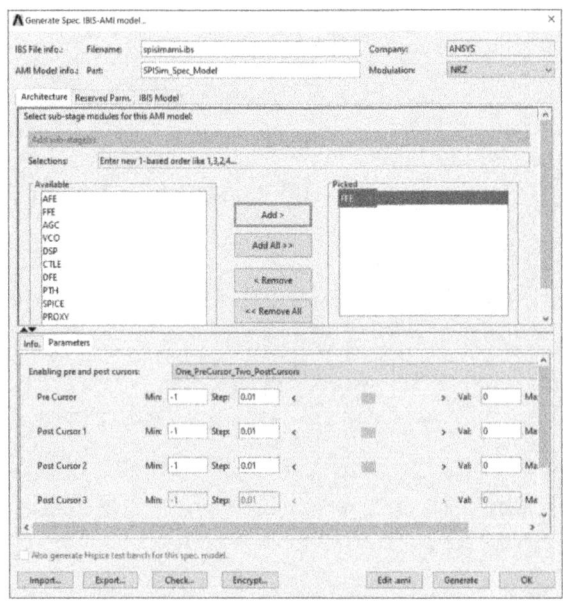

图 4-6　FFE 建模设置 1

4）在 Reserved Parm 标签中可以添加 Tx 端的 jitter 参数，如图 4-7 所示。

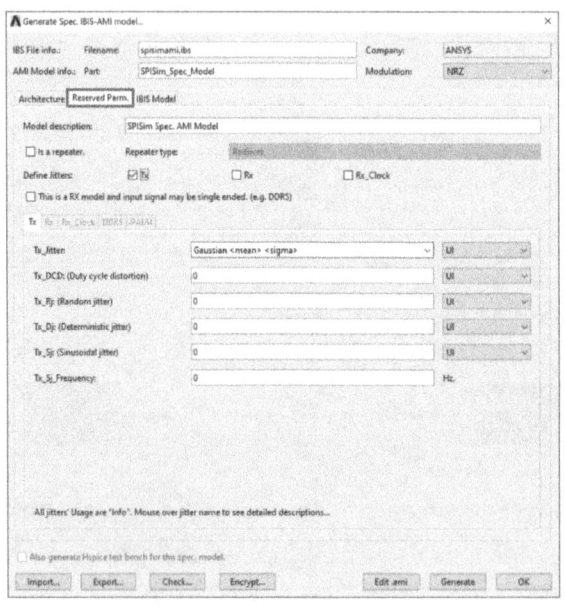

图 4-7　FFE 建模设置 2

5）在 IBIS Model 标签中输入 .ibs 文件中的 Buffer 参数，如图 4-8 所示。其中，C_Comp 为裸片上的电容，Voltage_Range 为输出电压，Ramp 的两行可设置输出信号的 20%～80% 的斜率。

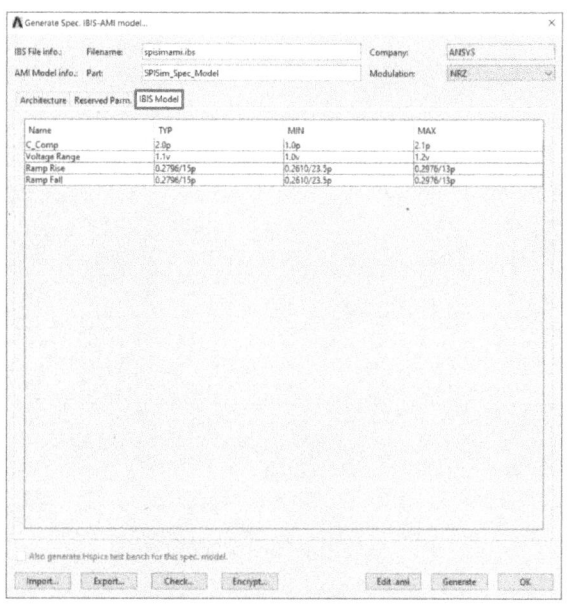

图 4-8　FFE 建模设置 3

6）单击 Generate 即可生成完整的 IBIS-AMI 模型，包含 .ibs、.ami、.dll 和 .so 文件。

以上步骤所生成的 IBIS-AMI 模型可以正常在电路仿真软件中使用，FFE 的参数是归一化的系数。如果想要自定义 FFE 的设置，如整数形式的参数或者 PICE 5.0 规范中定义的 Preset 选项，可以通过在 CSV 文件中先编辑好需要的设置，包含需要在 .ami 文件中可以设置的参数（如 Preset）、FFE_PARM_CURS 以及 PreCursor 和 PostCursor 的名称 FFE_PARM_PRE1 和 FFE_PARM_POS1（如果包含多个 PostCursor 时，可以增加列数并按顺序设置名称为 FFE_PARM_POS2 等），如图 4-9 所示。

	A	B	C	D
1	Preset	FFE_PARM_CURS	FFE_PARM_PRE1	FFE_PARM_POS1
2	0	One_PreCursor_One_PostCursor		-0.25
3	1	One_PreCursor_One_PostCursor	0	-0.167
4	3	One_PreCursor_One_PostCursor	0	-0.125
5	4	One_PreCursor_One_PostCursor	0	
6	5	One_PreCursor_One_PostCursor	-0.1	0
7	6	One_PreCursor_One_PostCursor	-0.125	0
8	7	One_PreCursor_One_PostCursor	-0.1	-0.2
9	8	One_PreCursor_One_PostCursor	-0.125	-0.125
10	9	One_PreCursor_One_PostCursor	-0.166	

图 4-9　PCIe TX Preset 建模数据表

准备好 CSV 配置文件后，建模时在上述步骤 6）之前单击创建 IBIS-AMI 模型的对话框下方的 Encrypt 按钮，如图 4-10 所示。

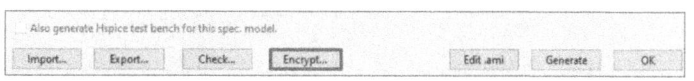

图 4-10　AMI 建模加密选项

打开加密选项后，选中 Use csv table to provide settings 复选按钮，并将准备好的 CSV 配置文件导入，此时便可以在界面看到 CSV 表格中数据已经被显示在对话框中，如图 4-11 所示。

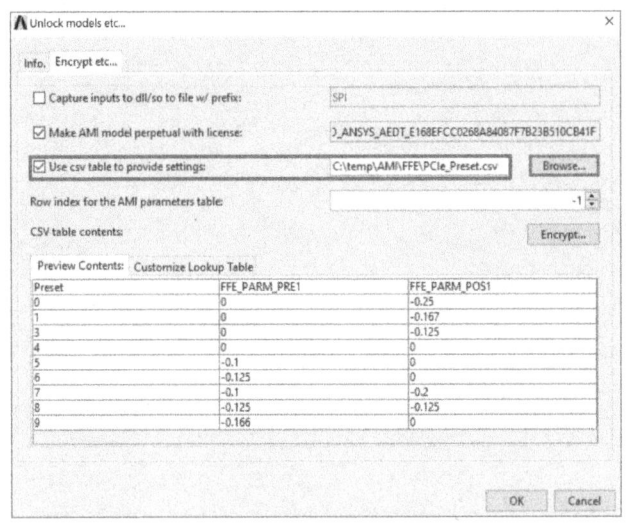

图 4-11　AMI 建模加密设置的对话框 1

在 AMI 建模加密设置对话框中选择 Customize Lookup Table 标签，单击 List of user defined variable 一行后面的 Select 按钮，在弹出的对话框中选中左边列表框中的 Preset，单击 Add 按钮将其添加到 Picked 列表框中，如图 4-12 所示。

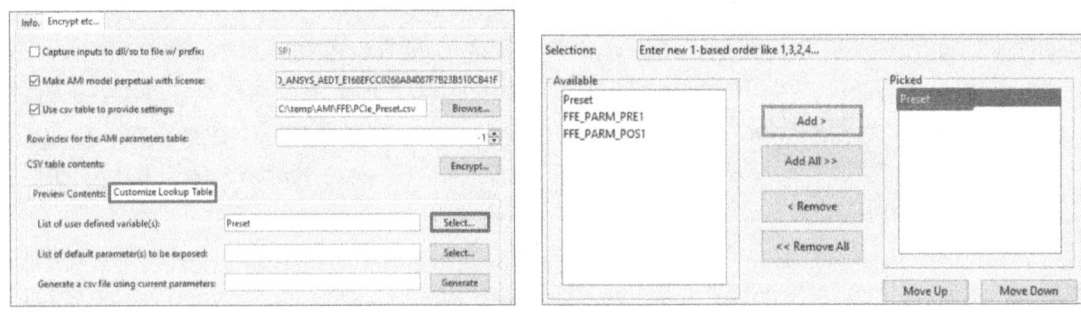

图 4-12　AMI 建模加密设置的对话框 2

此时单击图 4-8 所示的 Generate 后生成的 .ami 模型就会包含加密的 CSV 配置文件（后缀为 .ens），在打包整个 IBIS-AMI 模型时需要将该文件也包含在一起；另外，.ami 文件中不会出现 FFE_PARM_PRE 和 FFE_PARM_POS 等参数，取而代之的是自己定义的 Preset 参数，如图 4-13 所示。

图 4-13　自定义参数的 AMI 参数

此外，还可以根据需要对 AMI 参数进行编辑，单击创建 IBIS-AMI 模型界面下方的 Edit .ami 按钮，如图 4-14 所示。

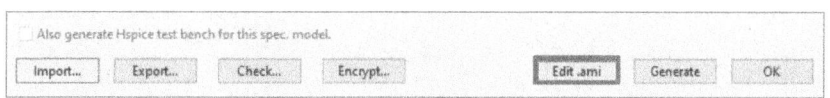

图 4-14　编辑 .ami 文件按钮

在 .ami 文件编辑对话框中单击 Load 按钮导入已经生成的 .ami 文件，选择需要编辑的参数，如 Preset。根据需求以及方便最终用户使用，可以将 Preset 默认的参数类型由 String 改为 Integer，将格式从 Value 改为 List，如图 4-15 所示。

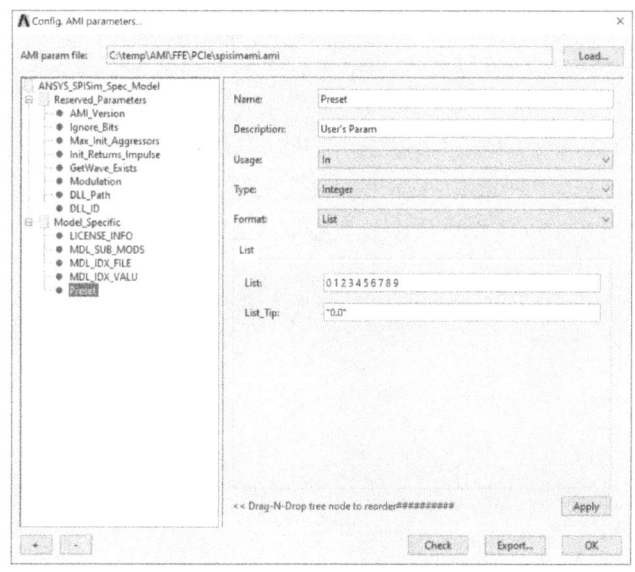

图 4-15　.ami 文件编辑对话框

单击图 4-15 所示的 Apply 按钮使其修改生效，然后单击 Export 按钮导出修改后的 .ami 文件并覆盖原始生成的 .ami 文件，此时的 Preset 参数格式变成列表，如图 4-16 所示。该 IBIS-AMI 模型导入电路仿真软件时 Preset 会以下拉列表的方式显示，更方便最终用户使用，也防止用户设置不合理的参数。

```
(Model_Specific
  (LICENSE_INFO (Usage In)(Type String)(Value "LICENSED_ANSYS_AEDT_E168EFCC0268A84087F7B23B510CB41F")(Des
  (MDL_SUB_MODS (Usage In)(Type String)(Value "FFE")(Description "Cascaded stages"))
  (MDL_IDX_FILE (Usage In)(Type String)(Value "PCIe_Preset.ens")(Description "Params index table"))
  (MDL_IDX_VALU (Usage In)(Type String)(Value "-1")(Description "Params table rowID"))
  (Preset (Usage In)(Type Integer)(List 0 1 2 3 4 5 6 7 8 9)(List_Tip "0.0")(Description "User's Param"))
)
```

图 4-16　编辑后的 .ami 文件

（2）接收端 CTLE 和 DFE 建模流程

1）在 SPISim 工具用于创建 IBIS-AMI 模型的对话框（见图 4-5）中，选择 CTLE 和 DFE，单击 Add 按钮将其添加到 Picked 列表框。

2）在 CTLE 标签中，CTLE operation 可以选择为 PASSIVE 和 MANUAL，一般工程上使用的为 MANUAL。在 CTLE data 可选择数据类型，其中包括 3 种数据类型：① CSVFILE，包含 CTLE 频域或时域的传递函数的 CSV 文件；② Params，CTLE 频率和带宽等；③ POLEZERO，CTLE 传递函数的零极点。图 4-17 所示为 CTLE 零极点参数建模对话框。多个零点或极点可以用全部输入并用逗号隔开，如极点 2，8。

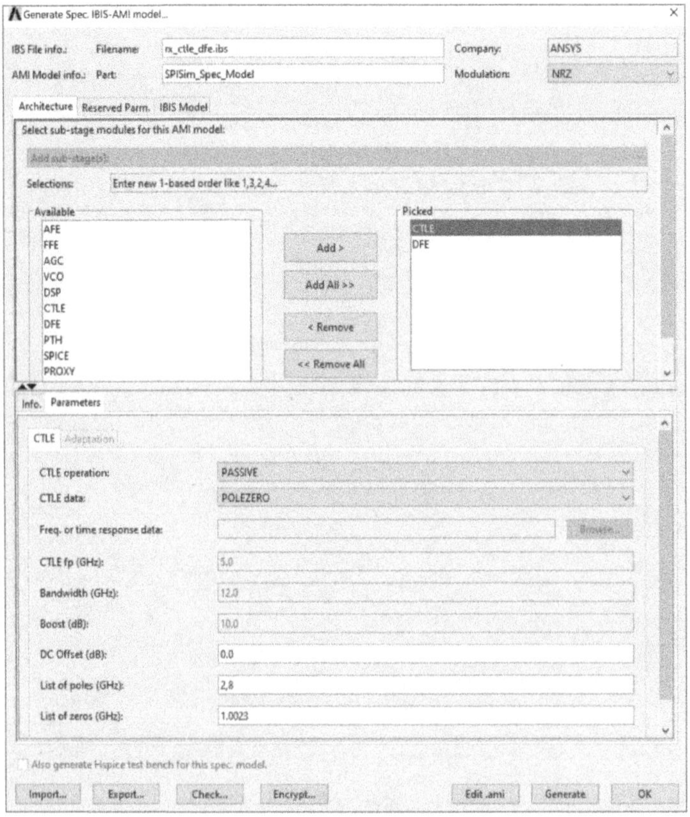

图 4-17　CTLE 零极点参数建模对话框

3）此外，使用 IC 仿真得到的芯片实际的 CTLE 传递函数用来建模是工程中最常见的，可以选择 CTLE data 为 CSV，然后填入包含 CTLE 传递函数的 CSV 文件，如图 4-18 所示。

其中，CSV 文件包含的 CTLE 传递函数支持频域数据和时域数据，软件会自动识别数据是频域的还是时域的。频域数据的格式（见图 4-19），第 1 列为频率，第 2 列和第 3 列为第一组传递函数的幅值和相位，之后依次为后续各组传递函数的幅值和相位。频域数据不仅支持幅值和相位的数据，还支持 DB 和相位、实部和虚部。

该 CSV 文件可以直接用于 CTLE 建模，但电路仿真软件使用该文件时只能选择奇数列（1，3，5…），AMI 模型中会根据奇数列编号自动读取偶数列，一起组成完整的 CTLE 传递函数。所以，在电路仿真中用户容易误用，因此建议将该 CSV 文件重新封装在另一个 CSV 文件中以重新排序。首先，需要将图 4-19 所示的 CSV 文件加密，通过图 4-17 所示的 AMI 加密按钮打开 AMI 加密界面，在该对话框中单击 CSV table contents 的 Encrypt 按钮对 CTLE 传递函数的 CSV 文件加密，如图 4-20 所示。

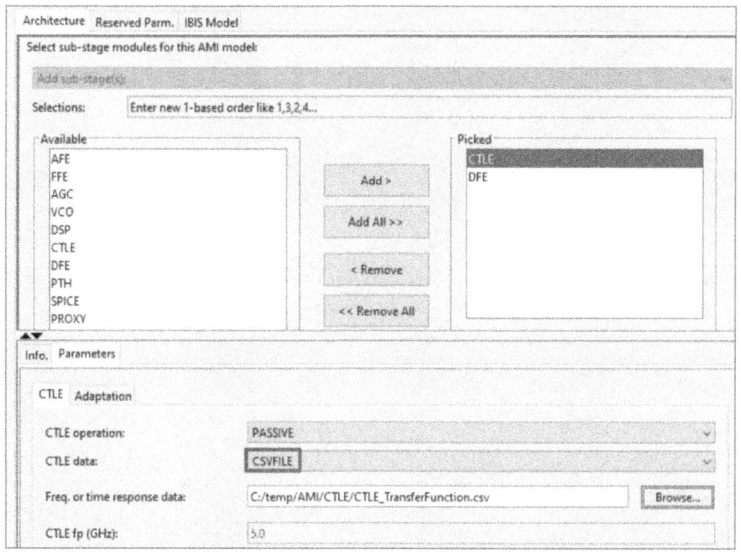

图 4-18　CTLE CSV 文件建模对话框

	A	B	C	D	E	F	G	H	I	J	K	L	M
1	FREQ	MAG_1	DEG_1	MAG_2	DEG_2	MAG_3	DEG_3	MAG_4	DEG_4	MAG_5	DEG_5	MAG_6	DEG_6
2	0	0.469095	0	0.759094	0	0.97258	0	1.201709	0	1.343335	0	1.531971	0
3	7.81E+07	0.479463	7.128565	0.76631	3.579153	0.978457	2.32005	1.206537	1.478509	1.347634	1.107807	1.535663	0.728473
4	1.56E+08	0.495071	13.75883	0.774801	7.012708	0.984341	4.559671	1.210654	2.90763	1.350965	2.177312	1.538187	1.428618
5	2.34E+08	0.51993	19.78129	0.788647	10.32466	0.993978	6.754308	1.217403	4.320349	1.356421	3.238181	1.542314	2.125436
6	3.13E+08	0.552518	24.97447	0.807435	13.41952	1.007174	8.851092	1.226689	5.686438	1.363943	4.268505	1.548012	2.804512
7	3.91E+08	0.591664	29.35172	0.8309	16.28282	1.023848	10.84555	1.238497	7.005965	1.373532	5.269215	1.555292	3.466815
8	4.69E+08	0.635833	32.92981	0.85846	18.87143	1.043691	12.70808	1.252659	8.261118	1.385066	6.227468	1.564073	4.104157
9	5.47E+08	0.68419	35.81315	0.889836	21.18902	1.066606	14.43723	1.269157	9.451382	1.398548	7.143251	1.574371	4.716718
10	6.25E+08	0.735785	38.09138	0.924562	23.23112	1.092347	16.02214	1.287864	10.56854	1.413896	8.010329	1.586137	5.300367
11	7.03E+08	0.789698	39.84956	0.962082	24.99839	1.120577	17.45294	1.308585	11.60356	1.430966	8.821443	1.599275	5.850078
12	7.81E+08	0.845528	41.17526	1.002124	26.50931	1.151152	18.7329	1.331259	12.55593	1.449729	9.575651	1.613779	6.364926

图 4-19　CTLE 频域传递函数的 CSV 文件

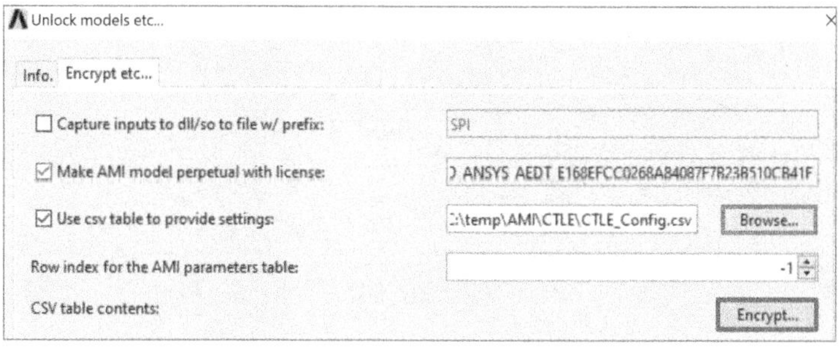

图 4-20　CTLE 频域传递函数的 CSV 文件加密

然后，创建 CTLE 建模配置 CSV 文件（见图 4-21）。其中，第 1 行包含 5 项内容：①需要在 .ami 文件显示出来的自定义参数，如 CTLE_Index；②MDL_SUB_MODS 值为 CTLE；③CTLE_PARM_TYPE 为 CTLE_DATA_FILE；④CTLE_PARM_FILE 为上述加密后的 CTLE 传递函数文件 CTLE_TransferFunction.ens；⑤CTLE_PARM_INDX 为上述 CTLE 传递函数的奇数列。

CTLE_Index	MDL_SUB_MODS	CTLE_PARM_TYPE	CTLE_PARM_FILE	CTLE_PARM_INDX
1	CTLE	CTLE_DATA_FILE	CTLE_TransferFunction.ens	1
2	CTLE	CTLE_DATA_FILE	CTLE_TransferFunction.ens	3
3	CTLE	CTLE_DATA_FILE	CTLE_TransferFunction.ens	5
4	CTLE	CTLE_DATA_FILE	CTLE_TransferFunction.ens	7
5	CTLE	CTLE_DATA_FILE	CTLE_TransferFunction.ens	9
6	CTLE	CTLE_DATA_FILE	CTLE_TransferFunction.ens	11
7	CTLE	CTLE_DATA_FILE	CTLE_TransferFunction.ens	13

图 4-21　CTLE 建模配置 CSV 文件

跟前面介绍的 FFE 加密建模类似，在 AMI 加密建模设置对话框中将该 CTLE 配置文件 CTLE_Config.csv 导入，并将 CTLE_Index 选择为在 .ami 文件中显示出来的自定义参数，如图 4-22 所示。

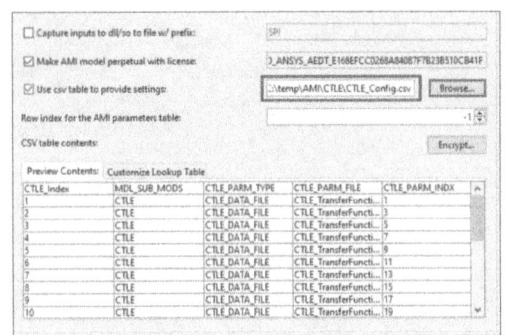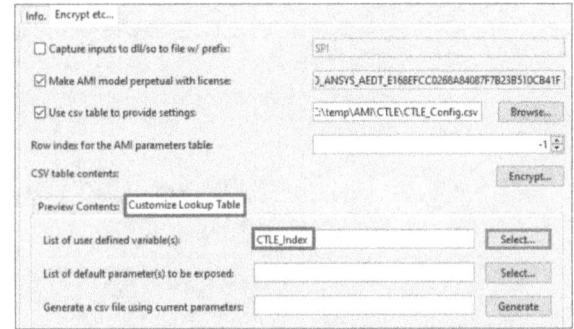

图 4-22　CTLE 加密建模设置

4）定义 DFE 的 Tap 数和 CDR 等参数，生成包含 DFE 算法的 RX 端 AMI 模型（见图 4-23）。

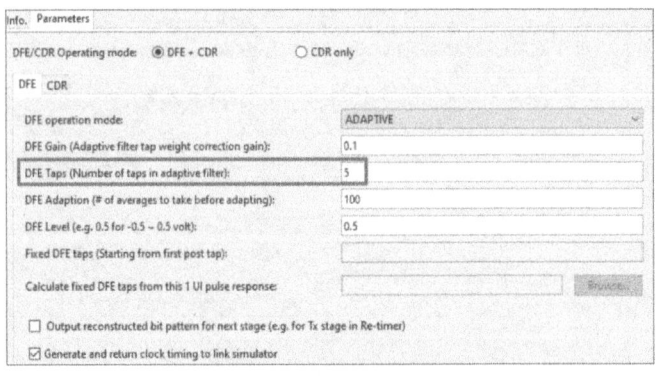

图 4-23　DFE 建模设置

（3）将裸片的 S 参数模型封装在 AMI 模型中的流程

IBIS 规范定义了 Ts4file 关键字可以将裸片的 S 参数模型封装在 IBIS-AMI 模型中。其中，S 参数必须为 4 端口，且 1 和 3 端口为输入端口，2 和 4 为输出端口。另外，发送端还需要 TX_V 和 TX_R 这两个关键字，分别用来定义输出的差分电压和端接阻抗；接收端需要 RX_R 关键字来定义接收端的短接阻抗。可以通过单击 SPISim 中 Edit.ami 按钮打开 AMI 文件编辑对话框，单击 + 符号添加新的关键字，选中 Reserved parameters 单选按钮，然后选择相关关键字并将其 EXPORT 修改为 TRUE，软件就会将这些关键字添加到 .ami 模型中，如图 4-24 所示。

第 4 章　高速 SerDes 接口仿真

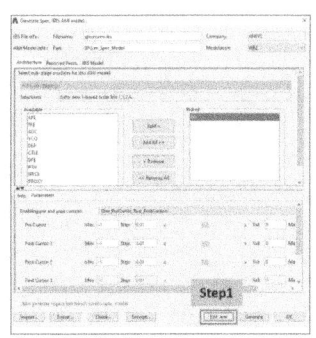 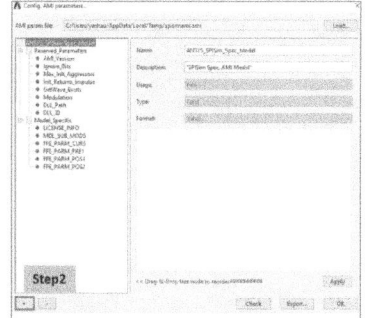 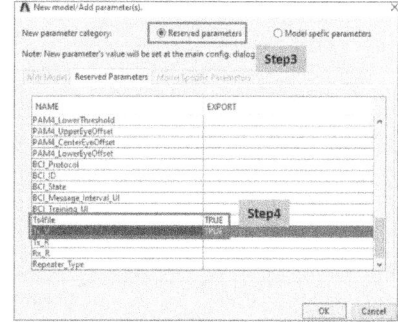

图 4-24　SPISim 中给 .ami 文件添加关键字

4.1.2　COM 相关计算

通道工作裕量（Channel Operating Margin，COM）通过计算无源链路的信噪比，来评估无源链路的性能。一般用于网络产品的高速总线评估（如 100GBASE-KR4/CR4、CAUI-4 等），以及无线产品常用总线 J204C（JCOM）。

有效回波损耗（Effective Return Loss，ERL）是 IEEE 802.3cd（50/100/200/400 Gbit/s 以太网）以太网协议引入的新的度量通道质量的参数，用以弥补在频域很难量化回波损耗的缺陷。

Ansys SPISim 的 Vpro 模块提供了 COM 和 ERL 计算的功能。在 Vpro 模块中单击 S-Param → Generate Report → Channel operating margin，如图 4-25 所示。

图 4-25　SPISim 中 COM 设置

SPISim 中的 COM 计算工具，既支持输入单个或多个 4 端口 S 参数文件，也支持一个多端口的 S 参数文件。以图 4-26 所示的 COM 计算对话框为例，当有多个 4 端口 S 参数文件时，Thru 部分只能输入 1 个 S 参数文件，NEXT 和 FEXT 部分可以输入多个 S 参数文件。其中，Thru 表示通道，NEXT 表示近端串扰，FEXT 表示远端串扰。

输入 S 参数文件后，需要在 Settings 标签中设置 COM 求解的选项，如图 4-27 所示。需要重点注意两个方面：①从下拉列表框选择相应的规范，目前 SPISim 支持 100GBASE-KR4/CR4/KP4、CUAI、50GBASE-KR/CR、3CK_D1P3_CR/KR/120G 等多种规范；②指定 S 参数文件端口顺序，默认端口顺序 [1 3 2 4] 的意思是端口 1 和 2 是输入、端口 3 和 4 是输出，如果 S 参数端口顺序不同则需要手动修改。如果输入的是多端口 sNp 文件，则只用在界面上选择 Incremental 或 Even-odd Mode 即可，不需要关注此处的端口顺序设置。

105

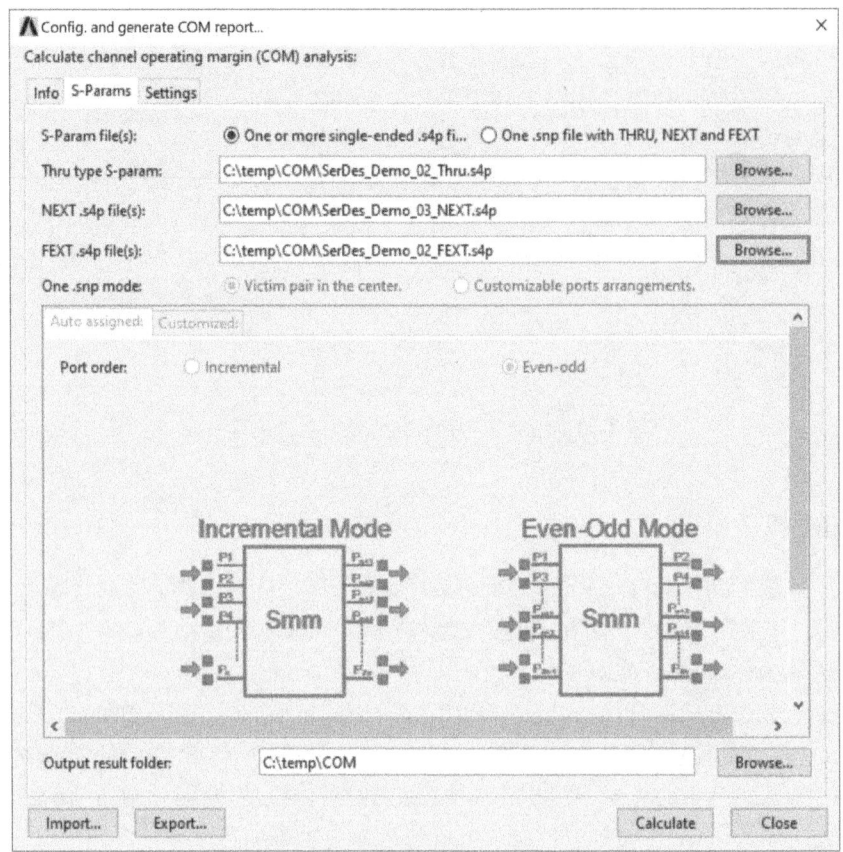

图 4-26 COM 计算对话框

图 4-27 COM 计算设置对话框

如要计算 ERL 则需要在 TRD_ERL 标签中将 ERL 参数设置为 1，如图 4-28 所示。

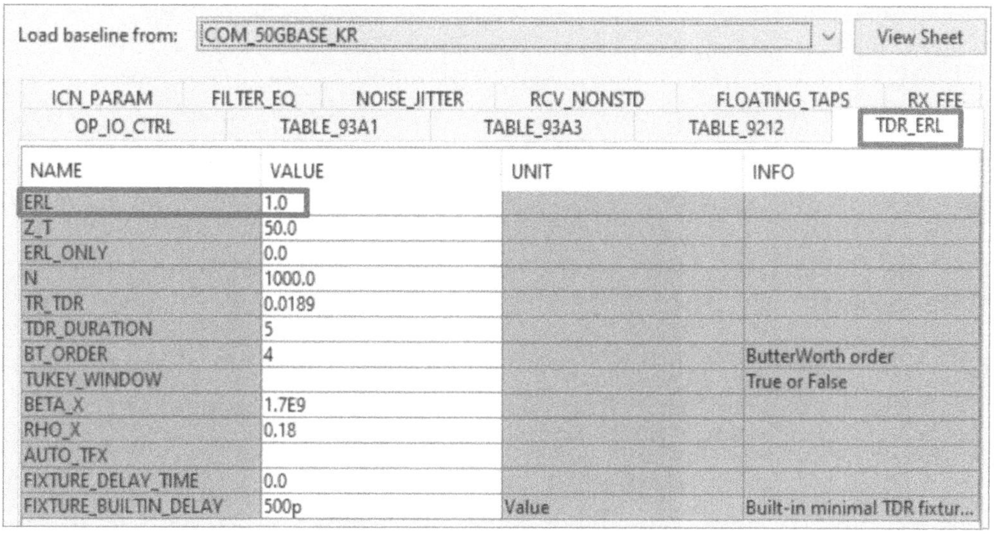

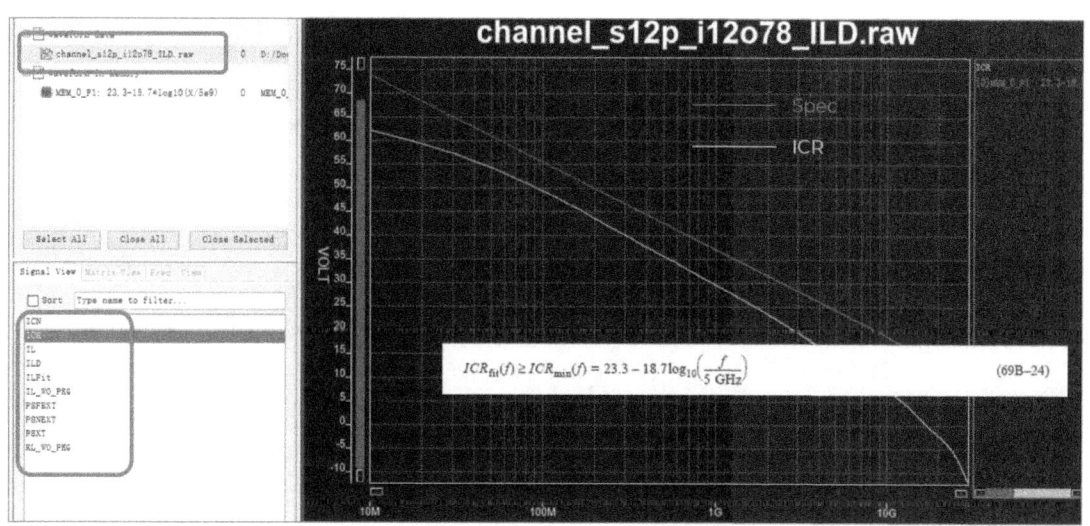

图 4-28　COM ERL 计算设置对话框

COM 计算完之后可以直接生成报告，除此之外在文件夹下会有一个后缀为 _ILD 的结果文件，里面包含 ICR/ICN/PSXT 等无源通道参数的计算结果。打开之后，选择需要的结果显示出来；然后在波形显示窗口右击，在菜单中单击 Tool → For Trace 打开公式编辑器，编辑相应的 Spec 公式。如图 4-29 所示的计算结果符合 10GBASE-KR 规范对 ICR 的要求。

图 4-29　PSXT、ICR、ICN、ILD 等计算结果

为了提升高速 SerDes 接口仿真分析体验，在 AEDT Circuit Design 项目中 Circuit 菜单下的 Toolkit 子菜单里同样加入了 COM、ERL、ICN 和 ILD 计算（后台调的 SPISim 计算），如图 4-30 所示。

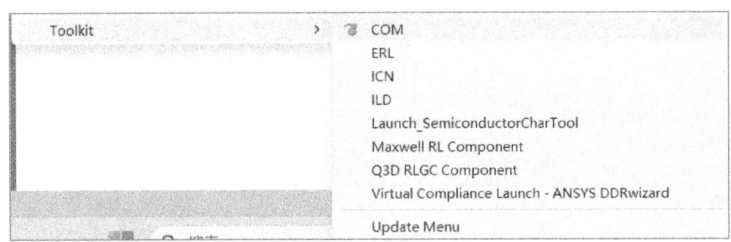

图 4-30　AEDT Circuit Design 项目中 Circuit 菜单下的 Toolkit 子菜单

4.1.3　PCIe 总线

PCI Express（Peripheral Component Interconnect Express），简称 PCIe，是一种高速串行计算机扩展总线标准，被广泛应用于主板上连接不同的硬件设备。PCIe 是由 PCI 特别兴趣小组（PCI Special Interest Group，PCI-SIG）开发的，旨在取代旧的 PCI、PCI-X 和 AGP 总线标准。

PCIe 总线的历史演进如下（见图 4-31）：

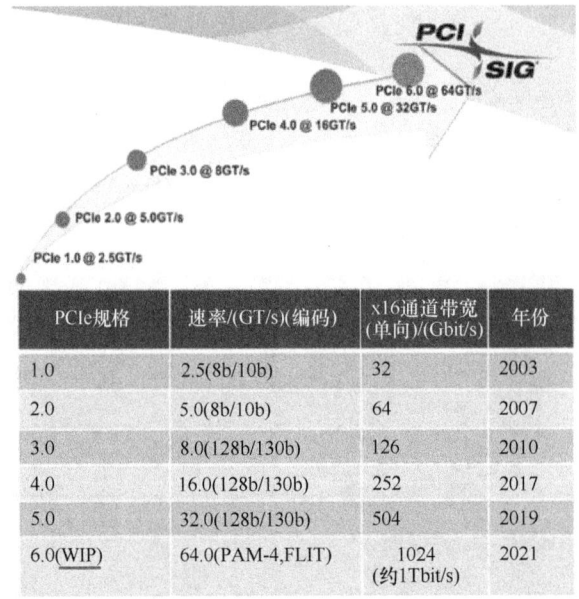

PCIe规格	速率/(GT/s)(编码)	x16通道带宽(单向)/(Gbit/s)	年份
1.0	2.5(8b/10b)	32	2003
2.0	5.0(8b/10b)	64	2007
3.0	8.0(128b/130b)	126	2010
4.0	16.0(128b/130b)	252	2017
5.0	32.0(128b/130b)	504	2019
6.0(WIP)	64.0(PAM-4,FLIT)	1024（约1Tbit/s）	2021

图 4-31　PCIe 总线演进示意图

1）PCIe 1.0（2003 年发布）的首次引入，标志着从并行总线 PCI 到高速串行总线的转变。它可提供每通道 2.5 GT/s（Giga Transfers per second，千兆次传输/秒）的传输速率。

2）PCIe 2.0（2007 年发布），传输速率翻倍至每通道 5GT/s，增强了数据传输的有效性，提升了带宽。

3）PCIe 3.0（2010 年发布），传输速率进一步提升至每通道 8GT/s，采用更高效的编码方法，降低了传输过程中的开销。

4）PCIe 4.0（2017 年发布），传输速率达到每通道 16GT/s，提高了带宽和可扩展性，支持更高性能的设备。

5) PCIe 5.0（2019年发布），传输速率进一步增加至每通道32GT/s，面向高性能计算和数据密集型应用。

6) PCIe 6.0（2021年发布），可实现每通道64GT/s的传输速率。它采用4电平脉幅调制（Pulse Amplitude Modulation with 4 levels，PAM-4）编码，提高了带宽和效率。

PCIe链路由一个或多个通道组成，通道由发送和接收差分对组成。其架构如图4-32所示。

每个链路支持×1、×2、×4、×8、×12、×16、×32通道，可扩展带宽，以满足各种应用的需求。

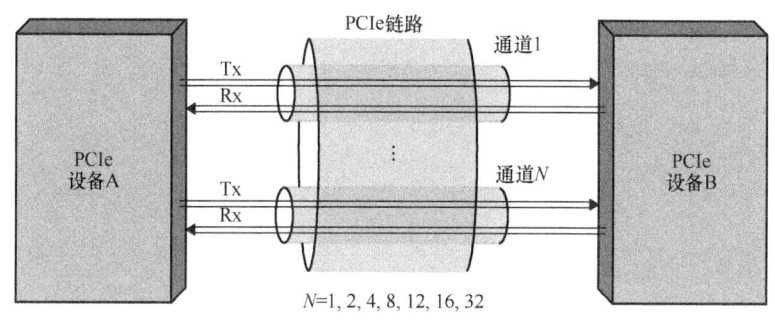

图4-32　PCIe架构

PCIe基础规范阐述了使用仿真工具评估通道是否满足PCIe规范的信号完整性要求。PCI-SIG给出了对仿真工具以及内容的要求。例如，仿真工具必须基于时域眼图来评估通道的通过/失败标准，需包含通道的S参数或等效模型，包含受害信号（Victim Lane）及多个干扰信号（Aggressors），通常需要2~4个额外的差分信号进行串扰仿真；同时，通道中需要包含封装模型，以及考虑发射机的电压和抖动。

图4-33所示为PCIe 6.0规范下的一致性仿真测试项，仿真工具的输出应采用眼罩定义的合格/不合格特征的形式，EH和EW必须分别满足表中定义的电压和抖动参数。

4.1.4　高速以太网总线

以太网（ethernet）总线技术是一种广泛使用的局域网（LAN）技术，自20世纪70年代末期由施乐帕罗奥多研究中心（Xerox PARC）开发以来，已成为普遍采用的网络标准之一。以太网技术的发展和演进使其成为家庭、企业和数据中心网络中不可或缺的一部分。最初的以太网使用同轴电缆作为传输媒介，后来以太网开始使用双绞线（如CAT5、CAT6电缆）和光纤，以支持更高的传输速度和更远的传输距离。

现代以太网通常使用交换机来连接不同的设备。交换机能有效地管理数据包的流向，减少网络拥塞。路由器用于将以太网与其他网络（如广域网或互联网）连接起来，同时管理数据包在网络间的路由。

1. 速度和标准

1) 速度演进。从最初的10Mbit/s（10BASE-T）到100Mbit/s（100BASE-TX），再到千兆以太网（1Gbit/s），甚至更高速度的10Gbit/s、40Gbit/s和100Gbit/s。

2) IEEE标准。以太网技术的发展受IEEE 802.3标准的指导。该标准定义了各种类型的以太网技术。

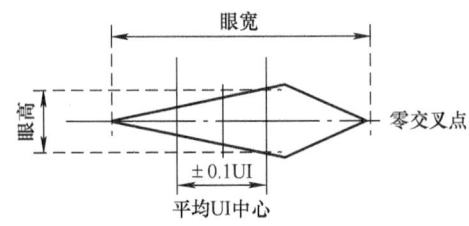

64.0 GT/s 眼图裕量

$V_{RX-CH-TOP-EH-64G}$	顶部眼高	6(min)	mVPP	误码率BER=10^{-6}时的眼高
$V_{RX-CH-TOP-EW-64G}$	零交叉点处的顶部眼宽	0.1(min)	UI	误码率BER=10^{-6}时的眼宽
$V_{RX-DS-OFFSET-64G}$	最大眼高偏移	N/A	UI	
$V_{RX-SAMPLE-OFFSET-64G}$	相对于UI中心向左的最大采样位置偏移	0.30	UI	
$V_{RX-SAMPLE-GRANULARITY-64G}$		0.015	UI	
$V_{RX-DFE-D1-64G}$	DFE d_1 系数范围	$\|d_1\|/d_0<0.55$		
$V_{RX-DFE-TAPS-WEIGHTED-SUM-64G}$	系数绝对值加权和的范围	$[\|d_1\|+\|d_2\|+$ $0.85\times\|d_3\|+$ $0.6\times\|d_4\|+$ $0.25\times\|d_5\|+$ $0.1\times\|d_6\|+$ $0.05\times(\|d_7\|+$ $\|d_8\|+\|d_9\|+\|d_{10}\|+$ $\|d_{11}\|+\|d_{12}\|+$ $\|d_{13}\|+\|d_{14}\|+$ $\|d_{15}\|+\|d_{16}\|)]/$ $d_0<0.85$	mV	

图 4-33　PCIe 6.0 规范下的一致性仿真测试项（参考 PCIe 6.0 规范）

3）光网络论坛（Optical Internetworking Forum，OIF）。OIF 专注于高速光传输技术和互联网工程，包括电路层、物理层和控制层的标准制定。

OIF 在 CEI-112G 标准的开发中发挥了重要作用。这些标准主要专注于高速、高带宽的电气接口，用于芯片间或板间通信。

2. 主要类别

CEI-112G 标准覆盖了多种不同的应用场景和接口类型：

1）CEI-112G-XSR（见图 4-34），为极短距离（Extra Short Reach，XSR）的接口类型，专为非常短的传输距离设计，如芯片到芯片（Chip-to-Chip）或模块到模块（Module-to-Module）的通信。

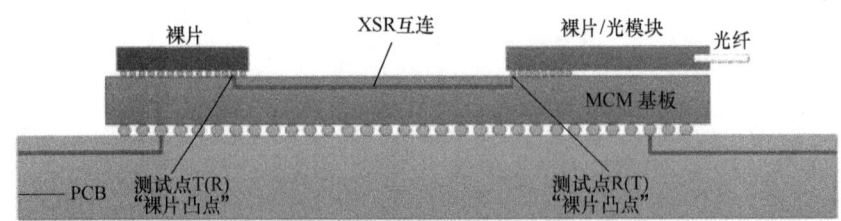

图 4-34　CEI-112G-XSR 参考模型（来源 OIF-CEI 5.0）

2）CEI-112G-VSR-PAM4（见图 4-35），为非常短距离（Very Short Reach，VSR）的接口类型，主要针对数据中心或高性能计算系统内部连接，如服务器与交换机、存储设备之间的互连。

3）CEI-112G-MR-PAM4（见图 4-36），适用于中等距离（Medium Reach，MR）应用，通常用于板内或相邻板间的连接。

4）CEI-112G-LR-PAM4（见图 4-37），适用于长距离（Long Reach，LR）应用，用于相对前 3 种更长距离的连接，如不同板间或机架间。

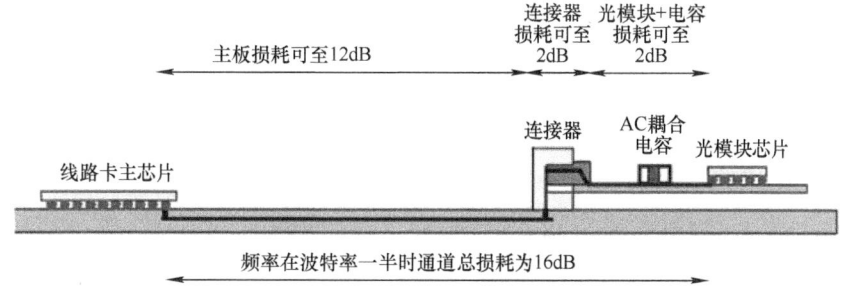

图 4-35　CEI-112G-VSR-PAM4 电路板通道参考模型

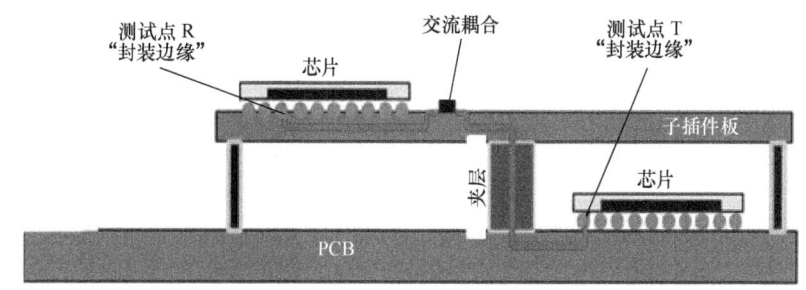

图 4-36　CEI-112G-MR-PAM4 参考模型

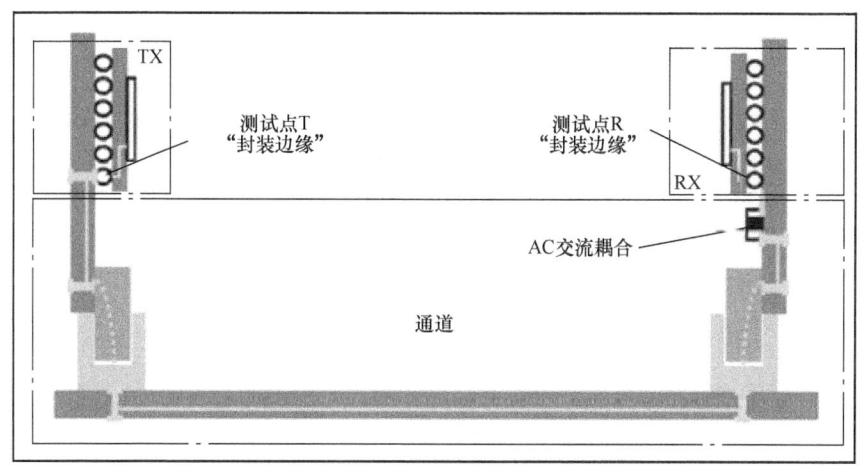

图 4-37　CEI-112G-LR-PAM4 参考模型

以图 4-35 所示的 VSR 为例，CEI-112G 标准规定了许多详细要求，如规定误码率（Bit Error Ratio，BER）在每个通道上必须达到的 raw BER（原始误码率）的要求，应优于或等于 10^{-6}。

同时，Host 端口和 Module 端口还应满足相关特定义的规格。这些定义在相关的文件中以表格形式详细列出了依据信号方向（Host 端口到 Module 端口或 Module 端口到 Host 端口）不同而适用的电气特性，具体可查看相关规格定义文档。

4.2 高速串行通道技术

4.2.1 均衡技术的使用

在高速串行通道通信中，均衡技术是一项关键的技术，用于改善信号的质量和可靠性。随着数据传输速率的提高，信号在传输过程中会受到更多的衰减和失真，如图 4-38 所示，这使得均衡技术变得尤为重要。在高速数据传输中，信号在传输线（如铜线或光纤）中会遭受衰减，特别是在长距离传输中。信号的高频成分损耗更大，这会导致信号失真。高速传输线路可能会产生串扰，即一个信道的信号干扰其他信道，连接不匹配、线路不平衡等问题可导致信号反射和额外噪声。

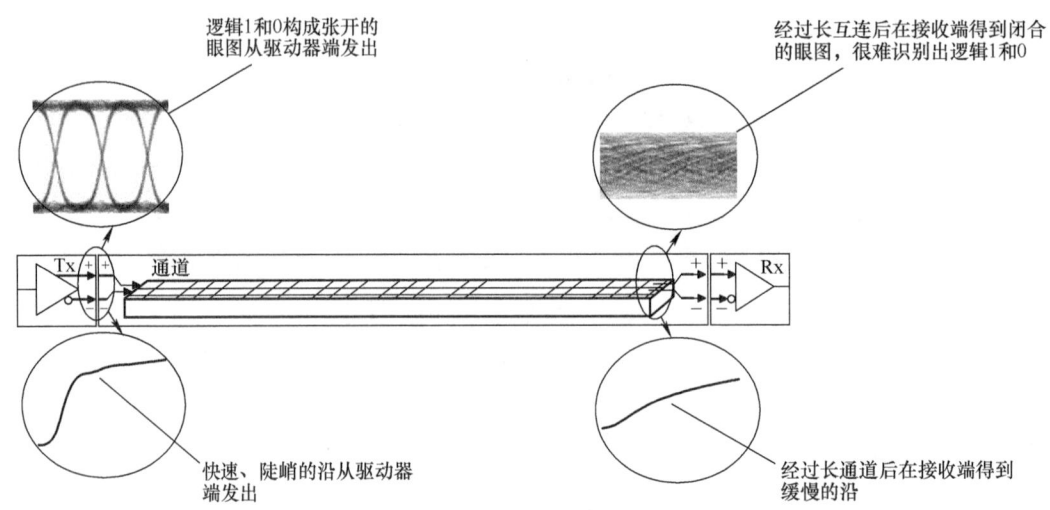

图 4-38　高速 SerDes 信号经过通道后信号恶化

4.2.2 Tx 端 FFE

前馈均衡（FFE）：在信号发送端实施，通过预加强高频成分来抵消预期的高频损耗。图 4-39 所示为 FFE 实现方案示意。

4.2.3 Rx 端 CTLE

连续时间线性均衡（CTLE）：在接收端应用的一种模拟均衡方法，主要用于抵消高频损耗。无源 R-C（或 L）可以实现高通传递函数来补偿信道损耗，无源结构提供良好的线性，但在奈奎斯特频率没有增益。

CTLE 可以是无源的也可以是结合放大器有源提供增益。图 4-40 所示为无源 CTLE 方案示意，图 4-41 所示为有源 CTLE 方案示意。

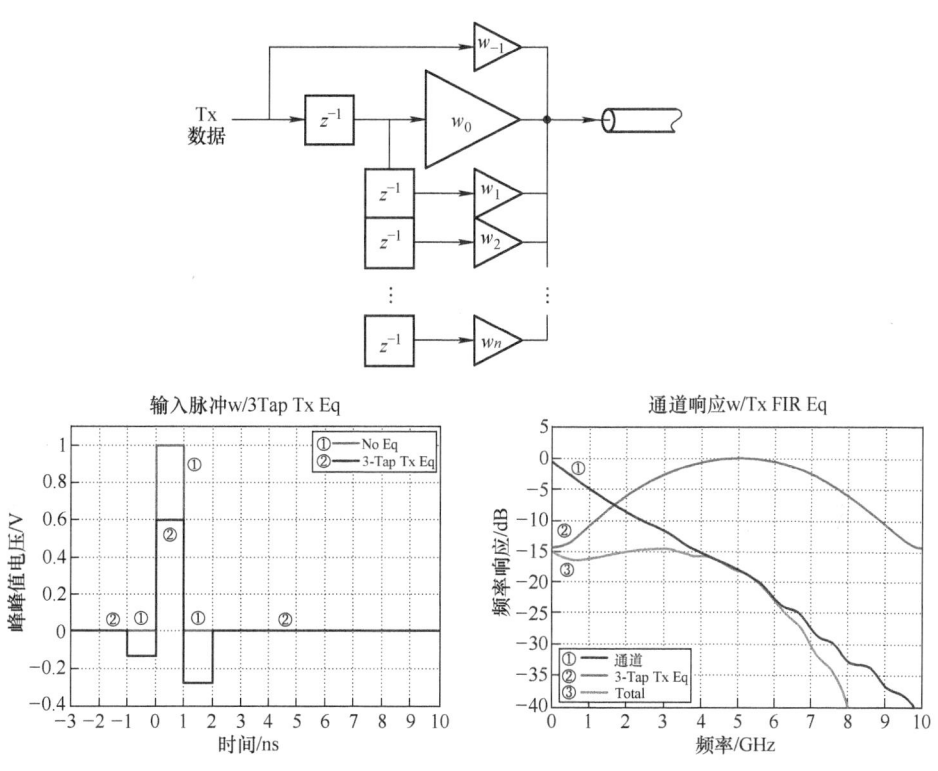

图 4-39　FFE 实现方案示意

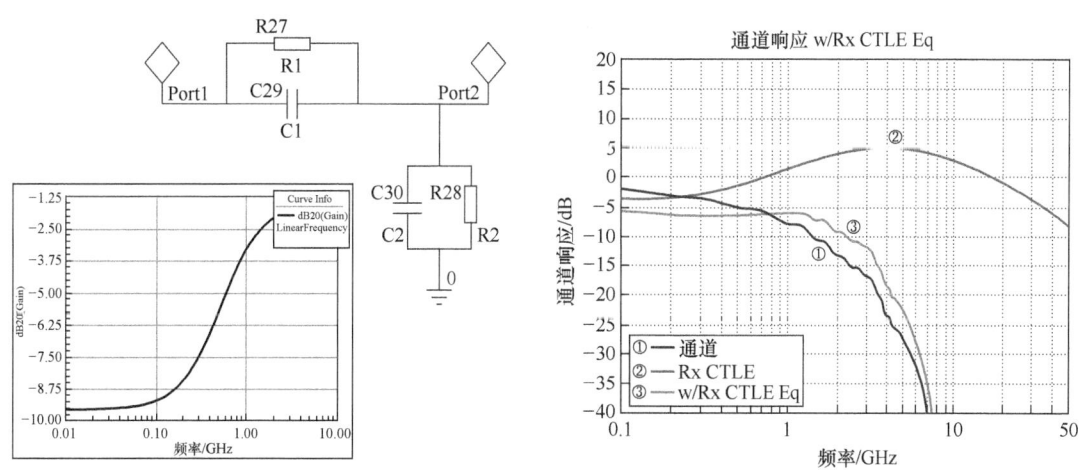

图 4-40　无源 CTLE 方案示意

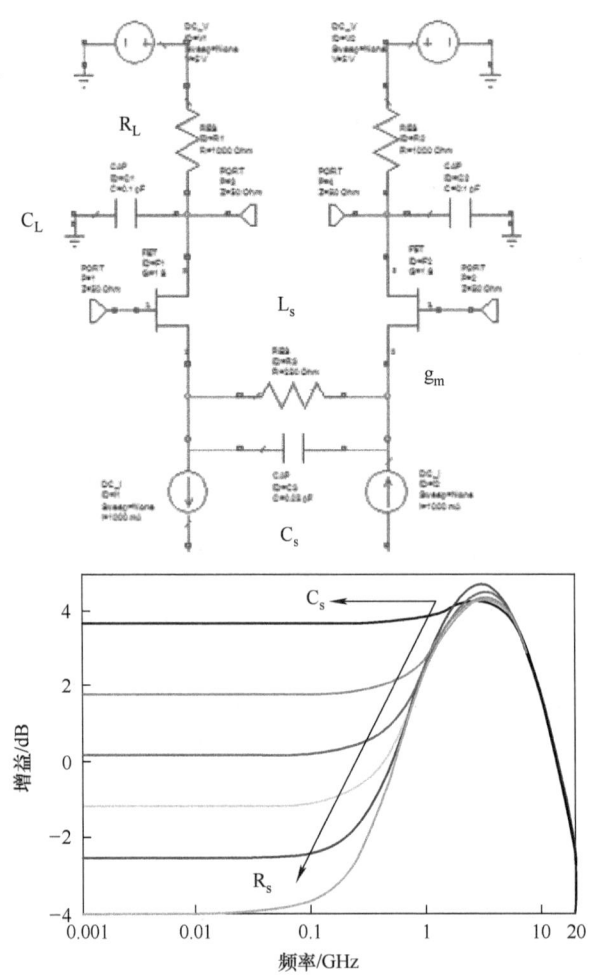

图 4-41 有源 CTLE 实现方案示意

4.2.4 Rx 端 DFE

决策反馈均衡（DFE）：在接收端实施，利用之前接收到的数据来消除信号中的干扰。图 4-42 所示为直接 DFE 实现方案示意。

DFE 是一个非线性均衡器，它的工作原理可以概括为下面 4 个部分：

1）符号检测。DFE 包含一个符号检测器，它试图决定传输信号最可能的值（如 0 或 1）。这是通过对接收信号应用一个阈值操作完成的，即比较信号的电平与设置的决策阈值。

2）反馈机制。DFE 的核心是反馈回路。一旦符号被检测器决策，它就被用来重建由于该符号而导致的通道影响。这个重建的信号然后从接收到的信号中减去，以消除由已检测符号引起的干扰，这种干扰称为后向干扰或后向多径效应。

3）滤波器结构。DFE 通常包含一个前馈滤波器（FFE）和一个反馈滤波器。前馈滤波器试图减少符号之前的干扰（前向干扰），而反馈滤波器则处理符号之后的干扰。

4)动态更新。DFE 能够根据接收到的信号动态调整其滤波器系数。这通常是通过自适应算法(如最小均方误差)实现的,这些算法可以基于接收信号和已决策符号之间的误差来调整反馈滤波器系数。

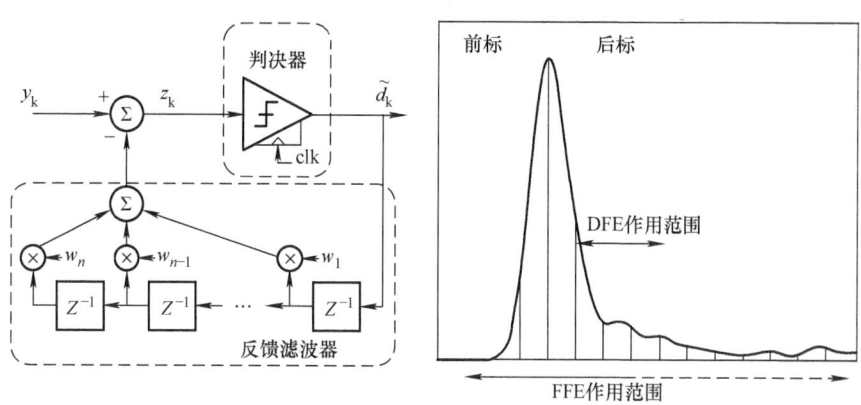

图 4-42 直接 DFE 实现方案示意

4.2.5 CDR 电路

时钟数据恢复(CDR)电路是高速数据通信的一项关键技术,用于从接收到的串行数据流中恢复出时钟信号。在串行通信中,数据和时钟信号通常是联合发送的,接收端需要从这些信号中恢复出准确的时钟,以便正确地读取数据。

1)信号恢复。CDR 电路从接收的串行数据中恢复出时钟信号,使接收端能够同步地读取数据。

2)数据同步。CDR 电路对于保持数据传输的完整性至关重要,特别是在高速传输和长距离传输中。

(1)关键组件

1)相位检测器(PD),用于比较输入数据流的时序与本地时钟的时序,以检测时差。

2)环路滤波器(LF),用于过滤相位检测器的输出,以生成稳定的控制信号。

3)压控振荡器(VCO),可根据控制信号调整输出频率,以匹配输入数据流的时钟频率。

(2)工作机制

1)相位比较。CDR 电路首先通过相位检测器比较接收到的数据信号与本地时钟信号的相位差异。

2)环路控制。环路滤波器处理相位差异信号,并调整压控振荡器的输出,使其频率和相位与接收数据的时钟同步。

3)时钟同步。随着环路的持续调整,VCO 的输出逐渐与接收数据的时钟同步,从而实现时钟恢复。

4.2.6 PAM4

PAM4 是一种数字信号调制技术,广泛应用于高速通信系统。与传统的二进制调制(如

NRZ）不同，PAM4 通过在每个符号周期内使用 4 种不同的电压电平（通常表示为 0、1、2、3）来传输数据，从而在相同的带宽下实现更高的数据速率，见表 4-1。

表 4-1　PAM4 与 NRZ 的对比

特性	PAM4	NRZ
电平数量	4 个（00、01、10、11）	2 个（0、1）
上升或下降沿	6	1
每符号比特数	2bit	1bit
比特率/波特率	比特率 = 2 × 波特率	比特率 = 波特率
带宽效率	高（相同波特率下传输双倍数据）	低
眼图	3 个眼，眼高较小	1 个眼，眼高较大

PAM4 的工作原理如下：

1）信号电平。PAM4 在一个符号时间内传输 2bit 数据（00、01、10、11），对应 4 种离散的电压电平。

2）数据速率。由于每个符号携带 2bit 信息，PAM4 的比特率是波特率的两倍。例如，56Gbaud 的 PAM4 信号可以达到 112Gbit/s 的传输速率。

PAM4 的眼图包含三个"眼"（eye openings），对应 4 个电平之间的 3 个过渡区域。如图 4-43 显示了 PAM4 信号与 NRZ 信号的状态变化对比。

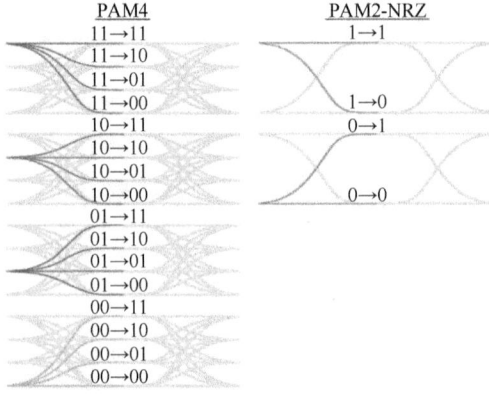

图 4-43　PAM4 与 NRZ 的对比

4.3　高速串行通道系统仿真分析

4.3.1　信道脉冲响应

线性时不变系统的系统响应可由系统激励与系统脉冲响应直接计算而来，以便快速进行时域分析。

1）时域 AMI 将信道脉冲响应与发送端（Tx）输出进行卷积。

2）可快速模拟约几十万到上千万 bit 的数据。通过外推可将 BER 降低至 10^{-12} 或更低。

第 4 章　高速 SerDes 接口仿真

3）该方法假定信道是线性时不变的。
4）可包含静态或动态均衡以及 CDR 功能。
5）支持 AMI_Getwave、AMI_Init 和双模型。
6）与 AMI 分析结合使用。

如图 4-44 所示，求解器首先计算通道的脉冲响应，然后跟输入的比特流进行卷积得到输出的时域波形。

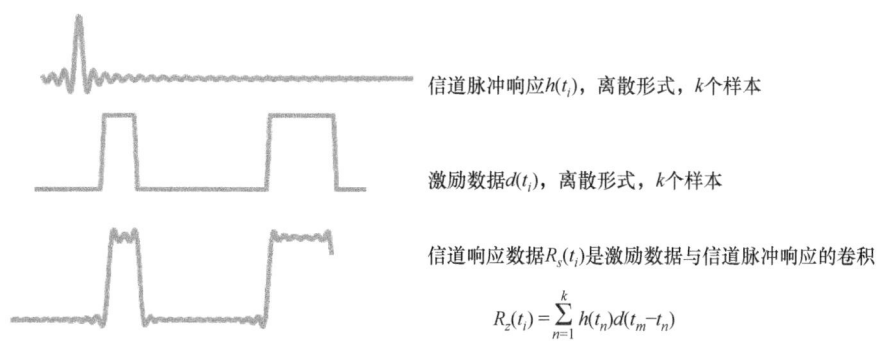

图 4-44　线性时不变系统特性

4.3.2　通道时域 AMI 分析

与 Quick Eye 分析一样，AMI 分析同样也是基于线性时不变系统的系统特性（见图 4-45）的。要运行 AMI 分析，发送端和接收端都必须是 IBIS-AMI 模型的。如果只有 IBIS 模型，可用 SPISim 利用 IBIS 创建一个，内置对应"均衡"或"直通"AMI 模型。也可以直接使用 Circuit Design 器件库里提供的 AMI 源和 AMI 探针。

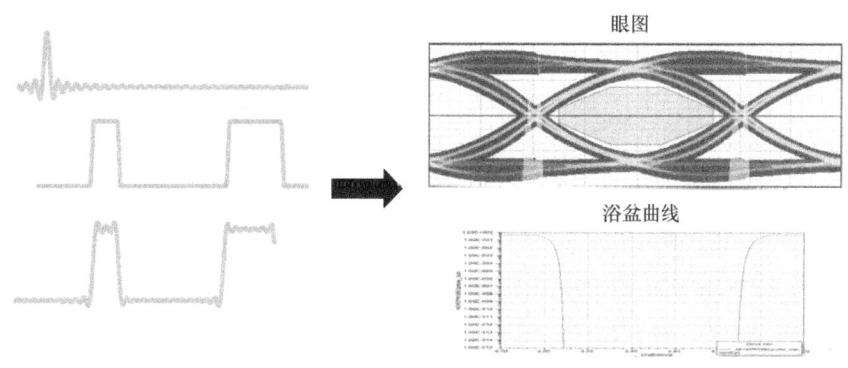

图 4-45　AMI 分析

1. AMI 时域仿真的 3 个阶段

AMI 分析在 3 个阶段进行：初始化、数据生成和关闭。Tx 模型和 Rx 模型必须包含 AMI_Init() 和 AMI_Close() 函数，两模型可能包含 AMI_GetWave() 函数。在适当的阶段会调用这些函数。

在初始化阶段，文件被打开并检查是否存在 Tx AMI_GetWave() 和 Rx AMI_GetWave() 函数。仿真器调用 AMI_Init() 函数来计算各脉冲响应（IR）。AMI_Init() 函数只在初始化阶段调用。如果存在相应的 Tx AMI_GetWave() 和 Rx AMI_GetWave() 函数，则在 AMI 仿真期间不使用中间和最终的 IR。

AMI_GetWave() 函数的存在决定了数据生成阶段的事件序列。如果 AMI Tx 或 Rx 模型包含一个 AMI_GetWave() 函数，则 AMI_GetWave() 函数将处理波形。当没有提供 TxAMI_Getwave() 函数时，仿真器将初始波形与中间 IR 卷积。然后仿真器调用 Rx AMI_GetWave() 函数来等化信道对修改波形的影响，并确定最终波形 $WAVE_{rxout}$。

图 4-46 所示为 AMI 分析仿真波形示意图。所有 AMI 分析都会按照下面序列产生波形。仿真顺序可以描述如下：

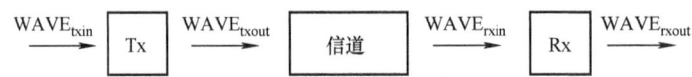

图 4-46　AMI 分析仿真波形示意图

1）Initial Wave。AMI 发射器中的比特源生成的 PWL 初始波，并传入 AMI 发射器算法模型（图 4-46 所示的 $WAVE_{txin}$）。

2）Wave After Transmitter。AMI 发射器模型输出的波形（图 4-46 所示的 $WAVE_{txout}$）。

3）Wave After Channel。信道输出的波形，并传入 AMI 接收器模型（图 4-46 所示的 $WAVE_{rxin}$）。

4）Wave After Probe。AMI 接收器模型输出的波形（图 4-46 所示的 $WAVE_{rxout}$）。

2. 设置 AMI 分析

在 Project Manager 窗口中展开项目树，然后右击 Analysis，在菜单中单击 Add Nexxim Solution Setup → AMI Analysis，打开 AMI Analysis 对话框，如图 4-47 所示。

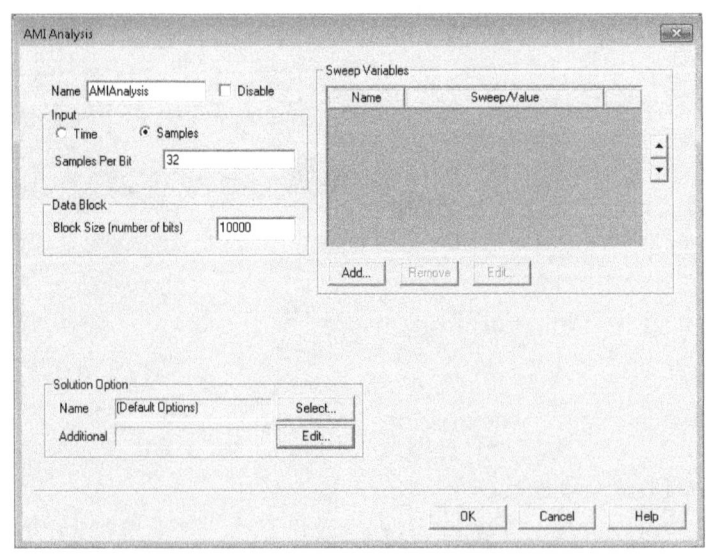

图 4-47　AMI Analysis 对话框

4.3.3 通道统计 VerifEye 眼图分析

VerifEye 眼图分析算法是 Circuit Design 提供的一种统计眼图分析算法。它通过计算信道阶跃响应（上升沿节约加延迟后的下降沿阶跃构成脉冲），然后确定概率分布函数（PDF）以对信道和抖动效应进行建模。这些 PDF 相结合以生成眼图轮廓和浴盆曲线，如图 4-48 所示。

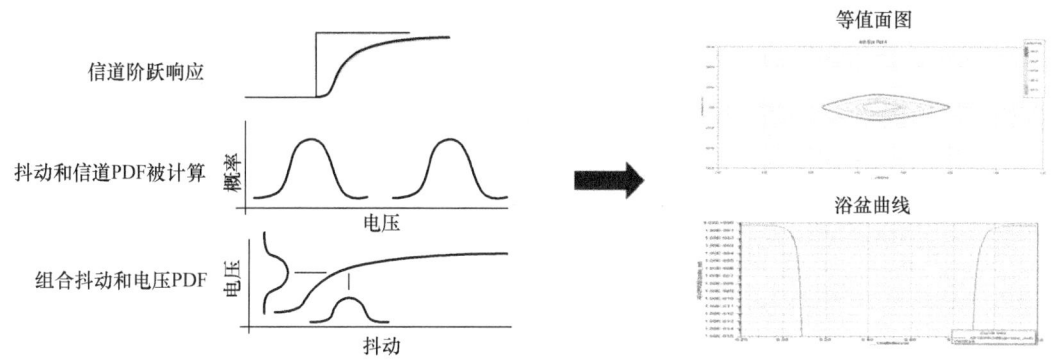

图 4-48　VerifEye 统计眼图分析

通过在多个采样时间点计算 BER，VerifEye 眼图分析算法可生成表示 BER 的"浴盆曲线"。这是一种常见的高速差分信号分析方法。BER 浴盆曲线横轴是采样时间 [以单位间隔 UI（即位宽）为单位]，纵轴是 BER。

抖动是信号时序的随机或系统性偏差，会影响信号质量。VerifEye 眼图分析算法通过将抖动分布叠加到边沿响应的 PDF 中，模拟发送端的抖动，而占空比失真（DCD，一种系统性抖动）可以通过计算边沿响应直接得出。

1）VerifyEye 眼图分析算法能够非常快速且准确地估计低至 10^{-12} 或更低的极低 BER。
2）此方法假定信道是线性时不变的。
3）使用静态均衡，且无法对 CDR 进行建模。
4）仅支持 AMI_Init 或双模型。
5）不与 AMI 分析一起执行，必须使用 VerifyEye 眼图分析算法。

AMI 统计仿真中，求解器执行以下序列：

1）读取 IBIS 模型文件和 AMI 参数文件。
2）调用发射器和接收器中的 AMI_Init 函数，并生成一个脉冲响应。该响应结合了信道脉冲响应和 AMI_Init 函数中存在的任何滤波步骤。
3）3 个阶段生成脉冲响应分别为，Initial（在应用任何 AMI_Init 函数之前）、Intermediate（在应用发射器 AMI_Init 后）和 Final（在两个 AMI_Init 函数都应用后）。

添加 VerifEye Analysis 进行分析，操作如下：

在 Project Manager 窗口展开项目树，然后右击 Analysis，在菜单中单击 Add Nexxim Solution Setup → VerifEye，打开 VerifEye（Statistical Eye）Analysis 对话框，如图 4-49 所示。

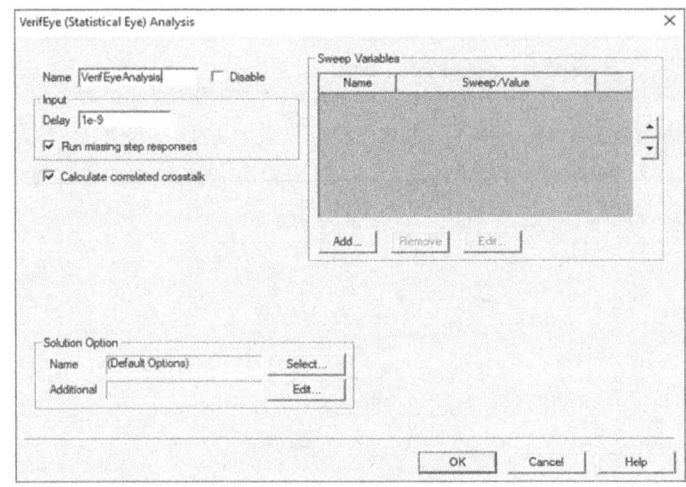

图 4-49　VerifEye（Statistical Eye）Analysis 对话框

4.4　高速 SerDes 接口仿真案例

随着数据中心、5G 和高性能计算等领域对高速数据传输的需求不断增加，SerDes 接口，（如 PCIe 5.0、6.0），以太网的数据速率已经达到 32GT/s、64GT/s 或 112Gbit/s 甚至 224Gbit/s，在如此高的数据速率下，传输路径的信号完整性问题变得越来越重要。

通道模型提取的精度和效率都是在工程实践中要考虑的问题。用 HFSS 3D Layout 来做高速串行通道的 S 参数提取，能在真实的几何、电磁耦合、走线结构层面上，精准还原整个通道的传输特性。

因为均衡技术的加入，芯片的行为模型通常以 IBIS-AMI 模型为主，系统的表现分析，均衡系数的优化以及 AMI 模型的分析支持变得尤为重要。Ansys 高速串行通道分析流程图如图 4-50 所示。

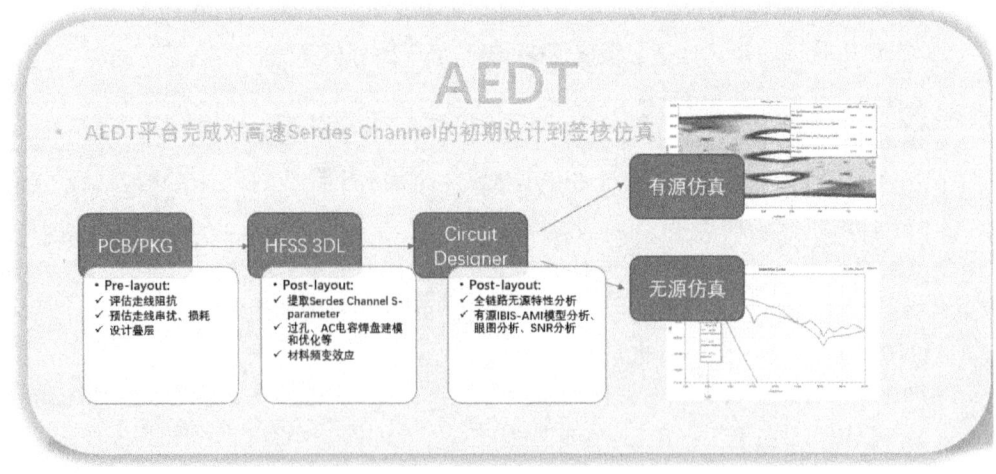

图 4-50　Ansys 高速串行通道分析流程图

4.4.1 高速串行通道电磁场提取理想实践

在当今高速 PCB 及封装设计领域，芯片的高集成度使 PCB 和封装的布局布线密度变大，同时信号的工作频率不断提高，信号边沿 Tr 不断变陡，由此引发的信号完整性问题给设计和开发人员带来了极大的挑战。这就对通道高精度建模提出了极高的要求，那么使用 HFSS 3D Layout 进行 3D 全波电磁场求解分析就变成了理想的选择。本节将介绍如何使用 HFSS 3D Layout 进行高速通道提取的理想实践。

1. 模型准备与切割（Cutout）

首先将设计（如 mcm\brd）文件导入 AEDT，具体操作请参考前面内容。本节以封装为例，介绍如何顺着走线形状切割，避免弧形边缘。其具体步骤如下：

1）使用矩形边界定义切分区域，通过 Outline 层绘制，使用矩形框画出切割区域，确保边界干净且规则，切分范围需远离信号网络及其自然回流路径，避免信号边沿或靠近信号的切分。图 4-51 所示为封装模型 Cutout 区域。

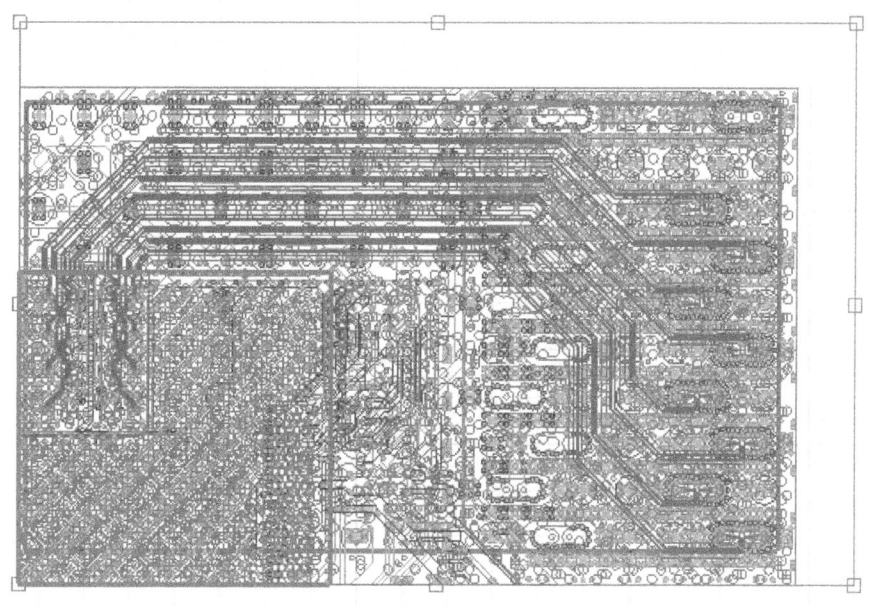

图 4-51　封装模型 Cutout 区域

2）清理碎片浮铜，或者在仿真设置中选中 Remove Floating/Inactive Signal Net Geometry（有效几何体被定义为连接到终端或端口的几何体，或者是被归类为电源/接地网的网络的一部分），如图 4-52 所示。

2. HFSS 3D Layout 边界设置（Airbox Extent Settings）

对于包含板边缘的自然边界（如右、上侧），设置空气盒（Airbox）边界稍向外扩展（Coutout 时使用 Outline），允许边缘场的自然散射（建议 Padding 为板厚的 1～2 倍），如图 4-53 所示。

对于切分边界（如左、下侧的接地平面分割），空气盒边界应与接地平面边缘重合，确保边缘的散射场被完全吸收/终止，避免非预期的散射影响通道响应。

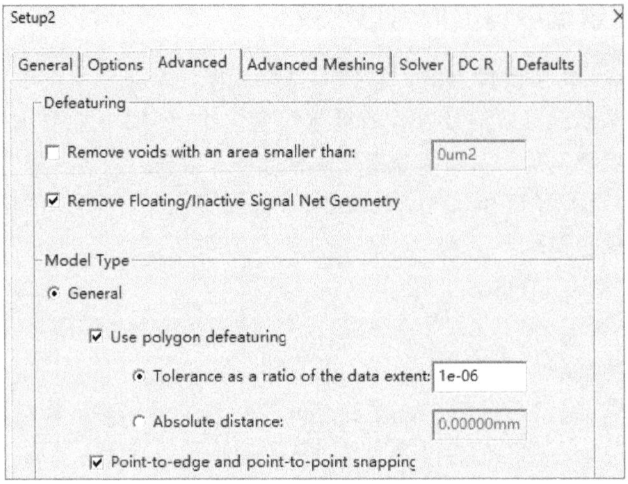

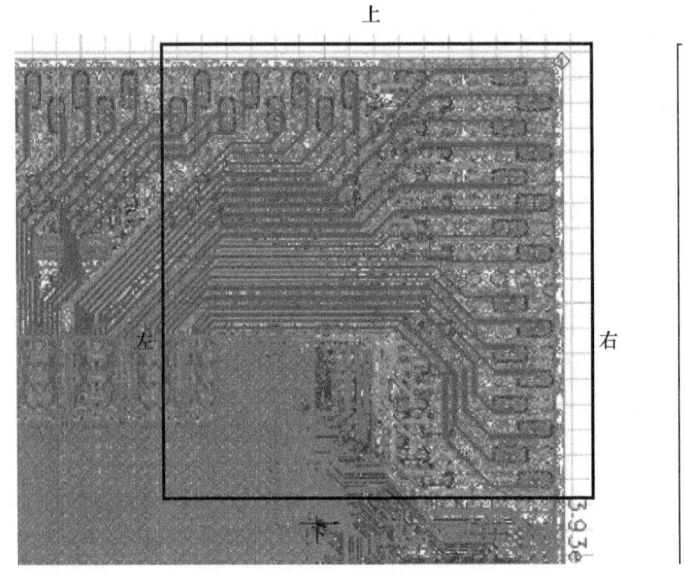

图 4-52 删除浮空或无关信号网络的设置

图 4-53 边界示意

针对信号完整性（SI）问题，空气盒在板顶部/底部的厚度无须过大（建议为板厚的 2 ~ 3 倍），以减少不必要的自由空间网格。HFSS 3D Layout 使用 Expansion Factor 或绝对值来控制空气盒子的大小。如果使用 Expansion Factor，则基于板子尺寸（长或宽的最大值）来扩展。图 4-54 所示 HFSS 3D Layout 边界设置。

3. 网格与求解设置

HFSS 3D Layout 会将几何模型离散化为有限元单元，自动进行网格划分，并根据设置进行自适应加密，重点加密误差较大的区域，直至满足收敛条件（当 S 参数变化 Delta S 小于设置阈值或达到最大通过次数时停止）。

1）设置求解频率为信号奈奎斯特频率或者最高频率的 1/4（如 112Gbit/s，建议求解频率为 28GHz）。设置自适应求解的最大通过次数（Maximum Number of Passes）为 20 次，如图 4-55 所示。

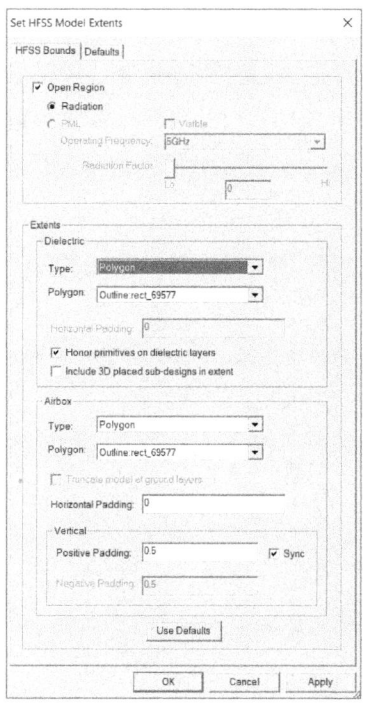

图 4-54　HFSS 3D Layout 边界设置

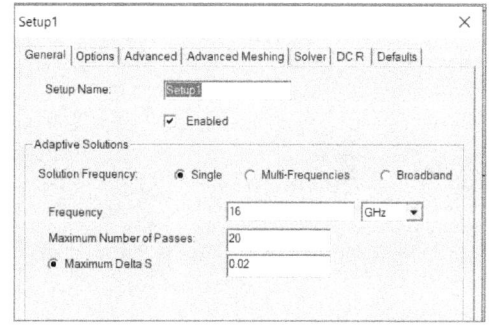

图 4-55　HFSS 3D Layout 求解设置 1

2）如图 4-56 所示，启用混合阶（Mixed Order）求解，来平衡精度与计算效率。对于特定结构如果观察到平均阶数（Average Order）大于 0.7，则建议切回 First order，这样有助于更快地收敛。

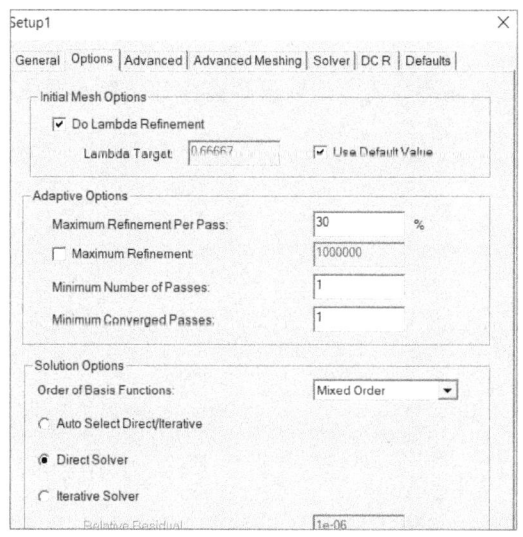

图 4-56　HFSS 3D Layout 求解设置 2

4. 频率扫描设置

启用插值扫描（Interpolating Sweep），设置合适的扫频范围，建议将求解频率设置为奈奎斯特频率的 3~5 倍以捕获高频分量和确保信号完整性分析的准确性。

以 112G 以太网为例，频率扫描范围通常需要覆盖直流到至少 2 倍奈奎斯特频率（56GHz），甚至更高（如 80GHz），以评估高阶谐波和通道响应。

如图 4-57 所示，S-Matrix Only Solve 选项组允许用户控制仿真时是否只计算 S 参数，而不计算其他场分布（如电场、磁场），以减少计算量和存储需求。可将此选项设置为 1Hz，在不影响 S 参数精度的情况下提高计算效率。

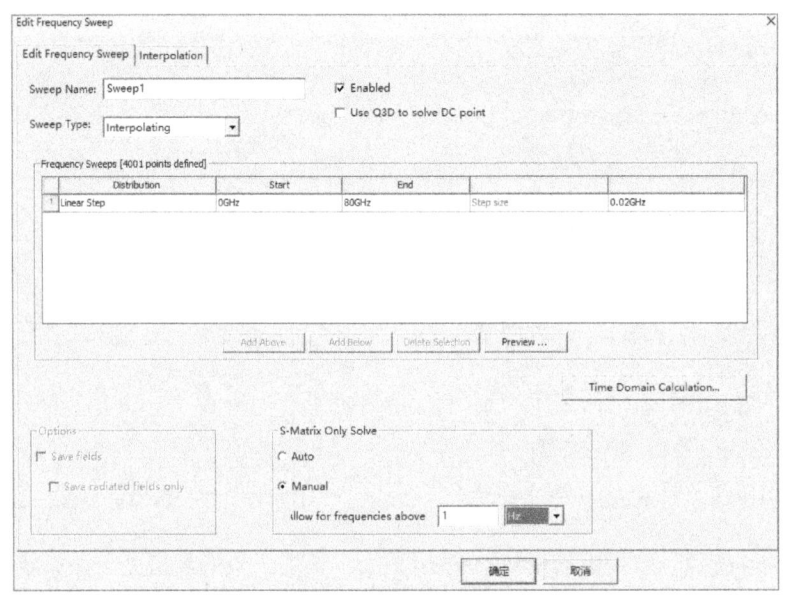

图 4-57　HFSS 3D Layout 频率扫描设置

5. 高性能计算

在 HFSS 3D Layout 中启用自动高性能计算（Auto HPC），根据硬件配置分配核心数，使用多节点分布式求解，将频率扫描和自适应矩阵求解通过分配到不同核心，提升并行效率图 4-58 所示为 Auto HPC 设置。

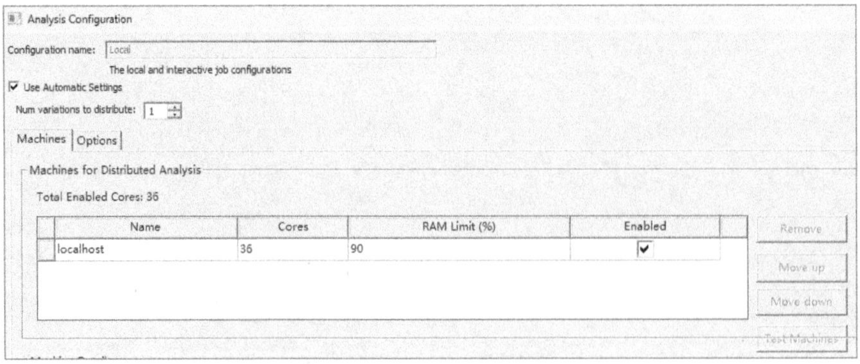

图 4-58　Auto HPC 设置

4.4.2 112G XSR 通道分析案例

本节通过一个工程实例，详细介绍在 Circuit Design 中进行 AMI 分析的操作步骤。

Circuit Design 是集成在 AEDT 内的电路仿真环境。支持多种模型、丰富的元器件库，界面及网表编辑器，像 SI 分析中常见的 S 参数模型、W-element、EyeSource、TDRSource、IBIS/IBIS-AMI 等。

它还可以跟 HFSS、Q3D、2D Extractor 和 SIwave 动态链接进行联合仿真，以及参数扫描及优化，如图 4-59 所示。

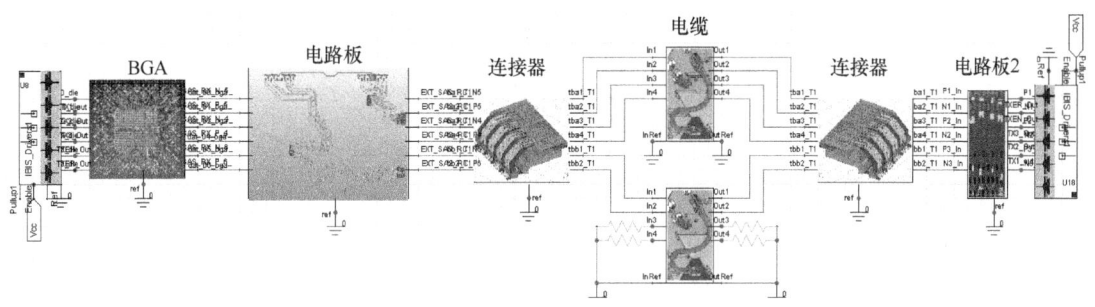

图 4-59　Circuit Design 案例示意

1）载入 Package 和 PCB 的 S 参数到电路中。在 Component 搜索框中搜 nport 或将 S 参数直接拖入到电路中，如图 4-60 所示。

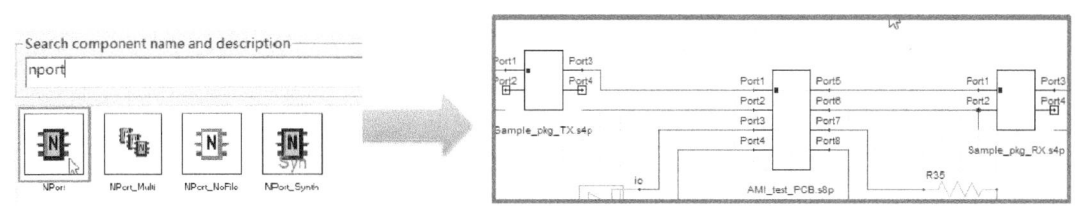

图 4-60　添加通道 S 参数

2）载入 IBIS-AMI 发送端和接收端模型。在 Component 中搜索 IBIS，双击图标并载入相关 IBIS 文件，选择需要的 Driver 和 Receiver 添加到电路中，将 Buffer 和通道链接，完成电路搭建，如图 4-61 所示。

3）设置 IBIS 输出缓冲器和激励。双击打开 Tx Buffer，在 Bits 中设置激励上升 / 下降时间、比特率、激励类型和长度（prbs 2^{20}）；在 AMI_Config 中设置 Modulation 和相关 Corner 的设置，如 Ts4 Analog Buffer（*.s4p）、process corner、Tx_R（termination resistance）、voltage（Tx_swing），如图 4-62 所示。

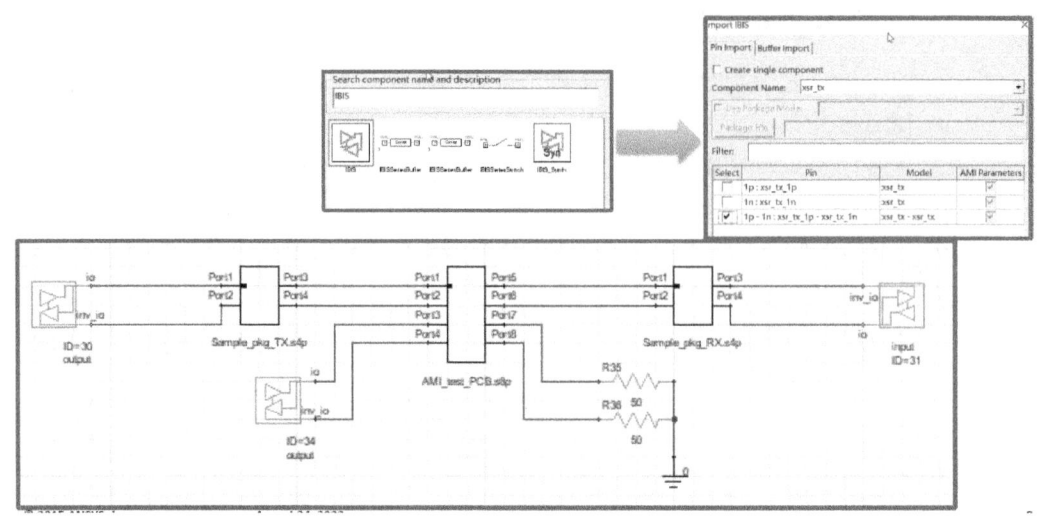

图 4-61 添加 IBIS-AMI 模型

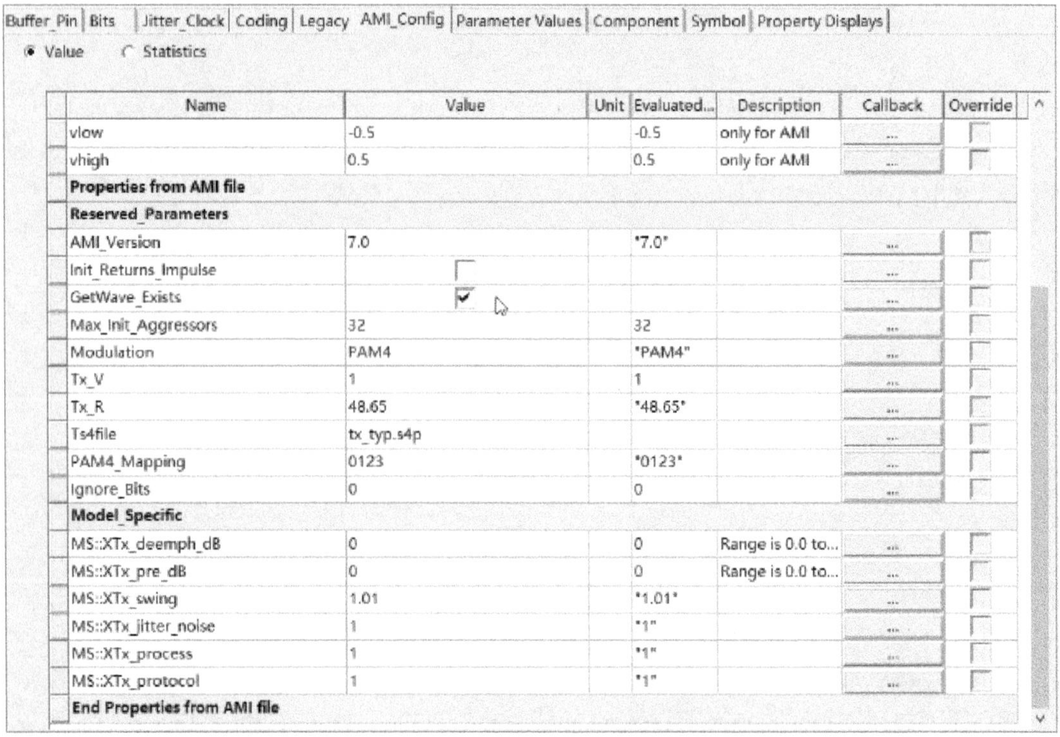

图 4-62 IBIS Tx 模型设置

4）设置 IBIS 输入缓冲器，在 AMI_Config 中设置 Modulation、Threshold 及相关 corner 的设置，如 Ts4 Analog Buffer（*.s4p）、process corner，如图 4-63 所示的 IBIS Rx 模型设置。

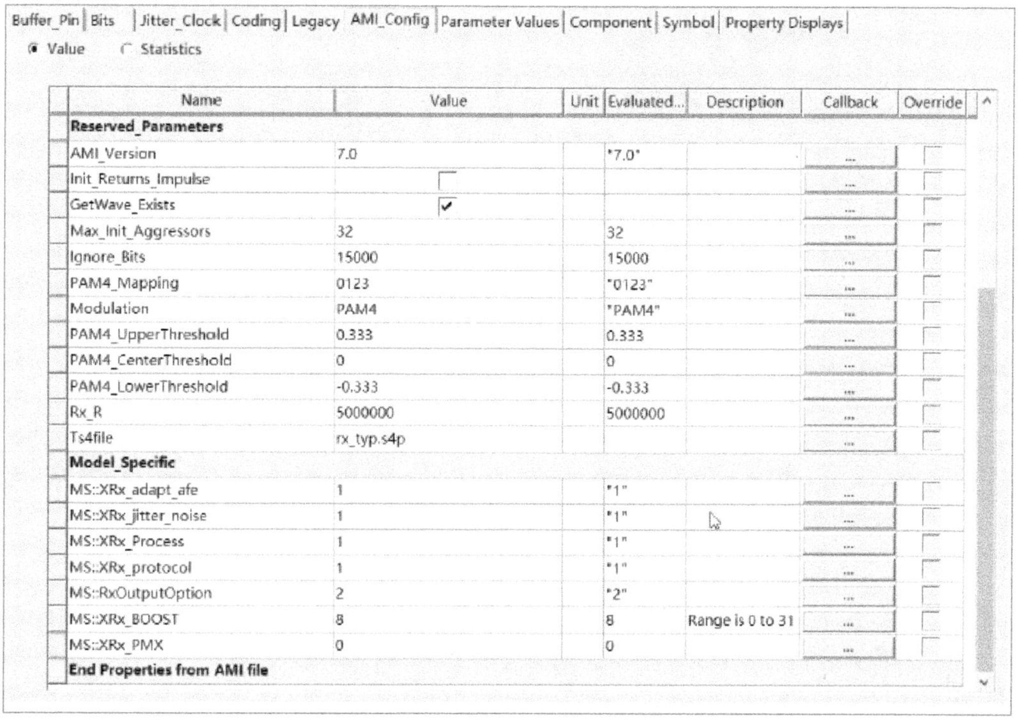

第 4 章 高速 SerDes 接口仿真

图 4-63 IBIS Rx 模型设置

5）设置 AMI 仿真，在工程树中右击 Analysis 添加 AMI Analysis，如图 4-64 所示。

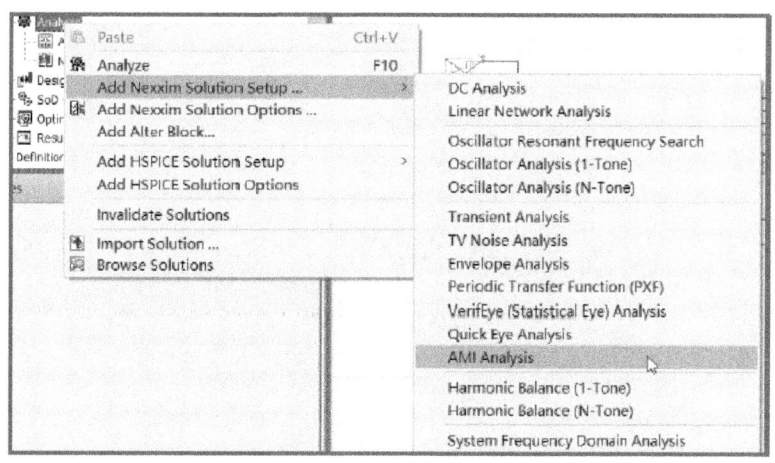

图 4-64 打开 AMI Analysis

6）看冲击响应，冲击响应分为三个部分，分别为 Initial impulse response（Channel+Tx&Rx analog）、Intermediate IR（Returned by AMI_Init( )）、Final IR（Returned by the Rx AMI_Init( )），可通过单击 Standard Report → 2D 查看，如图 4-65 所示。

7）查看浴盆曲线。浴盆曲线是一种用来描述信号在接收端的质量的图形，展示了在不同的时间采样点上 BER 的变化，如图 4-66 所示。

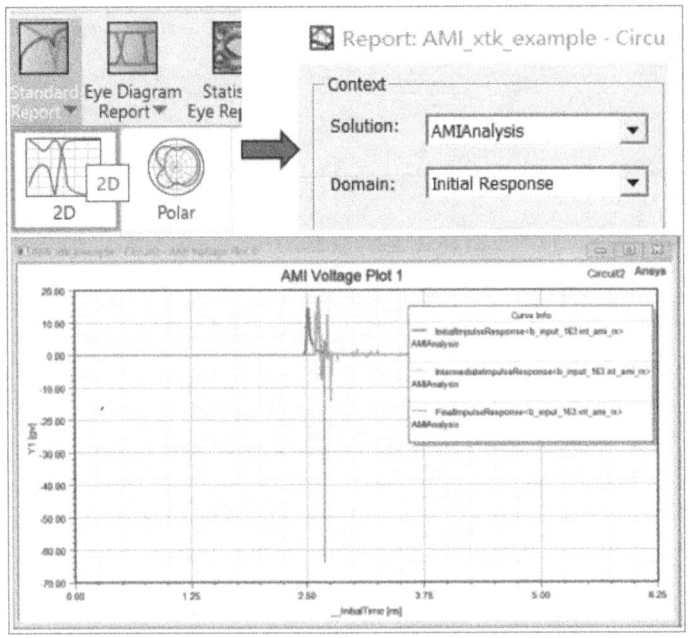

图 4-65　冲击响应

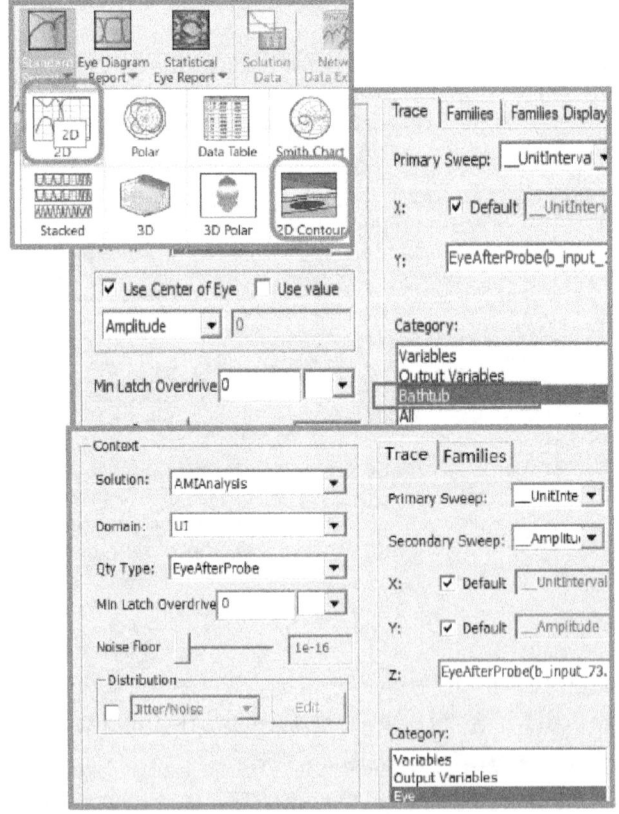

图 4-66　浴盆曲线

8）AMI Analysis 查看眼图，右击 Results，在菜单中单击 Create Statistical Eye Report → Statistical Eye Plot，如图 4-67～图 4-69 所示。

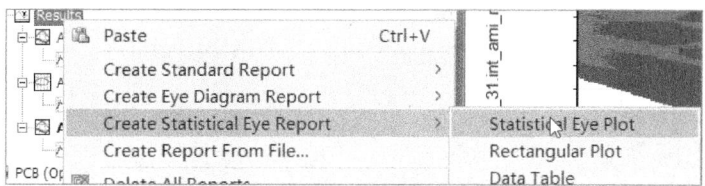

图 4-67　右击 Results 创建统计眼图

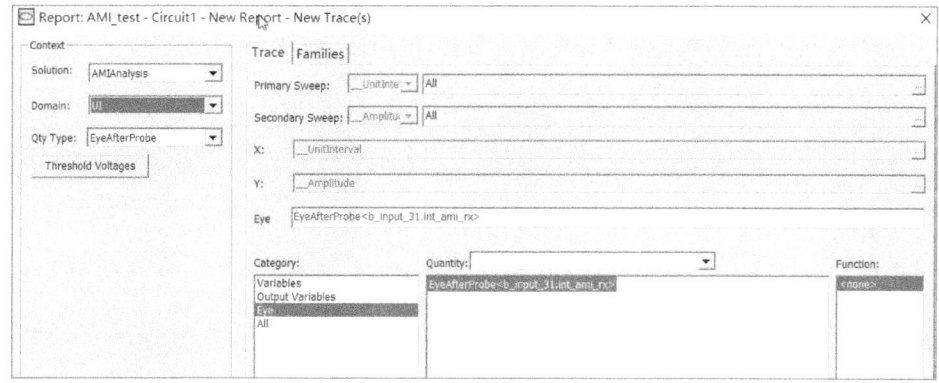

图 4-68　AMI 眼图显示结果设置对话框

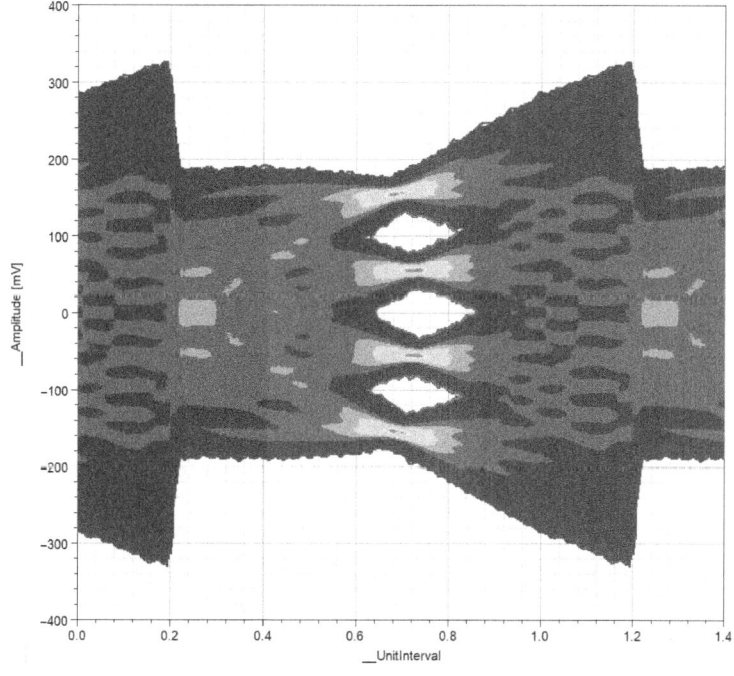

图 4-69　PAM4 统计眼图显示

仿真结束后可在结果文件夹中找到 log 文件查看均衡系数，如图 4-70 所示。

```
--- INFO: Init. setup 1: P.Filter #1 = 5, P.Filter #2 = 0, P.Filter #3 = 0, VGA = 16 , # of xtlk = 0
--- INFO: Init. setup 2: PF1_mode = "auto", PF2_mode = "auto", PF3_mode = "auto", VGA_mode = "auto" DFE_mode = "on", Rx_mode = "NR"
--- INFO: Output -- > P.Filter #1 = 5, P.Filter #2 = -0, P.Filter #3 = -0, Overall Peaking = 13.31; VGA = 11, VGA Gain = 5.28; Fixed DFE = {x  16  -3   4  -0  -0};
```

图 4-70　仿真后 log 文件中的均衡系数

4.4.3　PCIe4 均衡系数优化

通过仿真确定最优均衡系数，是仿真优化的主要目标之一。本案例通过对速率为 16Gbit/s PCIe4 发送端 Pre-emphasis 系数进行扫描得到最优均衡系数为例，描述了如何在 Circuit Design 中通过参数扫描的方式得到最优均衡系数。

1) 首选导入 IBIS-AMI 模型并搭建电路，如图 4-71 所示。

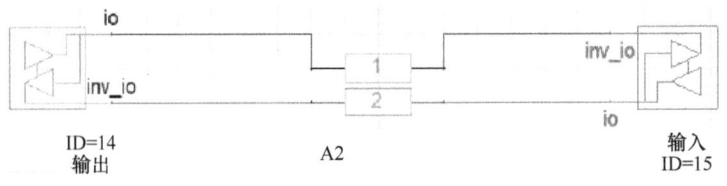

图 4-71　搭建电路示意图

2) 双击 Tx Buffer，在 AMI_Config table 中双击填入 Tx_post 和 Tx_pre 变量，默认值为 0，如图 4-72 所示。

Name	Value
Reserved_Parameters	
AMI_Version	6.0
Init_Returns_Impulse	☐
GetWave_Exists	☑
Max_Init_Aggressors	0
Ignore_Bits	10000
Model_Specific	
MS::XTx_post_dB	Tx_post
MS::XTx_pre_dB	Tx_pre
MS::XTx_swing_diffppk	0.8
MS::XTx_jitter	0
MS::XTx_Process	0
MS::Tx_V	1
MS::Tx_R	38
MS::Tstonefile	e25_tx_typical.s4p

图 4-72　参数设置

3) 通常可以从模型厂家拿到一些参数配置的组合，那么就可以将参数组合写成 csv 文件格式如下，如图 4-73 所示。

4）右击工程树 Optimetrics，在菜单中单击 Add → Add Parametric From File，将上述配置文件导入，如图 4-74 所示。

A	B
XTx_pre_dB	XTx_post_dB
6.021	9.542
5.651	9.78
5.265	10.012
4.861	10.238
4.437	10.458
3.991	10.672
3.522	10.881
3.025	11.086
2.499	11.285
6.021	6.021
5.745	6.288
5.46	6.547
5.166	6.799
4.861	7.044
4.545	7.282
4.217	7.513
3.876	7.739

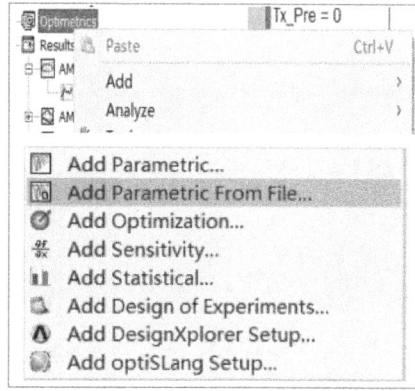

图 4-73 参数值列表　　　　　　　　　　图 4-74 参数文件扫描

5）扫描分析得到不同均衡系数下的眼图，通过眼高、眼宽得到最佳均衡系数配置，如图 4-75 所示。

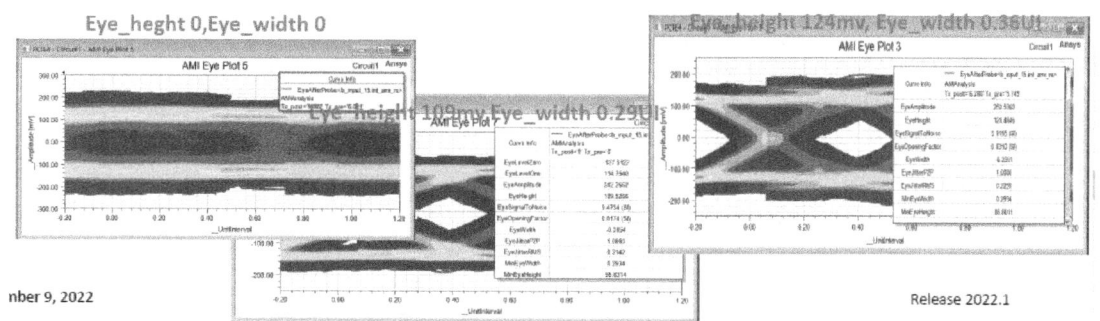

图 4-75 参数扫描眼图

第 5 章 DDR/LPDDR 设计仿真与合规检查

5.1 总体介绍

双倍数据速率（DDR）利用时钟信号的上升沿和下降沿来传输数据，从而实现了双倍数据传输速率（见图 5-1）。

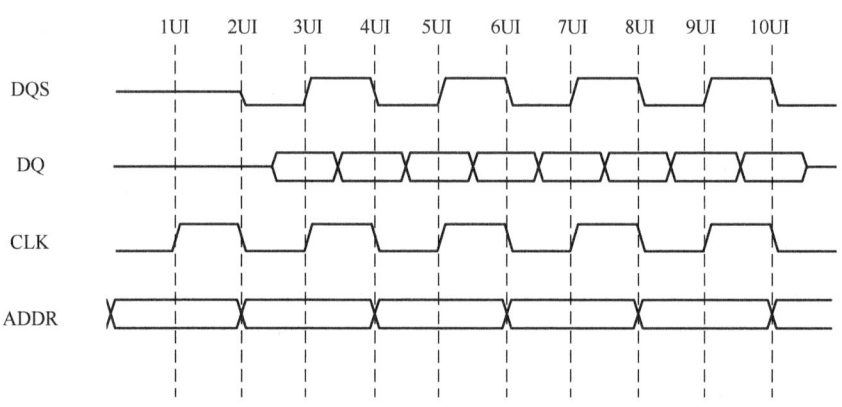

图 5-1 DDR 理想时序关系

DDR 技术自推出以来，经历了多个版本的演进，从 DDR1 到 DDR5，以及针对低功耗应用的 LPDDR 系列（从 LPDDR1 到 LPDDR5）。见表 5-1 和表 5-2，每一代 DDR 和 LPDDR 技术都在性能、功耗和封装技术上进行了优化和改进。

表 5-1 DDR3/LPDDR3 与 DDR4/LPDDR4 的主要技术参数对比

参数	DDR3	DDR4	LPDDR3	LPDDR4
工作电压 /V	1.5	1.2	1.2	1.1
传输速率 /（MT/s）	800～1600	1600～3200	1600～2133	1600～3200
功耗	高	降低约 20%	高	降低约 37%
封装技术	240 引脚	288 引脚	176 引脚	176 引脚
通道数	单通道	单通道	单通道	双通道（32bit）
信号完整性	较差	改进	较差	显著改进
电源完整性	较差	改进	较差	显著改进
应用领域	桌面、服务器	桌面、服务器	移动设备	移动设备

表 5-2　DDR4x/LPDDR4x 与 DDR5/LPDDR5 的主要技术参数对比

参数	DDR4x	DDR5	LPDDR4x	LPDDR5
工作电压 /V	1.2	1.1	0.6	0.9/1.05
传输速率 /（MT/s）	1600～3200	4800～8400	1600～3200	3200～6400
功耗	降低 20%	降低 30%	降低 54%	降低 54%
封装技术	288 引脚	288 引脚	176 引脚	176 引脚
通道数	单通道	双通道（64bit）	双通道（32bit）	双通道（32bit）
信号完整性	进一步改进	显著改进	进一步改进	显著改进
电源完整性	进一步改进	显著改进	进一步改进	显著改进
应用领域	桌面、服务器	桌面、服务器	移动设备	移动设备

注：DDR4x 和 DDR5 的功耗降低是相对于 DDR4 的；LPDDR4x 和 LPDDR5 的功耗降低是相对于 LPDDR4 的。

5.1.1　技术进步

1. 性能提升

从 DDR3 到 DDR5，传输速率不断提升，DDR5 最高可达 8400MT/s，相比 DDR3 的 1600MT/s 有了显著提升。LPDDR5 的传输速率最高可达 6400MT/s，相比 LPDDR3 的 1600MT/s 也有了大幅提升。

2. 功耗优化

每一代 DDR 和 LPDDR 技术都在不断降低工作电压，从 DDR3 的 1.5V 到 DDR5 的 1.1V，以及从 LPDDR3 的 1.2V 到 LPDDR5 的 1.05V/0.9V。此外，通过优化电源管理技术和动态电压缩放（DVS），又进一步降低了功耗。

3. 封装技术

DDR 和 LPDDR 的封装形式也在不断优化，以适应不同的应用需求。DDR5 和 LPDDR5 采用了更先进的封装技术，如 3DS 堆叠，提高了集成度和性能。

4. 信号完整性

随着传输速率的提升，信号完整性问题日益突出。每一代 DDR 和 LPDDR 技术都在不断优化信号完整性设计，通过改进 PCB 布局和布线规则，减少了信号反射、串扰和时序偏差。

5. 电源完整性

电源完整性对于系统的稳定性和性能至关重要。每一代 DDR 和 LPDDR 技术都在不断优化电源完整性设计，通过精确的电源管理，确保稳定的供电和低噪声。

通过以上技术进步，每一代 DDR 和 LPDDR 技术在性能、功耗、封装技术、信号完整性和电源完整性等方面都取得了显著提升，满足了不同应用场景的需求。

5.1.2　设计挑战

面对高速率的并行通道总线，在系统设计及 PCB 设计中，有许多的设计因素需要考虑，而且所有的设计因素既是相互独立的但又是相互影响的，在独立分析和解决这些问题的同时又必须协同分析相互间的影响。因此，在高速率并行通道设计上主要面临如下挑战：

1. 合理的阻抗控制

如果信号传输线没有严格的阻抗控制及合理的阻抗匹配，会产生较为严重的反射现象。布线的几何形状、不适当的短接、过孔及回流路径不连续、经流连接器等，都是造成阻抗不连续的关键因素。片上端接（ODT）阻值可以根据需要动态调整，传输线阻抗匹配要求更为灵活。

2. 苛刻的串扰控制

在并行总线设计当中，线与线之间的串扰是一个重要的设计指标。通常情况下，通过增大线与线之间的距离或减小并行走线的长度来控制串扰，但随着单板越来越高密，在合理利用走线空间上这是一个很大的弊端。因此，如何在高密的设计条件下满足串扰指标成为设计挑战。

3. 严格的时序控制

时序是并行总线系统正常工作的关键。随着信号速率的增加，系统进入紧时序设计阶段，系统时序设计成为系统可靠性设计瓶颈，时序设计不满足要求成为信号质量设计的主要问题。系统对信号链路上的各种时序容限因素变得愈发敏感，任何细小的变化都可能引起时序紊乱，导致系统崩溃。

4. 完美的电源供电网络设计

在高速工作状态，PCB 和 IC 封装的电源/地会产生噪声。DDR 和 LPDDR 系列并行总线具有低电压的特点，低电压带来了低功耗的优势同时也为电源完整性设计带来了难度；同步开关噪声（SSN）、地弹噪声都属于并行总线电源完整性设计需要重点考虑的内容。

5.2 接口特性

1. 伪开漏（POD）逻辑

DDR2 和 DDR3 的 DQ、DQS、ADDR 和 CLK 都采用 SSTL，如图 5-2 所示。DDR4 的 ADDR 和 CLK 依然是 SSTL 电平，但 DQ 和 DQS 采用了新的驱动标准——POD 逻辑。DDR5 的 DQ、DQS、ADDR 和 CLK 所有信号组都使用 POD 逻辑。

POD 与 SSTL 最大的区别在于接收端的终端电压。POD 接收端终端电压等于 VDDQ，而 SSTL 接收端的终端电压为 VDDQ/2。POD 这样做可以降低引脚寄生电容和 I/O 终端功耗，并且即使在电源电压降低的情况下也能稳定工作。

如图 5-2 所示，当驱动器输出低电平时，SSTL 和 POD 都有个电流流动（小箭头）。当输出高电平时，DDR3 还有电流（大箭头），DDR4 没有电流。因此，DDR4 功耗更低，并且其高电平等于 VDDQ，低电平随输出阻抗和接收端 ODT 设置决定，故中心电压 VREF 可变。而 DDR3 中心电压 VREF 固定在 VDDQ/2，只是高低摆幅随输出阻抗和接收端 ODT 设置变化，如图 5-3 所示。

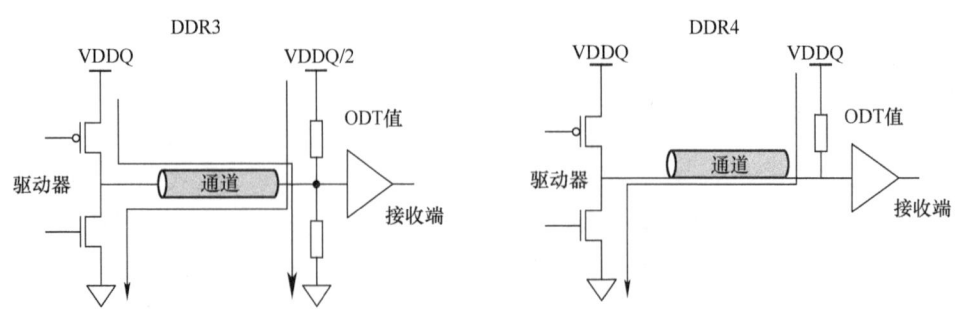

图 5-2 SSTL 和 POD 输出高电平时电流（大箭头）和输出低电平时电流（小箭头）

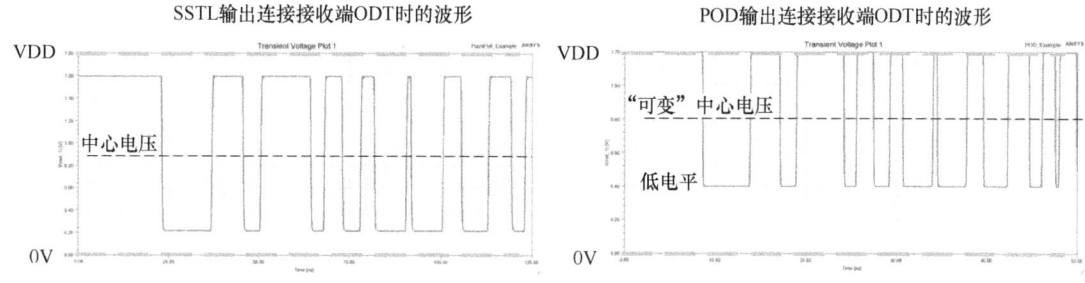

图 5-3 SSTL 和 POD 接口波形

2. Fly-by 拓扑与写入均衡

存储组件,如双列直插式存储模块,DIMM,由多个 DRAM 芯片组成。数据总线直接连接到各自的 DRAM 芯片即可。命令地址总线及时钟信号由所有 DRAM 共用,则需要分叉成多份,每份连接一个 DRAM 芯片。

如图 5-4 所示,左图的地址和时钟连接均采用星形拓扑,会导致控制器与 DIMM 之间存在大量的信号线连接。一个包含 N 个 DRAM 颗粒的 DIMM 需要 N 个命令地址和时钟信号接口,这产生了一些糟糕的问题:

1)影响时钟的信号完整性,降低 DRAM 运行频率。

2)连接 DIMM 的接口太多,导致 DIMM 条成本上升。

因此,DDR4 为多 DRAM 芯片系统设计了 Fly-by 命令地址总线拓扑,数据拓扑不变,如图 5-4 右图所示。命令地址总线从控制器连接 DIMM 至第一个 DRAM 芯片,再从其出发连接第二个 DRAM 芯片,以此类推。Fly-by 拓扑通过减少命令地址总线通过 DIMM 上的接口数,以及走线长度与复杂度,改善了信号完整性和成本的问题。

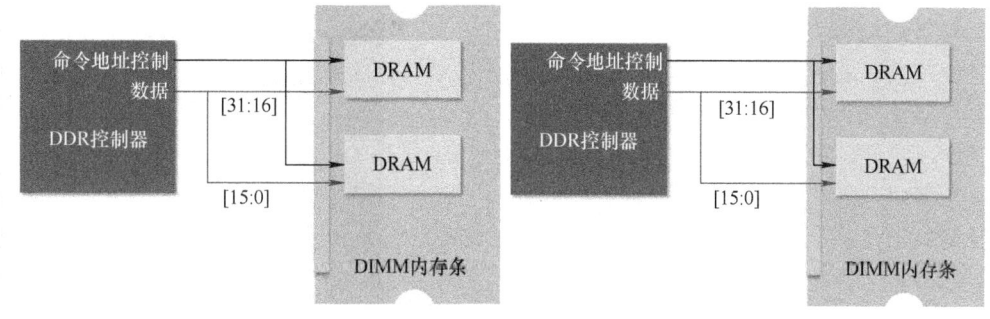

图 5-4 地址和时钟信号的星形拓扑(左)与 Fly-by 拓扑(右)对比

显然,在 Fly-by 拓扑中,命令地址信号到达每个 DRAM 的时间有很大不同。但是数据到达每个 DRAM 的时间却是接近的,这会导致每个 DRAM 时钟信号和数据的偏差不一致,如图 5-5 所示。

从原理上说,对于单个 DRAM 时钟与其数据之间的偏差,这些偏差一般为固定的走线偏差,控制器可以采用调整时钟或数据的延迟来补偿偏差。但对于多个 DRAM 芯片组成的系统而言,调整单个 DRAM 是不够的。由于每个 DRAM 的时钟与数据间的偏差不同,而且控制器还不知道具体每个 DRAM 的偏差是多大!这样一来,控制器就无法在整个 DRAM 系统层面上保持 tDQSS（DQS 上升沿相对 CLK 上升沿的偏差）、tDSS（DQS 信号下降沿相对于 CLK 上升沿的建立时间）、tDSH（DQS 信号下降沿相对于 CLK 上升沿的保持时间）等时序参数。

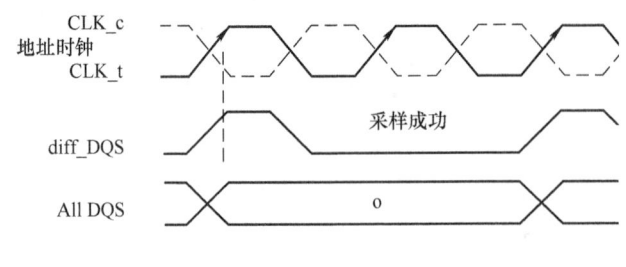

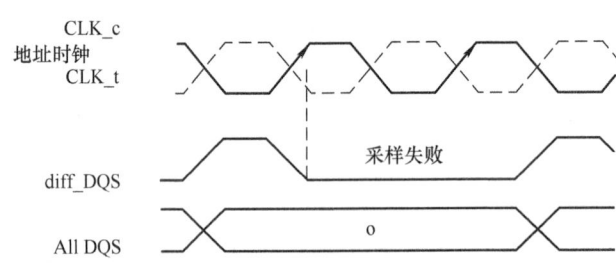

图 5-5　不同 DRAM 各自的时钟与数据间的偏差

为了克服时钟与数据之间的偏差在每个 DRAM 颗粒上的不确定性，DRAM 需要进行写入均衡，针对每个 DRAM 芯片量身训练一个时钟与数据之间的偏差补偿。时钟选取 CLK 信号本身，而数据则选取 DQS 信号来表示，DQS 是数据选通信号，这里暂且认为其与真正的数据信号 DQ 是完全同步的。

所以写入均衡会针对每个 DRAM 芯片进行 CLK 与 DQS 信号间的相位调整，采用一种多次试错，寻找最优值的方法使 DRAM 接收到的时钟信号与写数据同步。

写入均衡由 DDR 控制器完成，目标是通过改变发出 DQS 信号的延迟，使 DRAM 端接收到的 DQS 信号与 CLK 信号同步，即两者上升沿对齐。

源同步发送的时钟信号 CLK 和数据选通信号 DQS 在接收端出现了偏差，一般来说时钟信号会更滞后一些。从 DRAM 端返回控制器的 DQ 值为 0，表示 DQS 上升沿时 CLK 信号为低电平。源端控制器根据返回的 DQ 值，继续加大 DQS 的延迟，直至返回的 DQ 值为 1，此时 DQS 上升沿时 CLK 信号为高电平。再略微将延迟调小，控制器就捕捉到了 CLK 的上升沿，记录此时的 DQS 延迟值，就完成了 DQS（数据）与 CLK 的同步。之后，继续采用写入均衡训练下一个 DRAM 颗粒。

如果 DRAM 颗粒的类型、信号线的长度、DRAM 颗粒间的拓扑关系都是固定的，那么控制器使用提前设置的参数，即可以保持 tDQSS、tDSS、tDSH 等时序参数，无须采用写入均衡。

5.2.1　DDR4 和 LPDDR4

DDR4 和 LPDDR4 是第四代双倍数据率存储器标准，分别面向高性能计算和低功耗移动设备。两者的核心差异在于设计目标和应用场景。

1. DDR4 的核心特性

速率与带宽：基础速率从 1600MT/s（DDR4-1600）至 3200MT/s（DDR4-3200），通过 Bank Group（存储区块组）架构（最多 4 个 Bank Group）实现并行数据访问，有效带宽提升 30% 以上。

电压与功耗：工作电压降至 1.2V（较 DDR3 的 1.5V 显著降低），支持 POD 降低 I/O 功耗。

拓扑结构：采用点对点（Point-to-Point）或 Fly-by 拓扑，适用于多 DIMM 配置，但需严格时序对齐。

2. DDR4 关键技术

（1）数据总线翻转（DBI）

功能原理：如图 5-2 所示，根据 POD 的特性，当数据为高电平时，没有电流，所以降低 DDR4 功耗的一个方法就是让高电平尽可能多，这就是 DBI 技术的核心。举例来说，如果在一组 8bit 的信号中，超过半数，有至少 5bit 是低电平的话，那么对所有的信号进行反转，就有至少 5bit 信号是高电平了。DBI 信号变为低表示所有信号已经翻转过（DBI 信号为高表示原数据没有翻转）。这种情况下，一组 9 根信号（8 个 DQ 信号和 1 个 DBI 信号）中，至少有 5 个状态为高，从而有效降低功耗，也减少了同时翻转的 bit 数，从而降低开关噪声。

实现效果：同步开关噪声（SSN）降低 30%，尤其在高负载场景下效果显著。

（2）Bank Group 架构

架构细节：将存储单元分为多个独立的 Bank Group（通常 4 组），允许在不同 Bank Group 间交叉执行预充电、激活和读取操作。

带宽优势：通过并行操作提升有效带宽，但需控制器支持复杂的调度算法。

3. LPDDR4 核心创新

（1）分离式时钟设计（WCLK 与 CLK）

1）读写时钟分离。写操作使用独立的 WCLK（Write Clock），读操作沿用传统 CLK（Clock），避免读写路径的时序冲突。

2）时序裕量优化。WCLK 与 CLK 的相位对齐精度需控制在 ±5% UI 以内，需借助 PLL/DLL 电路实现。

（2）低功耗状态管理

1）动态频率调整。支持多种功耗模式（Active、Idle、Self-Refresh），通过门控时钟（Clock Gating）关闭空闲电路模块。

2）温度补偿刷新（TCR）。根据芯片温度调整刷新周期，高温时缩短周期以避免数据丢失，低温时延长周期以降低功耗。

4. LPDDR4 的优化方向

移动端适配：电压进一步降低至 1.1V，并支持动态电压频率调节（DVFS），可根据负载动态调整电压（0.6~1.1V）和频率。

1）封装技术。采用封装体叠层（Package-on-Package，PoP）技术进行封装，将存储器堆叠在处理器上方，减少 PCB 走线长度，但引入了 3D 互连寄生效应。

2）双通道设计。每个 LPDDR4 芯片包含两个独立 16 位通道，总位宽 32 位，支持更高的并发吞吐量。

5.2.2 DDR4x 和 LPDDR4x

DDR4x 和 LPDDR4x 是 DDR4/LPDDR4 的演进版本，主要针对功耗和速率进行优化。

1. DDR4x 的核心升级

速率提升：通过工艺改进（如 10nm FinFET）和信号均衡增强，速率上限扩展至 4266MT/s（DDR4x-4266）。

功耗优化：引入动态片上端接（On-Die Termination，ODT）技术，根据工作负载调整 ODT 电阻值（34～240Ω），降低静态功耗。

2. DDR4x 关键技术

（1）自适应 ODT 调节

1）功能原理。在读写操作期间动态切换端接电阻值，如写操作时使用低阻值（40Ω）以增强驱动能力，读操作时切换至高阻值（120Ω）以降低反射。

2）实现要求。控制器需支持 ODT 模式寄存器（MR1）的实时配置。

（2）温度感知刷新（Temperature Aware Refresh，TAR）

工作机制。集成温度传感器，当芯片温度超过 85℃时，将刷新周期从 64ms 缩短至 32ms，防止数据丢失。

3. LPDDR4x 的突破性改进

1）超低电压。VDDQ 电压降至 0.6V（较 LPDDR4 降低 45%），同时支持 VDDQ 与 VDD2（核心电压）的异步调节。

2）速率翻倍。通过 WCLK2X 模式（双倍时钟频率）实现最高 8533MT/s 的等效速率。

4. LPDDR4x 核心创新

（1）深度睡眠模式（Deep Sleep Mode，DSM）

1）功耗指标。待机电流低至 10μA（较 LPDDR4 降低 50%），适用于可穿戴设备的长待机场景。

2）唤醒机制。通过专用中断引脚（INT_n）触发唤醒，延迟小于 100μs。

（2）部分阵列自刷新（PASR）

功能实现方法为仅刷新当前未使用的存储区块（Bank），其余部分进入保持状态，降低刷新功耗达 40%。

5.2.3 DDR5 和 LPDDR5

DDR5 和 LPDDR5 代表了当前主流存储技术的最前沿，其设计聚焦于带宽、能效与可靠性的全面提升。

1. DDR5 的核心突破

1）速率与架构。其基础速率为 3200～6400MT/s，采用双通道子架构（Sub-Channel），每个通道独立控制 32B 突发长度。

2）电压与电源管理。核心电压降至 1.1V，并首次集成 PMIC（电源管理芯片），支持可编程电压调节（0.9～1.1V）。

2. DDR5 关键技术

（1）决策反馈均衡（Decision Feedback Equalizer，DFE）

1）工作原理。利用前几个 bit 的判决结果，动态调整当前 bit 的采样阈值，补偿码间干扰（ISI）。

2）实现要求。需精确提取通道脉冲响应（CIR），设置 4～6 个抽头系数。

（2）双通道独立子架构

1）架构优势。将 64 位总线分为两个 32 位子通道，每个子通道拥有独立的命令/地址总线，提升并发效率。

2）设计挑战。需解决子通道间的时序同步问题，避免读写冲突。

3. LPDDR5 的技术飞跃

1）速率与能效。通过 WCLK2X 模式实现等效 8533MT/s 速率，同时引入自适应刷新管理（Adaptive Refresh Management），功耗较 LPDDR4x 降低 30%。

2）纠错机制。新增端到端错误纠正码（Error Correction Code，ECC），可纠正单 bit 错误并检测双 bit 错误。

4. LPDDR5 核心创新

（1）动态电压频率缩放（DVFS）增强

多档位调节，支持 6 档电压（0.5～1.05V）与 10 档频率（100MHz～3.2GHz）组合，适应从待机到满负载的全场景需求。

（2）链路内建自测试（IBIST）

功能实现方法为集成伪随机二进制序列（PRBS）生成器与 BER 检测电路，支持开机自检与实时监控。

5.3 通道合规仿真

5.3.1 设计挑战

1. 信号完整性挑战

（1）DDR4/LPDDR4 Fly-by 拓扑的时序偏移

1）问题描述。在 Fly-by 拓扑中，时钟信号依次经过多个 DRAM 颗粒，导致各颗粒的时钟到达时间不同（Clock Skew）。

2）解决方案。采用写入均衡功能校准各颗粒的时钟延迟。在 PCB 设计中严格控制地址和时钟走线长度差异（±50mil 以内，1mil≈25.4μm）。

（2）DDR4x 的高速信号完整性

1）阻抗控制要求。传输线特性阻抗需严格控制在 40Ω（1±5%），任何偏差可能导致反射系数超过 10%。

2）仿真验证。在 HFSS 3D Layout 中参数化扫描线宽和介质厚度，生成阻抗随工艺波动的统计分布图。

（3）LPDDR4x 的低电压噪声容限

1）问题描述。0.6V 的 VDDQ 导致逻辑高电平 VIH 与低电平 VIL 的差值缩小至 200mV，对串扰（Crosstalk）和电源噪声更敏感。

2）设计对策。采用屏蔽差分对（Shielded Differential Pair）布线，将串扰降低至 −35dB 以下。使用 Q3D 的 2D Extractor 设计相邻信号线的耦合电容，优化线间距（≥ 3 倍线宽）。

（4）DDR5/LPDDR5 接收端 DFE 对通道特性的敏感性

1）问题描述。DFE 的均衡效果高度依赖通道的频域响应，任何阻抗不连续（如过孔残桩）可能导致均衡失效。

2）仿真方法。在 AEDT 中导入 Touchstone 文件，执行时域反射（TDR）分析，定位阻抗突变点。

使用带 DFE 的眼图探针做接收端，探索最佳 DFE 设置效果。

2. 电源完整性挑战

（1）瞬态电流波动（di/dt）

1）影响场景。DDR4 在突发读写操作时，核心逻辑与 I/O 电路的同步开关导致瞬态电流峰值（可达 10A/ns）。

2）设计对策。使用多层 PCB（至少 6 层）构建低阻抗电源分配网络（PDN）。在电源引脚附近部署高频去耦电容（0.1μF 陶瓷电容与 1μF MLCC 组合）。

（2）多电压域协同

LPDDR4 需同时管理 VDDQ（I/O 电压，1.1V）、VDD（核心电压，0.6V）和 VSS（地平面），需避免电压域之间的串扰。

布局建议，采用"电压岛"设计，不同电压域的电源层通过隔离带分割，并通过铁氧体磁珠（Ferrite Bead）连接。

5.3.2 仿真方案

1. 前仿真阶段

（1）工艺变异分析

使用 Ansys Optislang 执行蒙特卡洛仿真，评估线宽偏差（±10%）、介质厚度波动（±5%）对阻抗和损耗的影响。

（2）拓扑结构优化

1）仿真目标。确定 Fly-by 拓扑中串联终端电阻（Series Termination Resistor，STD）的最佳值（通常 22～39Ω）。

2）方法。在 Circuit Design 中搭建分布式传输线模型，扫描电阻值并评估信号过冲（Overshoot）和振铃（Ringing）。

2. 后仿真验证

（1）DDR4/DDR4x 系列同步开关噪声（SSN）分析

使用 SIwave 建立 PDN 和信号通道模型，模拟多数据线同时翻转时（数据总线全翻转和半翻转）模式时的电源噪声。考虑控制器 CPM 片上电源模型，优化 PCB 去耦电容策略。

（2）DDR5/LPDDR5 AMI 分析与均衡优化

使用 HFSS 3D Layout 提取通道的 S 参数模型（0.1～20GHz），导入 Circuit 中叠加伪随机数据，加入 DFE 模块进行时域仿真。

由于在信号速率和期望的 BER 方面具有优势，SerDes 类型的分析技术被用于 DDR5 仿真。结合收发器 AMI 模型和通道模型进行系统分析（统计眼图和 bit-by-bit），检查浴盆曲线、眼图和眼图轮廓。

在 OptiSLang 中设置 DFE 抽头系数（Tap1～Tap4）的搜索空间，通过统计眼图 VerifyEye 计算 BER 并优化抽头系数，寻找最优均衡配置。

5.3.3 通道后仿真案例

以 DDR4 通道设计为例，使用 SIwave 的 DDRwizard 进行 DDR 通道建模和分析。DDRwizard（比 SIwizard 更专用）具有如下优势：

1）针对 DDR 接口的简化设置向导。
2）基于 IBIS 或理想元件的工作流程。
3）自动生成读写电路原理图。
4）轻松绘制瞬态波形结果。
5）理想或非理想电源（PDN）建模。
6）生成 DDRx 合规性报告。
7）23R2 开始支持 IBIS-AMI 模型（当 AMI 模型被使用时，瞬态仿真不在会被创建）。

如图 5-6 所示，该案例包括 1 个微处理器（U2A5）和 2 个 DDR4 芯片（U1A1 和 U1B5）。被分析的信号网络包括以下 4 项：

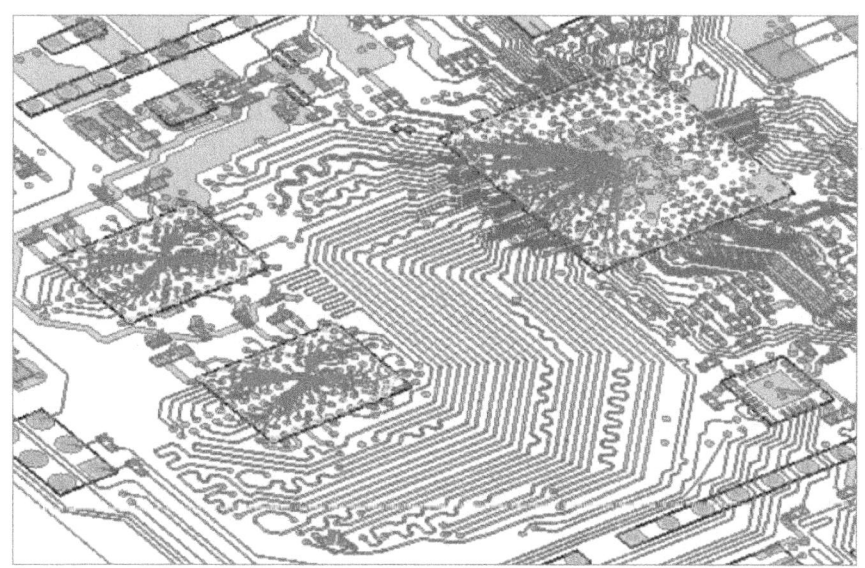

图 5-6 嵌入式 DDR4 案例版图

1）DQ（16 个网络，2 个字节通道）。
2）DQS（2 个差分网络）。
3）时钟（1 个差分网络）。
4）地址（16 个网络，Fly-by 拓扑）。

本案例用到两个 IBIS 文件：nsys_ddr4_controller.ibs 和 ansys_ddr4_memory.ibs。

将这两个 IBIS 文件复制到 AEDT 安装路径下的 IBIS 库默认路径为 C:\Program Files\AnsysEM\v232\Win64\buflib\IBIS。或者，在 SIwave 中将计算机上的中央 IBIS 库文件夹设置为 SIwave 的 IBIS 库，单击 File → Options → Library Directories → IBIS Buffer Library Directories → Add Directory，如图 5-7 所示。

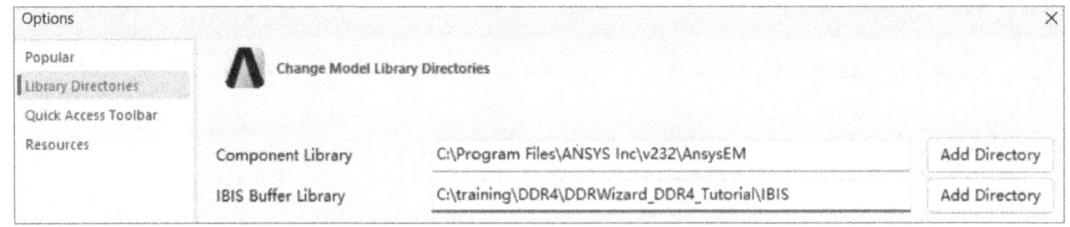

图 5-7　设置 SIwave 的 IBIS 模型库路径

注意，指向的路径必须包含名为 IBIS 的子文件夹。

关闭 SIwave 并重新启动以使更改的 IBIS 模型库路径生效

本案例将提取微处理器和 DRAM 模块之间的 PCB 通道寄生参数，并自动创建用于 DDR4 瞬态仿真和合规性检查的电路原理图。

1. 打开案例项目

启动 SIwave 加载案例文件 DDRWizard_Start.siw。

2. 差分对设置

需要设置数据选通信号线 DQS_N/P 和时钟线 CLK_N/P 为差分对。

在单端工作区旁边，选择差分网，单击 Auto Identify 按钮打开差分对自动识别窗口。

将 + Net Name Differentiator 设置为 "_"，将 – Net Name Differentiator 设置为 "_N_"，然后单击 Auto Identify 按钮并确定，如图 5-8 所示。

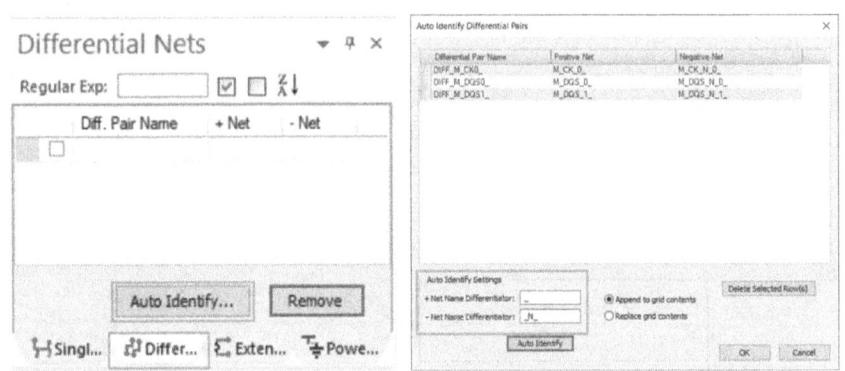

图 5-8　差分信号自动识别

3. 启动 DDRwizard 向导

到 Simulation 菜单启动 DDRwizard，如图 5-9 所示。

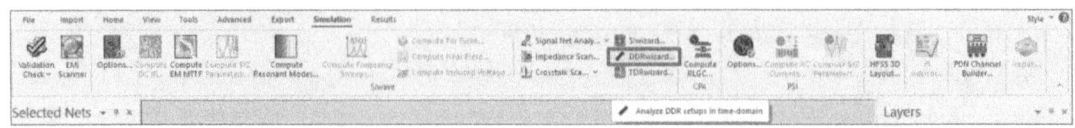

图 5-9　SIwave 中 Simulation 菜单下启动 DDRwizard

Basic Setup 基本设置对话框中的设置如下（见图 5-10）：

1）将 DDR Type 更改为 DDR4。
2）将 Speed 更改为 2133MT/s。
3）将 Command Rate 保持在 1T。

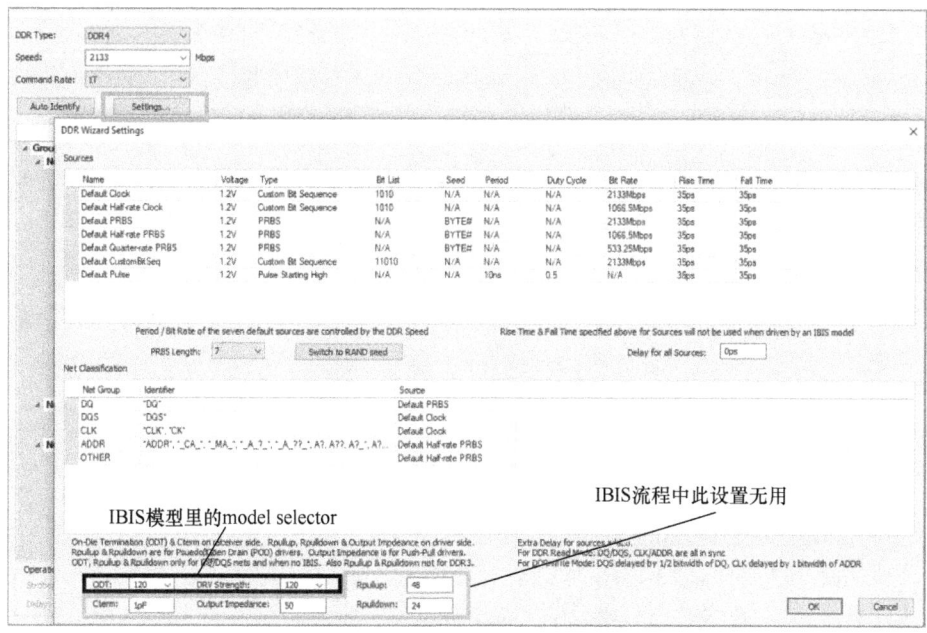

图 5-10 DDR Wizard 基本设置对话框

4）单击 Settings 按钮打开信号激励源和信号分组设置窗口。将底部的 ODT 和 DRV Strength 设置为 48。将从 IBIS 模型列表中选择 *dq/s_drv48 和 *dq/s_odt48。

4. IBIS 模型设置和模型分配

选择 IBIS Setup 标签，将以下器件标号赋予对应的 IBIS 模型（见图 5-11）。

图 5-11 IBIS 模型设置对话框

1）U1A1 - ANSYS_DDR4_MEMORY_v001。
2）U1B5 - ANSYS_DDR4_MEMORY_v001。
3）U2A5 - ANSYS_DDR4_CONTROLLER_v001。

将 IBIS 模型分配方式更改为 Net Group。

Ideal Power（No VRMs）复选按钮不选中。

（1）选择写模式（Write Mode）标签

检查写入模式内容（之前的 IBIS Setup 标签设置自动应用于写模式）。ODT 48 和 DRV 48 也已经在之前设置好了，如图 5-12 所示。

Part	Ref Des	Type	Net Group	IBIS Model
G83568-001	U1A1	Receiver	ADDR	ansys_ddr4_input
G83568-001	U1A1	Receiver	CLK	ansys_ddr4_input
G83568-001	U1A1	Receiver	DQ	ansys_ddr4_dq_odt48
G83568-001	U1A1	Receiver	DQS	ansys_ddr4_dqs_odt48
G83568-001	U1B5	Receiver	ADDR	ansys_ddr4_input
G83568-001	U1B5	Receiver	CLK	ansys_ddr4_input
G83568-001	U1B5	Receiver	DQ	ansys_ddr4_dq_odt48
G83568-001	U1B5	Receiver	DQS	ansys_ddr4_dqs_odt48
IPD031-201	U2A5	Driver (Active)	ADDR	ansys_ddr4_pp34
IPD031-201	U2A5	Driver (Active)	CLK	ansys_ddr4_pp34
IPD031-201	U2A5	Driver (Active)	DQ	ansys_ddr4_dq_drv48
IPD031-201	U2A5	Driver (Active)	DQS	ansys_ddr4_dqs_drv48

图 5-12 按组排列的写模式配置

（2）选择读模式（Read Mode）标签

更改以下分配（见图 5-13）：

1）部件 G83568，对于 U1A1 和 U1B5 的驱动器（活动）。
2）确保 DQ/DQS 驱动器使用 IBIS 模型 ansys_ddr4_dq/dqs_drv48。
3）确保 DQ/DQS 接收机使用 IBIS 模型 ansys_ddr4_dq/dqs_odt48。

注意，读模式标签仅对 DQ/DQS 数据通道强制驱动器/接收机分配，CLK/ADDR 分配仍保持写模式标签中的设置。即，DDR 接口数据是双向的，时钟和地址是单向的。

Part	Ref Des	Type
G83568-001	U1A1	Driver (Active)
G83568-001	U1B5	Driver (Active)
IPD031-201	U2A5	Receiver

Part	Ref Des	Type	Net Group	IBIS Model
G83568-001	U1A1	Driver (Active)	DQ	ansys_ddr4_dq_drv48
G83568-001	U1A1	Driver (Active)	DQS	ansys_ddr4_dqs_drv48
G83568-001	U1B5	Driver (Active)	DQ	ansys_ddr4_dq_drv48
G83568-001	U1B5	Driver (Active)	DQS	ansys_ddr4_dqs_drv48
IPD031-201	U2A5	Receiver	DQ	ansys_ddr4_dq_odt48
IPD031-201	U2A5	Receiver	DQS	ansys_ddr4_dqs_odt48

图 5-13 读模式配置

5. 电源设置（非理想电源）

（1）更改所有芯片的电源设置（见图 5-14）

1）Supply 列，选择 VRM。
2）Power Net 列，确保选择了 V1P2_S3。
3）单击 Next 按钮。

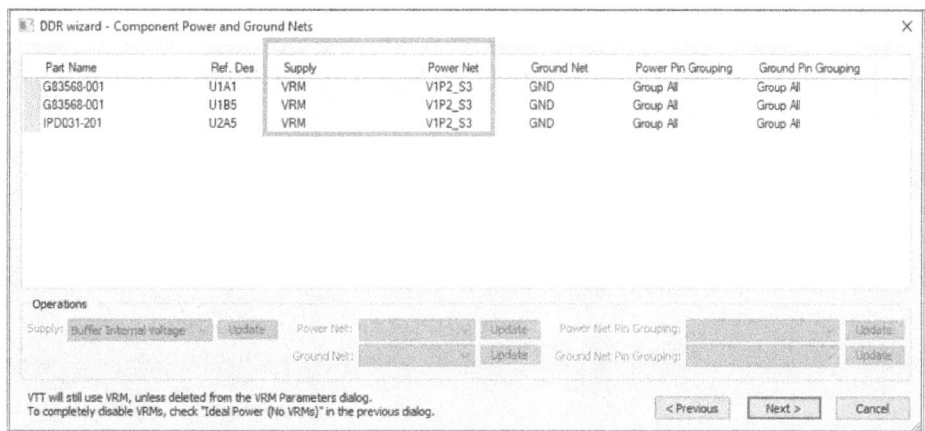

图 5-14 非理想电源设置对话框

（2）配置 VRM 模型参数（见图 5-15）

1）VDD（1.2V）——DDR4 接口主电源，选择部件 G43225-001，自动选择 U3A1，将 Power Net 更改为 BST_V1P2_S5。

2）VTT（0.6V）——地址终端电源，部件已设置为 VTT。

3）单击 Next 按钮。

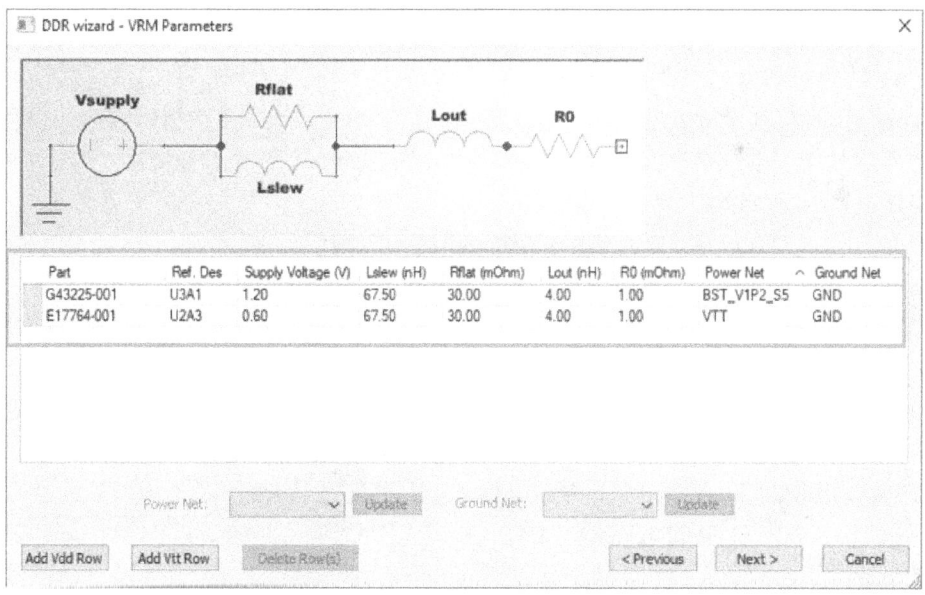

图 5-15 非理想电源模块设置对话框

6. 瞬态仿真设置对话框（见图 5-16）

（1）AEDT 导入通道选项

选择 Use Touchstone model 复选按钮。

(2)瞬态仿真选项配置

1)取消选中"启动瞬态仿真"(Invoke Transient Simulation)复选按钮(只创建原理图)。

2)确保选中"绘制接收机波形"(Plot Receiver Waveforms)复选按钮。

3)确保选中"绘制电源轨波形"(Plot Power Rail Waveforms)复选按钮。

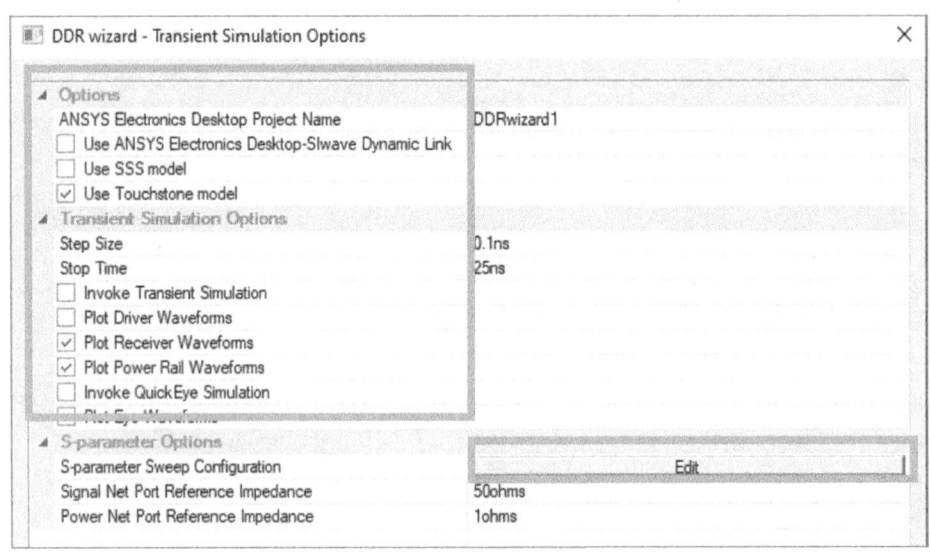

图 5-16　DDR Wizard 瞬态仿真设置对话框

(3)S 参数扫描配置行,单击 Edit 按钮

基于之前的接口速率已自动预配置好了频率扫描。单击两次 OK 按钮以提取信道(S 参数提取可能需要 10 多分钟)并自动打开 AEDT 的 Circuit Design 创建电路原理图。

7. 电路设计(添加封装/片上去耦电容)

需要在 Circuit Design 里自动创建的 DDR4 电路原理图中添加去耦电容,以防止芯片电源噪声不切实际。

I/O 信号切换时,要从电源网络获取电源。板级电源网络通常只能提供 10～100MHz 的切换电流。在此频率范围之上,封装和片上去耦电容提供切换电流。去耦电容不足会导致电压噪声。DDR4 总线的切换频率通常高于 1GHz。封装/片上去耦电容对于防止总线上的不切实际噪声至关重要。

左键双击项目树下的设计名后缀为 _ReadMode 的设计,显示读模式电路原理图,如图 5-17 所示。

放大电路原理图中心的 S 参数底部,选中代表芯片电源引脚的 3 个页面连接器。

1)V1P2_S3_AL11_IPD031-201_U2A5。

2)V1P2_S3_B3_G83588-001_U1B5。

3)V1P2_S3_C2_G83588-001_U1A1。

如图 5-18 所示,在原理图空白处复制 3 个

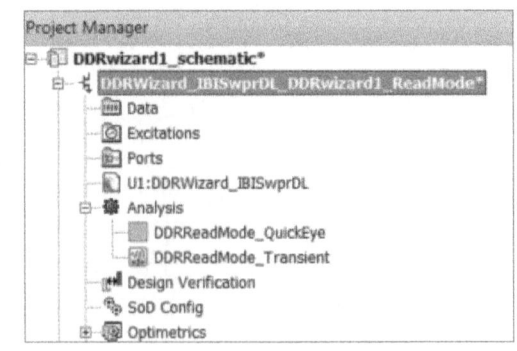

图 5-17　项目树下后缀名为 _ReadMode 的设计

页面连接器,添加电阻和电容串联接地,代表芯片去耦电容。电阻和电容修改值如下:

1) U2A5, 0.1Ω 和 159nF。

2) U1A1 和 U1B5, 0.4Ω 和 40nF。

复制芯片去耦电容电路到后缀名为 *_WriteMode 的设计中。

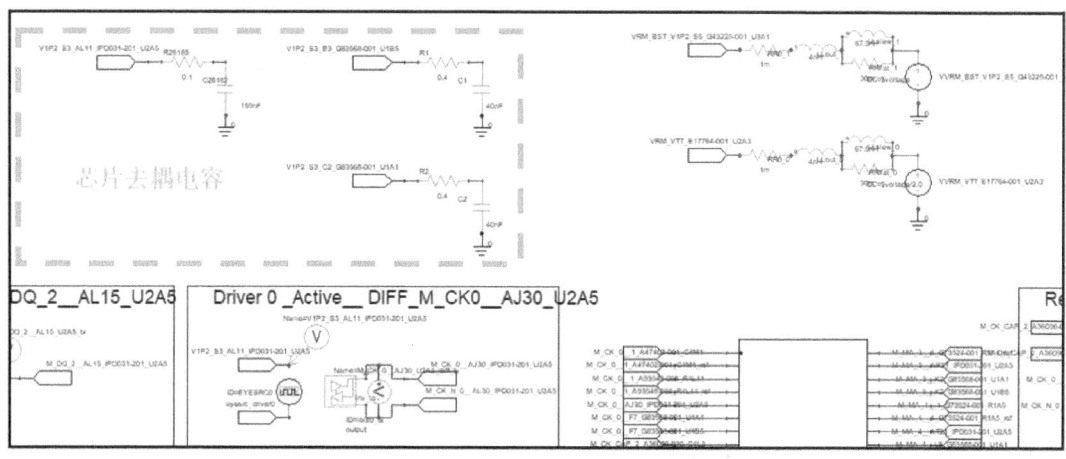

图 5-18 为芯片电源引脚添加去耦电容

8. 电路求解后查看结果

如图 5-19 所示,求解读模式和写模式设计中后缀名为 _Transient 的分析项。

注意,不要更改设计名称,DDR 合规性脚本需要这种命名格式。

自动创建电路原理图时,要显示的瞬态仿真波形已自动配置好。电路求解完成后,双击 Results 下的波形项显示结果波形,如图 5-20 所示。

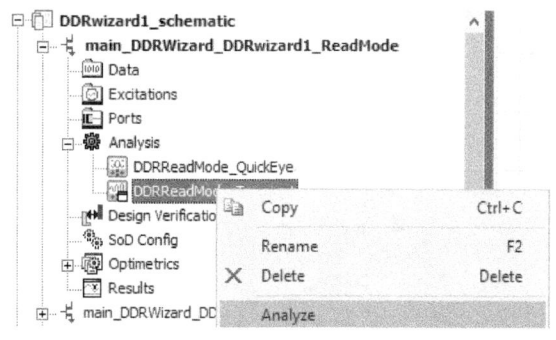

图 5-19 电路求解

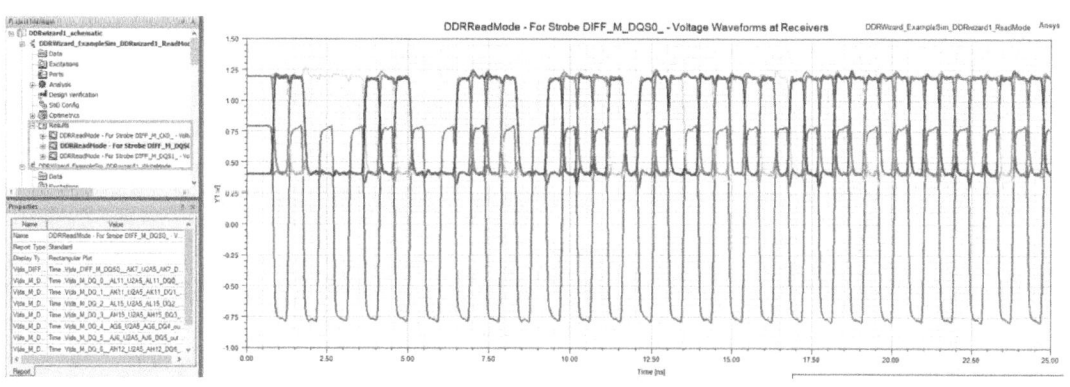

图 5-20 DDR 瞬态仿真结果波形显示

9. 合规性工具包

右击读模式或写模式设计名，在菜单中单击 Toolkit → Virtual Compliance Launch-ANSYS DDRwizard，启动合规性工具包，如图 5-21 所示。

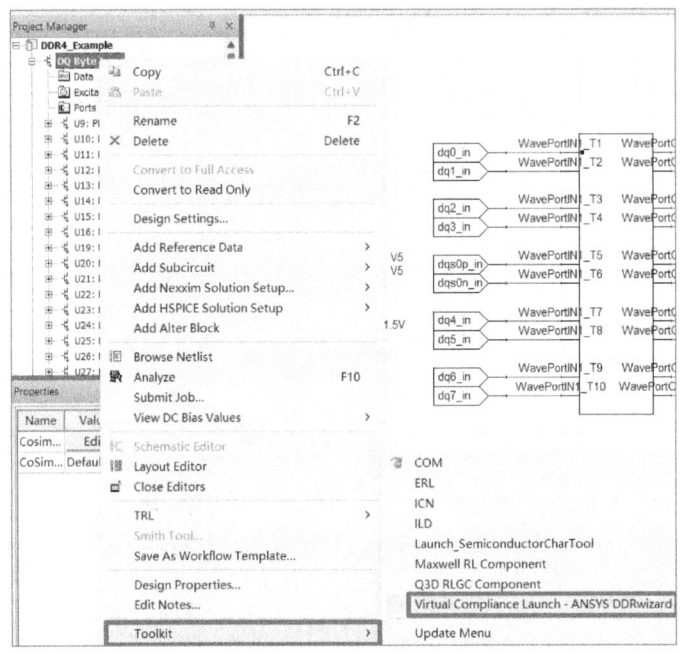

图 5-21　启动合规性工具包

如图 5-22 所示，双击（ddr4）ComplianceTestDDRwizard，现在可以通过单击不同标签来查看合规性报告信息。

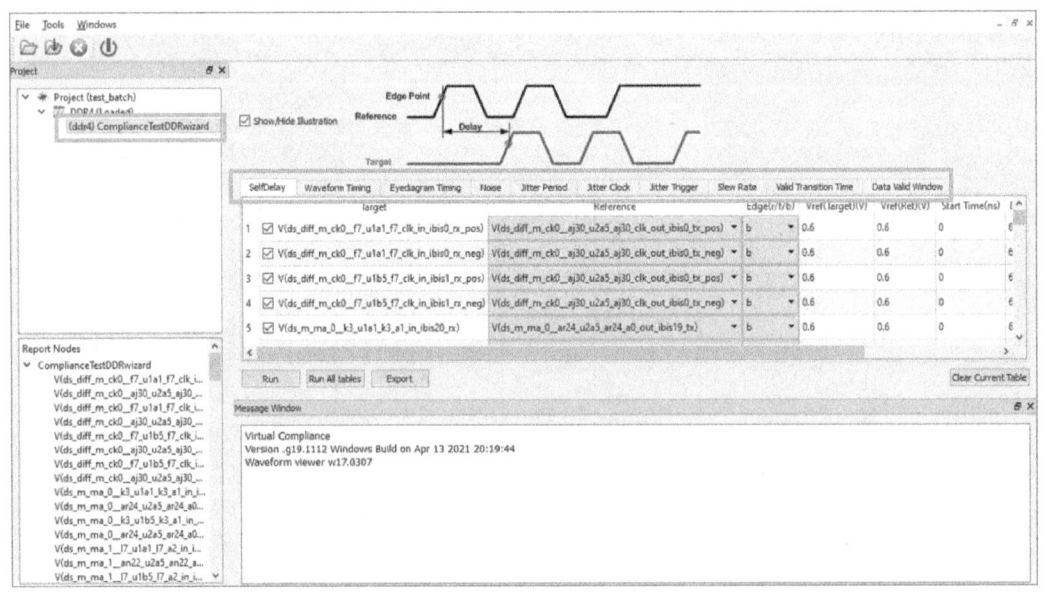

图 5-22　合规性工具包窗口

5.4　IBIS 建模

如 4.1.1 节所提到的，ANSYS SPISim 中的 Mpro Module 不仅包含了 IBIS-AMI 建模的功能，还提供了简单便捷的 IBIS 建模流程，其中包含简易的建模流程和全流程的建模流程。

5.4.1　建模流程

可以根据输入 IBIS 模型需要的基础参数（如电压、Slew Rate 和上下拉阻抗等参数）来快速建模，或者输入需要的 VT 数据和基础参数进行建模。

简易的建模流程可以通过单击 Mpro Module → IBIS → Generate sample/spec IBIS model 打开，其对话框如图 5-23 所示。这种简易的建模流程非常适合在芯片设计初期根据设计的规格数据快速建模评估，或者根据芯片测试的 VT 特性参数来进行建模。

Property Name	Value / TYP	MIN	MAX
Model output dir...	C:/temp/CTLE/ctl...		
Model name	spcmdl		
Volt Range	1.1	1.0	1.2
Value of C Comp	2.0pF	1.5pF	2.5pF
Value for RFixture	50.0		
Slew-rate rise	2.40E-1V/6.89E-2ns	2.40E-1V/8.59E-2ns	2.40E-1V/6.32E-2ns
Slew-rate fall	2.40E-1V/5.89E-2ns	2.40E-1V/7.60E-2ns	2.40E-1V/5.14E-2ns
PKG R parisitics	0.0	0.0	0.0
PKG L parisitics	0.0nH	0.0nH	0.0nH
PKG C parisitics	0.0pF	0.0pF	0.0pF
RON PU impedance...	27	25	29
RON PD impedance...	27	25	29
On-die terminati...	NA	NA	NA
I/O type buffer	TRUE		

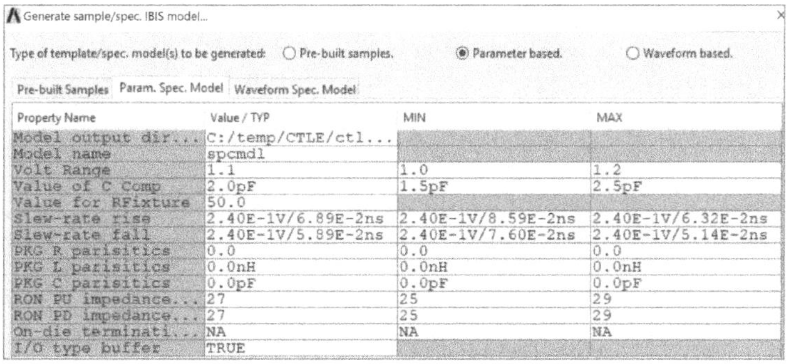

图 5-23　SPISim 创建 IBIS 模型的简易流程对话框

IBIS 建模的全流程是可以将芯片的晶体管电路（如 SPICE 电路模型）转换为 IBIS 模型的完整流程。SPISim 中的 IBIS 建模全流程完全遵照 IBIS 规范中的 Cookbook 所定义的流程，只需要 8 个步骤即可完成，其界面如图 5-24 所示。需要先完成 Project、Design、Stimulus、Modeling 和 Validation 这 5 个标签的设置，最后在 Execute 标签单击每一步 Run 按钮。

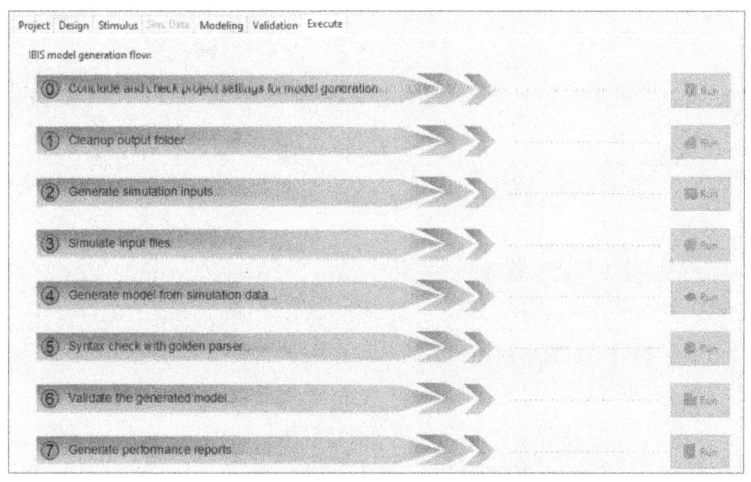

图 5-24　SPISim 创建 IBIS 模型的全流程界面

1）Project 标签中需要在 Working directory 中添加工作路径，如 SPICE 电路所放置的路径。Circuit simulator path 中指定电路求解器，软件默认使用 Ansys Nexxim 求解器，如果 SPICE 电路中包含 HSPICE 加密的文件，则需要将该路径修改为 hspice.exe 的路径。Golden parser path 中指定 IBIS 语法检查器的路径，默认是 SPISim 自带的语法检查器。IBIS 建模全流程 Project 标签设置如图 5-25 所示。

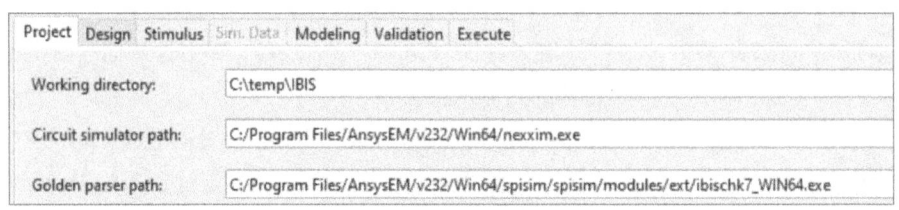

图 5-25　IBIS 建模全流程 Project 标签设置

2）Design 标签中需要输入需要转换的 SPICE 电路文件和选择子电路（不是必需的），单击 Set 按钮后可以软件将读入子电路中的节点名称，并且可以在节点的下拉列表中选择。选择好 Buffer 类型后，再设置好节点名称即可。如果没有子电路，可以打开 SPICE 模型的文本文件，手动将对应的节点名称输入。Design 标签设置如图 5-26 所示。

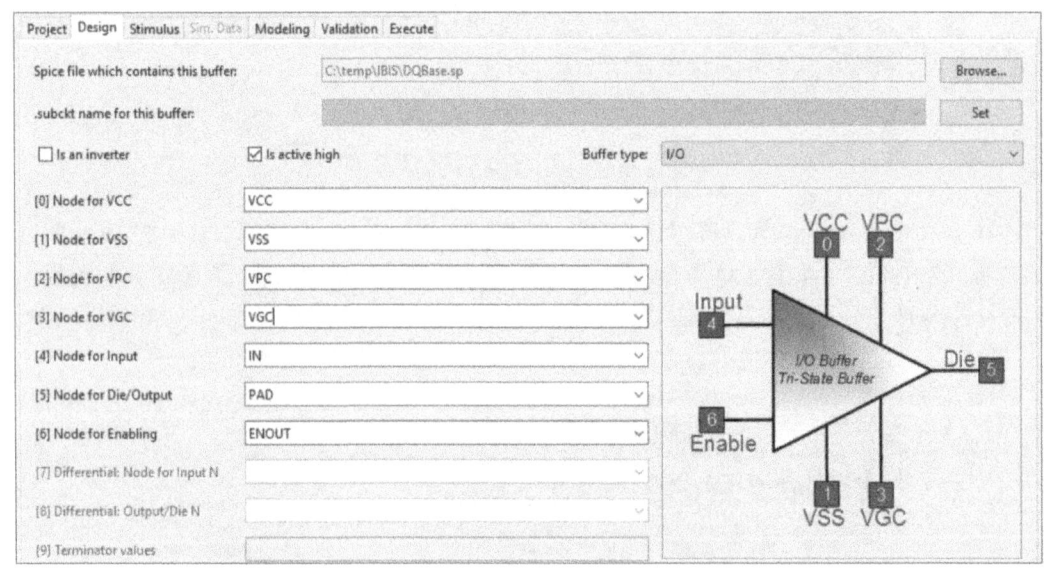

图 5-26　IBIS 建模全流程 Design 标签设置

3）Stimulus 标签中需要输入激励信号的参数，包含 Typ、Min、Max 的电压和温度，用于提取 V-T 参数的激励信号的上升下降沿、时域仿真时间间隔和仿真时长等。如果想要提取 Power Aware 参数，需要将 Power aware moding 设置为 TRUE。Stimulus 标签设置如图 5-27 所示。

4）Modeling 标签中需要设置 IBIS 模型相关的参数，如图 5-28 所示。包含 IBIS 文件的版本（目前支持到 7.0 版本）、IBIS 文件名称、Model 的名称、C_Comp 的值（如果无法从 IC 设

第 5 章 DDR/LPDDR 设计仿真与合规检查

计者获取，可以使用软件自动计算的功能计算，单击 Tools → Option → SPISim → Bpro，选中 Simulate and measure C_Comp at 复选按钮，如图 5-29 所示。

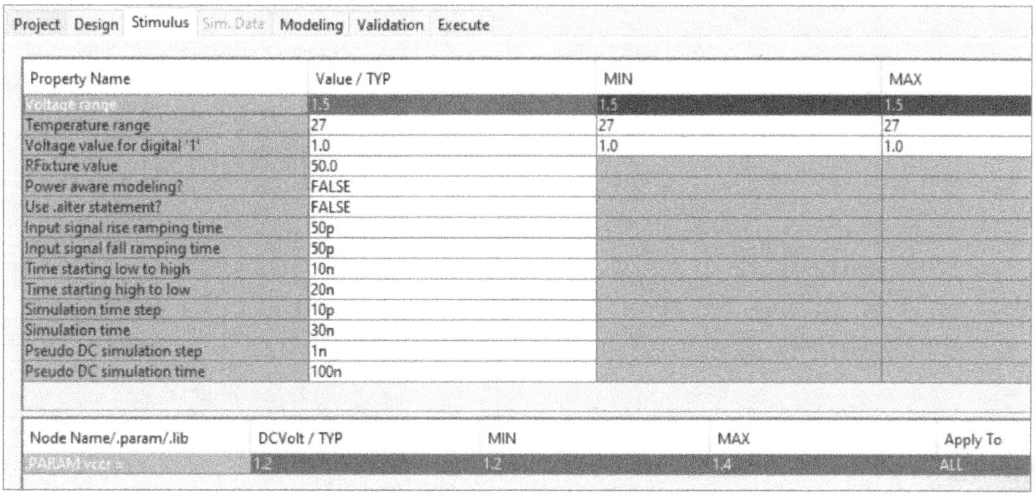

图 5-27 IBIS 建模全流程 Stimulus 标签设置

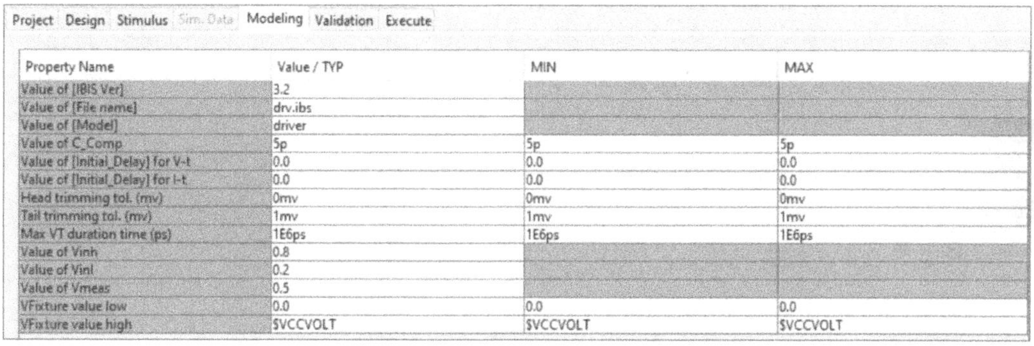

图 5-28 IBIS 建模全流程 Modeling 标签界面

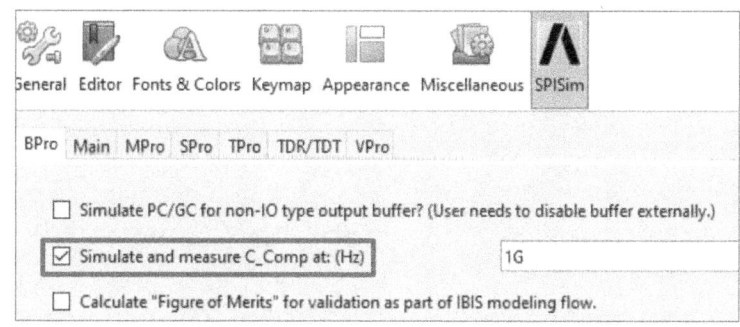

图 5-29 SPISim 计算 C_Comp 选项

5）Validation 标签中可以选择需要验证生成的 IBIS 模型的参数，一般全部选择即可，如图 5-30 所示。

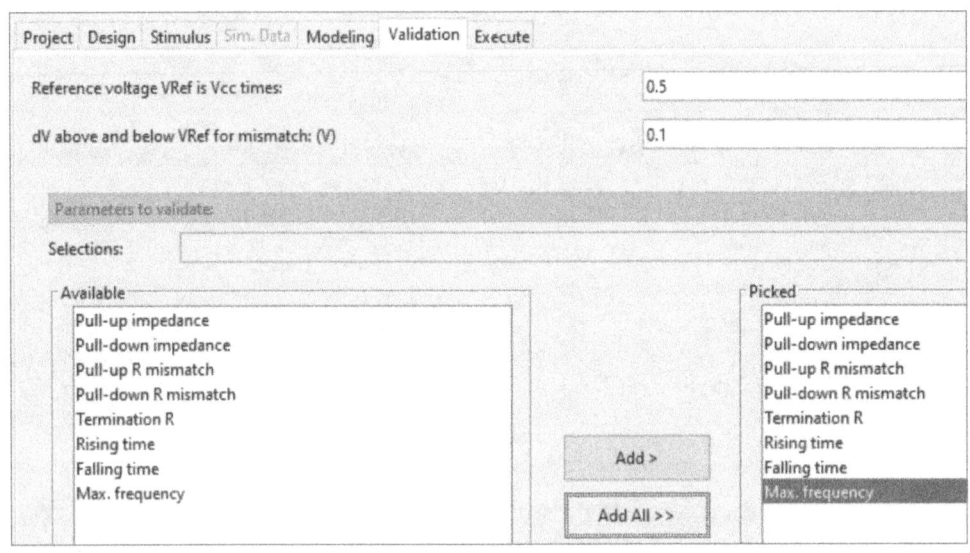

图 5-30　IBIS 建模全流程 Validation 标签设置

当 5 个标签已经设置好了之后，可以先将所有设置导出来，通过在 Project settings 中指定文件名，然后单击 Export 按钮导出配置文件。该配置文件可以在下次直接导入使用，以及做批量建模时使用。然后，在 Execute 标签中只需要按顺序单击 0～7 步的 Run 按钮便可以生成 IBIS 模型，如图 5-31 所示。

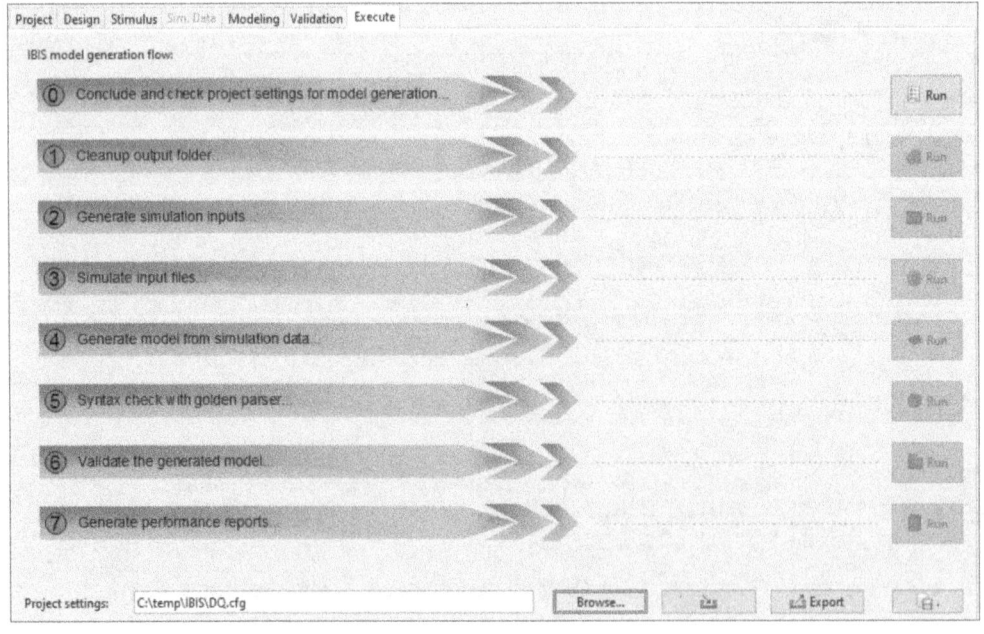

图 5-31　IBIS 建模全流程 Execute 标签设置

当成功生成 IBIS 模型后，软件在 Validation 页面对比原始 SPICE 模型和 IBIS 模型生成的波形，如果波形对应得很好则表示生成的模型精度及较高，如图 5-32 所示。

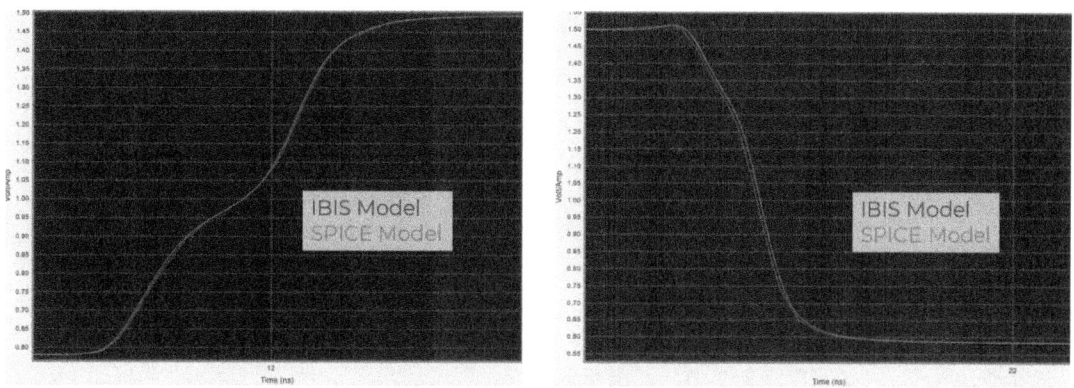

图 5-32　原始 SPICE 模型和生成的 IBIS 模型输出波形对比

通过波形对比的方式检查生成 IBIS 模型的精度是比较直观的，如果想用具体的 FOM 数值来表示，可以通过单击 Tools → Option → SPISim → Bpro，然后选中 Calculate "Figure of Merits"... 复选按钮，如图 5-33 所示。SPISim 会在生成 IBIS 模型过后计算 SPICE 和 IBIS 模型生成的波形的 FOM 值。该值越大表示波形的差异越小，IBIS 模型越精确。

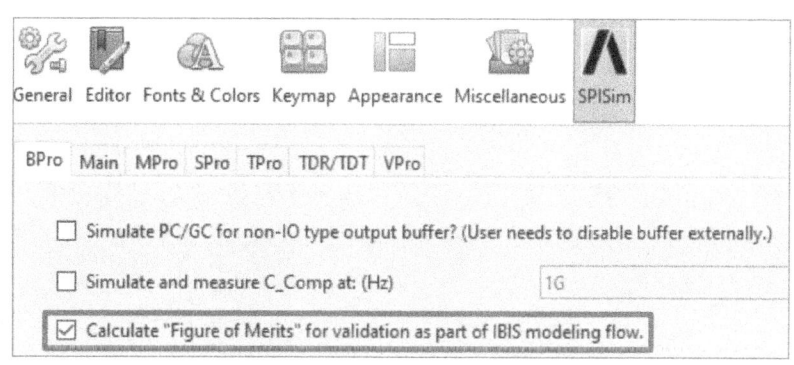

图 5-33　SPISim 计算 FOM 的选项

5.4.2　批量建模

SPISim 支持批量创建 IBIS 模型，可以单击 IBIS → Batch Model Generation 打开，然后填入多个配置文件，再单击 OK 按钮即可自动生成。其中的配置文件是 5.4.2 节所述导出的设置文件。

以 DDR 的 DQ 为例。其模型可能包含多种 ODT 配置，可以将 ODT 配置作为变量进行参数化，然后设置好之后导出配置文件。用文本编辑器打开配置文件，查找并替代相关字段，另存成新的配置文件然后用于批量创建，如图 5-34 所示。

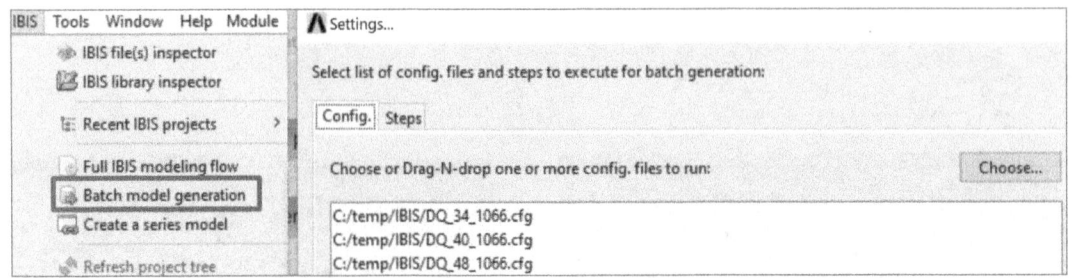

图 5-34　批量生成 IBIS 的选项

5.4.3　多模型合并

如 DDR 器件会包含多个 IO Model，在批量创建模型之后，可以使用 Merge Models 功能将所有模型合成到同一个 IBIS 文件中，如图 5-35 所示。

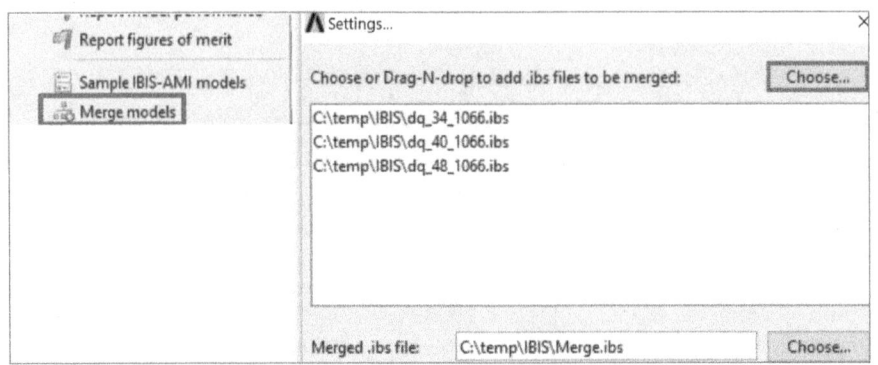

图 5-35　多模型合并界面

最后，再将 SIwave-CPA 或 Q3D 软件对芯片封装进行电磁场提取后输出的满足 IBIS 规范的封装参数，加入 SPISim 生成的 IBIS 文件，便得到最终完整的 IBIS 模型。

第 6 章　2.5D/3D 先进封装仿真

6.1　先进封装介绍

6.1.1　先进封装演进

晶圆裸片是没办法直接作为芯片使用的，因为裸片易碎而且线路没办法直接和外部电路连通，所以需要给它"上个壳"，再把电路接通，就像图 6-1 中所示一样。

图 6-1　封装拆解示意图

因此封装要解决的核心问题就是：①如何装？②如何互连？如图 6-2 所示。

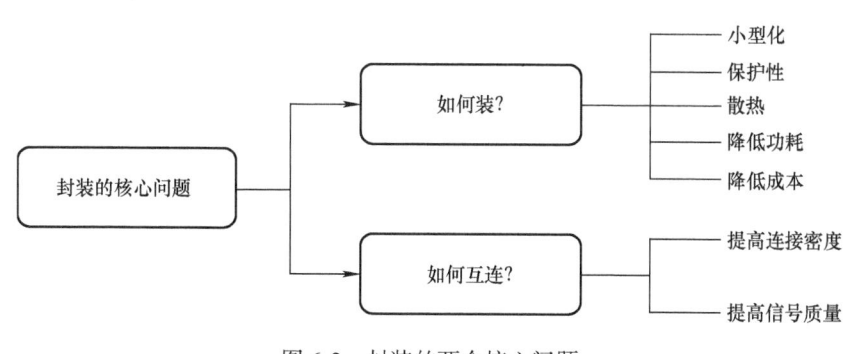

图 6-2　封装的两个核心问题

围绕着图6-2中的两个核心问题，芯片工程师们想出了五花八门的办法，并且技术不断升级，这也就形成了现在各种各样的封装技术，但是万变不离其宗。先来看下最基础、最传统的封装是如何进行的，举一反三，就能理解后面更加复杂的技术路线。

传统的芯片封装可以简化为五步：背部研磨、切割得到裸片、装片、键合、塑封成型。

（1）背部研磨

封装厂从晶圆代工厂得到的晶圆是比较厚的，因为晶圆太薄的话容易破碎，封装厂需要把晶圆研磨到合适的厚度。

（2）切割得到裸片

通过划片把一块晶圆切割成数百个芯片裸片，这时切割出来的裸片会附着在一层胶带上。

（3）装片

把裸片用胶水或者其他材料粘贴到基板上，这个基板可以是封装基板也可以是引线框架。

（4）键合

这是最关键的一步，也是接通裸片和基板之间线路的关键步骤。芯片上面是专门留有用来焊接的焊盘触点，也可以称为 I/O 触点，封装厂使用超声波设备或者热压设备把很细的金属丝一头焊接在芯片上，另一头焊接在基板上，这样电路就连通了，如图6-3所示。

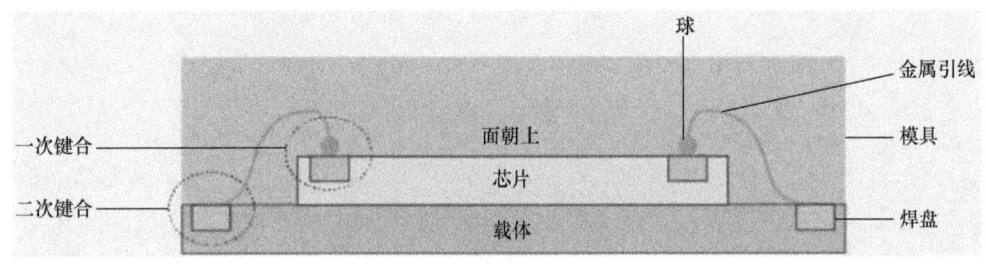

图6-3 封装键合工艺侧切图

芯片裸片和基板通上电，基板再和外部通上电，那么芯片裸片就可以在电路上发挥作用了。

（5）塑封成型

通过模具用环氧树脂等非导电材料为芯片塑封上外壳，用来保护芯片的内部电路。

目前传统的低端芯片仍然采用这样的封装方式，所以统称其为传统封装，其芯片成品多种多样，如 DIP、SOP、QFP、QFN 等，但是其本质并不复杂。

以上传统封装的形式有一些缺点：

1）引线的框架比较大，这会导致芯片的体积较大，不能满足设备小型化的需求。

2）金属引线比较长，芯片到基板之间的寄生参数会导致信号质量不佳，所以无法传输速率较高的信号。

以上两点总结起来，一要解决装，二要解决如何互连。如何把芯片的体积封装得更合适，如何让芯片的电信号传输得又快又好，围绕着以上两个核心问题，可以把封装技术路径大致分为以下四个阶段，如图6-4所示。

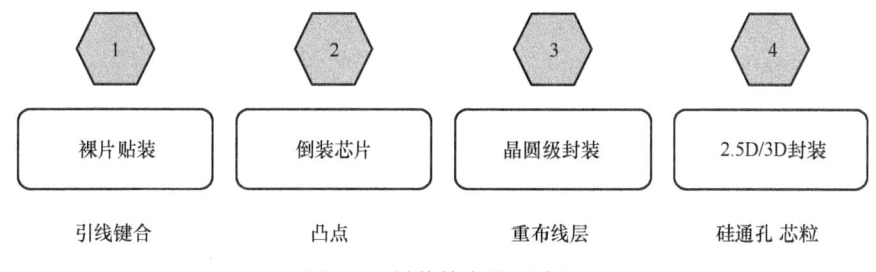

图 6-4 封装技术发展路径

也许讲到这里,读者会发现每一代技术之间的本质区别,其实就是芯片裸片和电路连接方式的区别。现在进入了 AI 时代,高算力对芯片的传输速率和信息密度提出了更高的要求。为了不让封装拖芯片发展的后腿,工程师们在如何提高互连密度,提高传输速率方面想尽了各种办法,并且还要在保证互连可靠的情况下,尽可能地降低成本,降低功耗,满足小型化需求,如图 6-5 所示。

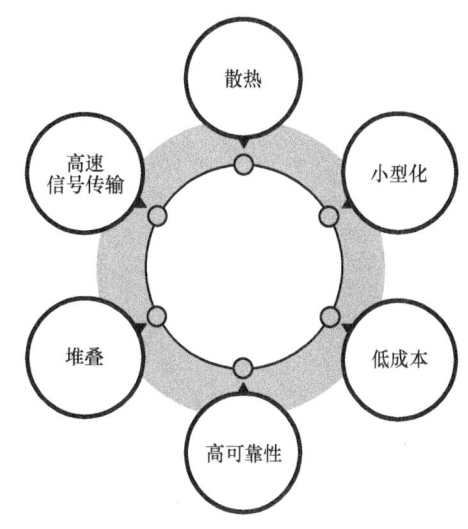

接下来会以工程师的视角,亲自感受封装技术是如何发展的,先进封装的逻辑就会自然地呼之欲出了。

芯片封装的第二阶段是倒装芯片,这是目前主流的技术。倒装芯片和传统的引线封装有什么区别呢?如图 6-6 所示。

图 6-5 封装工艺要素

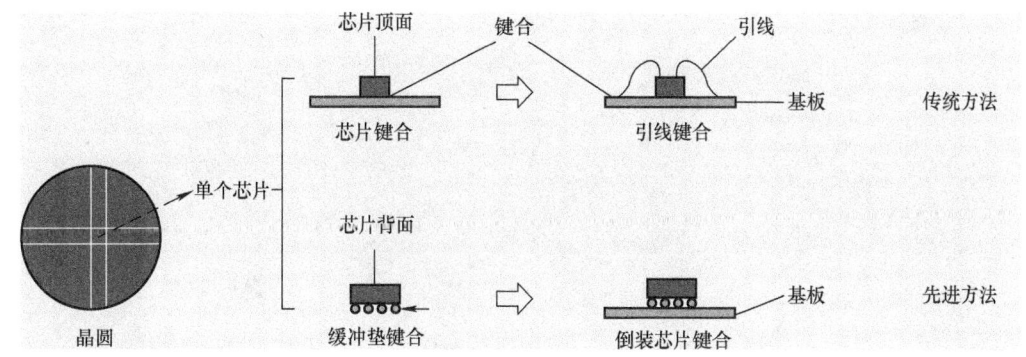

图 6-6 倒装芯片和传统的引线封装的区别

芯片的焊盘是在正面,工程师直接将芯片的正面扣在封装基板上,中间用凸点来连接,这样就大幅缩短了互连距离,大幅增加了互连密度,并且寄生的 RL 参数更小,改善了信号质量,同时也改善了散热性。另外,由于没有了引线框架的限制,使得封装更加紧凑,尺寸更小。这个思路很巧妙地解决了如何装和如何互连的问题。

那还有没有办法更进一步提高互连密度,减小封装体积呢?答案是有。

在传统封装芯片中，裸片的触点通常位于边缘或者四周，如果有更多的触点，那么就能更进一步地提升互连密度。于是重布线层（Redistributed Layer，RDL）技术就出现了。利用半导体工艺，在芯片表面重新布线，形成一层新布线网络，如图6-7所示。

在重布线层技术的支持下，工程师进一步探索如何装以及如何互连的问题，于是封装进入了第三阶段——晶圆级芯片级封装（Wafer-Level Chip Scale Package，WLCSP）。传统的封装技术是将成品晶圆切割成单个的芯片，然后逐个进行封装，晶圆级封装则是先在晶圆上进行长凸点等工序，涂覆上用于保护的聚合物薄膜，然后再进行切割，最后就直接得到芯片的成品。这种封装技术出来的芯片尺寸和最初的芯片裸片尺寸几乎相同，因此也被称作晶圆级封装，即把封装尺寸做到了更小，又简化了流程、节约了成本。

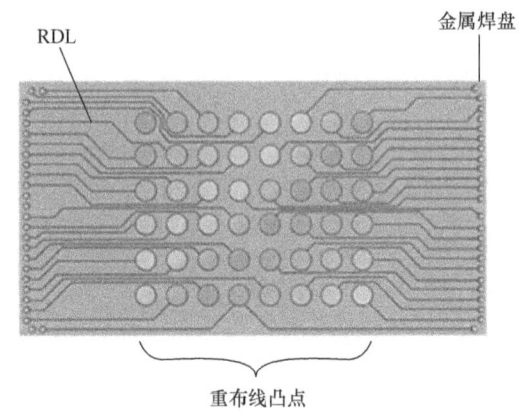

图6-7　重布线层技术

以上三个阶段讨论的都是单个晶圆裸片的封装，工程师们又开始考虑裸片与裸片之间如何互连。举个例子，CPU和DDR芯片在同一块PCB主板上，两个芯片要互相配合工作，需要通过主板的线路来进行信号的传输。这个信号的传输路径比较长，传输的密度也不高。那么如何提升裸片与裸片之间的连接密度呢？能不能把两个裸片封装在一起，从而大幅缩短它们之间的连接路径？答案是能。这就是封装技术的第四个阶段，即以2.5D/3D为代表的先进封装技术，如图6-8所示。

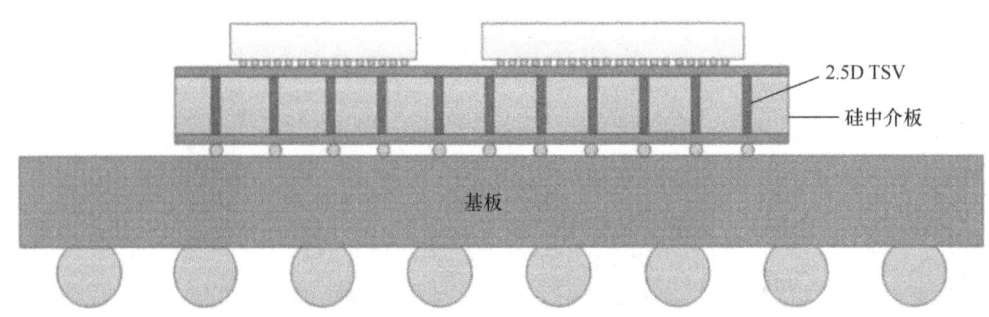

图6-8　2.5D/3D先进封装技术

将两个芯片裸片都安装在同一块硅中介板（Si Interposer）上，再把硅中介板安装到封装基板上，再完整地塑封在一起，就形成了一个完整的多裸片的芯片。这个硅中介板可以理解为一块精密的电路芯片，里面布满了密集的电信号传输通道。两块芯片裸片通过硅中介板形成了非常高密度的互连，从而减少了信号的延迟和功耗，如图6-9所示。

由于以上第四个阶段的主要封装形式是芯片安装在硅中介板上，最后再统一装配到封装基板上，这也就是现在台积电公司大名鼎鼎的CoWoS（Chip on Wafer on Substrate）。目前工程师已经利用 TSV,将多个 HBM 芯片垂直装配到了逻辑裸片上,这就是著名的 3D 封装,如图 6-10 所示。

图 6-9 硅中介板提高互连密度

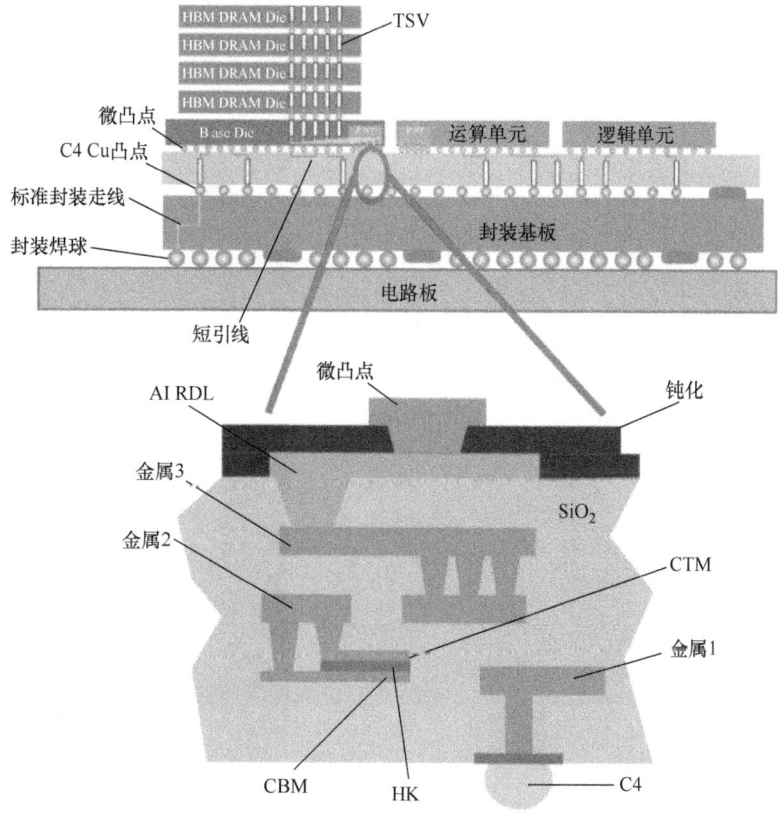

图 6-10 HBM 3DIC TSV 示意图

2.5D/3D 封装为代表的先进封装最关键的技术就是 TSV 技术。由于每个芯片都有复杂的内部线路，裸片与裸片之间的连接比裸片与基板之间的连接要复杂得多。要在这么小尺寸的芯片上精准地开孔，并且不能损伤到芯片内部的电路，还要在通孔里面精准地填充金属导电。整个工艺涉及激光刻蚀、薄膜沉积、电镀等工艺，精细程度接近了半导体制造环节，因此全球也只有少数顶尖晶圆代工厂（例如台积电等公司），才能提供 2.5D/3D 的先进封装服务。

综上，四个阶段的封装技术，都是围绕着如何装和如何互连两个封装的核心问题，一直在进行技术的积累和路线的演进。

6.1.2 先进封装和 Chiplet 相结合带来的优势

前面从传统封装开始一直介绍到先进封装，了解了先进封装的技术路线，以及是怎么一步一步发展到现阶段的。本节将深入介绍先进封装和 Chiplet 相结合所带来的巨大的技术优势。

提到先进封装，就必不可少地要说 Chiplet，它的意思就是小芯片或者芯粒。目前电路集成化有两种技术路径，一种就是传统的几个独立芯片一起焊接在一块 PCB 上，这个就是系统级封装（System in Package，SiP）；另外一种是更高级的，将不同功能的元器件做成一个高度集成的芯片，这个就是系统级芯片（System on Chip，SoC），它的信息传输效率更高，体积更小，但是开发成本也更高。这时 Chiplet 技术提供了一种全新的解决方案，它是把一块 SoC 拆解成了多个小芯片，这些小芯片通过 TSV 技术和硅中介板的先进封装进行互连。它们之间的信息传输速率和一块完整的 SoC 几乎是接近的。图 6-11 将 SoC、SiP 和 Chiplet 做了详细的对比。

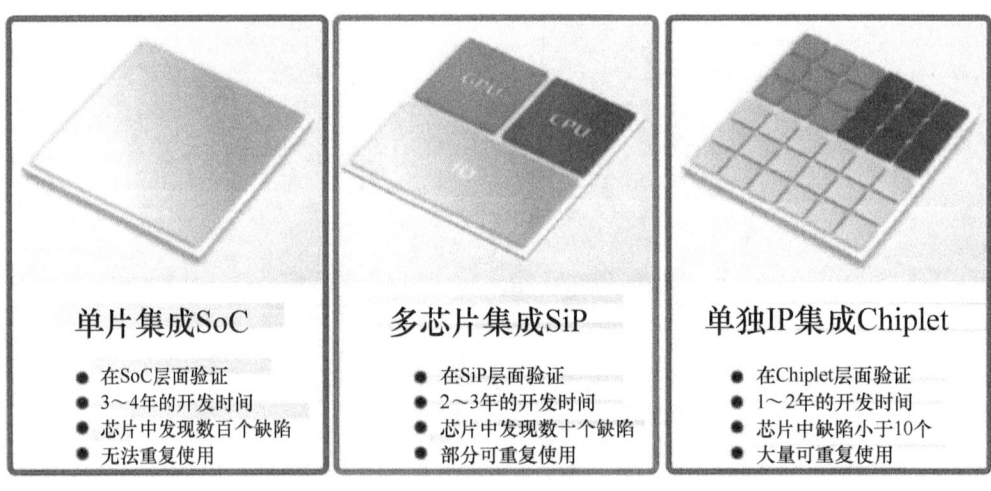

图 6-11 SoC、SiP 和 Chiplet 对比

首先可以使得芯片的成本大幅下降。如图 6-12 所示，一个晶圆上有两颗 SoC，一个坏点的良率是 50%，如果运气不好，有两个坏点分布在不同的 SoC 上，那么良率就是 0%；当使用 Chiplet，一个同样面积的晶圆上有四颗芯片，有两个坏点分布在不同的 Chiplet 上，良率还能有 50%。

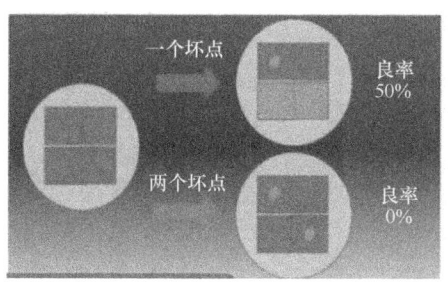
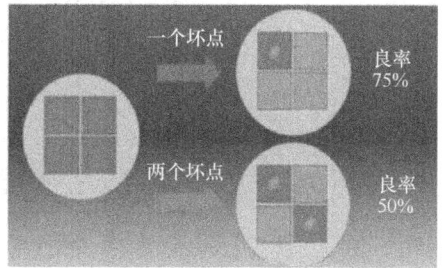

图 6-12　Chiplet 可以大大提高良率

其次可以使得芯片的技术难度大幅下降。SoC 的技术开发周期长，设计难度高，而 Chiplet 可以分开设计各个功能模块，难度大幅降低。可以加速芯片迭代升级的速度，如图 6-13 所示。

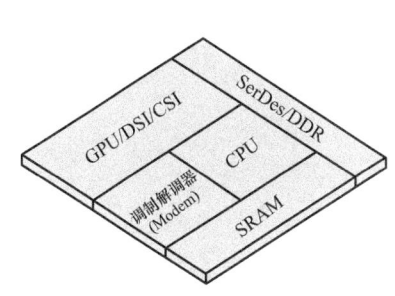
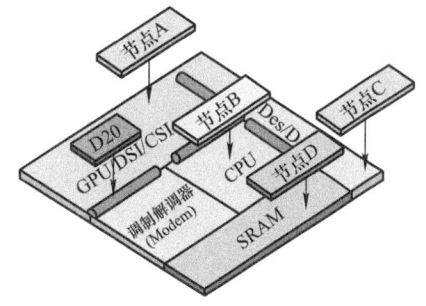

图 6-13　Chiplet 降低了芯片的制造难度

最后灵活程度更高。同一块 SoC，各个功能模块纳米制程是一样的，比如统一为 3nm 或者 5nm，而 Chiplet 可以用多种不同的工艺制程，运算逻辑部分使用先进的 3nm，存储部分使用 18nm。SoC 功能区域只要有一个功能坏了，整个芯片就报废，而 Chiplet 封装芯片，一个功能区域坏了，只需要把相应的模块换掉；甚至还可以自定义升级，比如将内存芯片换成容量更大的。

以上几点虽然主要是在讲述 Chiplet 所带来的优势，但是先进封装技术本身就是为了 Chiplet 技术而开发的。没有先进封装技术的加持，则无法将 Chiplet 进行互连，Chiplet 技术也就成了空中楼阁。工程师巧妙地用先进封装和 Chiplet 技术相结合，成功地将大面积 SoC 制造难度和成本，转嫁到了先进封装和 Chiplet，从而以另类的方式延续了摩尔定律。

这个世界上没有一项技术是完美的，如果这个技术所有的性能指标都无可挑剔，那大概率它的价格就会很高。同样先进封装技术也有着挑战。

首先，全球能提供先进封装技术的晶圆代工厂有台积电、三星、英特尔等公司，而英特尔公司几乎不提供对外的服务。这就造成了先进封装的晶圆代工厂可选择的范围很狭窄，就是常说的卖方市场。英伟达的一块 AI 算力卡，卡住了全球 AI 的脖子，BOM（物料清单）成本 3000 美金，英伟达赚 30000 美金，即使价格昂贵还是一卡难求，订单已经排到了十几个月之后。那么是什么卡住了产能呢？答案就是台积电公司的先进封装和 SK 海力士公司的 HBM。虽然台积电公司也在努力地扩产增加产能，但是依然远水解不了近渴，短期之内供应短缺的局面依然无法解决。

其次，先进封装技术虽然相对于 SoC 的解决方案大幅降低了成本和研发周期，但是相对于 PCB 互连和传统封装互连技术，成本高企和制造周期依然漫长。这就要求先进封装设计者有非常丰富的经验，务必保证一版成功，一次流片的失败会导致海量资金的损失和项目交期的延后。而要做到这些，就不能缺少可靠的 EDA 仿真工具签核设计的加持。EDA 业内的仿真工具不少，但是能通过业界龙头晶圆代工厂台积电公司认证的工具并不多。因为先进封装的很多资料和技术都是保密或者加密的，用户想自己做仿测的拟合难度很大，最简单的方法还是直接使用晶圆代工厂已经认证和签核过的仿真工具。

Ansys 的多个仿真工具已经成功获得台积电、三星和英特尔等公司的认证和签核，是客户设计一版成功的必要条件。

6.2 HBM 仿真案例

6.2.1 HBM 简介

近年来，随着 AI 和大模型的崛起，对 GPU 和 HBM 的需求越来越强劲。下面就来学习下 HBM 是什么，以及 HBM 的特点。

HBM（High Bandwidth Memory，高带宽存储）的最显著特点就是带宽非常高，利用这么高的带宽，GPU 和 HBM 之间可以进行大量的数据读写。GPU 中的数千个甚至更多的处理简单计算任务的 CUDA 核心搭配上 HBM 这种一次可以读写大量数据的存储芯片，使得 GPU 简直就是为了给 AI 训练量身定做的芯片。

HBM 的内存带宽计算公式为带宽 = 数据总线宽带 × 时钟频率 × 通道数量 /8。需要注意的是，这里的数据总线宽带和时钟频率需要以相应的单位进行换算，以便在公式中得到正确的带宽单位（通常为 GB/s）。这点倒是与普通 DDR 存储芯片的带宽计算方式没有什么不同。

举例来说，假设 HBM 的数据总线宽带为 256 位，时钟频率为 1.6GHz，通道数量为 4，则带宽 = 256 × 1.6 × 4/8。普通存储芯片的数据总线宽带为 16 位，即便时钟频率速度比较快，达到 3.2GHz，通道数量为 2，则带宽 =16 × 3.2 × 2/8。以上只是为了计算简便，并没有考虑延迟和双倍数据传输率等因素。可以看到 HBM 在时钟频率不高的情况下，也能比普通存储芯片更高效率地读写数据。图 6-14 所示为英伟达 H100 芯片，可以看到 HBM 紧密排列在 GPU 的周

图 6-14　英伟达 H100 芯片

围,时刻与 GPU 进行大规模的数据交换。

因为 AI 显卡必配 HBM 芯片,所以 HBM 芯片近年来一直处于供不应求的状态中。目前全球有三家公司量产 HBM 芯片,分别为 SK 海力士、三星和美光。SK 海力士公司早在 2013 年就推出了第一代 HBM 芯片,目前英伟达和 AMD 等 GPU 公司普遍使用的都是 SK 海力士公司的第三代 HBM(HBM3)产品。由于意识到了 AI 浪潮下 HBM 芯片市场前景广阔,三星公司近年来也持续发力追赶 SK 海力士公司的脚步,也即将发布第一批 HBM3 芯片,产能上也在努力追赶 SK 海力士公司。美光公司在这场 HBM 芯片的竞赛中是相对比较落后的,2023 年 7 月发布第二代 HBM 芯片。目前,三家公司在 HBM 的市场占有率分别约为 50%、40%、10%。

6.2.2 HBM 的优势与设计仿真挑战

除了上一节提到的 HBM 具有高带宽的数据传输优势,还和普通 GDDR 存储芯片有着其他很多显著的优势,如图 6-15 所示。

图 6-15 HBM 对比 GDDR 的优势

正如前文提到的,世界上没有完美的技术解决方案,HBM 拥有着更好的性能的同时,也有着最大的劣势,即价格昂贵。

正因为先进封装工艺加上 HBM 本身相对于传统解决方案更加昂贵的成本,本身也是这个解决方案最大的挑战。自然而然,就需要设计者使用专业的 EDA 仿真工具,完整细致地评估芯片设计的信号完整性、电源完整性,以及由于芯片堆叠密度增加所相应产生的热完整性等问题。如果没有用可靠的仿真手段对设计进行签核,相对于传统的 PCB 互连和传统芯片封装互连,先进封装 +HBM 昂贵的 NRE 费用(一次性工程费用,即单次性研发投入),漫长的交期,一旦产品失败则是企业和设计者无法承受的损失。Ansys 多物理场解决方案,包括业界 golden 精度的HFSS 电磁仿真和 Icepak 热仿真工具,可以完美地帮助用户规避上述风险点。

台积电公司的先进封装工艺库文件 IRCX,包含了非常繁多且复杂的各种物理和材料参数,要想得到精准的仿真结果,必须完整无误地将这些参数输入到仿真工具中。这些参数包括但不限于 metal 层电导率、电导率随温度变化的特性、metal 层厚度、介质的厚度、介质的介电常数和损耗,以及介质微弱的电导率。每次重复输入大量参数,很难保证不出错。针对于此,Ansys 开发了相应的脚本自动化程序 GDSImportWizard。该脚本自动化程序,可以帮助用户自动读取台积电公司的 IRCX 内的各种参数,再搭配用户的 GDSII 光绘生产文件,自动生成正确的仿真工程文件，从而大大降低了客户的使用门槛。

图 6-16 所示为用 Excel 表格制作的晶圆代工厂工艺库文件的各种参数（已经比原始工艺库文件大大简化），仅用来示意给读者，表格中的各种参数不代表实际生产工艺情况。

NO	LayerName	Type	LayerMap	TextLayerM	Thickness	Height	LowerLaye	UpperLaye	DK	DF	Cond	TC1	TC2	Tref
1	UF1	D			35	107.64			3.7					
2	PASS4	D			0.6	107.04			8.1					
3	PASS3b	D			0.4	106.64			4.2					
4	PASS3a	D			1.45	105.19			4.2					
5	PASS2	D			0.7	104.49			4.2					
6	PASS1	D			0.075	104.415			8.1					
7	IMD3c	D			0.725	103.69			4.2					
8	IMD3b	D			0.05	103.64			8.1					
9	IMD3a	D			0.62	103.02			4.2					
10	IMD2g	D			0.05	102.97			5					
11	IMD2f	D			0.725	102.245			4.2					
12	IMD2e	D			0.05	102.195			8.1					
13	IMD2d	D			0.322	101.873			4.2					
14	IMD2c	D			0.08	101.793			4.2					
15	IMD2b	D			0.018	101.775			4.2					
16	IMD2a	D			0.2	101.575			4.2					
17	IMD1c	D			0.05	101.525			5					
18	IMD1b	D			0.725	100.8			4.2					
19	IMD1a	D			0.05	100.75			8.1					
20	ILD	D			0.75	100			4					
21	substrate	D			100	0			11.9		10			
22	PASSB1	D			0.8	-0.8			6.7					
23	PASSB2b	D			2	-2.8			6.7					
24	PASSB2a	D			0.4	-3.2			6.7					
25	underFill	C	D		0.001	-3.201			6.7					
26	ubump	C	170;0	125;0	0.001	142.639					5.80E+07	0.00E+00	0.00E+00	2.50E+01
27	metal4	C	74;0		1.45	105.19					5.80E+07	3.89E-03	-1.50E-07	2.50E+01
28	metal3	C	33;40		0.85	103.565					5.80E+07	3.63E-03	-1.39E-06	2.50E+01
29	metal2	C	32;40		0.85	102.12					5.80E+07	3.63E-03	-1.39E-06	2.50E+01
30	ctm	C			0.08	101.793					5.80E+07	0.00E+00	0.00E+00	2.50E+01
31	cbm	C			0.2	101.575					5.80E+07	0.00E+00	0.00E+00	2.50E+01
32	metal1	C	31;40		0.85	100.675					5.80E+07	3.63E-03	-1.39E-06	2.50E+01
33	mb1	C	31;100		0.001	-0.801					5.80E+07	0.00E+00	0.00E+00	2.50E+01
34	ubmb	C	170;100	125;100	0.001	-3.201					5.80E+07	0.00E+00	0.00E+00	2.50E+01
35	substrate	C			100	0					1.00E+01			
36	via4	V	86;0				metal4	ubump			5.80E+07			
37	via3	V	85;0				metal3	metal4			5.80E+07			
38	via2	V	52;40				metal2	metal3			5.80E+07	3.63E-03	-1.39E-06	
39	ctm_via	V					ctm	metal2			5.80E+07			
40	cbm_via	V					cbm	metal2			5.80E+07	0.00E+00	0.00E+00	
41	via1	V	51;40				metal1	metal2			5.80E+07			
42	tsv	V	251;0				mb1	metal1			5.80E+07			
43	pmb	V	5;100				ubmb	mb1			5.80E+07			
44	tsv	I			0.15				4					

图 6-16 晶圆代工厂工艺库文件的各种参数

6.2.3 HBM 无源通道 S 参数抽取

本节将介绍基于 HFSS 3D Layout 工具 + GDSImportWizard 的 HBM 无源通道 S 参数抽取解决方案。

首先，进行仿真前的准备工作。可按照下面的 list 准备仿真所需的软硬件环境。

1）安装 AEDT 2023R2 或更新版本。

2）下载 GDSImportWizardV5.84 或更新版本。

3）GDSII 光绘设计文件 GDS_Example.gds。

4）台积电公司的 IRCX 工艺库文件（本例使用 CSVTech_Example.csv 代替）。

5）仿真计算机硬件配置建议 16 核心 +128G 运行内存。

准备工作完毕后，从开始菜单启动 AEDT 2023R2。按照图 6-17 所示的步骤安装 GDSImportWizard。

Step by Step安装GDSImportWizard完毕，Tools下拉菜单可以看到GDSImportWizard

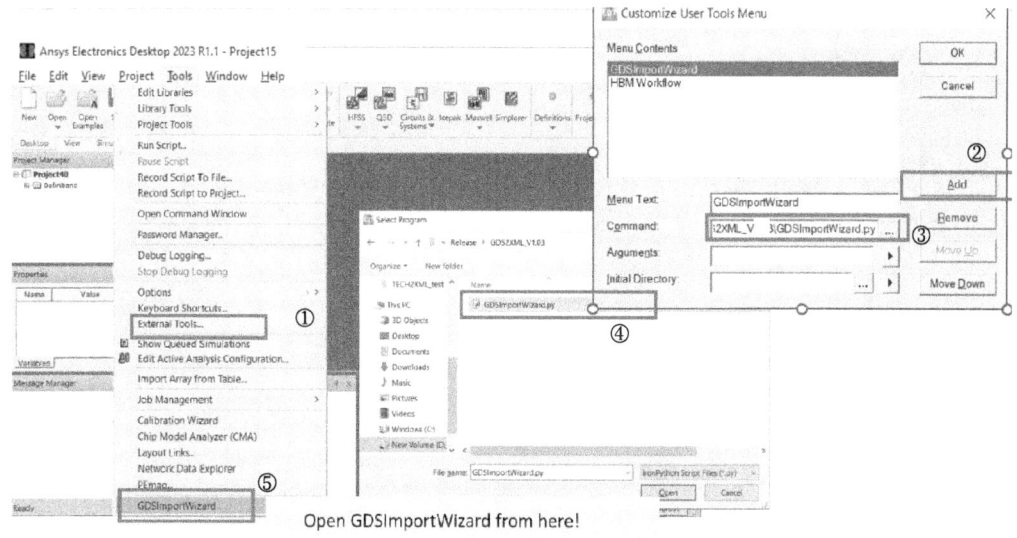

图 6-17　GDSImportWizard 安装步骤

成功安装 GDSImportWizard 后，按照图 6-17 ⑤操作启动 GDSImportWizard。按照图 6-18 所示，导入 GDS_Example.gds+CSVTech_Example.csv。

GDSImportWizard使用(详细参数说明请参考Appendix.B)

使用FastMode模式
1. 选择GDS和Tech文件路径
　　1) GDS_Example.gds
　　2) CSVTech_Example.csv
2. 指定工程文件输出路径　　注意：步骤1和2的路径不要有空格或者其他特殊字符
3. 单击Import，一键导入GDS文件至HFSS3dlayout

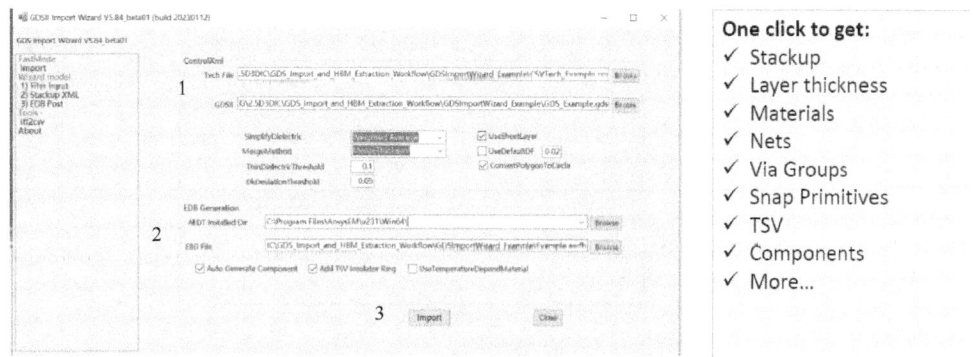

图 6-18　GDSImportWizard 使用

根据工程文件的大小，会有小段时间等待。导入成功后，GDSImportWizard 自动启动 HFSS 3D Layout 工具，同时生成包含 Component 信息的 AEDT 工程文件，单击 Save 按钮，保存该工程文件，如图 6-19 所示。

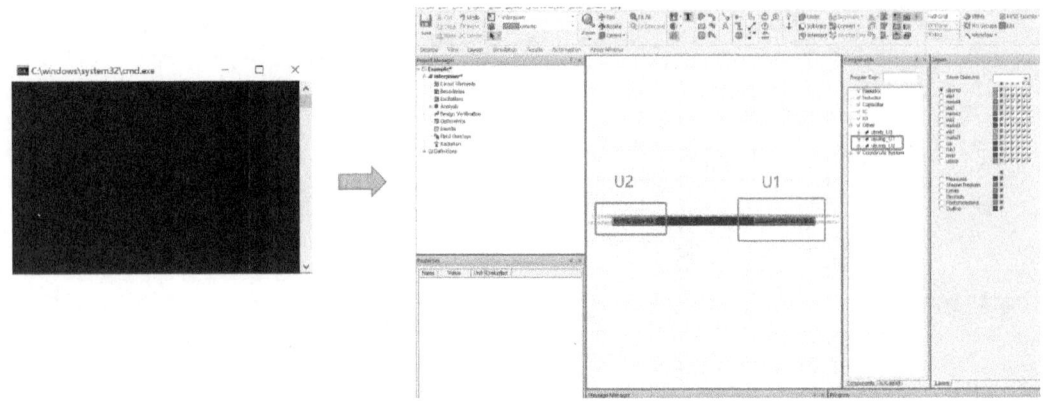

图 6-19　GDSImportWizard 启动 HFSS 3D Layout 生成项目工程

HFSS 3D Layout 中检查新生成仿真工程的叠层信息（叠层信息来自于 GDSImportWizard 从 CSVTech_Example.csv 中提取的材料及厚度信息），如图 6-20 所示。

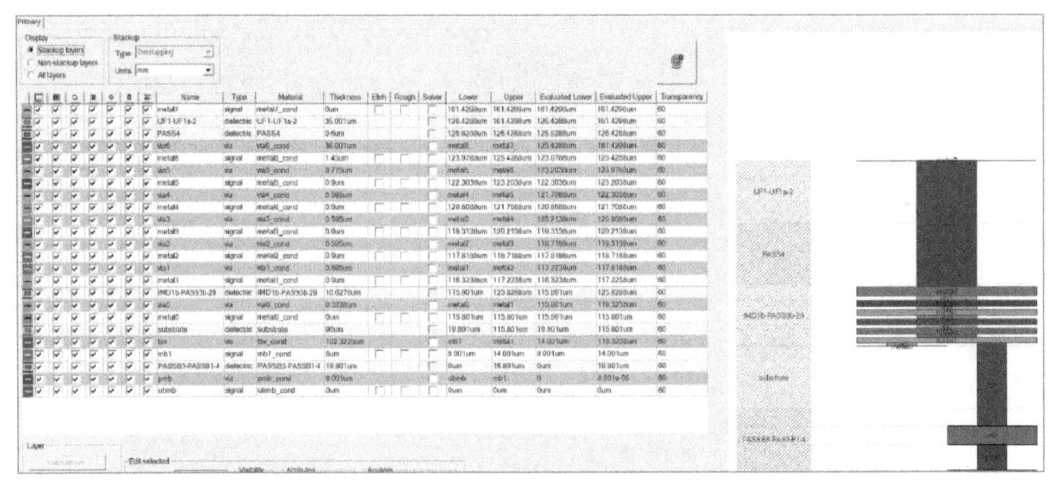

图 6-20　仿真工程叠层信息

HFSS 3D Layout 中创建 Port 的步骤如下：

1）选中 Component U2。
2）在属性中选择 Model Info。
3）设置 Solder 信息（本例数据仅为演示，项目仿真请以实际尺寸 / 材料为准）。
4）单击 OK 按钮。
5）选中器件并右击，在菜单中单击 Port → Create Ports on Component。
6）选中要创建 Port 的 net，单击 OK 按钮。

7）Excitations 下查看已经创建的 Port，如图 6-21 和图 6-22 所示。

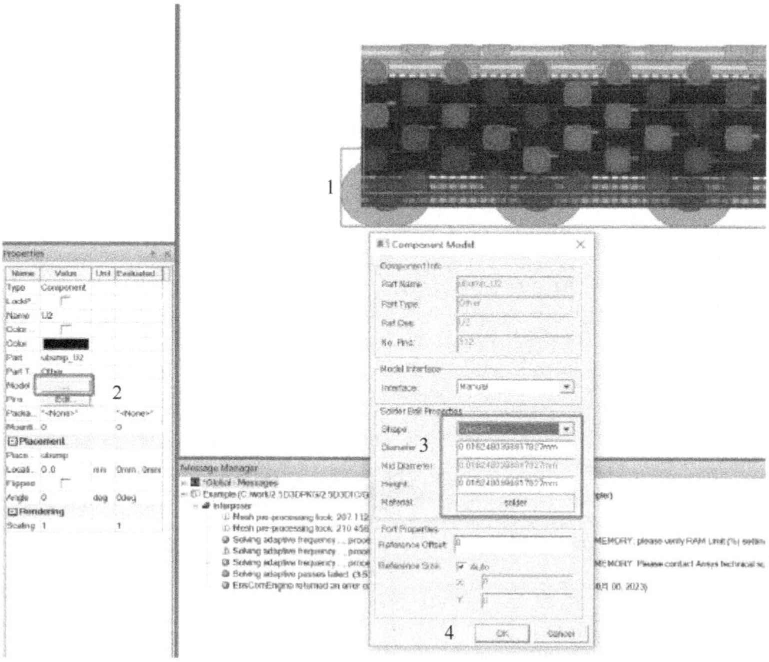

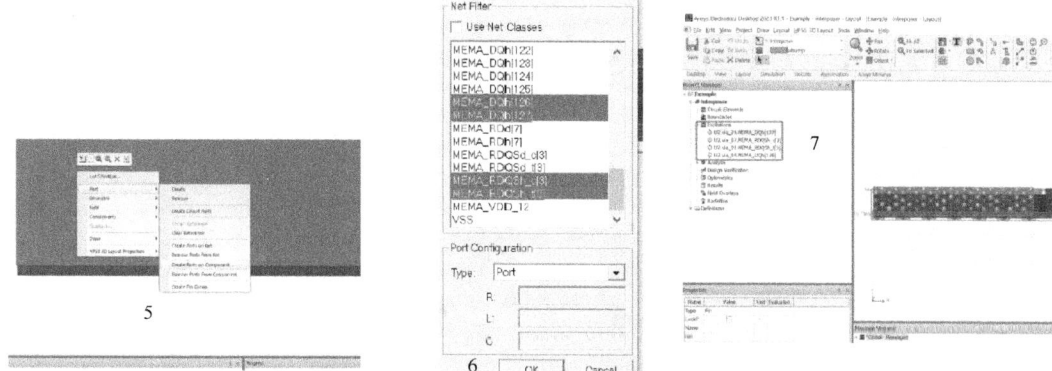

图 6-21　HFSS 3D Layout 生成焊球

图 6-22　HFSS 3D Layout 生成端口

接下来用同样的方法在 U1 中创建 Port，最终创建的 Port 如图 6-23 所示。

HFSS 3D Layout 中编辑空气盒子：空气盒子的尺寸要适合，尺寸太大会增加仿真时间，尺寸太小会影响电磁场分布导致仿真结果不准。本例中使用 DK extents@50μm、Air Box horizontal@0μm 和 Air Box vertical@200μm，50μm，如图 6-24 所示。

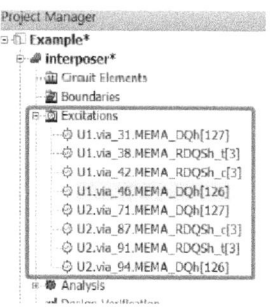

图 6-23　检查生成 Port

HFSS 3D Layout 中添加求解/扫频的步骤如下：

1）右击 Analysis，在菜单中单击 Add HFSS Solution Setup → Advanced。

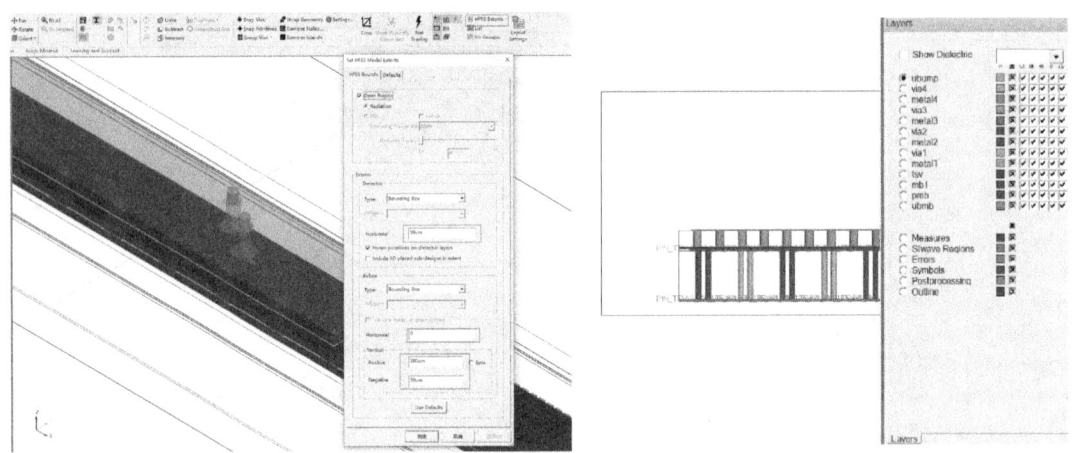

图 6-24 设置空气盒子

2）在弹出的对话框中设置求解频率：HBM 的基频为 1.6GHz，最大迭代次数为 10，Delta S 为 0.02，单击 OK 按钮。

3）打开 IC Mode 求解，设置 Resolution 为 Auto。

4）设置扫频范围（0~8GHz）：Sweep Type 为 Interpolating，Step size 为 0.05GHz，S-Matrix Only Solve 为 1MHz，如图 6-25 和图 6-26 所示。

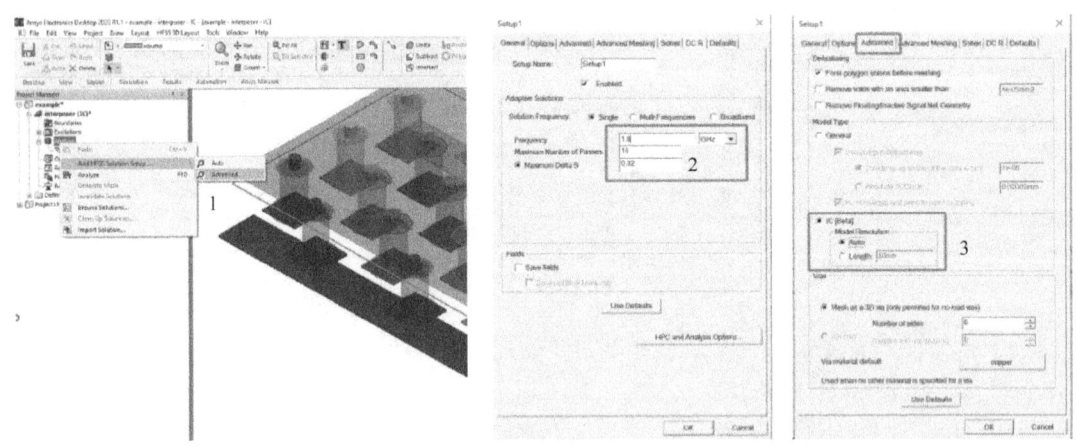

图 6-25 添加求解并启用 IC mode

HFSS 3D Layout 设置 HPC 多核运算，开始仿真，步骤如下：

1）单击 Validate，工具自动检查错误。

2)设置 HPC,选中 Use Automatic Settings 复选按钮,设置核心为 16。
3)单击 Analyze,开始运行仿真,如图 6-27 所示。

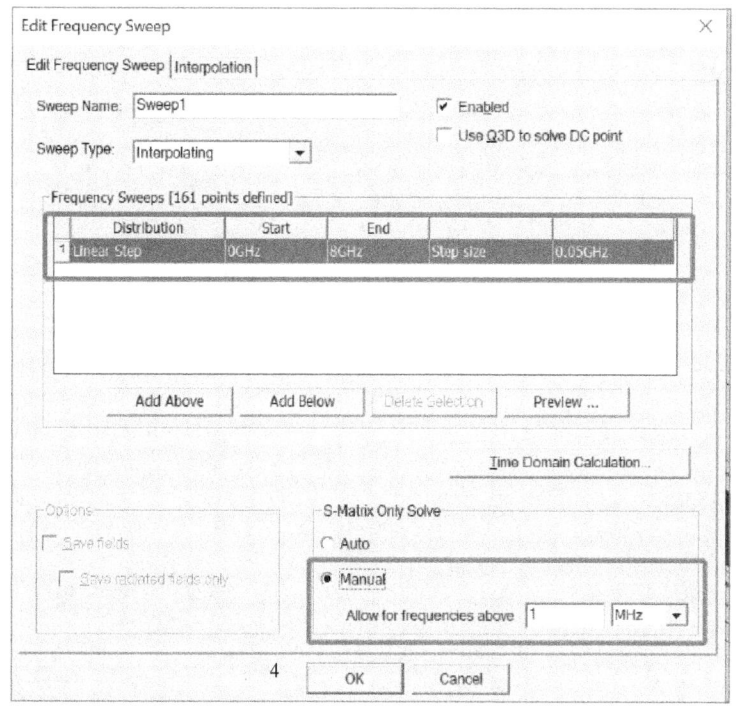

图 6-26 添加扫频

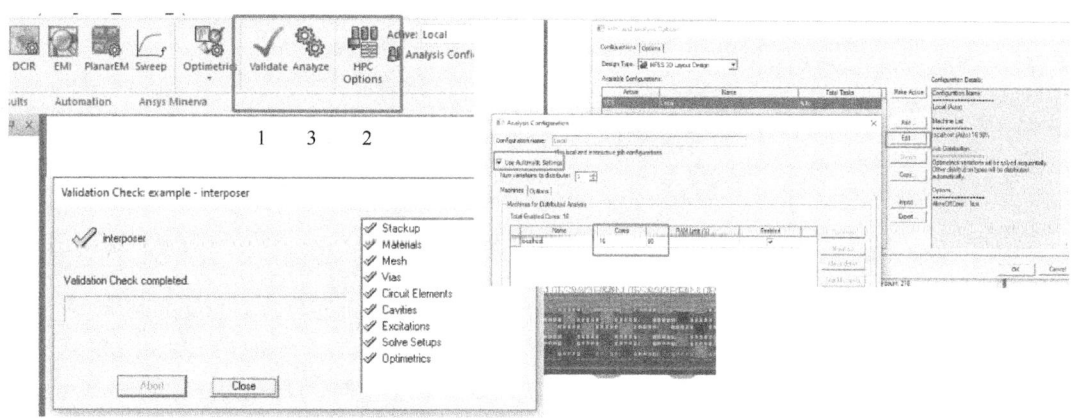

图 6-27 启用 HPC 多核运算

HFSS 3D Layout 中查看仿真结果,步骤如下:
1)右击 Result,在菜单中单击 Create Standard Report → Rectangular Plot。
2)弹出对话框,选择 S Parameter,输出 S11~S21,单击 New Report 按钮,如图 6-28 所示。

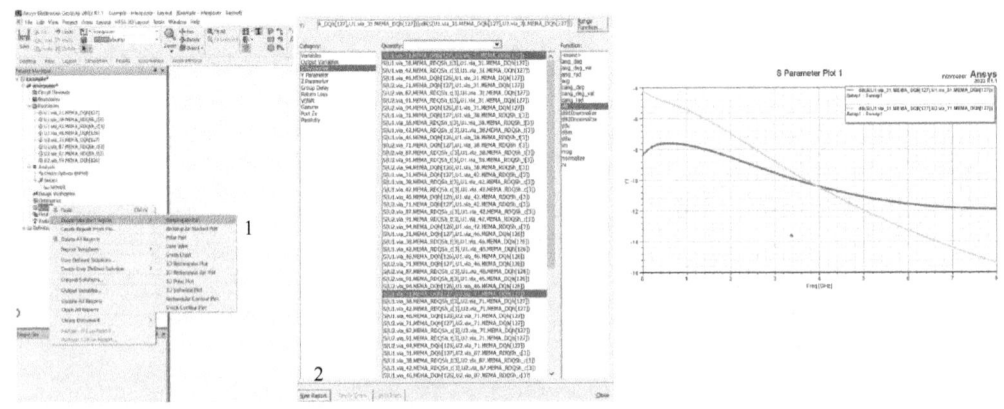

图 6-28　查看 S 参数

HFSS 3D Layout 中按照图 6-29 所示导出 S 参数，为时域瞬态仿真做准备。

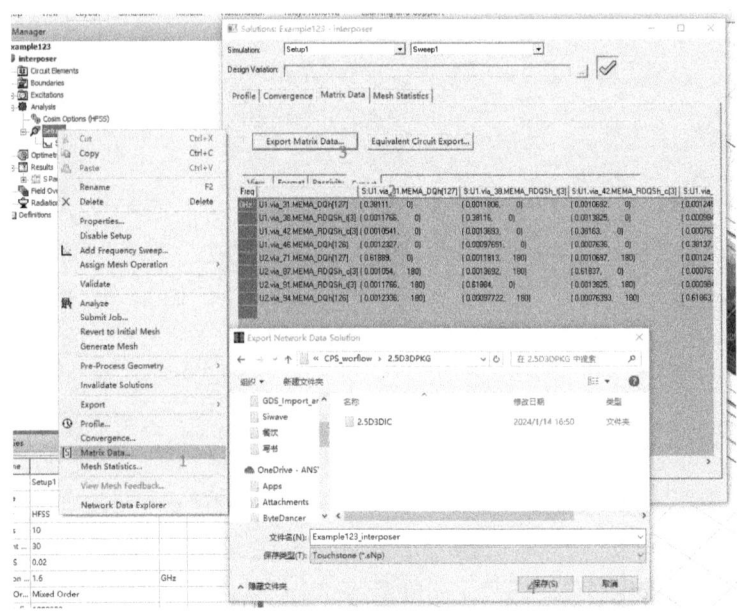

图 6-29　导出 S 参数

以上是 HFSS 3D Layout+GDSImportWizard 抽取 HBM 无源通道 S 参数的全部流程。

总结如下：

GDSImportWizard 支持主流 foundry 的工艺库文件（IRCX/ITF），同时对于自有 foundry 的客户，支持自定义工艺库模板文件，仅需少量几步操作，即可快速导入并生成 HFSS 3D Layout 工程。

HFSS 3D Layout 从 2019R2 新增 IC Mode，针对先进封装设计 GDS 格式文件做了优化，加速 GDS 导入，方便裁剪编辑模型，减少了仿真时间。

GDSImportWizard+HFSS 3D Layout 是 Ansys 公司推出的针对 2.5D/3D 先进封装仿真的最新流程，简化了操作，降低了使用门槛，加速了仿真进程，是目前业界的最佳体验。

6.3 D2D 仿真案例

6.3.1 HBM DQ 信号有源仿真

由于知识产权方面的原因，本节不能使用 IP 公司真实的 IO Buffer 来展示，因此使用 Ansys 公司公开的 DDR4 的 IO Buffer 进行 demo。从本质上来看，HBM 和普通 DDR 存储芯片的 IO 特性类似，仅仅是速率和带宽的不同。

本节使用 Circuit Netlist 来展示。Circuit Netlist 与 Circuit GUI 使用的都是 NexximTransient 求解器，其中 Circuit Netlist 是文本格式，Circuit GUI 是图形化界面。虽然 Netlist 形式相对于 GUI 图形化界面使用门槛稍高，但是它也具备很多独特的优势：

1）硬件开销少，方便远程调用服务器操作。
2）使用效率高，Netlist 非常易于复用。
3）节约正版仿真工具的 GUI license，仅需文本编辑器即可。
4）方便调试。

首先，还是仿真前的准备工作，可按照下面内容进行软硬件准备：

1）安装 AEDT 2023R2 或更新版本。
2）硅中介板的无源通道 S 参数模型。
3）PHY 端 IO model：ansys_ddr4_controller.ibs。
4）HBM 端 IO model：ansys_ddr4_memory.ibs。
5）HBMnetlist 文本文件。

因为 HBM 的 DQ 信号有 1024 个，如果全部 DQ 信号一起仿真，很可能仿真结果会不收敛，所以只选取 8 个 DQ 信号和一对 DQS 的差分信号来展示，这样总共有 10 条信号线，另外硅中介板的 S 参数为 **.s20p，如图 6-30 所示。

按照图 6-31 和图 6-32 所示的步骤，创建 netlist 仿真工程：

1）创建 netlist。
2）复制 netlist 文本文件在此窗口。
3）执行仿真。

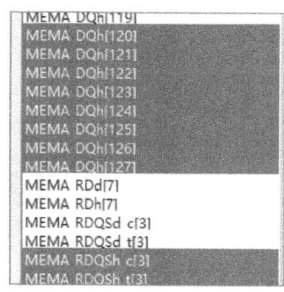

图 6-30 HBM 仿真 net

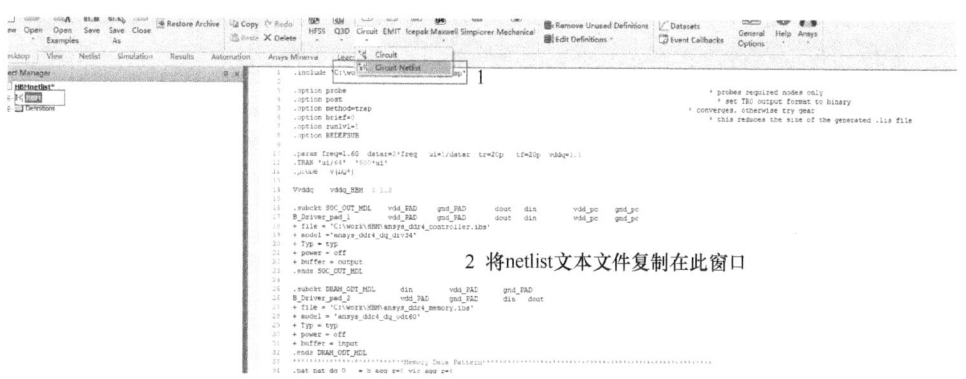

图 6-31 编辑仿真网表

netlist 文件内容，随本书 demo 提供，比较简单易懂，只要保证 IBIS 模型所在路径无空格、无特殊字符，即可运行。也可以通过 AEDT 打开 HBMnetlist.aedtz 工程文件压缩包，直接运行，如图 6-33 所示。

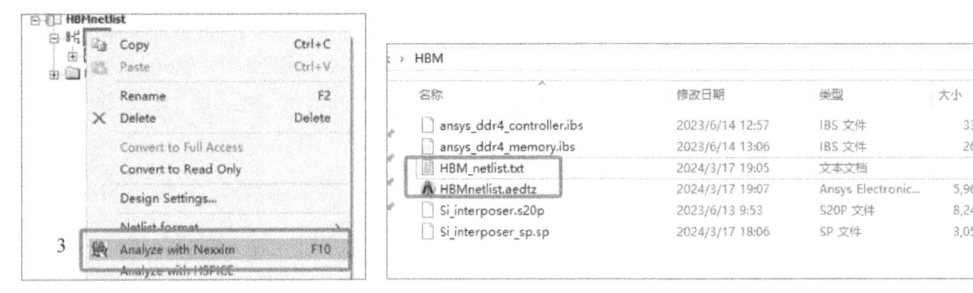

图 6-32　执行网表仿真　　　　　图 6-33　网表 demo

6.3.2　眼图判别

仿真完成之后，查询 IP 公司的 spec 规范或者 JEDEC 相应规范，创建眼图模板，判断信号质量是否符合 Signoff 标准，如图 6-34 所示。

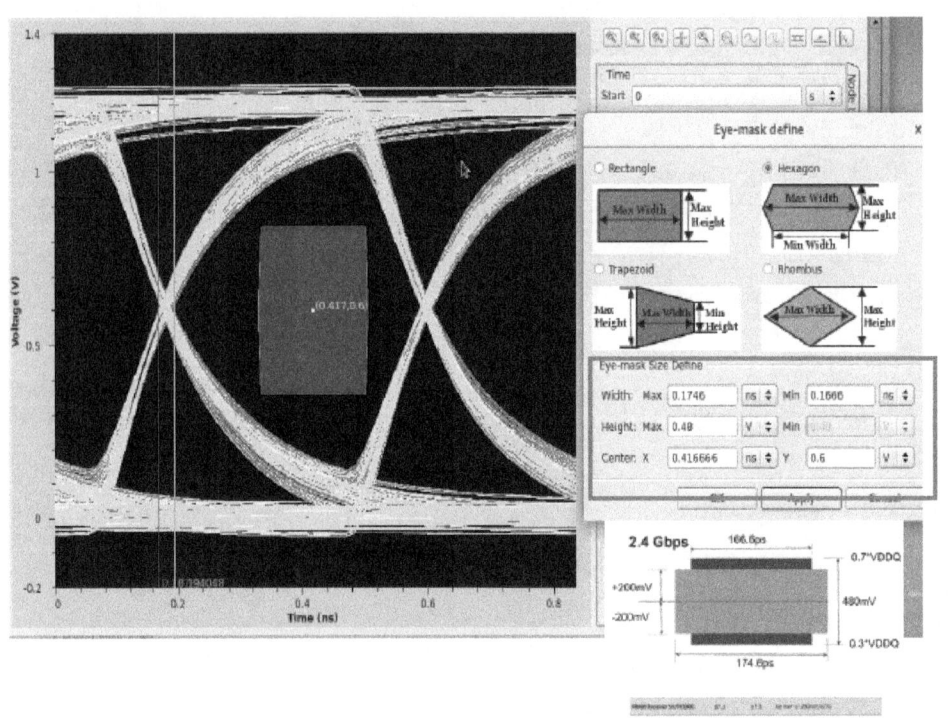

图 6-34　JEDEC HBM 一致性合规模板

通常 JEDEC 标准中的眼图模板，并没有考虑 TX PHY 端的 Jitter，以及 PHY DQ Training Error 等，所以通常需要在眼图模板中加入相关因素，扩大眼图模板，保证设计一版成功。

第 6 章　2.5D/3D 先进封装仿真

目前无论是 HBM 还是普通 DDR，IP 公司的 PHY 都能提供比较强的 DQ Training。此特性能够让产品的设计，在一组 DQ 信号线和 DQS 采样信号线没有很大的等长 skew 情况下，自动将 DQS 的采样时间 Training 到 DQ 信号的眼图时序正中间。图 6-35 所示为某 IP 公司提供的 DQ 和 DQS 的 Deskew Training 范围，可以看到，DQ 和 DQS 的延迟在 ±100ps 之内，推荐值在 ±25ps 之内都能被纠正回来。这样的好处是，避免 PCB 走线绕等长操作，减轻设计者负担。

Constraints	Available Deskew Range*	Recommended Routed Skew Limits (RDL, Package, and Board)
DQ to DQS domain	DQS position ±100 ps	DQS position ±25 ps

图 6-35　延迟要求

需要注意的是，以上只是 PHY Training 的范围，并不是 Training 的误差。PHY Training 的误差示意图如图 6-36 所示。

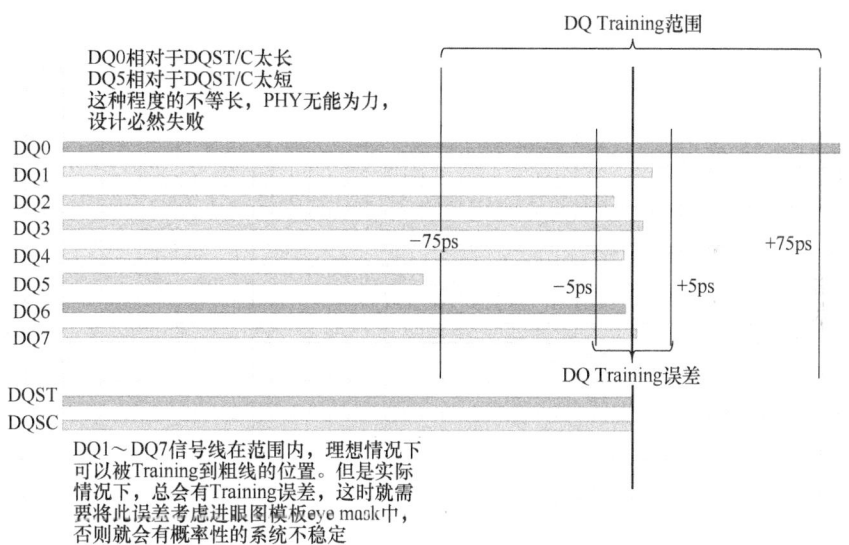

图 6-36　PHY Training 的误差示意图

至于这个 Training Error 是多少，不同的 IP 公司规范不一样，请以实际为准。图 6-37 所示为某 IP 公司的 Training Error 数值。

Training Error			
Strobe Alignment Error	13.3	14.3	Alignment of Strobe in Data

图 6-37　Training Error 数值

图 6-38 所示为考虑了 DQ Training Error 之后的眼图模板。

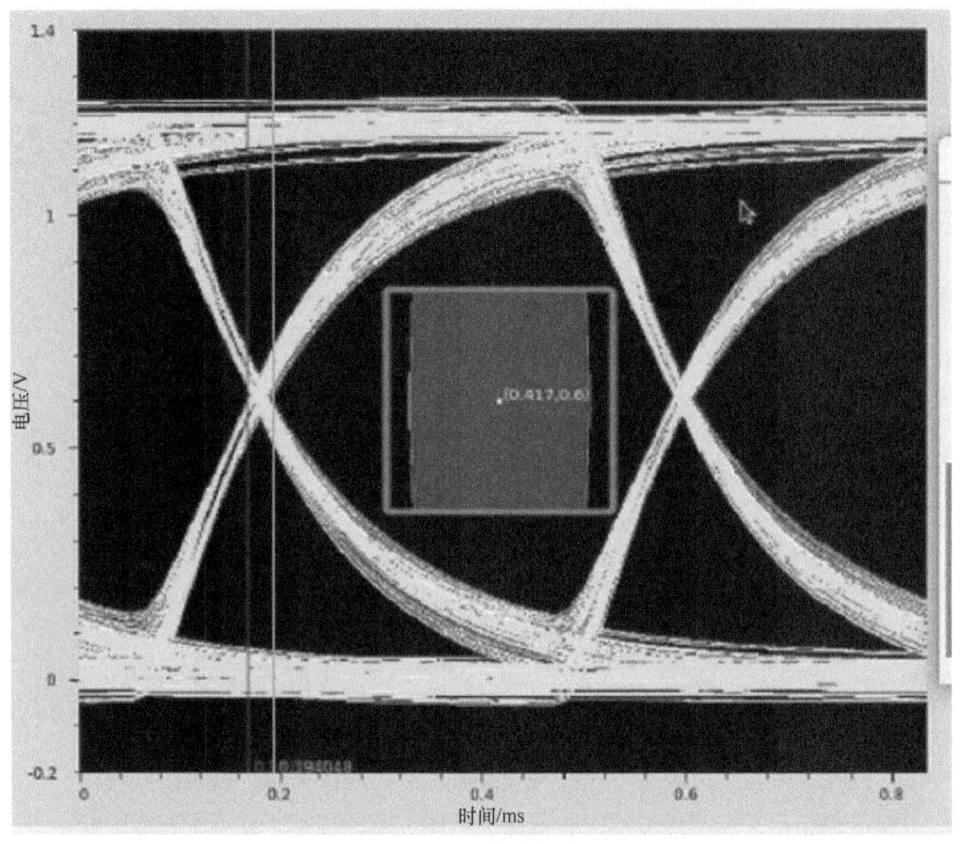

图 6-38 考虑了 DQ Training Error 之后的眼图模板

当然,眼图模板不能只考虑时序,还需要考虑电压的噪声,这个思路和增大时序眼图模板类似,只是要在眼图模板的电压幅度上扩大,此处不再举例说明。

第 7 章　PKG/PCB 散热仿真

7.1　基础功能概述

Ansys Icepak 是专业的电子散热仿真软件，可以解决从芯片级到环境级的全尺度的电子散热问题。由于其便捷的建模能力、快速的网格生成方法、强大的求解计算功能和完善的后处理操作，使得 Icepak 在芯片、高科技、汽车电子、航空/航天电子、消费电子等行业拥有众多的客户。

目前，Icepak 有 Classic Icepak 和 AEDT Icepak 两大版本，前者更适合于传统热设计/热仿真工程师，后者更适合于电/磁相关工程师做电热耦合仿真，Icepak 的主要功能如下。

7.1.1　MCAD/ECAD 模型接口

1. MCAD 模型接口

（1）SpaceClaim——Icepak 有专用的 CAD 软件接口

SpaceClaim 可以直接导入 CAD 模型，如主流的 ProE、UG、Inventor、SolidWorks、IGES、Step、SAT、Parasolid 等格式的 CAD 文件，并能将其快速转换为 Icepak 模型。

（2）SpaceClaim Link

AEDT Icepak 支持 SpaceClaim Link 的方式导入 CAD 模型，在 3D Modeler 选项下，SpaceClaim Link 的操作方法为单击 3D Modeler → SpaceClaim Link → Browse。

（3）AEDT Icepak 导入 MCAD

AEDT 支持 Catia、NX、Parasolid、ProE、IGES、Step、SAT 等多种 MCAD 文件直接导入，并能将其快速转换为 Icepak 模型，导入方法为单击 Modeler → Import → Choose Imported file → Click Open。

2. ECAD 模型接口

Icepak 可从 Mentor® Board Station®、Expedition™、Cadence、Allegro®、Accel、Innoveda（PADS®）、Altium™、Zuken、VeriBes 及其他软件中导入 ODB++、EDB、Bool、Anf、IP2581、IDF（emn/emp、bdf/ldf）等格式的 ECAD 数据。数据包括线路、孔、组件和实际 PCB 形状/位置信息，ECAD 的导入操作方法为单击 File → Import → Choose Imported file → Open。

7.1.2 网格

Icepak 具有自动化的非结构化网格生成能力，支持六面体以及混合网格，并能完全保持几何边界形状。此外，Icepak 还具有局部网格控制能力，可对控制区域或某个元件的网格进行疏密控制，且局部加密不会影响到其他区域和元件的网格。Icepak 还提供了强大的网格检查功能（面对齐率、网格体积、扭曲率），通过该功能可检查网格的质量。

1. 全局网格

对于 Icepak 模型，在模型的各个组件周围自动创建一个区域 – 全局计算区域，通过拖动滑块定义全局计算区域的网格设置，以确定网格尺寸大小，也可以在 Advanced 标签里定义具体的全局网格参数来生成全局网格。

（1）全局网格 General 设置

全局网格 General 设置如图 7-1 所示。

1）Auto Mesh Setting：自动网格设置滑块是选择网格分辨率的可视化表示，范围从具有小网格量的粗分辨率到五档位置尺度的具有大网格量的精细分辨率。每个滑块位置自动为 Maximum Element Size、Min. elements in gap、Min. elements on edge、Max size ratio、Multilevel meshing Max. Levels 和 3D Multilevel mesh 设置唯一的值。滑块设置 3、4 和 5 也会对每个对象启用多级网格。

2）Allow stair-stepped meshing：允许阶梯网格在 3DCut cell（网格划分）过程中禁用投影和分解。边界网格不是共节点的，生成的网格只会近似几何形状。当启用时，阶梯网格被应用到全局网格区域及其中的局部网格控制区域。当用户开启 Advanced 标签时，不应用阶梯网格。只有在解析几何形状不重要的情况下，才应该使用阶梯网格。

3）Facet Level：用于定义设计中 CAD 对象的 Facet 级别，Facet Level 有五个位置刻度，滑块位置从 1 增加到 5 时，面数也随之增加。也就是说，滑块设置为 1 会产生最少的面，设置为 5 会产生最多的面。随着滑块设置的增加，圆角和边缘的网格划分的分辨率也会增加。

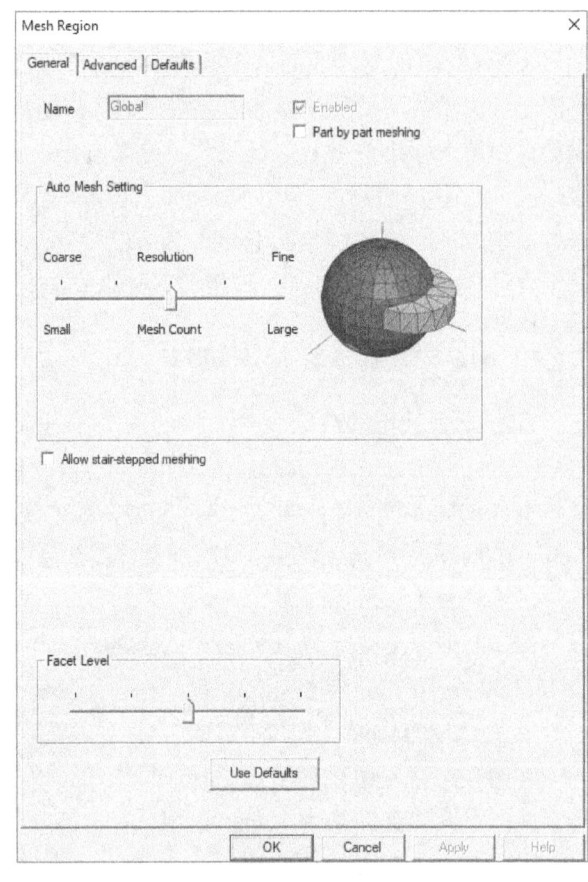

图 7-1 全局网格 General 设置

（2）全局网格 Advanced 设置

全局网格 Advanced 设置如图 7-2 所示，各参数定义见表 7-1。

第 7 章 PKG/PCB 散热仿真

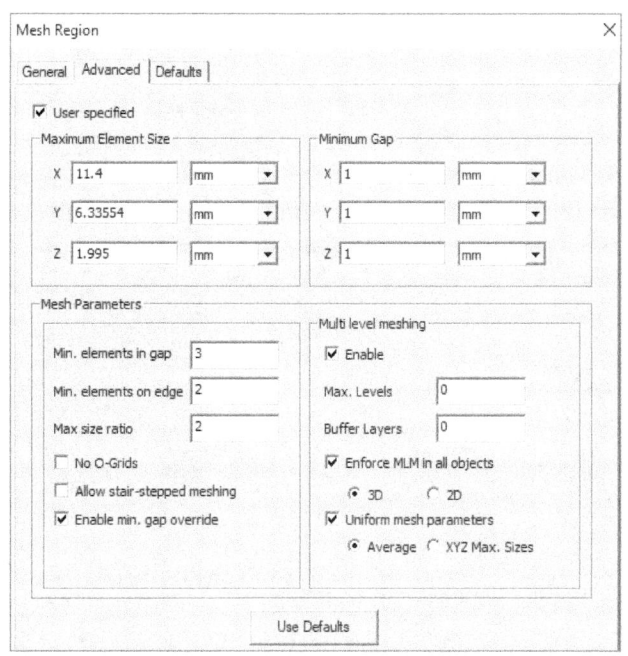

图 7-2 全局网格 Advanced 设置

表 7-1 全局网格 Advanced 各参数定义

Maximum Element Size	
X、Y、Z	Minimum Gap：定义模型对象在 X、Y 和 Z 坐标方向上的最小距离。最小间隙影响几何和网格，如果几何之间的间隙小于最小间隙设置的 10%，则关闭间隙 Icepak HD Mesher 根据最小间隙、域尺寸、最小几何特征和其他因素计算网格公差。如果计算的公差小于几何间隙，则需要对几何间隙划分网格
Mesh Parameters	
Min. elements in gap	Min. elements in gap 定义相邻 Object 之间的最少网格单元数
Min. elements on edge	Min. elements on edge 定义 Object 边上的最少网格单元数
Max size ratio	Max size ratio 定义相邻网格单元尺寸的最大比例
No O-Grids	No O-Grids（仅限 Mesher-HD 和 Hexa Unstructured）定义对象周围是否有 O 型网格。此复选按钮默认为未选中，表示 Icepak 将在所有对象周围生成 O 型网格，包括那些包含其他对象的对象
Allow stair-stepped meshing	Allow stair-stepped meshing 允许阶梯网格在 3D 网格划分过程中禁用投影和分解。边界网格是不共节点的，生成的网格只是近似几何形状。只有在对几何形状解析不重要的情况下，才使用阶梯网格
Enable min. gap override	Icepak 计算每个坐标方向上所有对象的边界框的最小尺寸。如果这个计算值小于指定的 Minimum Gap，当选中 Enable min. gap override 复选按钮时，Icepak 使用较小的值
Multi level meshing（MLM）	
Max. Levels	Max. Levels 定义了可能需要的最大级数，以实现基于曲率 / 近似的网格加密方法对网格进行加密。对定义的粗网格加密时，甚至可以在达到定义的最大级之前实现所需的基于曲率 / 近似的网格加密
Buffer Layers	缓冲层与多级网格结合使用。默认值为零，这意味着网格细化不会传播到相邻层。当此值设置为大于零的数字时，例如 1 或 2，细化将传播到其他网格层，这有助于在未解析几何形状的区域生成更好的网格

（续）

Multi level meshing（MLM）	
Enforce MLM in all objects	在所有对象中执行多级网格，从粗糙的背景网格开始，然后在平面方向上细化网格以解析精细特征。可以选择在3D或2D对象中执行多级网格
Uniform mesh parameters	均匀网格参数有两个复选按钮：Average和XYZ Max.Sizes。Average创建一个在所有坐标方向上具有相同网格尺寸的均匀网格。网格大小是通过平均指定的最大单元大小来计算的。XYZ Max.Sizes使用相应的最大单元尺寸在每个坐标方向上创建一个统一的网格。生成的网格在每个坐标方向上具有恒定的间距，但如果最大单元尺寸不同，间距可以不同。使用均匀的网格参数可以减少网格数量，提高质量。多级网格划分时，建议使用平均的网格参数。如果启用此选项，3D网格划分单元和阶梯网格会忽略基于对象的参数，以保持网格均匀并生成更好质量的网格

2. Mesh Region

Mesh Region的功能是在几何体周围的Mesh Region内嵌入细网格，在模型的其余部分嵌入粗网格，通过这种方式来实现对复杂模型的网格控制。

在Icepak中，可以通过在历史树或3D Modeler窗口中选择几何对象，然后右击，在菜单中选择Assign Mesh Region来定义和创建特定几何的Mesh Region。Mesh Region独立于外部的全局网格，网格划分时，在全局网格和Mesh Region网格之间的边界处创建一个不共节点的交界面。Mesh Region内的网格单元与全局网格区域之间的交界面上使用多对一的网格单元过渡。

3. Mesh Operation及外部网格导入

Icepak Mesh Operation支持局部控制和外部网格导入（见图7-3），在三维笛卡尔网格单元划分过程中，根据最小级和最大级以及尺寸函数的要求对网格进行细化。如果一个对象设置了网格级，那么该对象周围的网格将被细化到该级别。

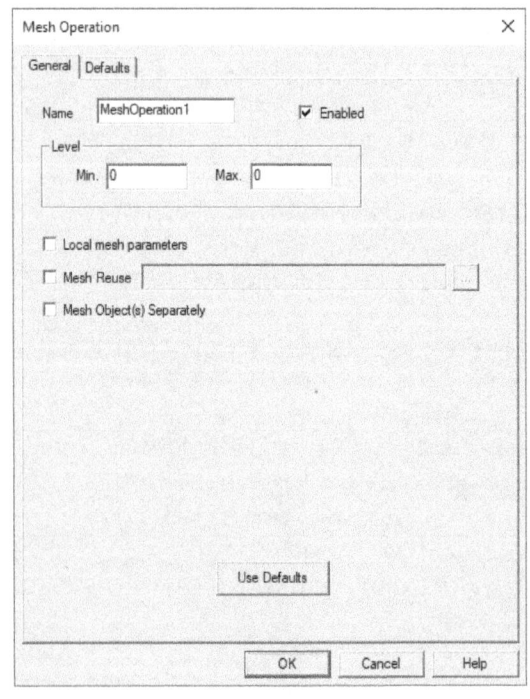

图7-3 Mesh Operation设置

Icepak Mesh Operation 支持外部网格导入的文件类型包括 Icepak grid_output 和 .msh 文件，这大大扩展并加强了 Icepak 的网格适应能力。

要为每个 Object 设置网格级，定义局部网格参数，或重用现有的网格，必须在 3D Modeler 窗口中为几何体定义 Mesh Operation。创建 Mesh Operation 操作步骤如下：

1）在 3D Modeler 窗口或历史结构树中，选中几何模型右击，在菜单中单击 Assign Mesh Operation→输入 Mesh Operation 名称。

2）在 Level 中输入 Min 和 Max 网格级。

3）如要为 Object 设置局部网格尺寸，请选中 Local mesh parameters 复选按钮，为所选对象、面或边设置局部网格参数，局部网格参数可对 Box、Cylinder、Circle、2D Polygon、3D Polygon、Edge 等对象进行网格参数设置。

4）如要导入外部网格，选中 Mesh Reuse 复选按钮，单击 [...] 按钮打开"选择网格文件"对话框并导航到要选择的网格文件。

5）如果选择的对象是在相对坐标系中创建的，则单独选中 Mesh Object(s)Separately 复选按钮以生成与相对坐标系对齐的网格。

6）单击 OK 按钮，即可创建 Mesh Operation 列，其在 Project Manager 窗口中的 Mesh Operation 结构树下面。

7.1.3 求解器设置

Icepak 采用 Fluent 求解器，它是全球最强大、最早的 CFD（计算流体动力学）求解器，该求解器采用多级网格加速求解算法，大大提高了求解速度，缩短了求解时间；能够实现多种操作系统下的网络并行运算，计算稳定、收敛性好、计算精度高。

Icepak 采用的 Fluent 求解器包括 Pressure Based Segregate Solver 和 Pressure Based Couple Solver 两种算法。Pressure Based Segregate Solver 源于经典的 SIMPLE 算法，该算法不对 Navier-Stokes 方程联立求解，而是对动量方程进行压力修正，是一种很成熟的算法，在应用上经过了很广泛的验证。适用于不可压缩流动和中等可压缩流动，可以与内外流、辐射、传热、多相流模型配合，解决 CPS 各种流动、散热相关的热仿真问题。Pressure Based Couple Solver 算法对 Navier-Stokes 方程的质量、动量、能量、湍流方程联立求解，是分离算法的改进，适用于不可压缩流动和可压缩流动。可以与内外流、传热、辐射、多流体模型配合，解决 CPS 各种热仿真问题，计算收敛性和精度大大优于分离求解器。

7.1.4 物理模型

Icepak 提供了丰富的物理模型，主要包括以下几个方面：

1）强迫对流、自然对流和混合对流模型。

2）热传导模型、流体与固体耦合传热模型。

3）丰富的热辐射模型（DO 辐射模型、Ray Tracing 模型）。

4）太阳辐射模型。

5）层流及多种湍流模型，包括一方程 S-A 模型，双方程的 k-ε 模型、k-ω 模型、RNG k-ε 模型、Enhanced RNG k-ε 模型、Realizable k-ε 模型、Enhanced Realizable k-ε 模型、K-omega-SST 模型。

6）稳态及瞬态模型。
7）多种流体介质模型（空气 + 冷却液等）。
8）湿度计算模型。
9）直流电场和焦耳热计算模型。
10）真实风扇模型等。
11）JEDEC 双热阻模型、DELPHI 热阻网络模型。

7.1.5　可视化后处理

Icepak 后处理为面向对象的、完全集成的可视化后置处理环境，支持求解信息查看、场图绘制、生成速度矢量图、等值面图、云图、迹线图、动画、生成报告、创建报告、定制报告、报告输出等。Icepak 支持多种后处理图片格式输出，包括 postscripts、PPM、TIFF、GIF、JPEG 等，动画输出格式包括 AVI、MPEG、GIF 等。此外，Icepak 后处理还具有场计算器功能，支持基于变量的衍生函数或变量的计算，计算的衍生变量可用于场图绘制、制表及后处理结果导出等。

（1）Viewing Solution Data

Viewing Solution Data 包括 Profile data 和 solution monitor data。AEDT 在求解分析过程中或求解完成后都可以查看求解信息，求解信息包括计算资源和监控点信息（包括残值、监控点和监控面），操作方法为右击 Solution setup，在菜单中单击 Profile → Residual → Thermal Monitor → Flow Monitor。

（2）绘制场图

场图是当前设计对象上的基本变量或衍生变量的显示。AEDT 支持在编辑器视图中显示已有变量的场图，绘制场图的步骤如下：

1）选择点、线、表面、切面或对象。
2）单击 Icepak → Fields → Plot Fields →选择要绘制场图的变量。
3）选中 Specify Name 复选按钮，定义场图名称。
4）从 Solution 下拉列表框中选择要绘制场图的 Solution。
5）在 Quantity 列表框中选择变量。
6）从 In Volume 列表框中选择要在其中绘制场图的区域。
7）单击 Done 按钮。

（3）创建标量场图

场图标记功能能够在标量字段覆盖的场图几何中拾取、创建标记点，并获得该点上的字段值。场图标记功能支持添加标记点、删除标记点、输出标记点表格、清除所有标记点和编辑标记点功能。

创建标量场图标记点的操作为单击选择面 / 体→ Icepak → Fields → Plot Fields → Marker → add Marker →在面 / 体上单击拾取坐标点并获得该点字段值。

（4）创建动画

动画是用一系列帧来显示场、频率、参数值、网格、轨迹等。要创建动画，需要设置想要绘制动画的变量值，就如同动画师对构成漫画的单个绘图进行拍照一样，每个值是动画中的一帧。创建后的动画也可以输出，输出文件类型包括 GIF 文件（.GIF）、AVI 文件（.AVI）或 WebM 文件（.WebM）。

第 7 章　PKG/PCB 散热仿真

（5）场计算器

场计算器是一个非常强大的后处理工具，除了用于 HFSS、Maxwell、Q3D、Icepak 和 Mechanical 后处理外，还可以用电、热或力场计算结果中的基本字段来生成衍生变量，并对场计算执行基于衍生变量的相关后处理，如绘图、制表及衍生变量后处理导出等。

场计算器的打开方式为单击 Icepak → Fields → Calculator，或者右击 Fields，在菜单中单击 Overlays → Calculator。

（6）创建报告

求解器生成一个 Solution 后，可以分析该 Solution 的所有结果。AEDT 支持创建 2D 或 3D 绘图，2D 或 3D 绘图显示了设计值与相应分析结果之间的关系。

Icepak Quick Report 功能支持从预定义的报告类别列表中进行选择并创建报告。功能区的 Results 给出了可用报告类型。此外，AEDT Icepak 还支持定制报告模板，可根据实际报告需求定制特定的报告模板。

7.1.6　多物理场耦合

Ansys Icepak 目前有两大版本，一是经典版 Icepak（即 Classic Icepak），二是 AEDT 下的 Icepak（即 AEDT Icepak）。通过 Ansys Workbench 集成环境，Icepak 可以与 Ansys Mechanical/HFSS/Q3D/SIwave/Maxwell 等结构 / 电 / 磁软件进行耦合分析，模拟电磁场、热、结构之间的相互作用。

图 7-4 所示为一个经典 Icepak-Mechanical 耦合计算的例子。在 Icepak 中完成传热计算，然后将结果直接传入 Mechanical 软件中做结构仿真，计算出由于温度变化导致的热变形及热应力。整个计算都是在 Workbench 平台中进行，且不需要借助第三方软件。

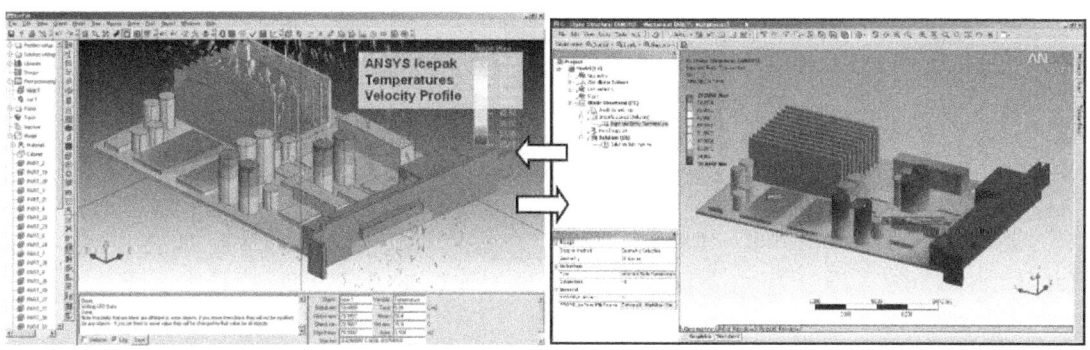

图 7-4　Icepak-Mechanical 耦合计算

AEDT Icepak 集成于电子桌面环境下，更注重电和热的耦合，更适合电 / 磁工程师的操作习惯。有了 AEDT Icepak 以后，电设计阶段就可以考虑一部分热设计的问题，总体上将缩短产品的研发周期。目前，AEDT Icepak 已经实现了与 HFSS、Q3D、HFSS 3D Layout、Maxwell、Mechanical 的电热双向耦合功能。

7.2 PCB 电热耦合

7.2.1 背景知识

随着电子设备的不断发展和智能化程度的提高，PCB 作为电子设备的核心组成部分，在电子产品中发挥着至关重要的作用。然而，随着电路板集成度的增加、功率密度的提高以及对设备性能和可靠性要求的不断提升，PCB 的热管理问题日益突出。在这种背景下，进行 PCB 电热仿真显得尤为重要。

进行 PCB 电热仿真可以实现：评估热管理策略、提高系统性能和可靠性、减少设计成本和时间、验证设计准确性、探索创新设计。

PCB 电热仿真是提高电子设备性能、可靠性和设计效率的重要工具。通过仿真可以全面评估 PCB 的热特性，优化设计，降低成本，缩短开发周期，从而为电子产品的研发和制造提供可靠的技术支持和保障。随着电子设备的不断发展和 PCB 技术的不断进步，电热仿真将在未来发挥更加重要的作用，为电子产品的设计和制造带来新的机遇和挑战。

7.2.2 电热双向耦合

现实中的材料参数都是随着温度变化，不是固定不变的。要得到准确的热仿真结果，必须做电热双向耦合循环。

首先，用常温下的材料参数计算电功率，并带入热仿真。随后，将初次计算出的温度场映射回电求解器，将整板每个位置的材料参数都根据当地的温度来修改，从而得出新的电仿真结果。然后，再仿真出新的温度场。如此循环，直至收敛，如图 7-5 所示。

所以，不设置温变材料参数，则无法进行双向耦合，也无法得到准确的热仿真结果。

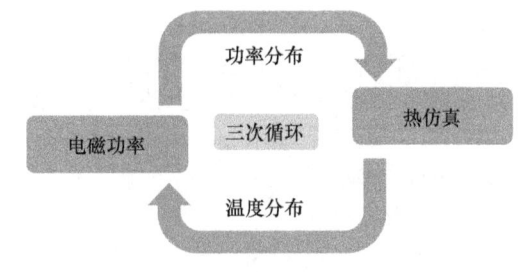

图 7-5 电热双向耦合

7.2.3 温变材料设置

温变材料的设置方法如下：

1）在菜单栏单击 Layout → Layers，打开 Edit Layers 窗口。

2）在 Material 选项中选择 Edit。

3）在弹出的 Select Definition 对话框中，选择所用的材料（此处为 EDB_COPPER）。

4）单击最下面的 View/Edit Material 按钮。

5）在弹出的 View/Edit Material 对话框中，选中 Thermal Modifier 复选按钮，之后在电导率的 Thermal Modifier 的下拉列表框中选择 Edit。

6）在弹出的 Edit Thermal Modifier 对话框中，输入材料的温变系数公式，如图 7-6 所示。此处示例为 if(Temp<25cel,1,1/(1+0.003865×(Temp-25)))。

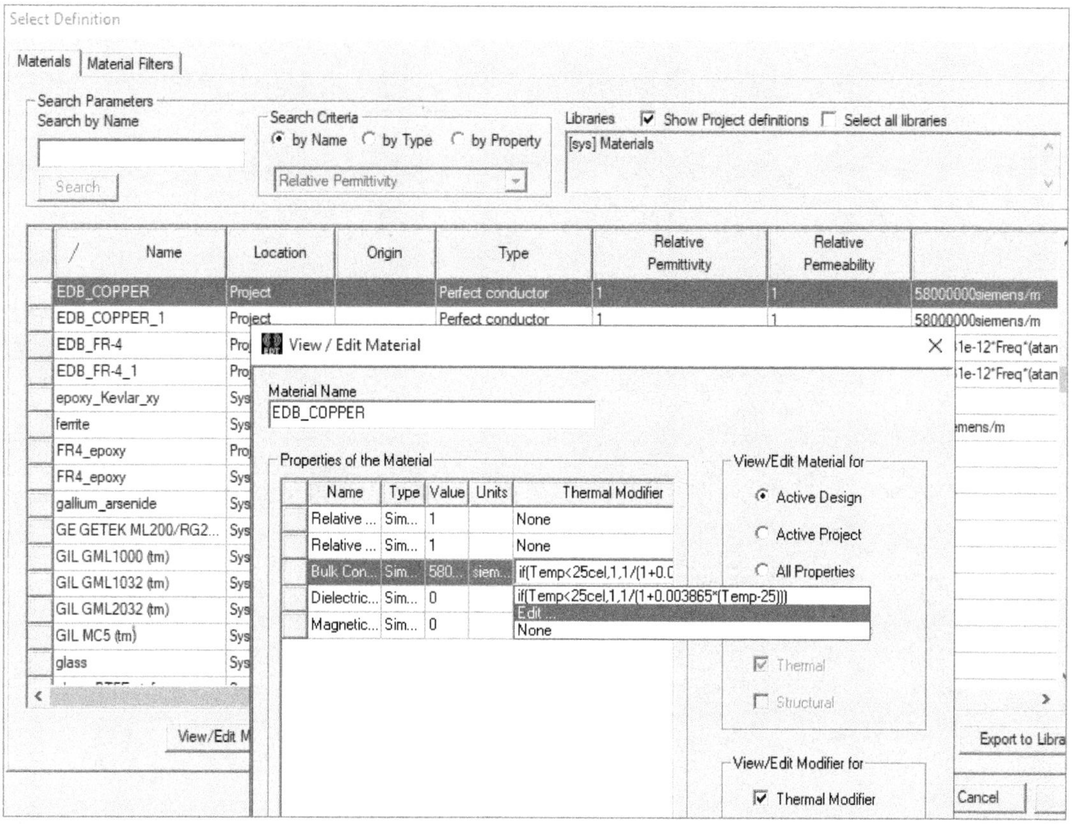

第 7 章 PKG/PCB 散热仿真

图 7-6 温变材料参数设置

7.2.4 电热耦合三大设置

DCIR 采用 3.2 节的仿真设置，此处不再赘述。

但是，要能完成电热仿真，HFSS 3D Layout 里还必须完成以下三项设置：

1）将金属材料设置为温变函数后，在菜单栏单击 HFSS 3D Layout → Set Temperature，在对话框中选中 Include Temperature Dependence 复选按钮，这样才会启动温变的材料参数，如图 7-7 所示。

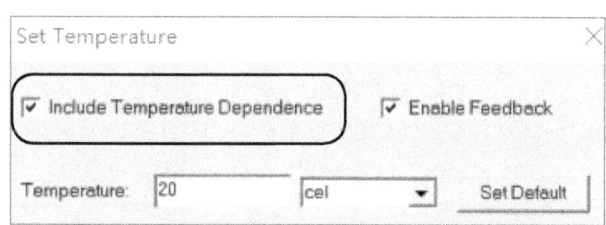

图 7-7 使能温变材料参数

2）在菜单栏单击 HFSS 3D Layout → Set Temperature，在对话框中选中 Enable Feedback 复选按钮。这样方可接受温度场反馈，实行双向耦合，如图 7-8 所示。

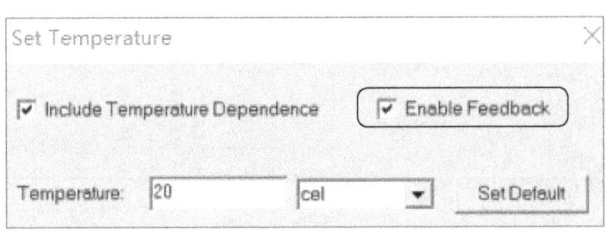

图 7-8 实行双向耦合

3)求解设置里,选中 ANSYS Icepak Options 选项组下的 Export power dissipation... 复选按钮,如图 7-9 所示,这样 Icepak 才能获取功率数据。

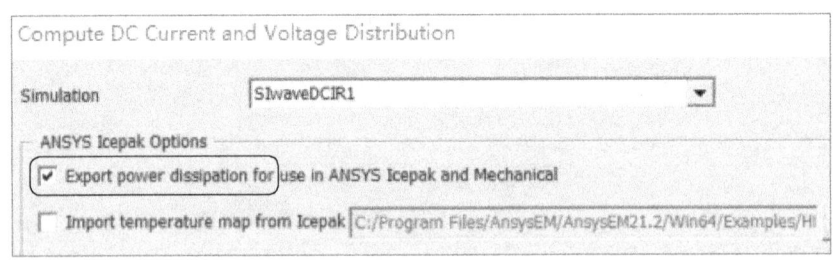

图 7-9 使能 Icepak 功率交互

7.2.5 导入 PCB

1)新建 Icepak Design。

2)在 3D Components 上右击,在菜单中单击 Create → PCB。

3)单击 Next 按钮,然后单击 Setup Link 按钮,在对话框中选中 Use This Project 复选按钮,然后设置 Design 和 Solution。

4)在 PCB Component : Property 对话框中,选择 Power Dissipated 为 Use from Linked Source,这意味使用 PCB 上真实计算出的功耗作为热源。

5)在 PCB Component : Metal Fraction 对话框中,选择分辨率为 200。此时分辨率为 0.36mm,已经足够。单击 Display 按钮,就可以看到走线的细节已能完整表现,如图 7-10 所示。

这是 Icepak 电热耦合的核心技术之一:Trace Mapping。

6)单击 Next 按钮,完成。

Trace Mapping 技术是一种用于电子散热和热分析的专有技术,它通过详细映射 PCB 上的走线和过孔,帮助工程师进行更准确的热仿真分析。

Trace Mapping 技术通常与 Ansys 工具(如 SIwave、HFSS、HFSS 3D Layout、Q3D 等)结合使用,能够导入 PCB 的设计文件,分析每层中金属走线和过孔,从而在 Icepak 中创建一个更为精确的热模型。

Trace Mapping 技术的主要特点包括:

1)导入 ECAD 文件:Trace Mapping 技术允许用户导入 PCB 的设计文件,如 Gerber 或 ODB++ 格式等,这些文件包含了电路板的精确布局信息,特别是铜走线和过孔的分布。

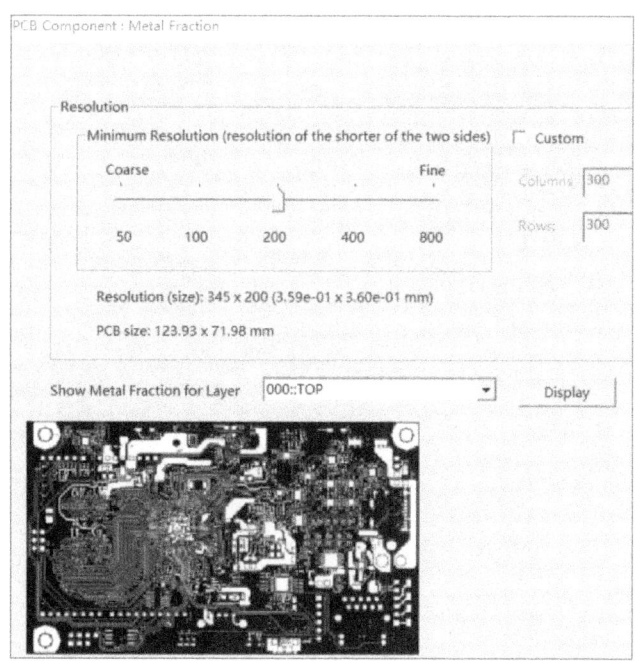

图 7-10 Trace Mapping

2)金属组分分析：通过分析 ECAD 文件，Trace Mapping 可以计算出每个单元的铜含量（金属 Fraction），这在 Icepak 的子网格中（调节 Resolution 对应的最小子网格尺寸）用于确定正交各向异性的电导率。

3)提高仿真精度：使用 Trace Mapping，用户可以在仿真中考虑到电路板上每一层的实际走线和过孔，使得热分析的结果更加接近实际情况，特别是在电路板密度高、走线复杂的情况下。

4)电热耦合分析：这项技术不仅可以进行热分析，还可以将热分析结果反馈给 Ansys 工具（如 SIwave、HFSS、HFSS 3D Layout、Q3D 等）以进行电热耦合分析，考虑焦耳热效应对温度分布的影响。

7.2.6 修改求解空间

求解空间大小按照以下标准设置：

如果最长边为 L，则求解空间四周拓展 $L/2$，重力方向拓展 L，反重力方向拓展 $2L$。

本例中 PCB 的最长边约为 120mm。选择物体 Region，在左下角的属性框设置如图 7-11 所示。

图 7-11 设置求解空间

7.2.7 设置边界条件

选择求解空间的所有面，右击，在菜单中单击 Assign Thermal → Opening → Free，设置边界条件为自由空间，如图 7-12 所示。

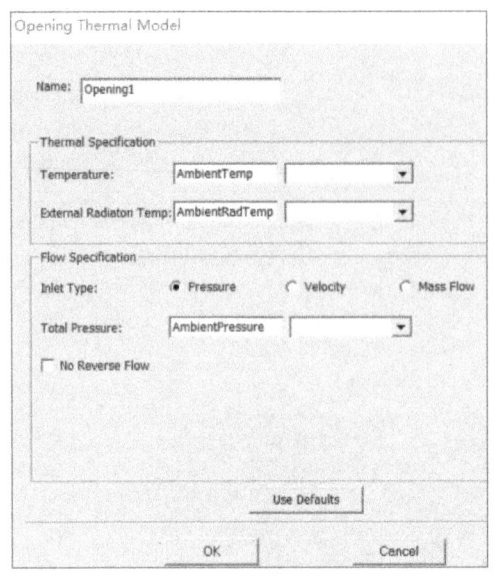

图 7-12　设置边界条件

设置完成后，可以看到目录树的 Thermal 下，创建了边界 Opening1。选择后整个求解空间变成桃红色。

7.2.8　设置监控器

Icepak 通过监控器（Monitor）来监控仿真是否收敛。

按 F 键，切换为 Pick Face 模式。

1）选择 PCB 表面，右击，在菜单中单击 Assign Monitor → Point，选择 Temperature。

2）选择求解空间的上表面，右击，在菜单中单击 Assign Monitor → Face，选中 MassFlow 和 Temperature 复选按钮，如图 7-13 所示。

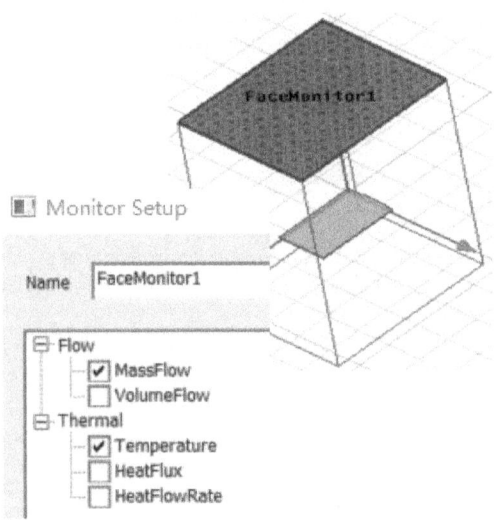

图 7-13　设置边界条件

7.2.9 设置网格

PCB 结构精细，尤其是 Z 方向，叠层很薄，必须用手动网格来区分。

单击物体树的 Model → PCB1 → PCB1_1，然后在 Project Manager 窗口的 Mesh 上右击，选择 Assign Region。

在 Mesh Region 对话框中，将 Region 的名字修改为 Region_Small，切换到 Advanced 标签，选中 User specified 复选按钮。Region_Small 区域网格尺寸设置如图 7-14 所示。

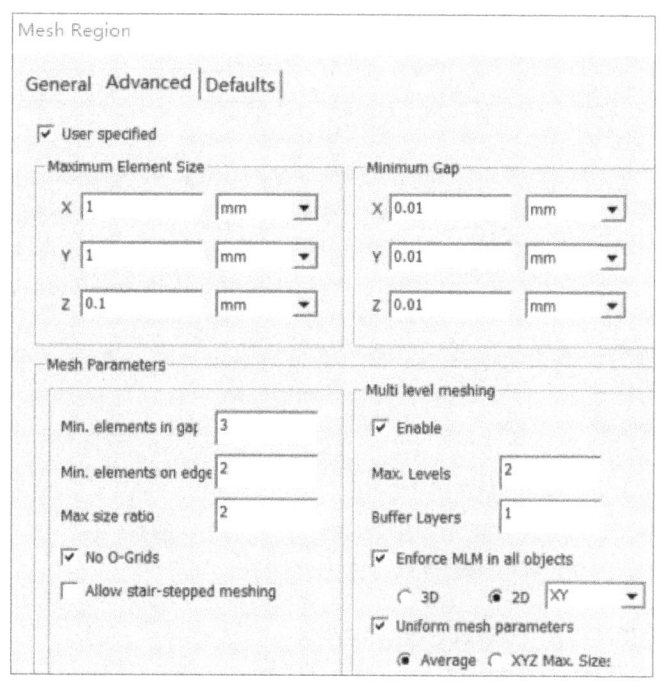

图 7-14 Region_Small 区域网格尺寸设置

7.2.10 设置求解参数

在工程树的 Analysis 上右击，在菜单中单击 Add Solution Setup，弹出 Icepak Solve Setup 对话框，单击左下角 Solve Setup Defaults 下拉列表框，选择 Natural Convection Defaults。单击 OK 按钮，自动完成了自然对流的求解设置，如图 7-15 所示。

7.2.11 设置双向耦合

在 Setup1 上右击，在菜单中选择 Add 2-Way Coupling。设置双向耦合次数为 3，每次迭代 50 步，如图 7-16 所示。

7.2.12 启动求解

在 Project Manager 窗口中的 Setup1 上右击，选择 Analyze，开始求解。求解结束后，即可观察结果。

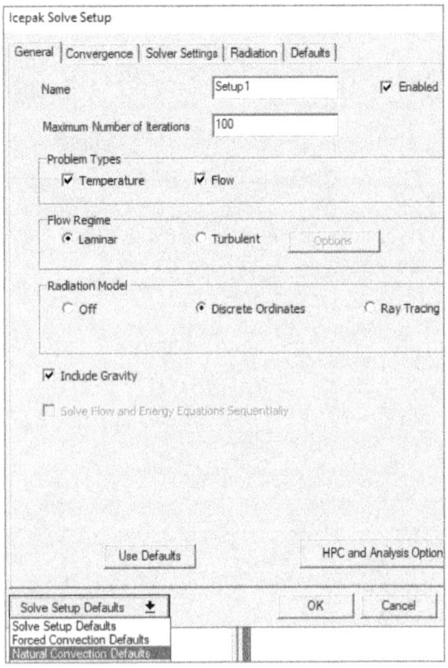

图 7-15　设置求解参数

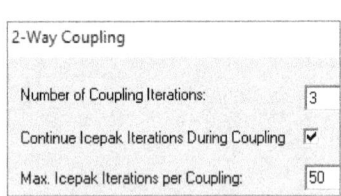

图 7-16　设置双向耦合

7.2.13　观察 Profile

在 Project Manager 窗口中的 Setup1 上右击，选择 Profile，可以看到仿真信息（见图 7-17）。其中比较重要的是网格数、仿真时间、每次双向耦合获取的功率等。如果结果正确，可以看到每次双向耦合得到的功率递增，而且增幅减小，即结果收敛。

Task	Real Time	CPU Time	Memory	
Coupling Iteration 1				Solver Iteration: 1
Retrieve PCB1				
Retrieve	00:01:01	00:00:00		Type: EM Loss, Source: This Project*, 3DL - SIwaveDCIR1
Solver Initialization				Real Time: 00:00:57, CPU Time: 00:00:57, Memory: 10.3 G
PCB Loss Group 1				Surface Loss: 1.1154 (Watt), Group 1: PCB1_1
				Total Mapped PCB Loss: 1.1154 (Watt)
Solve	00:02:15	00:28:23	12 G	
Coupling Iteration 2				Solver Iteration: 58
Retrieve PCB1				
Retrieve	00:01:16	00:00:00		Type: EM Loss, Source: This Project*, 3DL - SIwaveDCIR1
Solver Initialization				Real Time: 00:00:42, CPU Time: 00:00:42, Memory: 10.5 G
PCB Loss Group 1				Surface Loss: 1.1682 (Watt), Group 1: PCB1_1
				Total Mapped PCB Loss: 1.1682 (Watt)
Solve	00:00:22	00:05:40	11.6 G	
Coupling Iteration 3				Solver Iteration: 59
Retrieve PCB1				
Retrieve	00:01:15	00:00:00		Type: EM Loss, Source: This Project*, 3DL - SIwaveDCIR1
Solver Initialization				Real Time: 00:05:05, CPU Time: 00:05:04, Memory: 7.42 G
PCB Loss Group 1				Surface Loss: 1.171 (Watt), Group 1: PCB1_1
				Total Mapped PCB Loss: 1.171 (Watt)

图 7-17　双向耦合功率收敛

7.2.14 观察温度分布

选择 PCB，在 Project Manager 窗口中的 Field Overlays 上右击，在菜单上单击 Plot Fields → Temperature。在弹出的对话框中选择 Plot on surface only。可以看到，图 7-18 中的温度场分布和功率密度分布吻合。左侧的色带，显示了最高温度和最低温度。

在 Project Manager 窗口中的 Field Overlays 上右击，在菜单中单击 Plot Fields → Marker → Add Marker，在热点中选择加上 Marker，则可以看到确切的温度值，如图 7-18 所示。

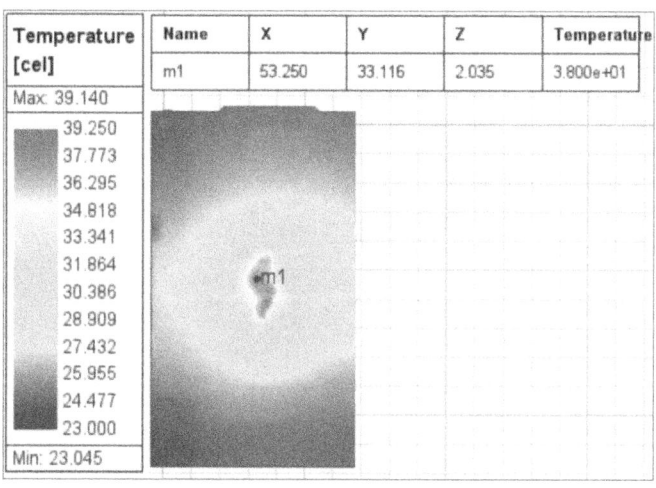

图 7-18 温度场结果

7.3 封装热阻模型

封装热阻模型就是用热阻网络代替封装的热流路径，进而可以通过计算、有限元法（FEM）或计算流体动力学（CFD）软件仿真和预测芯片温度和线路板温度分布。Icepak 提供了双热阻模型和 DELPHI 热阻网络两种封装热阻模型。

7.3.1 双热阻模型

双热阻模型假定元件工作时产生的热只从元件上表面和下表面或者引脚传出，不会从元件侧面传出。因此，可以使用结点到外壳热阻和结点到 PCB 热阻建立元件模型（双热阻模型）来描述热流路径。

（1）Theta-JB(θ_{jb}) 结点至电路板热阻

结点至电路板热阻，尝试用一个数字表示封装和电路板之间的热阻，即

$$\theta_{jb}=(T_j - T_b)/P_d$$

（2）Theta-JC (θ_{jc}) 结点至外壳热阻

结点至外壳热阻度量是用来在散热片被连接后估算封装的散热性能，其计算公式如下：

$$\theta_{jc}=(T_j - T_c)/P_d$$

7.3.2 DELPHI 热阻网络模型

1. DELPHI 热阻网络模型介绍

DELPHI 紧凑型模型是一个热阻网络，由有限数量的结点组成，这些结点通过热阻网络相互连接（见图 7-19），每个网络结点只与一个温度相关联，结点可以是表面结点，也可以是内部结点。表面结点与封装表面的物理区域相关联，结点温度表示实际封装中分配给结点区域的平均温度。内部结点位于封装内，表面结点与内部结点和周围环境进行通信。

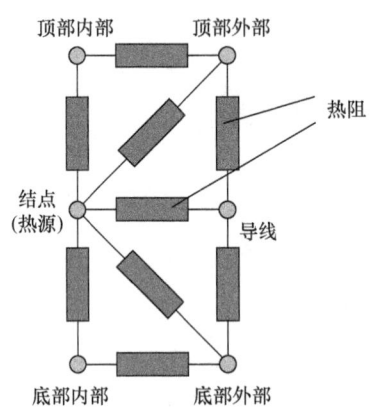

图 7-19 DELPHI 热阻网络模型

2. 定义目标函数

目标函数定义为详细模型和热阻网络模型在训练边界条件上的求解与预测之间的差异，也就是紧凑模型结果与详细模型结果偏差的度量。最小化目标函数应产生具有低误差的紧凑模型。Icepak 目标函数公式定义如下：

$$F = \sum_{1}^{M}\left(W\left(\frac{T_{J,C} - T_{J,D}}{T_{J,D} - T_{Amb}}\right)^2 + \left(\frac{1-W}{N}\right)\sum_{i=1}^{i=N}\left(\frac{q_{i,C} - q_{i,D}}{Q}\right)^2 \right)$$

3. 定义训练边界条件集

边界条件集通常以包含传热系数的矩阵表示。每行对应一个边界条件集，代表一个模拟，这些行通常代表典型运行环境的环境类别，例如强制对流、自然对流、附加散热器等。每一列表示一类特定的边界条件，而这类边界条件又表示应用了传热系数的 Package 表面上的特定区域。因此，标有 Top 的列是一组 HTC，表示 Package Top 面通常遇到的条件。DELPHI 联盟提出的 38 边界条件集如图 7-20 所示。

4. 目标函数优化

确定了目标函数、训练边界条件集和结点方案后，下一步就是选择合适的优化方案执行最小目标函数优化，并推导一个热阻网络，使预测趋势线和详细模型数据点之间的"最短距离"的总和最小化。这意味着目标函数相对于"趋势线"的每个系数（即每个热阻值）的一阶导数为零，通过对热阻网络中的每个热阻应用这种优化，就可以得到一组线性方程，这些方程可以通过标准矩阵的逆矩阵来求解，从而得到最优热阻网络。

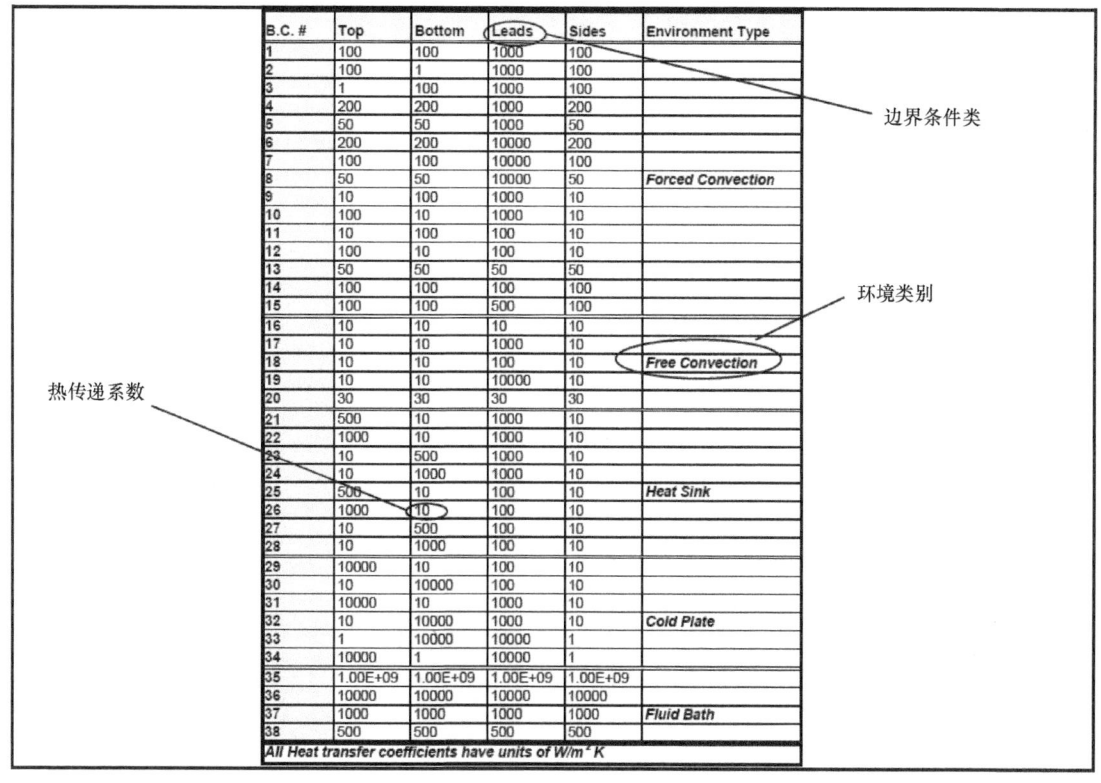

图 7-20 DELPHI 38 边界条件集

5. 误差预估

误差预估是通过对紧凑网络模型使用测试边界条件集训练来获得的。训练后,可以将紧凑模型的通量/结温预测结果与每个测试边界条件的详细模型数据进行比较,并报告误差。

一旦生成了紧凑模型热阻网络,并报告了误差,就得到与供应商无关的中间文件格式的热阻网络,这标志着 DELPHI 过程的正式完成。

7.3.3 双热阻模型实例

1. 双热阻模型实例概述

双热阻提取实例展示了在 Icepak 中计算 BGA 封装模型的双热阻 Theta-JB 和 Theta-JC 的过程。

2. 软件版本

AEDT Icepak 2023R2。

3. 双热阻计算实例

(1)第一步:启动 AEDT,创建 Icepak 工程

1)在开始菜单单击 All Programs → Ansys EM Suite 2023R2 → Ansys Electronics Dekstop 2023 R2。

2)单击 Simulation → Icepak,创建 Icepak 工程。

(2)第二步:加载 BGA-Package.aedtz 模型

单击 File → Open → 导航到 BGA-Package.aedtz 文件路径 → Open。

（3）第三步：复制 BGA-Package 设计，创建 JB 计算设计

1）在设计名称上右击，选择"复制"命令。

2）在项目名称上右击，选择"粘贴"命令。

3）在 BGA-Package 设计上右击，在菜单中选择 Rename。

4）设计名称由 BGA-Package 修改为 JB。

（4）第四步：启动 PowerBudget 检查 BGA-Package 功率设置

单击 Icepak → Toolkit → Reporting → PowerBudget。

（5）第五步：计算 Theta JB

1）单击 Generate Mesh 生成网格。

2）启动 Extract Theta JB and Theta JC Toolkit。

单击 Icepak → Toolkit → Modeling → IC Package → Extract_JB_JC。

3）设置如下参数：

① Select Design：JB。

② Package Top Side：MaxZ。

③ Thermal Characterization：Theta_JB。

单击 Accept 按钮计算 Theta_JB，如图 7-21 所示。

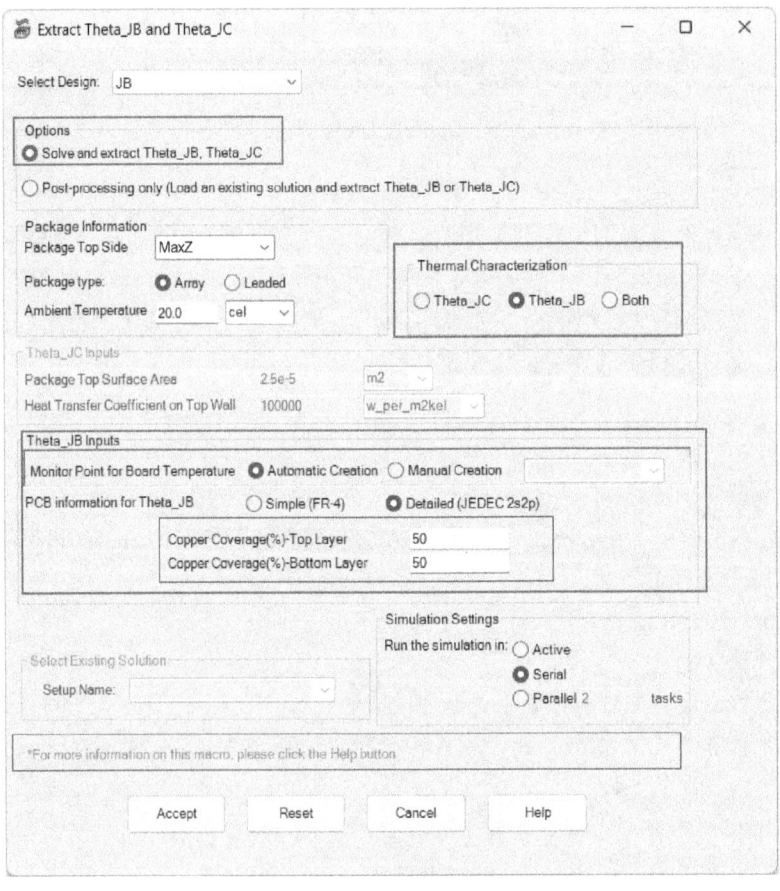

图 7-21　Theta_JB 计算

计算完成后，将出现一个带有 Theta_JB 值的对话框，如图 7-22 所示。

（6）第六步：计算 Theta JC

1）复制 BGA-Package 设计，将复制的设计名称更改为 JC。

2）单击 Generate Mesh 生成网格。

3）启动 Extract Theta JB and Theta JC Toolkit。

单击 Icepak→Toolkit→Modeling→IC Package→Extract_JB_JC。

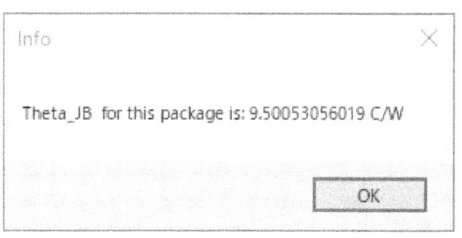

图 7-22 Theta_JB 计算值

4）设置参数如图 7-23 所示。

① Select Design：JC。

② Package Top Side：MaxZ。

③ Thermal Characterization：Theta_JC。

④ Package Top Surface Area：2.5e-5。

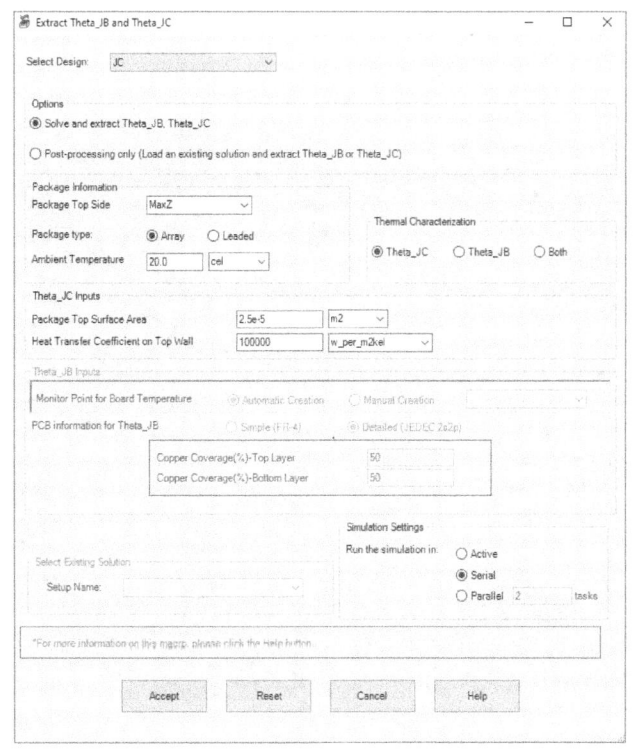

图 7-23 Theta_JC 计算

5）计算完成后，将出现带有 Theta_JC 值的对话框，如图 7-24 所示。

7.3.4 DELPHI 热阻网络实例

1. DELPHI 热阻网络实例概述

DELPHI 热阻网络模型实例展示了在 Icepak 提取

图 7-24 Theta_JC 计算值

BGA-Package 封装模型的热阻网络模型过程。

2. 软件版本

Ansys Classic Icepak 2023R2。

3. 热阻网络计算实例

（1）第一步：Unpack the BGA package

打开 Icepak，单击 Unpack → BGA-package，单击 Open 按钮。

（2）第二步：生成网格和求解计算

生成网格，并运行求解。

（3）第三步：DELPHI 网络抽取

1）单击 Macros → Modeling → IC Package → Extract Delphi Network。

2）选择 Package type：BGA。

3）选择 Package outline 信息：Full array。

4）选择 Topology：Basic topology。

5）选择训练边界集：15 Traning BCs。

6）运行求解，计算完成后单击 OK 按钮，如图 7-25 所示。

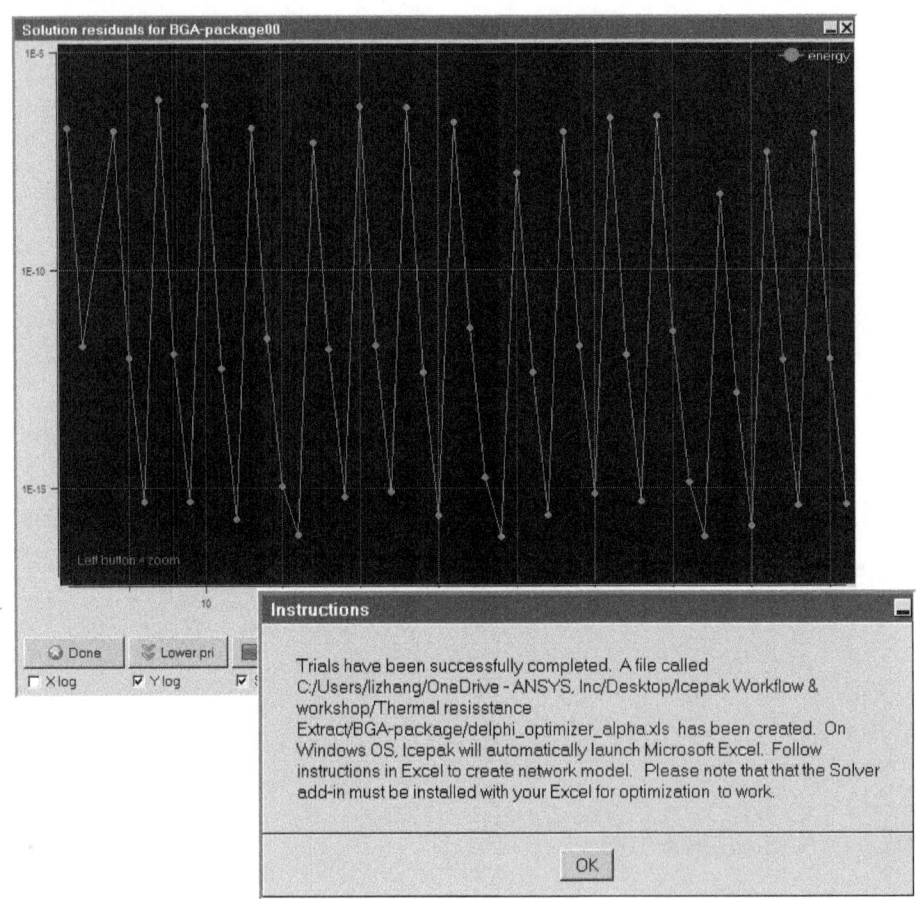

图 7-25　运行计算

第 7 章　PKG/PCB 散热仿真

（4）第四步：Excel 优化

Excel 提取器自动打开，单击橙色框，Excel 优化器将运行优化过程，并在新的 Icepak 项目文件夹中创建 DELPHI 网络模型，如图 7-26 所示。

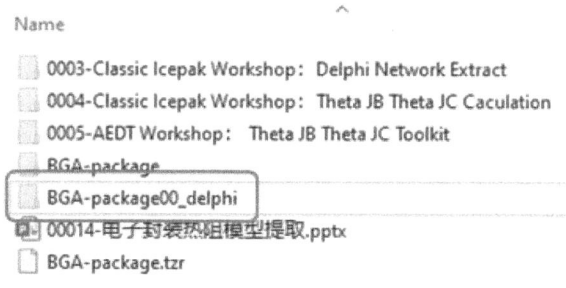

图 7-26　DELPHI 热阻网络模型

（5）第五步：误差直方图检查

每个边界条件最后都会出现误差直方图，如图 7-27 所示。

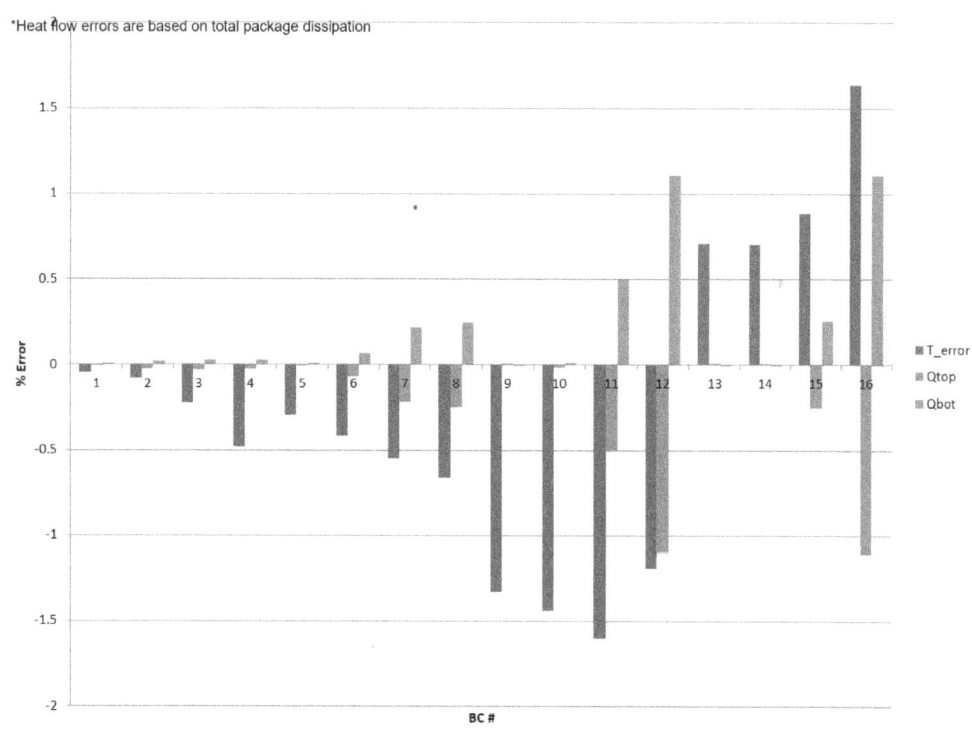

图 7-27　DELPHI 网络误差直方图

（6）第六步：检查 DELPHI 网络

1）打开 BGA-Package_DELPHI，检查 DELPHI 网络。

2）双击结构树中的 Network 打开编辑面板。

3）单击 Edit network / create nodes 按钮显示 network，如图 7-28 所示。

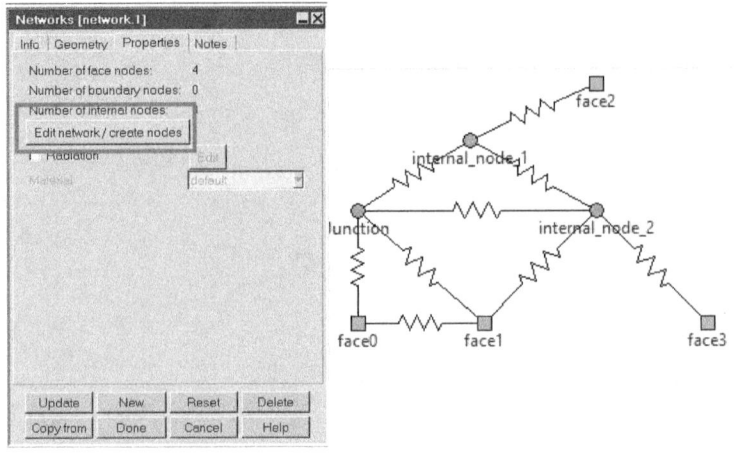

图 7-28 DELPHI 热阻网络模型

7.4 芯片封装跨尺度仿真

7.4.1 概述

CPS Thermal 流程除了热阻提取、电热耦合外还包含真实系统的热失控模拟，此流程与常规流程的不同之处在于以下两点：

1）裸片上功耗分布不同。由于芯片不同功能区功耗不同，热仿真时则不能将裸片上功耗赋予单一均匀值，这与真实物理场景有较大的差距。

2）由于 3D IC 的广泛应用及纳米级制程的使用，导致 3D IC 热损耗不能单纯考虑自发热，还需考虑漏电流引起的 leakage power。

本流程采用 AEDT 中热仿真模块 AEDT Icepak，利用其中的 CTM（Chip Thermal Model，芯片热模型）考虑上述问题。该流程生成的结果还可与专门进行裸片内热仿真工具 RHSC-ET 耦合，实现跨尺度、跨物理场的耦合仿真。CPS Thermal 流程图如图 7-29 所示。

下文将利用案例详细说明 CPS Thermal 流程。

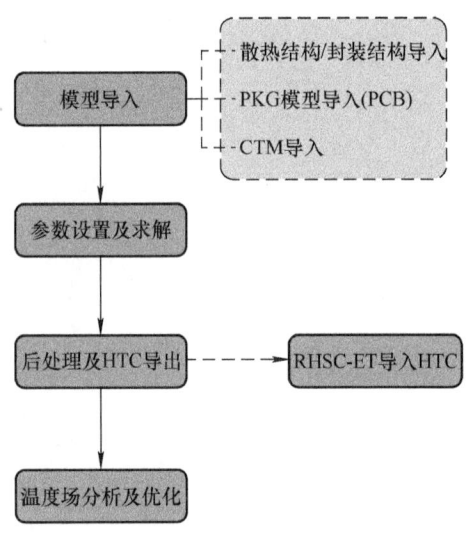

图 7-29 CPS Thermal 流程图

7.4.2 模型导入

模型导入分为三部分，下面将进行详细说明。

（1）结构模型导入

结构模型包含散热系统级封装模型。AEDT Icepak 在原来 Classic Icepak 的基础上进行升级。目前支持各种格式的 MCAD 模型，如图 7-30 所示。

第 7 章　PKG/PCB 散热仿真

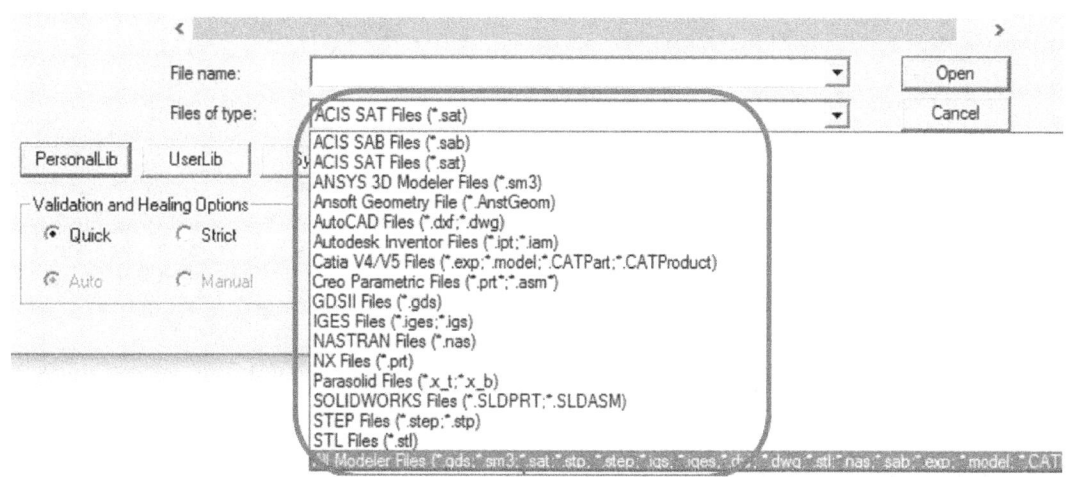

图 7-30　Icepak 支持的 MCAD 格式

导入模型的操作为单击 Modeler → Import → xxx.xt。

本案例准备了含有散热结构及 PKG ECAD 模型的工程。双击打开附录工程 CTM.aedtz 即可，工程解压缩设置如图 7-31 所示，系统结构模型如图 7-32 所示。

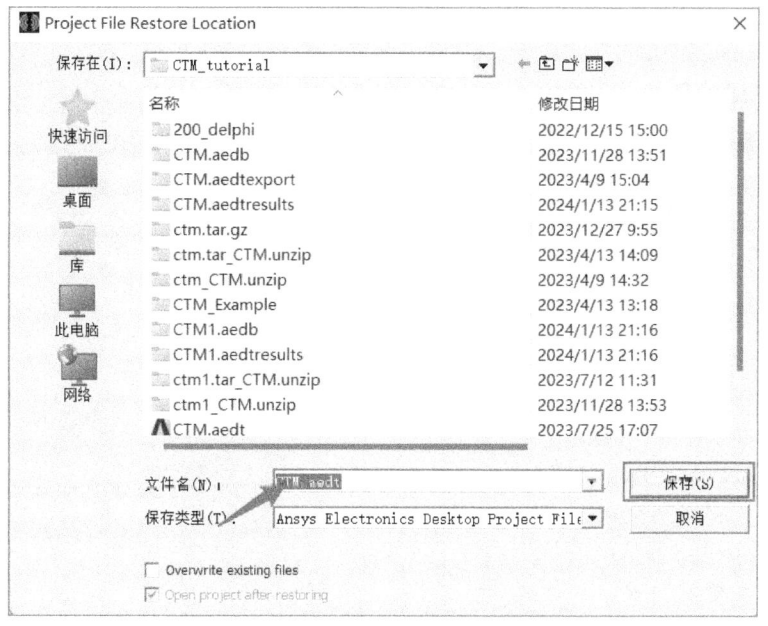

图 7-31　工程解压缩设置

（2）PKG/PCB Layout 文件导入

由于 PCB trace 分布不均匀，会导致 PCB 温度分布的不均匀，因此建议用户在进行热仿真时要考虑 PCB 真实 trace 对热量传递的影响。对封装来说，其 trace 更加复杂，因此更建议将 PKG 的 Layout 文件导入，考虑其 trace 对温度场的影响。Icepak 利用 trace mapping 方法，在不大量增加网格的前提下实现仿真过程中考虑布线的影响。

197

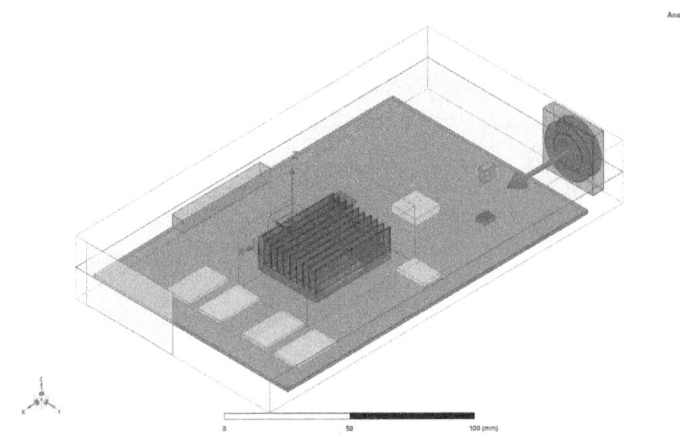

图 7-32 系统结构模型

导入 PCB 的方法可参考 7.2 节中的操作流程。

（3）CTM 导入

CTM 是 Ansys 芯片功耗模型，也是一种加密模型，其中包含裸片内各层金属份数占比，不同裸片上的功耗分布，既可以在 RHSC-ET 中进行裸片内温度场模拟，也可以在 Icepak 中进行真实应用场景下的功耗输入。

其与 Power map 最大的不同在于，CTM 不仅包含各个位置的功耗数据，同时包含功耗随温度变化情况，这种变化是由于漏电流引起的。数据体现上即不同位置热损耗均为一条独特的随温度变化的曲线。目前 CTM 文件已经升级到 v2.0，不仅可以考虑 power 的分布，还可以考虑叠层结构信息。CTM 压缩文件内容如图 7-33 所示。

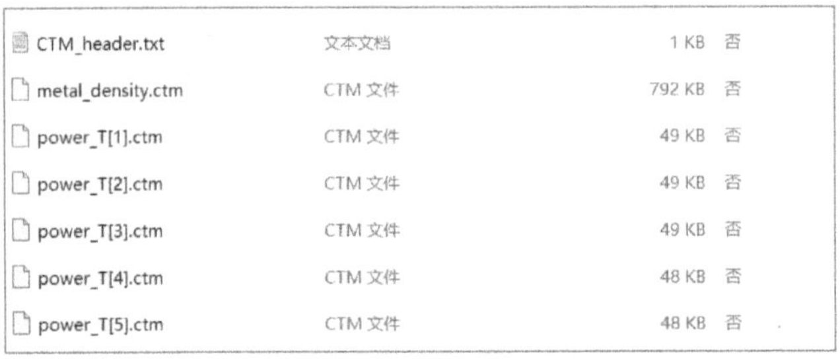

文件名	类型	大小	
CTM_header.txt	文本文档	1 KB	否
metal_density.ctm	CTM 文件	792 KB	否
power_T[1].ctm	CTM 文件	49 KB	否
power_T[2].ctm	CTM 文件	49 KB	否
power_T[3].ctm	CTM 文件	49 KB	否
power_T[4].ctm	CTM 文件	48 KB	否
power_T[5].ctm	CTM 文件	48 KB	否

图 7-33 CTM 压缩文件内容

导入 CTM 的操作如下：

1）转换为 Face（面）选择模式，如图 7-34 所示，选择裸片下表面：GUI 中按 F 键，单选裸片底面。

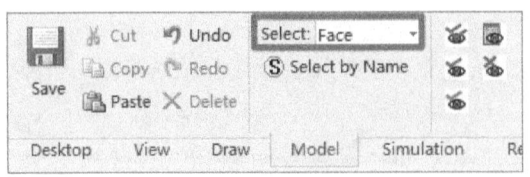

图 7-34 Face 选择模式

2）选择生成 CTM 组件，如图 7-35 所示，右击 3D Component，在菜单中单击 Create → CTM。

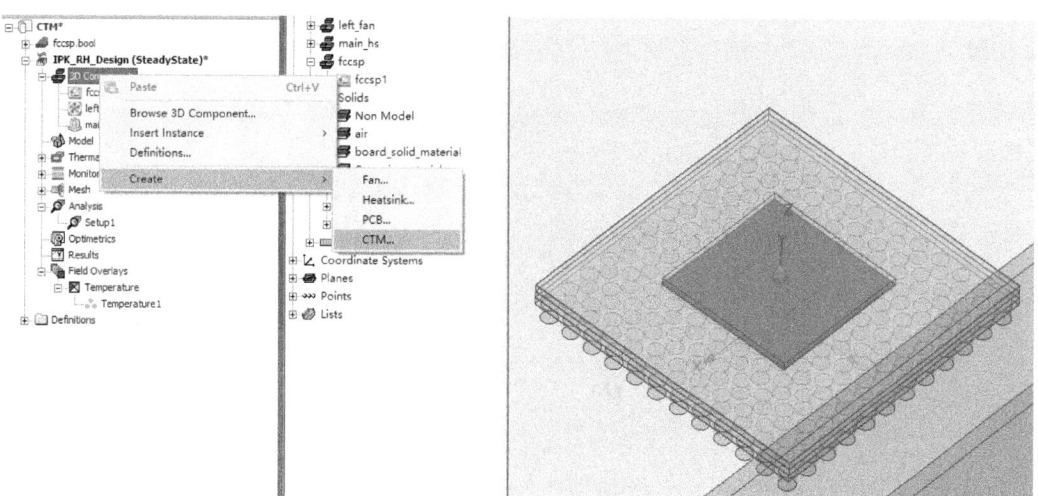

图 7-35　选择生成 CTM 组件

3）单击"选择文件"按钮，查找 CTM 文件。

4）读入 CTM 文件，选择 ctm_8188.tar.gz 文件并打开，如图 7-36 所示。

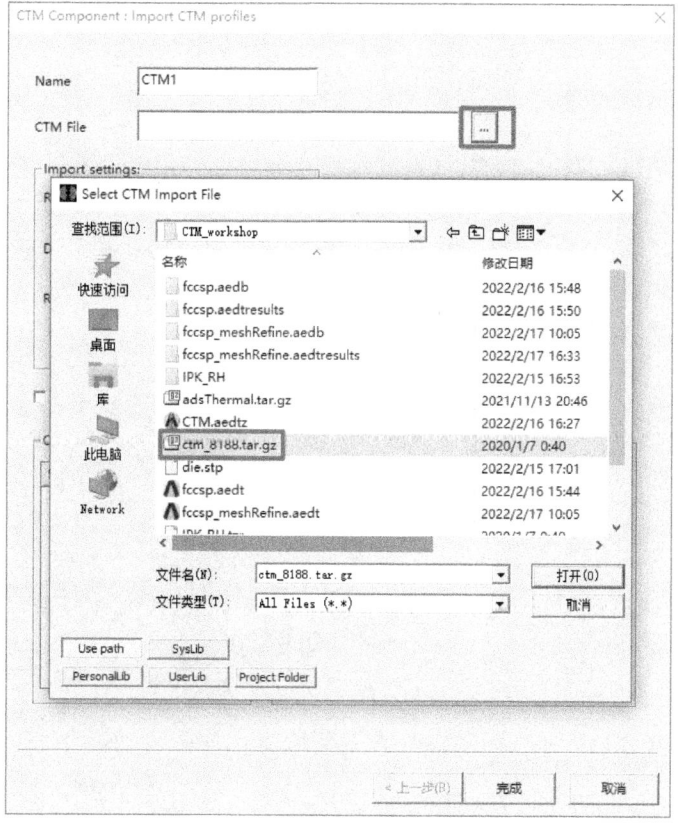

图 7-36　读入 CTM 文件

5)输入 Density number 的值来定义热源的数量。

6)CTM 参数设置如图 7-37 所示。Resolution 允许用户输入一个因子,该因子乘以 Power map 中最小 Source 的尺寸。默认参数 1 即为保留最小 Source 的默认大小。

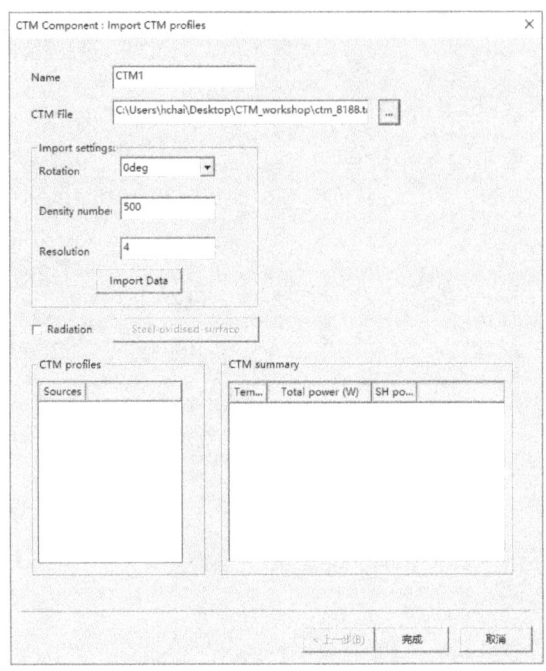

图 7-37　CTM 参数设置

7)单击 Import Data 按钮,CTM 文件就会导入 Icepak 中,用户可在设置对话框中读到每一个 Source 的功耗。

8)用户检查 CTM 文件,如图 7-38 所示。检查 CTM 功耗是否正常,总功耗一般按预期随温度升高,SH power 占比通常小于总功耗的 10%。

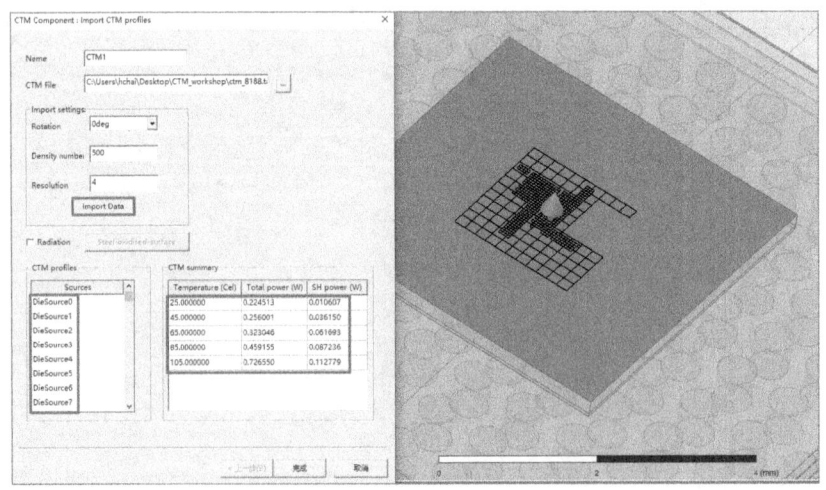

图 7-38　CTM 文件导入对话框

7.4.3 模型的网格划分

AEDT Icepak 网格划分方法为原 Classic Icepak 中的 HD 网格。网格划分设置对话框如图 7-39 所示。AEDT Icepak 支持自动划分网格与手动划分网格两种方式。其中，自动划分网格会根据几何模型选用合适的网格方法，比如结构网格、非结构网格、3D 多级网格等。手动划分网格可根据实际需求调整最大网格参数及最小间隙尺寸，在满足要求的前提下尽可能减少网格数量。

图 7-39　网格划分设置对话框

本案例采用手动划分，并局部加密 CTM 网格。由于篇幅所限，其他网格参数设置在此不做赘述，这里只探讨 CTM 相关网格设置。具体操作如下：

1）如图 7-40 所示，选择建立局域化网格区域，模型树下选中 CTM 组件，右击，在菜单中选择 Assign Mesh Region。

2）将网格区域命名为 mesh_CTM。

3）如图 7-41 所示，设置网格参数，输入 Maximum Element Size（最大元素大小）和 Minimum Gap（最小间隙）的值。

4）禁用多级网格的选项。

5）设置局域化网格区域外扩，如图 7-42 所示，转到 Face 选择模式，选择 mesh region 底面，拉伸 0.063mm；同时选中周围四个面，外扩 0.1mm。

6）生成并查看芯片模型网格，如图 7-43 所示，单击 Generate Mesh 用于生成网格，并查看芯片模型网格。

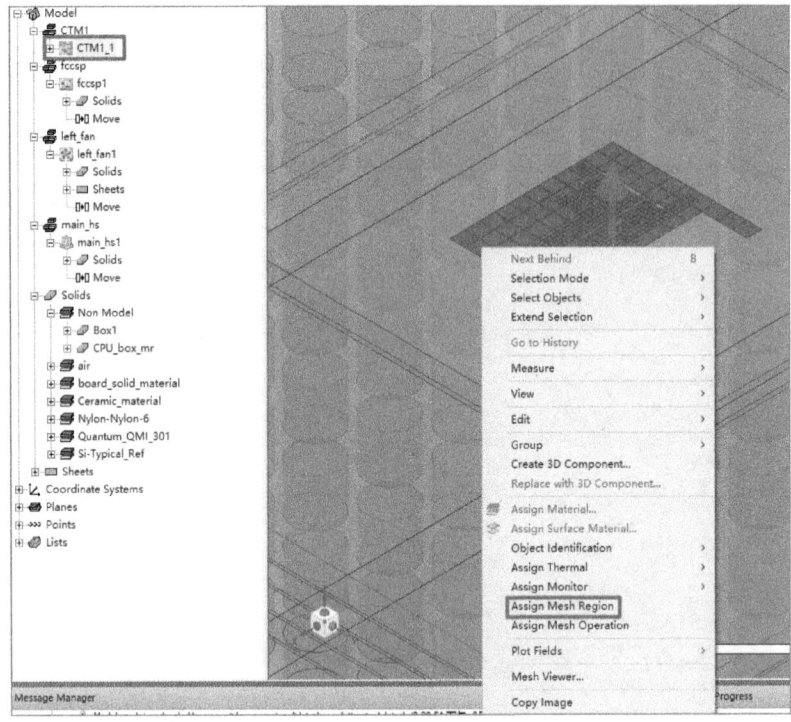

图 7-40 设置局域化网格区域

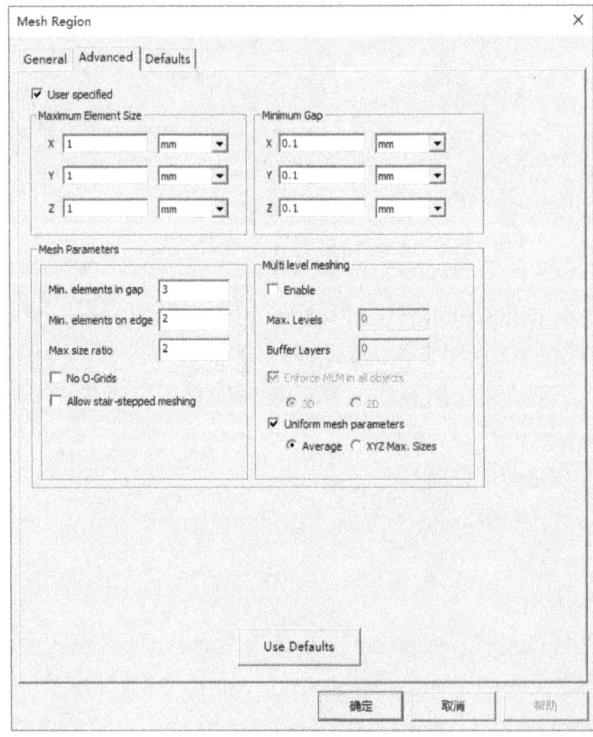

图 7-41 网格参数设置

第 7 章 PKG/PCB 散热仿真

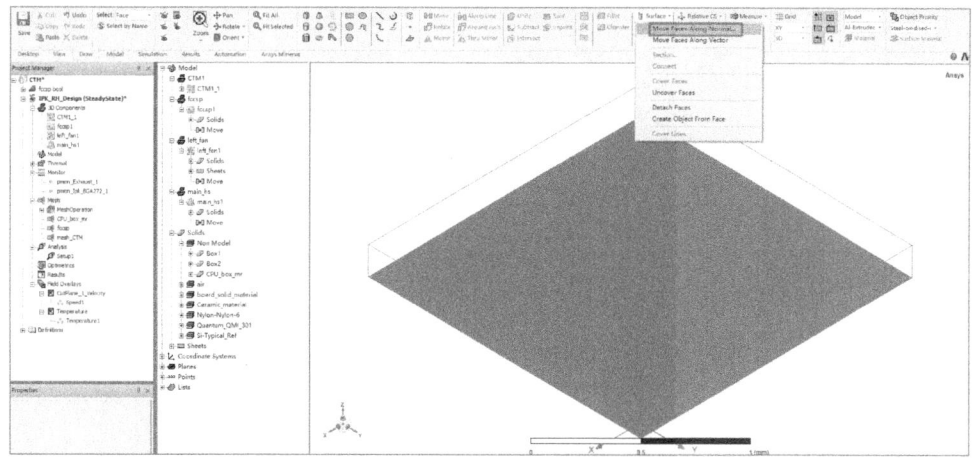

图 7-42 mesh region 外扩设置

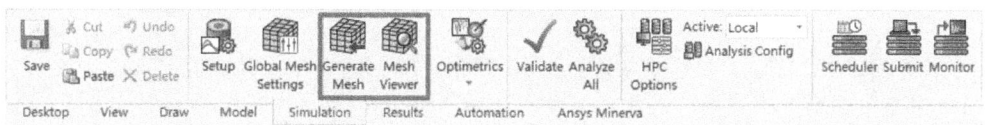

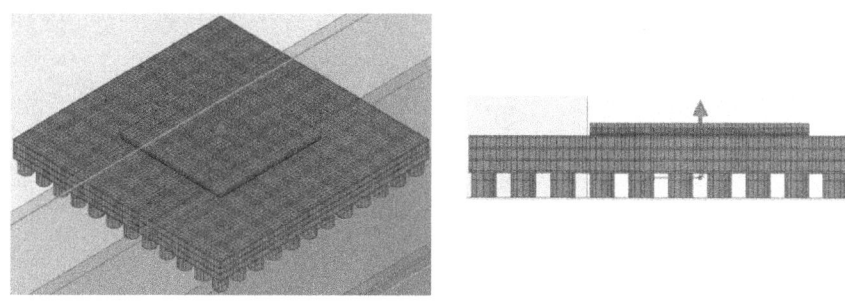

图 7-43 生成并查看芯片模型网格

7.4.4 参数设置

输入参数设置总结见表 7-2。

表 7-2 输入参数设置总结表

参数	说明
材料属性	热导率居多，瞬态仿真需同步考虑密度、比热容
进/出口参数	风扇 PQ 曲线、风速、风温等进口参数；出口压力或自由出口等参数
热损耗	本例中 CTM、source 等二维热源功耗，block 等三维热源功耗
湍流模型	根据流动类型选择合适的湍流模型
求解设置	默认参数（重力方向、环境温度等），稳态/瞬态，迭代步数等参数

203

求解设置如图 7-44 所示，工程保持默认设置，右击 Setup1，在菜单中选择 Analyze，等待求解收敛。

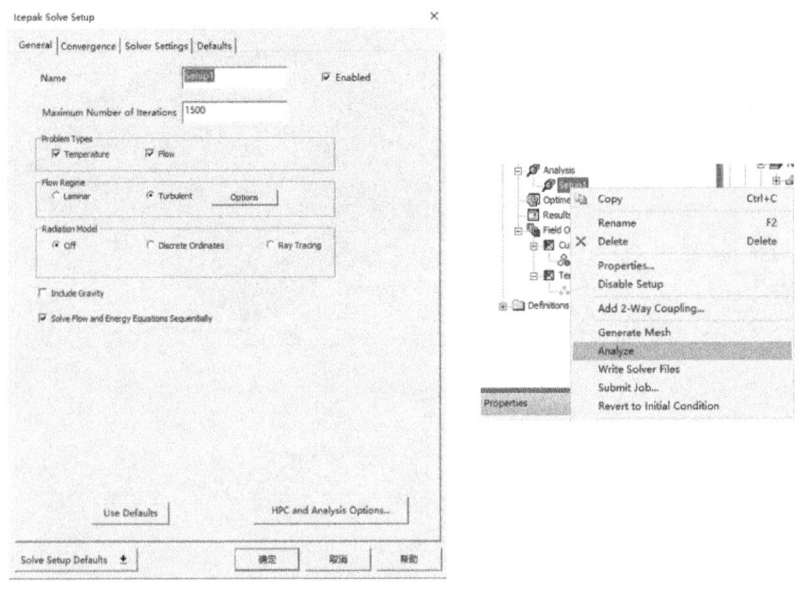

图 7-44　求解设置

收敛曲线图如图 7-45 所示。由图可知，能量方程残差曲线在其他参数方程收敛后出现，这是因为本案例属于强迫对流仿真，所以流动方程与能量方程解耦来加强收敛。

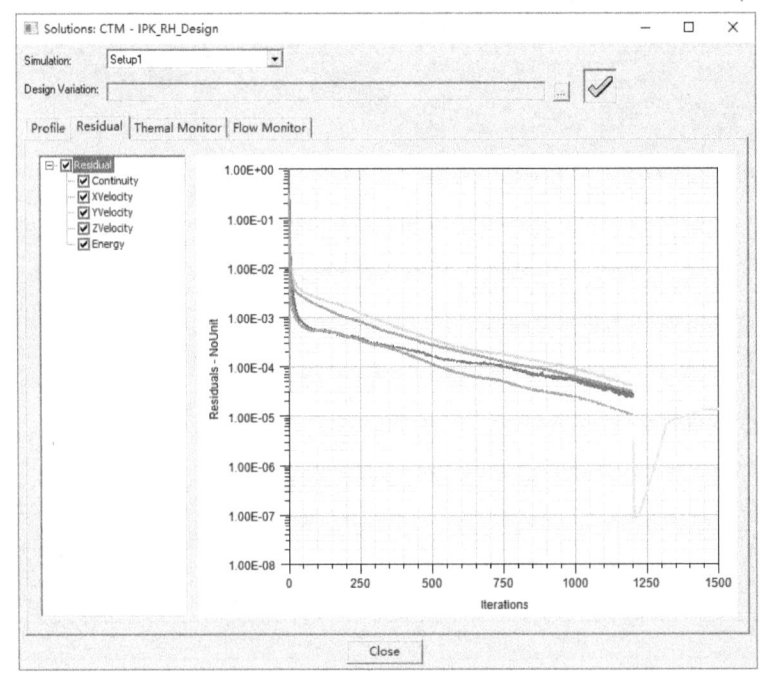

图 7-45　收敛曲线图

7.4.5 后处理显示及分析

生成温度云图和查看温度云图分别如图 7-46 和图 7-47 所示。选中 PCB 及板上所有器件，右击，选择生成温度云图。

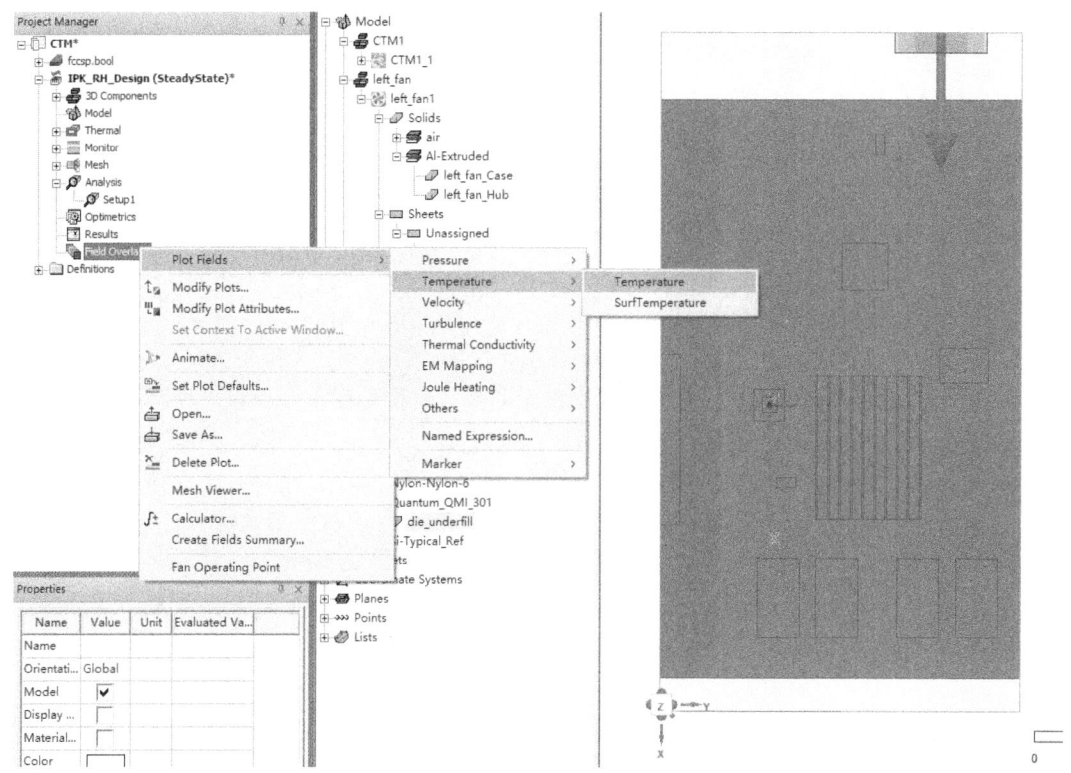

图 7-46　生成温度云图

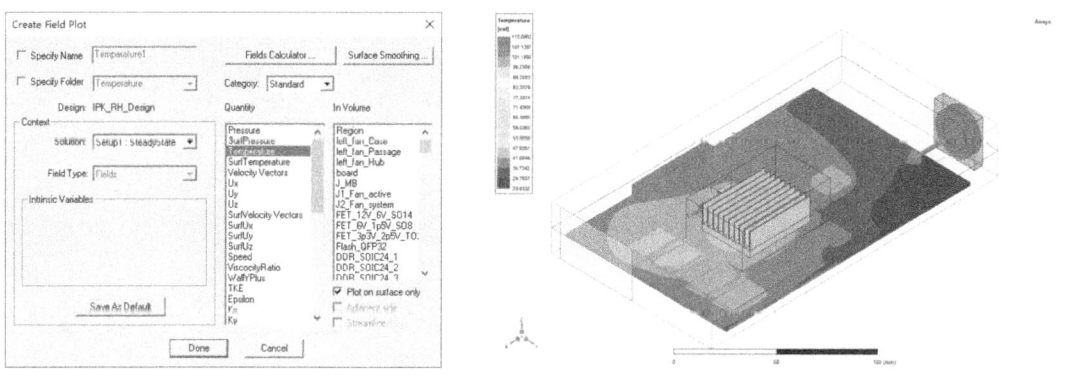

图 7-47　查看温度云图

如果用户要将 thermal 数据传递给 RHSC-ET 进行裸片内温度仿真，那么只需要导出裸片或 Molding 壁面上的 HTC 数据即可。

7.4.6 小结

本节描述了如何利用 CTM 模拟因漏电流产生的功耗提升现象，在此之外可导出 HTC 数据，用来在 RHSC-ET 中进行裸片内温度模拟。

7.5 电子产品动态热管理

7.5.1 DTM 概述

电子产品动态热管理（Dynamic Thermal Management，DTM）不需要通过硬件散热来实现，而是通过芯片任务及芯片繁忙程度，利用软件对 2.5D 或 3D IC 内各个功能区开关，合理调整频率及电压，达到控制芯片热损耗，避免热点形成及高功率持续时间。

由于芯片尺寸越来越小，功耗越来越高，5G 时代下软件冷却逐渐不能忽略。过去 DTM 策略大多不是由热设计工程师完成的，目前则必须由热设计工程师进行考量，在这样的背景下，热仿真如何纳入 DTM 策略就变成一个至关重要的问题。

Ansys 电子产品 DTM 的实现共分为三种方案：

1）基于 GUI 的 DTM 的实现仿真：通过 Icepak 内置 GUI 进行简单的设置，实现功耗随温度动态变化的热仿真。

2）基于脚本的 DTM 仿真：AEDT Icepak 有丰富的 Python 接口，可利用 Python 脚本控制仿真过程中的源项，使功耗随温度动态变化；与 1）的区别是可编写更复杂的拟合函数控制功耗变化。

3）基于降阶模型的 DTM：上述两种方案有一个最大的弊端，即需要进行瞬态热仿真，且用来做管理策略设计消耗时间过久。为了应对这种情况，利用 ROM（降阶模型）快速结果响应的特点，Ansys 产品提供基于降阶模型进行 DTM 策略的设计。

以下为三种方案的详细介绍，由于篇幅所限，仅介绍与 DTM 相关的设置。

7.5.2 基于 GUI/脚本的 DTM 仿真计算

1. 基于 GUI 的 DTM 仿真

（1）DTM 工具介绍

AEDT Icepak 具有专用工具进行 DTM 仿真（类比 Classic Icepak 宏）。只需要在 UI 界面中设置功率放大（缩小）系数即可实现功耗随温度变化的"拔河上升"过程。

（2）方法说明

1）模型介绍。图 7-48 所示为 DTM 工具的 Source Control 设置对话框。其使用说明如下：

① 使用瞬态求解器，并串行运行模型（不支持并行计算）。如果宏检测到并行求解器选项，将自动恢复为串行。

② 为 2D 热源和 3D 实体块选择瞬态功率。恒定功率可以通过设置线性系数为零来指定。

③ 在模拟过程中，必须指定瞬态功率和瞬态强度。

④ 不要使用空格或特殊字符（下划线除外）来命名对象或监控点。

⑤ 确认在"对象"下选择 2D 热源，而在"监控点"下选择监控点。

第 7 章 PKG/PCB 散热仿真

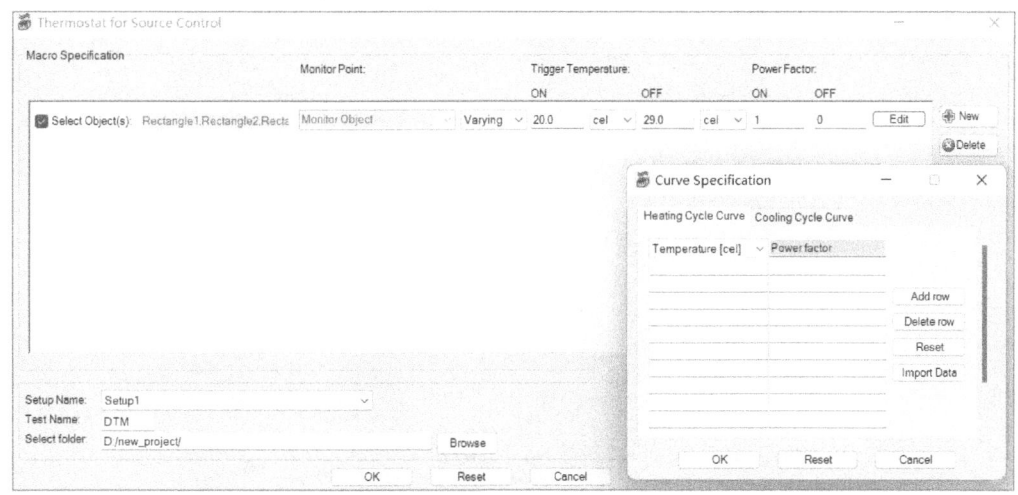

图 7-48 Source Control 设置对话框

⑥ 这个工具最多支持 10 个 Source 的组合。

2）工具使用说明。在瞬态仿真的 Case 中可进行"恒温控制"计算，如图 7-48 所示，二维 Source 在 20℃开始工作，29℃停止工作，功耗变为 0。用户也可以编写曲线控制 Source，实现在对应温度功耗比例变化。如在 30℃，功耗变为 0.5 倍。

3）分析与小结。由上述介绍可知，Icepak 本身具有实现"恒温控制"的计算工具，利用此工具可以实现功耗的 DTM 功能。但这个工具本身有数目的限制，且如果用户知道功耗随温度变化的拟合函数，则此工具实现 DTM 具有一定的难度。因此在这基础上 Icepak 提供了基于脚本的 DTM 计算功能。

2. 基于脚本的 DTM 仿真计算

（1）流程详述

基于脚本的 DTM 流程如图 7-49 所示。这个流程能帮助设计控制逻辑，诸如 DVFS 等方案，即通过脚本控制功耗可根据温度反馈实时调整功耗；由每个时间步执行的外部 Python 代码驱动，并为实现复杂逻辑提供了足够的自由度；Icepak 和 Python 之间的数据交换使用基于数据文件，该文件在计算过程中会被保存下来。

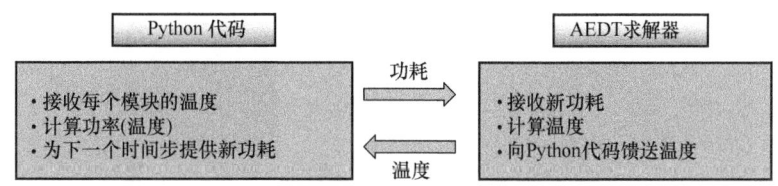

图 7-49 基于脚本的 DTM 流程

（2）案例介绍

1）模型说明及参数设置。系统模型图如图 7-50 所示。双击打开工程 D2_WS1_DTM_start.aedtz，选择合适的存储位置，用户可从这个基础案例开始，并在这个基础案例中进行如下操作：

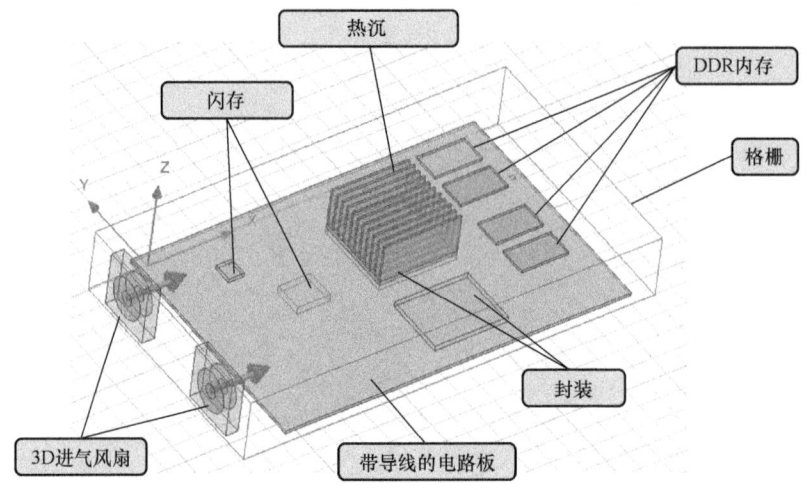

图 7-50 系统模型图

① 在 DDR 组件的面上创建 2D 热源。
② 在 PCB 上创建一个 2D 热源作为远程监控点。
③ 为所有新创建的热源添加监控点。
④ 根据新添加的源代码和适用的控制逻辑修改 Python 文件。

首先进行环境变量设置，仅在第一次启用 DTM 功能时设置，之后不需要重复设置。
① 设置环境变量。ANSYSEM_FEATURE_F216429_Icepak_DTM_ENABLE = 1。
② 在 Beta 功能列表中打开 DTM 功能，单击 Options→Beta Options→DTM，如图 7-51 所示。

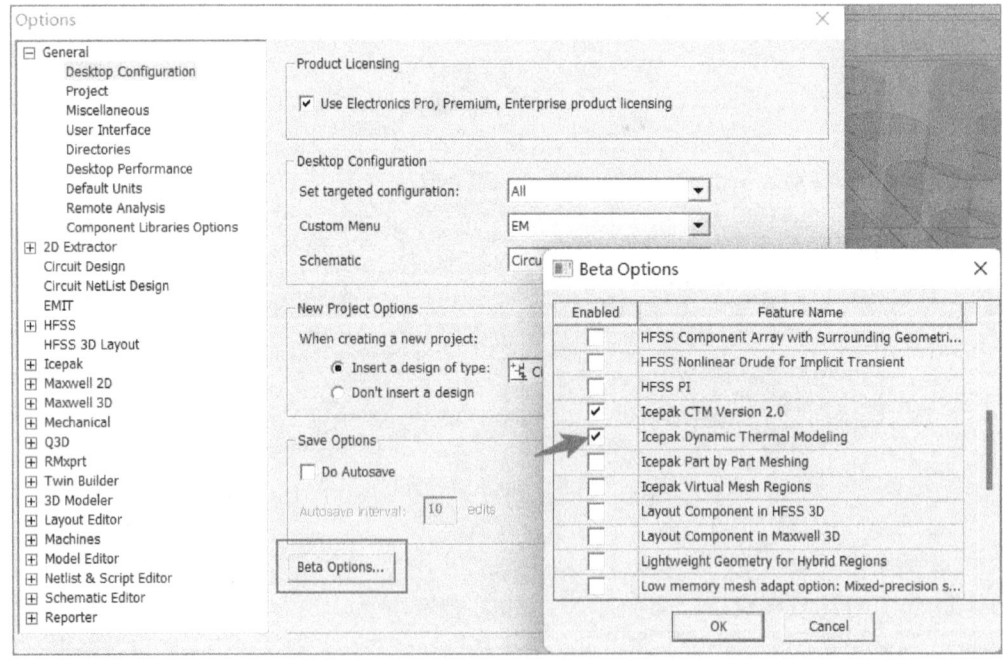

图 7-51 DTM 功能开启

③ 设置缓存位置，如图 7-52 所示，以方便计算过程中查看验证控制逻辑正确与否。

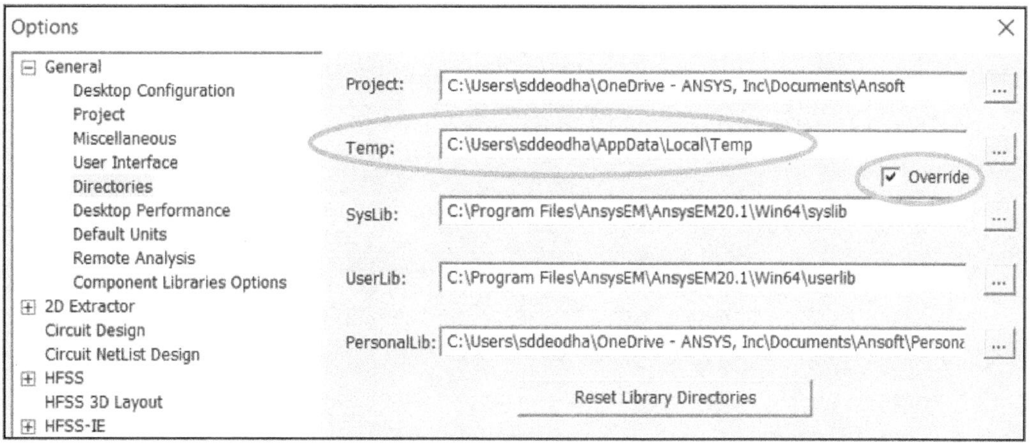

图 7-52　设置缓存位置

设置完环境变量并打开 DTM 功能后用户便可以开始进行设置此案例，具体步骤如下：

① 创建 source1，如图 7-53 所示。尺寸为 2mm × 2mm，并将其放置在 PCB 上，其对角线坐标为 (159,−30,1.56464)mm。这个 source1 将用作远程监控点。

Properties

Name	Value	Unit	Evaluated Value
Comma...	CreateRectangle		
Coordin...	Global		
Position	159 ,-30 ,1.56464	mm	159mm , -30mm , 1.56464mm
Axis	Z		
XSize	-2	mm	-2mm
YSize	2	mm	2mm

图 7-53　创建 source1

② 选择 source1、DDR 和 DDR1 的上表面，右击 Assign 的一个 2D 热源，并将名字修改为 DTMsources。

③ 在 source1、DDR 和 DDR1 的上表面创建温度监控点。监控点的名字需要与 2D source 或 3D object 一致，热源设置如图 7-54 所示。

④ 修改工程为瞬态求解，如图 7-55 所示。

⑤ 修改 DTMsources 热源为 DTM，如图 7-56 所示。

⑥ 修改瞬态设置如图 7-57 所示。起始计算时间为 0s，结束时间为 30s，时间间隔为 1s，此参数相当于芯片内传感器的采样时间，每一个时间步运行 30 个迭代步。

⑦ Icepak 本身提供了脚本检查功能，单击 Icepak → Toolkit → Productivity → DTM_Verification。脚本验证通过界面如图 7-58 所示。选择响应的脚本文件进行验证，在 Message Manger 窗口中会显示脚本错误信息，显示脚本验证通过，即可进行下一步操作。

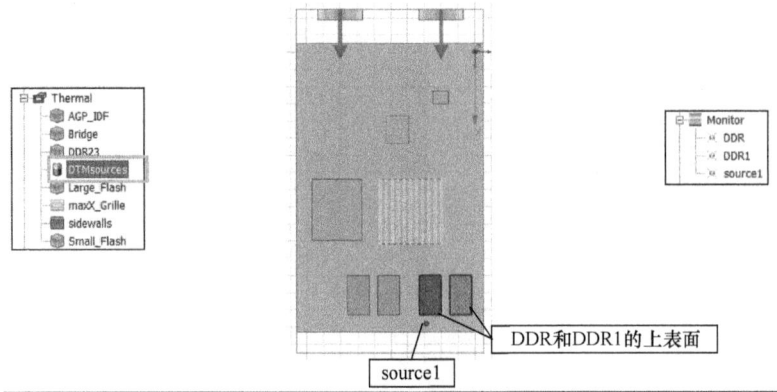

图 7-54　热源设置

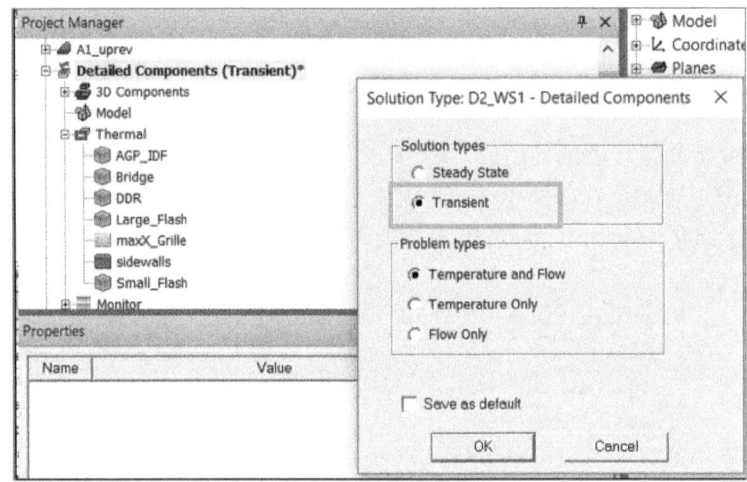

图 7-55　瞬态求解设置

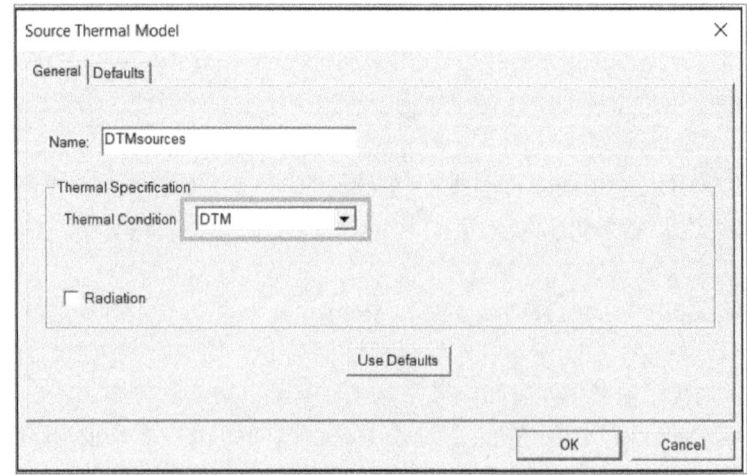

图 7-56　修改 Thermal Condition

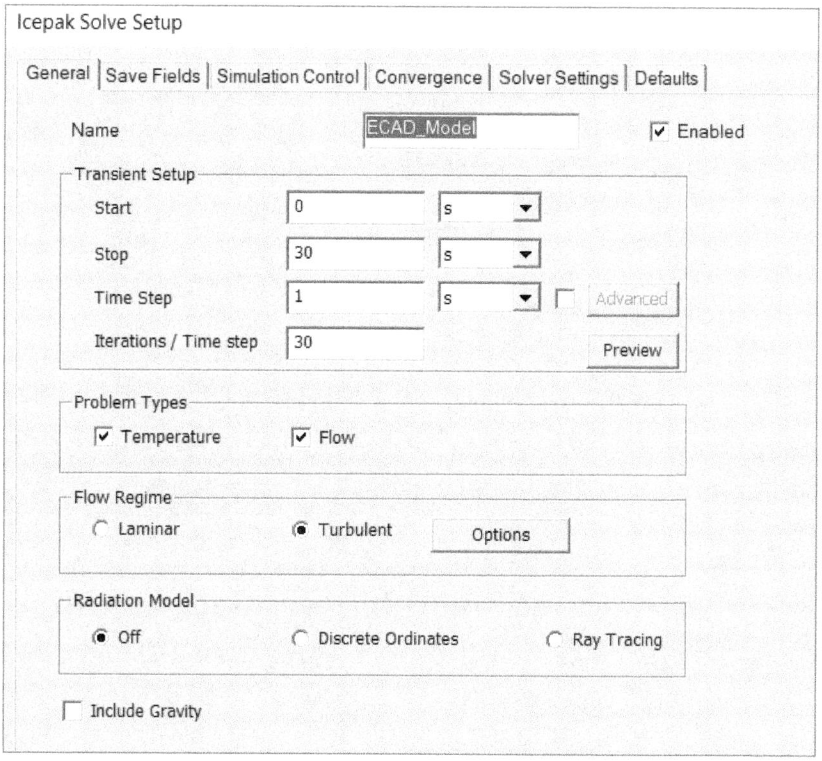

图 7-57 修改瞬态设置

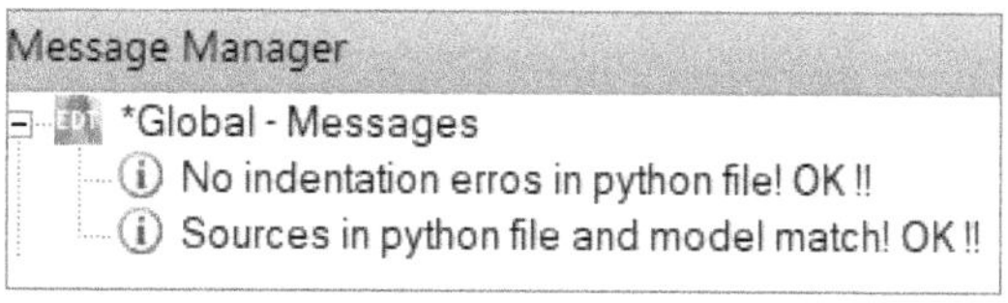

图 7-58 脚本验证通过界面

⑧ 如图 7-59 所示，在 Save Fields 标签中选择保存频率为每 10 个迭代步保存一次。

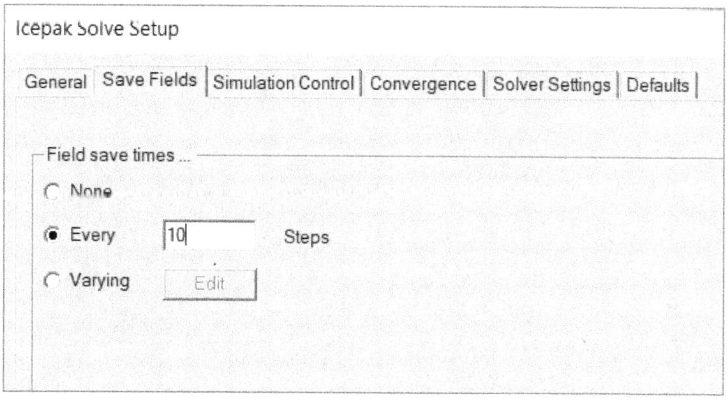

图 7-59 Icepak 结果保存频率设置

⑨ 如图 7-60 所示，在 Simulation Control 标签中选择案例中的 py 脚本控制源项变化。

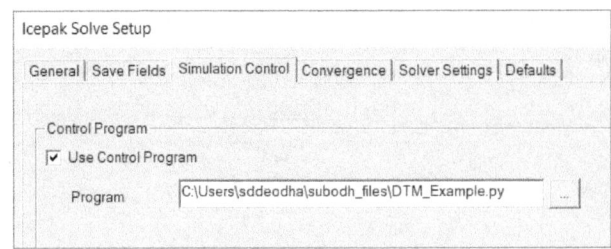

图 7-60 控制逻辑设置

⑩ 如图 7-61 所示，右击 ECAD_Model，在菜单中选择 Analyze，查看残差曲线。

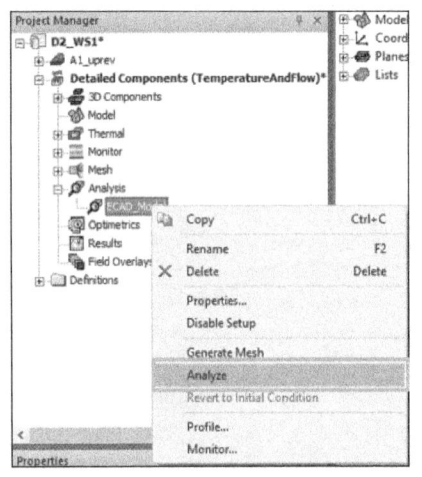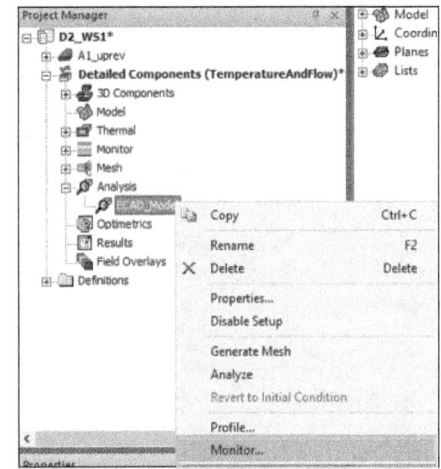

图 7-61 求解及监控界面显示

2）结果分析。求解过程中可以在 temp 文件夹中查看输出结果，文件名称如图 7-62 所示。使用文本编辑器打开可以看到，在第 10s 时，source1 的温度达到 293K（约 20℃），DDR 功耗下降到 0.5W 左右。

图 7-62 在 temp 文件夹查看数据

还可以直接在监控曲线上看到温度的变化情况，如图 7-63 所示，以此来验证脚本的正确性。

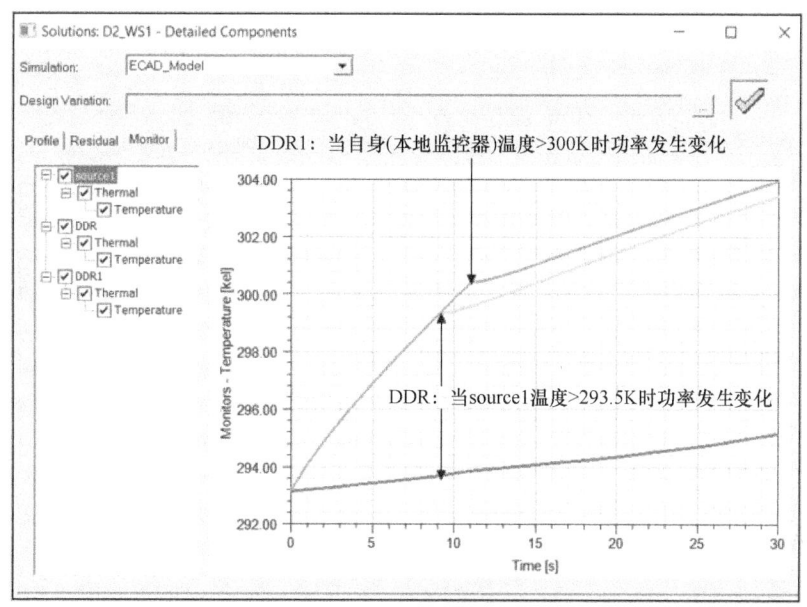

图 7-63　温度监控曲线

（3）小结

本节介绍了基于脚本开发的 DTM 仿真方案，这种方案与基于 GUI 的方案相比更加自由，可根据读者需要任意添加控制逻辑及需控制的 source。搭配 floorplan 可实现裸片上的功耗控制逻辑设计及验证。

7.5.3　基于降阶模型的 DTM 仿真计算

1. 降阶模型（Reduced Order Model, ROM）介绍

前文方案多基于 3D 数值模拟，在控制逻辑未定或需要多次修改时则不是很方便。甚至有些设计人员会有基于当前温度实时调整功耗的需求。而这明显是三维仿真不能办到的。为了实现这一功能，工程上一般希望得到一种快速响应的网络模型，目前主流模型可分为 Cauer 模型及 Foster 模型。

Cauer 模型又称为热网络（Thermal Network）模型，它是一种用于描述和分析物体热行为的数学模型。它基于热力学原理，将实际的热传导问题抽象为电路模型，其中包含热电阻、热电容和热源等元件。热网络方法允许工程师和科学家以系统化的方式理解和预测材料与设备在不同条件下的温度分布与变化。

热电阻代表材料的热阻抗，它决定了热量通过材料的速率。热电容则存储和释放能量，对热流的变化产生响应。热源则代表了热量的输入或输出，例如由于电流流经导体产生的焦耳热。

在热网络模型中，结点代表特定的温度点，而连接结点的支路则代表热量传递路径。每个支路的参数（热电阻和热电容）取决于连接结点的材料特性和几何布局。热网络模型通常采用树状或网状的形式来表示复杂的热传导问题。

热网络模型示意图如图 7-64 所示,它的建立通常依赖于数值模拟。通过数值模拟,可以精确地提取热网络中的元素参数,从而确保模型的准确性。一旦建立了热网络模型,就可以使用电路分析的方法来计算整个系统的温度分布,这大大简化了热问题的求解过程。

Foster 模型则是根据 Foster 公式描述线性时不变系统的温度变化响应关系,通过多次数值模拟或实测获得训练数据,从而生成可快速响应的 ROM。其中当然也存在热阻抗与热容等参数,但此时 R/C 都只存在数学意义,没有真实的物理意义,这与 Cauer 模型有很大的差别。但现实应用中 Foster 模型会更广泛一些,这是因为 Cauer 模型中 R/C 虽然具有真实的物理意义并且可用于非线性问题中,但其精确度受限且不易生成。关于 Cauer 模型,Icepak 具有针对封装的符合 JEDEC 规范生成的 DELPHI 热阻网络模型生成工具,在后来的版本中将会增加多 DIE DELPHI 热阻网络模型提取功能。

本书采用的是应用最广的 LTI ROM 生成系统或研究对象的降阶模型。

LTI ROM 是一种使用空间状态函数或福斯特网络方法得到的快速响应模型。这种模型能够得到 CFD 仿真或者测试相同的精确度。因为 ROM 本身采用向量耦合方式,因此其鲁棒性很高。LTI ROM 在应用范围内准确性较高,但其本身只适用于线性时不变系统,传热过程可匹配除热辐射外的所有传热场景。Ansys ROM 的应用范围如图 7-65 所示。

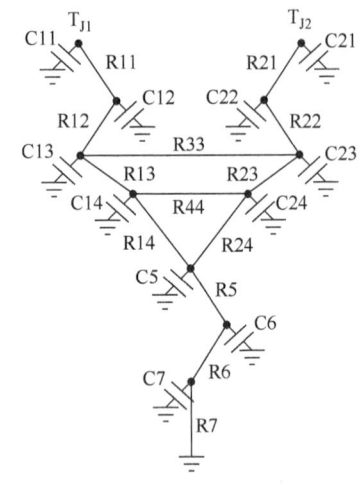

图 7-64　热网络模型示意图

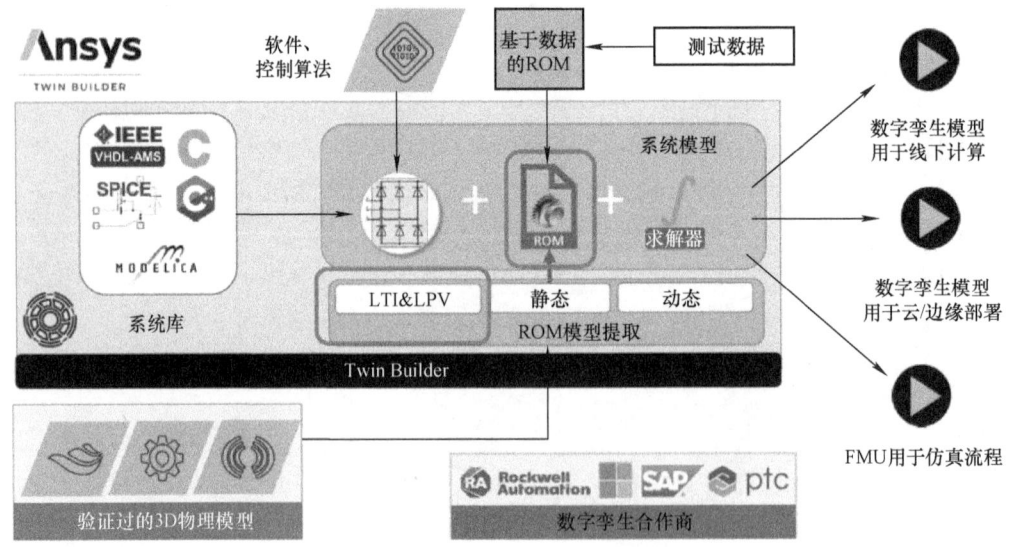

图 7-65　Ansys ROM 的应用范围

由于本书研究芯片的 DTM，研究对象集中在封装周围的狭小空间，这个空间内辐射散热占比不大，因此可采用 LTI ROM 进行热管理设计。如需要包含辐射散热，也可通过外挂 conservative pin 的方式加载进去辐射热阻。本案例考虑通用 LTI ROM 生成及 DTM 逻辑仿真。

2. 案例说明

（1）流程说明

将研究对象导入 Icepak 中，并按照工具引导操作（见图 7-66）生成参数化设置，其中要注意设置自变量及因变量，这关系到后面进行系统仿真的输入及输出。本案例为完成 DTM 逻辑生成，输入一般为 floorplan 的 power，输出为各个监控点的温度数据。需要强调的是，LTI ROM 只支持线性时不变系统，所以需要人为确认研究对象的传热过程，也可做相应假设使其符合线性时不变系统规定，如只计算热传导，在边界上给出对流传热系数等方式。

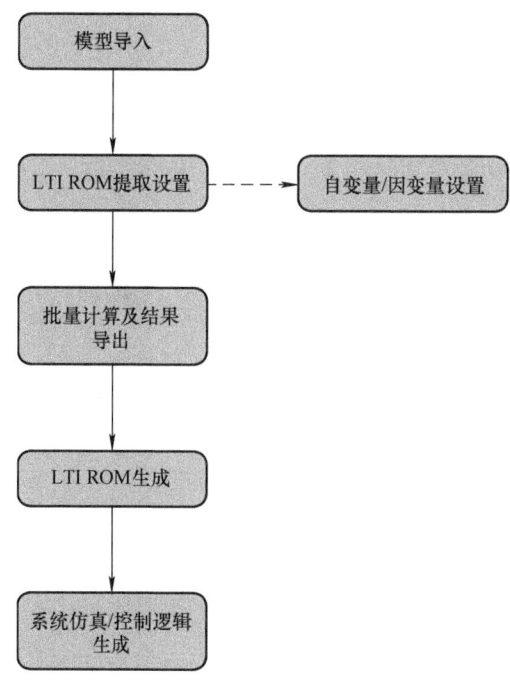

图 7-66　ROM 生成流程示意图

完成参数化设置后，生成参数化 Setup（见图 7-67）。调整网格设置后进行计算，在得到计算结果后导出 ROM，具体操作如图 7-68 所示。

打开 Twinbuilder，如图 7-69 所示，验证并生成 SML 模型，在 Twinbuilder 界面中可增加不同类型的输入，进而产生合适的 DTM 逻辑。

（2）应用场景与分析

以上介绍了利用 Icepak 及 Twinbuilder 生成可快速响应的降阶模型，帮助实现控制逻辑制定。实际应用过程中可根据真实情况增加 Python 组件，在系统仿真阶段实现复杂的功耗控制及逻辑的输出；也可以将 ROM 转换为 RC 网络，混合其他平台进行计算。需要注意的是，由 LTI ROM 转换出来的 RC 并不具备实际意义，不能直接进行系统的串并联。

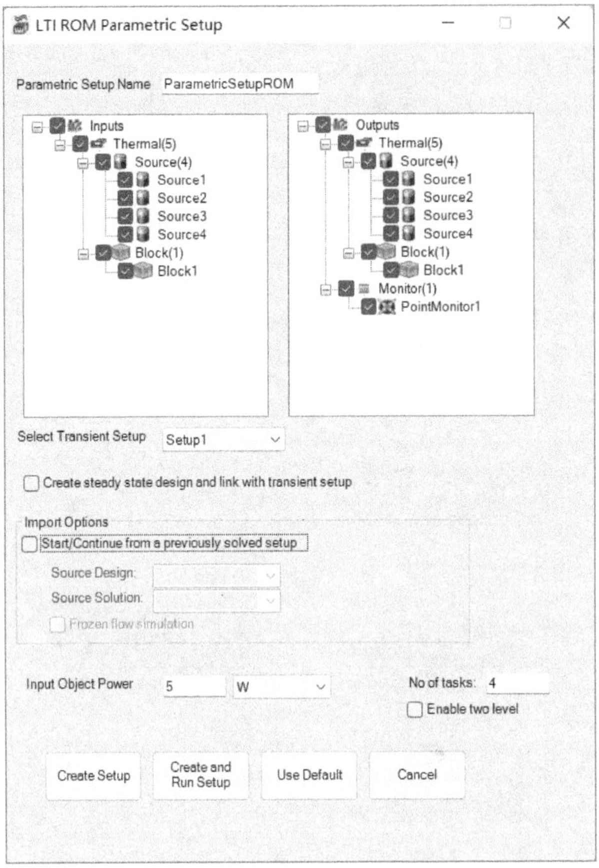

图 7-67　ROM 生成设置

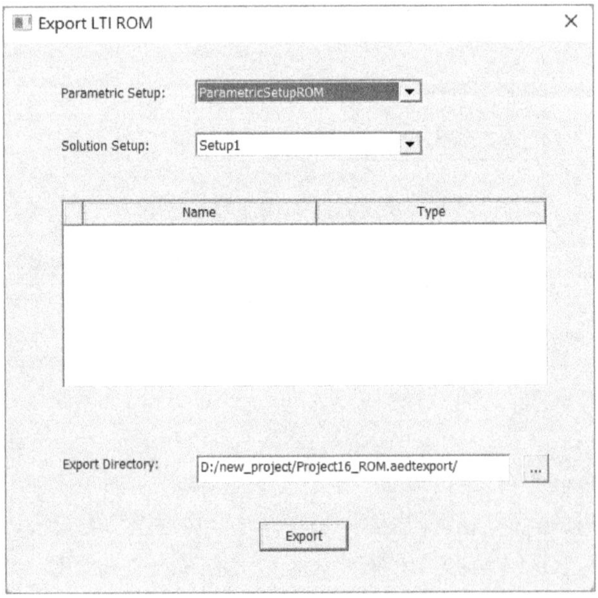

图 7-68　ROM 导出示意图

第 7 章 PKG/PCB 散热仿真

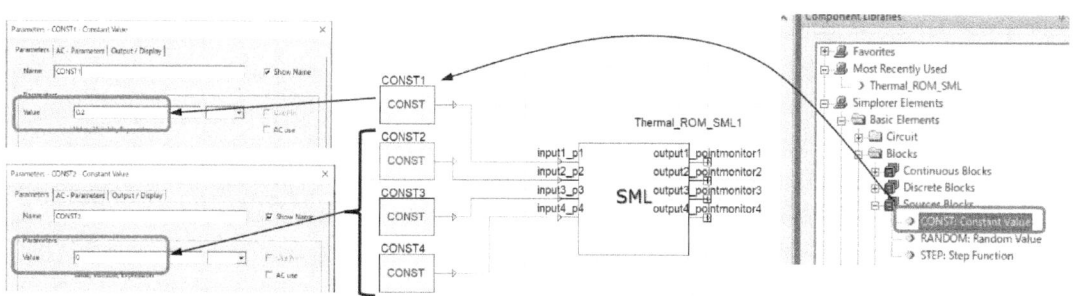

图 7-69 降阶模型导入流程

7.5.4 小结

本节描述了电子产品 DTM 的基本流程，并介绍了 DTM 的两种实现方法，用户可在此基础上实现复杂控制逻辑的应用。做热设计时不仅要考虑硬件方面的热仿真的方案，还要考虑设计余量不足或成本造成的 DTM 仿真。尤其现在芯片 5G 行业的飞速发展，控制逻辑的作用越来越不可忽略。

第 8 章　片上无源元件仿真

8.1　片上无源元件的重要性

随着集成电路技术的持续革新，电子系统日益向高度集成、功能多样、高频高速的方向发展。相较于系统级芯片（SoC），系统级封装（SiP）技术为电子系统的高效集成提供了更迅速且经济的方案。近年来，硅基集成无源元件（IPD）技术作为 SiP 的新型实现方式，得到了迅猛的发展。这种技术不仅带来了尺寸的显著缩小，由其制作的元件及模块还具备更小的寄生参数、卓越的高频性能、高可靠性以及易于集成的特点，因此在射频电子系统中得到了更广泛的应用。此外，由于 IPD 技术与半导体工艺相兼容，它还能实现晶圆级的大规模生产。在电子设备中，IPD 具有不容忽视的关键地位。这些元件直接嵌入集成电路之中，对于提升电路设计的高性能、实现小型化及降低制造成本等方面起到了决定性作用。

集成无源元件（Integrated Passive Devices，IPD）在电子设备和系统的多样化应用中发挥着核心作用。以下是 IPD 在一些关键领域的具体运用：

1）无线通信模块：在无线通信设备如智能手机、平板电脑及无线路由器中，IPD 是射频前端模块的关键组成部分，用于制造射频滤波器、匹配电路以及天线调谐器，从而优化信号传输效果，减少能耗，并有效抑制干扰。

2）天线工程：IPD 助力天线设计，构建出性能优越的耦合器、匹配器与调谐网络。这不仅增强了天线的信号接收能力，还大幅减少了射频能量的损失，提升了整体通信质量。

3）传感技术：在传感器接口电路中，IPD 对压力、温度、光学等各类传感器信号进行精确调理，确保传感器数据满足特定应用需求。

4）电源调控：IPD 在电源管理领域同样发挥着重要作用，如用于 DC/DC 变换器、升压器和降压器等，确保电源输出的稳定性，降低电源噪声，并提升功率转换效率。

5）医疗技术：在医疗领域，IPD 广泛应用于医疗成像设备、心脏监测仪器等，对生物信号进行精确处理，为医疗诊断和治疗提供了有力的技术支持。

6）工业自动化领域：IPD 为工业自动化和控制系统的运行提供了坚实的基础，从机器人技术到传感器网络，再到数据采集系统，它都扮演着传感器信号调理、数据处理及通信接口的关键角色，推动工业设备的智能化和高效运行。

综上所述，IPD 在众多领域中扮演着不可或缺的角色，为电子设备和系统提供了稳定的无源器件支持，推动了性能的提升、成本的降低，以及技术的持续创新与发展。

8.1.1 IPD 的背景介绍

半导体制造技术的飞速进步,已经从亚微米级进入纳米级时代,这促使有源电子元件的集成度达到前所未有的高度。这意味着在更加紧凑的空间内,能够容纳更多的电子元件,进而大幅提升电子设备的性能。然而,与此同时,与有源元件相匹配的无源元件需求也呈现爆炸式增长。

这些无源元件,诸如电阻、电容和电感,在电子设备中,在维持电路稳定性及提升性能方面起到了关键作用。然而,传统的无源元件大多采用厚膜技术制造,其尺寸较大,难以适应半导体制造的小型化、精细化趋势。

因此,为了满足无源系统的小型化需求、降低系统成本并提升整体性能,IPD 技术应运而生。IPD 技术以硅基板为基础,利用晶圆代工厂的工艺,通过光刻技术精细刻蚀出各种图形,从而制造出多样化的元件,如电阻、电容、电感、滤波器和耦合器等,实现了无源元件的高密度集成。IPD 技术的发展不仅将无源元件的尺寸从毫米级缩小至微米级,使无源系统的面积减小为千分之一,还显著降低了成本。

同时,由于采用了先进的制造工艺,IPD 技术极大地提升了无源元件的性能,满足了现代电子设备对高性能和高可靠性的要求。此外,随着无线通信、物联网和人工智能等领域的迅猛发展,对电子设备的小型化、集成化和高性能化需求日益增长。IPD 技术恰好符合这些需求,因此得到了广泛的应用。

在手机、平板电脑等移动设备中,IPD 技术被广泛应用于射频前端模块和电源管理模块等核心部位,有效地提升了设备的性能和稳定性。随着技术的不断进步,IPD 技术将在更多领域展现出其独特的优势和应用价值。

IPD 技术的发展是半导体制造技术进步和市场需求增长的必然结果。随着技术的不断进步和应用领域的不断拓宽,IPD 技术将在未来发挥更加关键的作用,推动电子行业的持续发展。

近十年来,专注于 IPD 技术开发的机构发展迅速,参与者来自各个领域,包括 Foundry、封装测试厂以及众多科研单位。这些机构都能根据自身平台特点,兼容并实现 IPD 的部分能力。

在工艺领域,联华电子、中芯国际、台积电等知名公司凭借先进的制造技术,为 IPD 的开发提供了强有力的支持。而在芯片设计与生产方面,安森美、IBM 等公司也积极参与其中,推动了 IPD 技术的不断创新。

此外,无源元件制造商如 KYOCERA AVX、村田制作所、赛芯、意法半导体等,以及无源及射频模块制造商如 NXP、OnChip Devices、IPDiA 等,都在 IPD 领域取得了显著成果。它们不仅提供了高质量的 IPD 产品,还为客户提供了定制化设计代工服务。

安森美公司在 2010 年公布了其 High-Q IPD 工艺的具体产品参数。它们采用 200mm 晶圆上的高电阻制造技术($1.5k\Omega \cdot cm$),能够生产出具有优异性能的 R($9\Omega/m^2$)、C($0.62F/\mu m^2$)、L(Q 值 25~45)等无源器件及射频模块(见图 8-1)。同时,它们还针对定制应用提供了专业的设计服务。为了帮助客户更便捷地进行布线、仿真及验证,公司提供了完整功能的设计套件。此外,其设计制作的 IPD 模块具有与倒装芯片和引线键合两种模式兼容的特性。

中芯国际作为国内的领先公司,率先在 $0.35\mu m$ 前道工艺领域推出了 IPD 解决方案。2012 年 7 月,该公司成功推出了可量产的 PDK 设计工艺库,在业界赢得了广泛的认可。中芯国际展示了其第一版 IPD 金属叠层截面图(见图 8-2),该方案可有效集成电容和电感,为电子设备的小型化和集成化提供了有力支持。目前,中芯国际成功实施的 14nm FinFET 技术已赢得客户的肯定以及大量的订单。

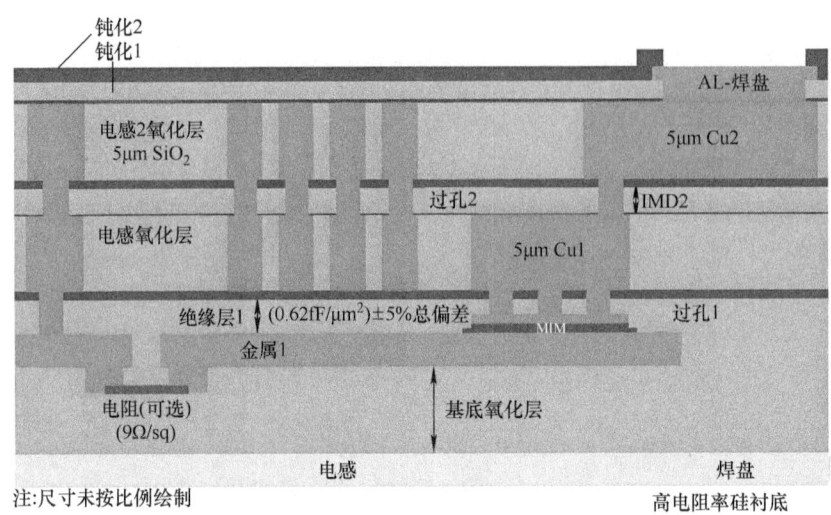

图 8-1 安森美的一种 High-Q IPD 金属叠层示意图

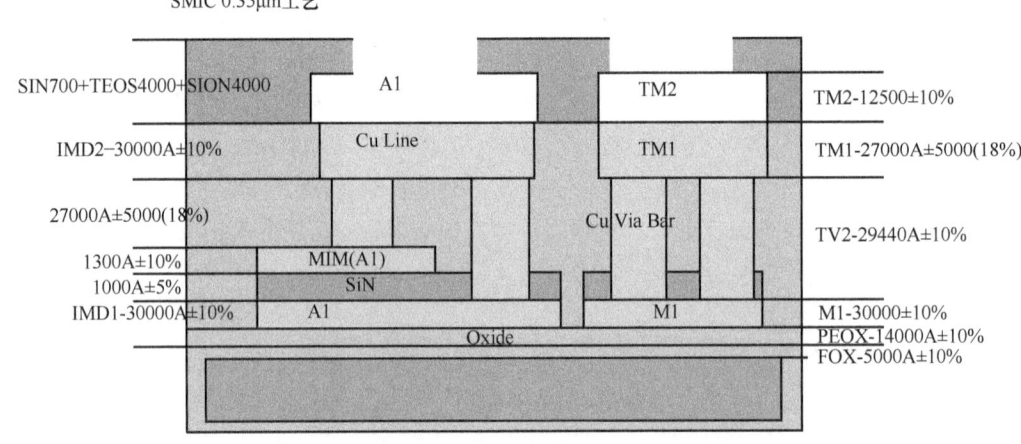

图 8-2 中芯国际的一种 IPD 金属叠层截面图

IPD 制造过程是一个复杂且精细的系列步骤，旨在实现无源元件的高密度集成和卓越性能。以下是关于 IPD 工艺大概流程：

1）薄膜沉积：薄膜沉积作为制造过程的首个关键环节，主要通过化学气相沉积（CVD）、物理气相沉积（PVD）或溅射等技术手段来实现。这些方法确保了金属、绝缘体或导体等薄膜材料能够精确且均匀地沉积在芯片表面，为后续步骤和最终产品的性能奠定坚实基础。

2）薄膜剥离：通过化学腐蚀或机械剥离等精确方法，多层薄膜被准确地从芯片表面剥离下来。这一步骤的精准执行，确保了薄膜的完整性和精度，为形成所需的无源元件结构提供了保障。

3）薄膜加工：剥离下来的薄膜需经过刻蚀、电镀、退火等精细加工步骤，以形成具有特定电气性能的无源元件。刻蚀技术用于塑造特定的器件形状和结构,电镀则用于调整或增强薄膜的导电性能,而退火则有助于提升薄膜的性能稳定性和可靠性。

4)封装:这一步骤旨在将无源元件安全地封装在芯片上,以防止其受到外界环境,如湿气、灰尘和机械冲击的侵害。同时,封装过程也为 IPD 提供了外部接口,使其能够与其他电子元器件实现顺畅连接。

在整个生产过程中,对工艺参数和环境条件的严格把控是确保 IPD 质量和性能的关键。此外,随着技术的不断进步,新的生产工艺和材料不断涌现,为 IPD 的发展注入了新的活力。尽管 IPD 的生产工艺复杂且烦琐,但正是这些精心设计的步骤,使得能够在单个芯片上集成多个无源元件,满足了现代电子设备对小型化、集成化和高性能化的迫切需求。

8.1.2 片上电容、电感

片上器件是指在集成电路上集成的电子元件,包括片上电感、片上电容等(见图 8-3)。这些元件通常由半导体材料和金属导线等材料构成,具有体积小、重量轻、功耗低、可靠性高等优点。

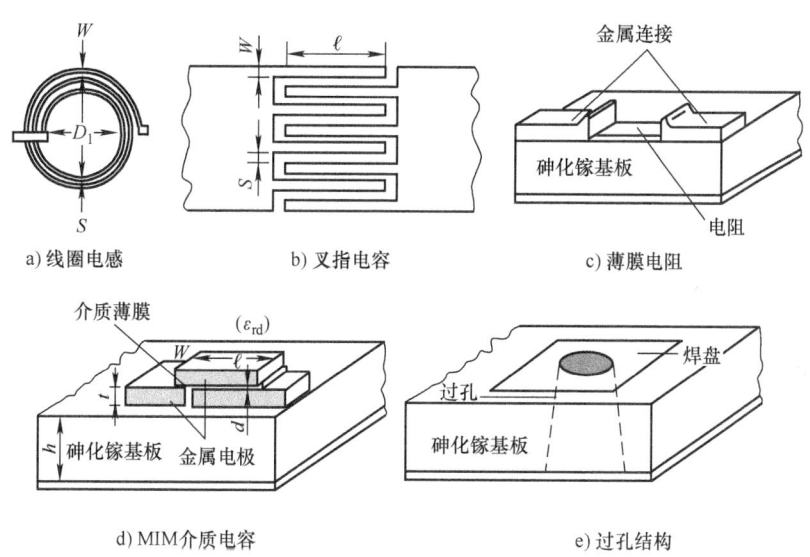

图 8-3 电路中常用的无源结构

片上电感是一种利用线圈或螺旋状导电线路产生磁场的电子元件,通常用于信号筛选、匹配、滤波和能量转换等功能。片上电感的主要优点在于其体积小、自感量大、功耗低以及易于集成等。在集成电路中,片上电感通常由金属导线绕组和磁介质等材料构成,其绕组可以是螺旋形状或平面螺旋形状等。

片上电容是一种利用半导体和金属电极之间的电介质材料,在金属电极上形成电荷存储层的电子元件,通常用于信号滤波、耦合、旁路、谐振以及能量转换等功能。片上电容的优点在于其体积小、重量轻、功耗低、可靠性高以及易于集成等。在集成电路中,片上电容通常由多层介质材料和金属电极等材料构成,其电介质可以是氧化硅、氧化铝等材料。

在实际应用中，片上电容和片上电感通常会配合使用，以实现更复杂的功能和电路设计。例如，在无线通信电路中，片上电容和片上电感可以配合使用，实现信号的滤波、选频等功能。此外，在电源电路中，片上电容和片上电感也可以配合使用，实现电压的稳定、滤波以及能量存储等功能。

随着集成电路技术的不断发展，片上电容和片上电感的设计和制造工艺也在不断改进和创新。未来，随着集成电路性能和集成度的不断提高，片上电容和片上电感的应用前景将会更加广阔。

8.1.3 仿真的必要性

在电子设计领域，仿真技术扮演着至关重要的角色。它不仅是验证设计可行性的重要手段，更是优化性能、提高可靠性的关键途径。然而，随着电子技术的飞速发展，仿真技术也面临着越来越多的挑战和难点。

例如在处理模组如滤波器、功率分配器等仿真技术时，最基本的关注点在于精确计算电容值、电感值以及 Q 值。这些参数对滤波器、功率分配器等关键模组的性能有着直接的影响。在仿真过程中，必须对这些参数进行精确计算，以确保设计的准确性和可靠性。同时，验证 PDK 模型的准确性也是仿真过程中的重要环节。PDK 模型是电子设计的基础，只有确保模型的准确性，才能确保最终产品的性能达到预期。

此外，还需要关注仿真与测试的相关性。仿真结果必须与实际测试结果保持一致，才能确保设计的可行性。因此，在仿真过程中，需要不断与实际测试数据进行对比和分析，找出可能存在的差异和原因，并进行相应的调整和优化。

随着电子产品的集成度越来越高，模组之间的耦合问题和高隔离度要求也日益凸显。这些问题不仅影响着电子设备的性能，还可能对整个系统的稳定性产生不良影响。因此，在仿真过程中，需要特别关注这些问题，并采取相应的措施进行解决。

此外，电热问题和可靠性问题也是仿真中不可忽视的方面。电子设备的运行过程中会产生热量，如果无法进行有效散热，就可能导致设备性能下降甚至损坏。因此，在仿真过程中，需要对设备的电热性能进行充分评估，并采取相应的散热措施。同时，还需要考虑设备的可靠性问题，包括长期运行的稳定性、环境适应性等方面。对此，Ansys 公司可提供电热仿真、结构热应力仿真等一系列多物理场耦合仿真方案，以满足客户全方位仿真需求。

8.2 片上电感仿真案例

下面以功率放大器（PA）的输入匹配电感为案例进行讲解。

8.2.1 模型前处理

1）新建工程，导入设计文件，单击 Restore Archive，如图 8-4 所示。

2）检查叠层以及材料信息是否正确，IPD 通过半导体工艺生成，叠层复杂，往往一层金属会伴随多层不同材料的介质，HFSS 3D Layout 可提供 overlapping 叠层结构满足用户这一需求（见图 8-5）。详细导入过程可以参见第 6 章内容。

第 8 章 片上无源元件仿真

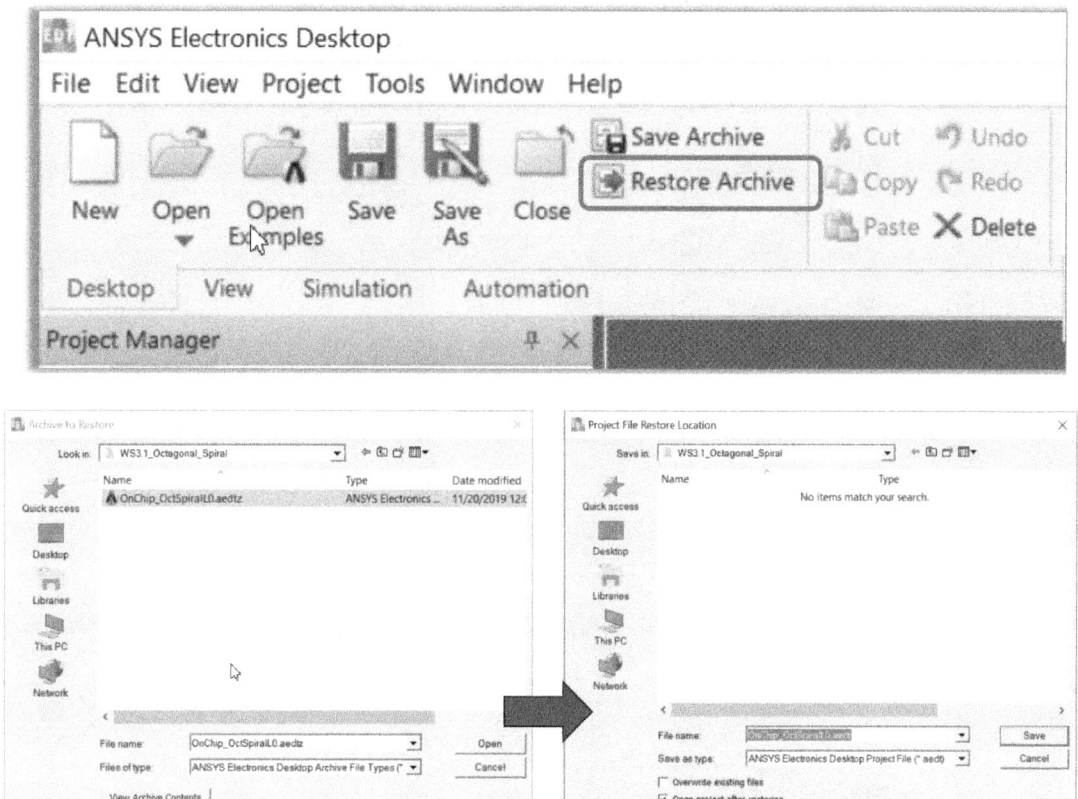

图 8-4 导入工程

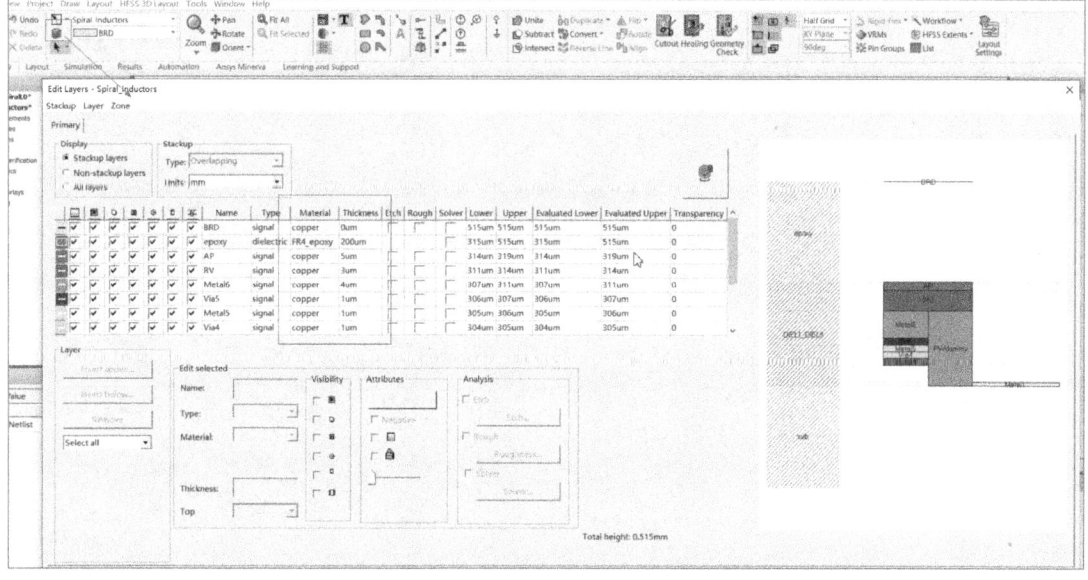

图 8-5 叠层设置

3）回流路径建模。在 HFSS 3D Layout 中必须给电感提供回流路径，若有实际回流路径就按照实际模型去构建，若没有则需要自己构建回流路径，且尽可能减少回流路径上额外电感的影响（见图 8-6）。

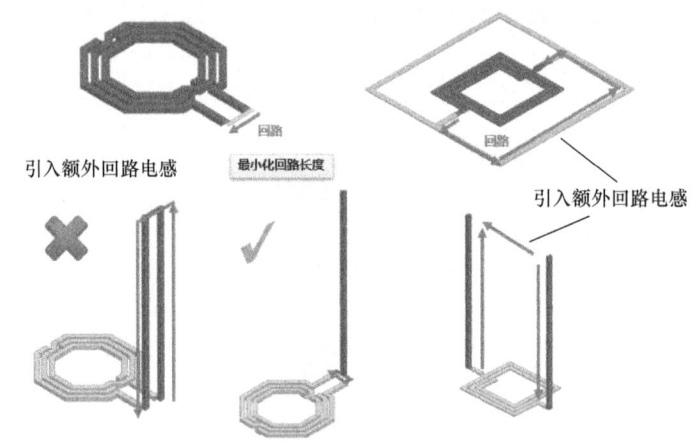

图 8-6　回流路径上的额外电感

在本案例中，设置的回流路径为两个通孔与最上层的 PEC 平面相连，如图 8-7 所示。

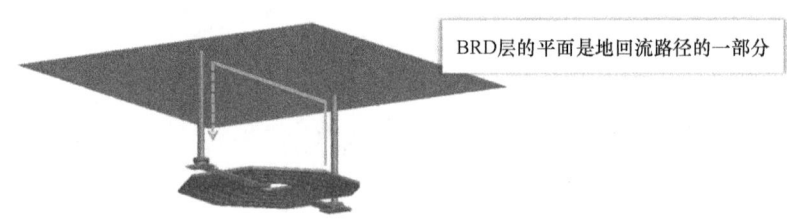

图 8-7　本案例中的回流路径示意

4）设置 Port。首先在 Layers 显示控制窗口，将其他层隐藏，只显示该走线所在层。然后在功能区中，单击 Layout → Select Edge（或直接使用便捷键 E）。保证两根走线末端的边缘都被选中，被选中的边缘会被高亮显示（后选中的会作为 Reference 端），然后右击，在菜单中单击 Port → Create。软件会根据这两条 Edge 来生成一个水平的 Lumped Port。

5）设置空气盒子。单击 Layout → Draw HFSS Air Box，可以在 Layout Editor 窗口中显示空气盒子的形状和大小。空气盒子的尺寸也可以进行编辑，如图 8-8 所示。

8.2.2　网格和求解设置

使用手动网格控制可以获得更精确的初始网格，提升迭代效率和求解精度，有效防止网格的假收敛。尤其是在模型

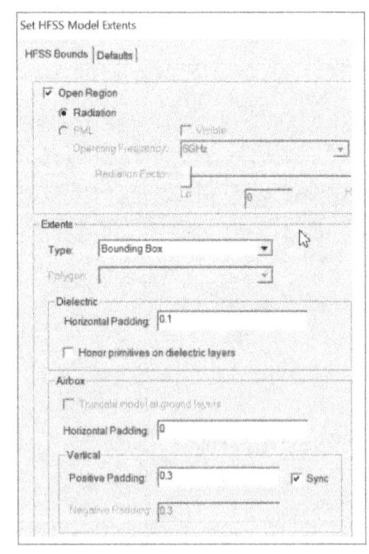

图 8-8　空气盒子设置

中的强电场、强磁场区域，比如电感、电容；或者与边界相比具有高精细度的表面，比如长导线、线、弧形边等，网格划分对结果的精确度有着至关重要的影响。

不同于 HFSS 直接选中三维结构进行设置，HFSS 3D Layout 是基于网络（Net）跟叠层（Layer）来确定网格加密的对象。可以通过 Mesh Operation 指定某些 Layer 和某些 Net 的初始化网格密度，以提升该区域的仿真准确性。

首先将电感线圈走线附 Net（见图 8-9）。

1）在模型中选中电感线圈的任意一段线。

2）单击 Layout → Nets → Select Physically Connected，可以看到有连接关系的所有结构都被选中了。

3）在 Properties 窗口中的 Net 栏填入网络名称 L1，完成附 Net 的操作，其他结构同理操作。

a)

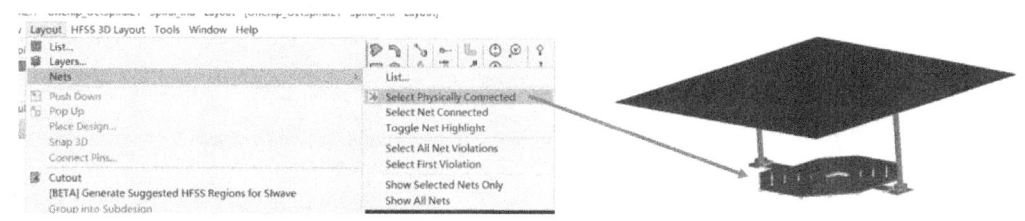

b)

c)

图 8-9 附 Net 操作示意图

HFSS 3D Layout 中的 Mesh Operation 通过在 Analysis 中右击 HFSS Setup1（需要先插入一个 HFSS Setup），在菜单中单击 Assign Mesh Operation→On Selection→Length Based 进行设置，然后选中要设置的相应 Layer 和 Net，并且在下方设置最大网格长度（Maximum Length of Elements）或者最大网格数目（Maximum Number of Elements）。最大网格长度（Maximum Length of Elements）建议设置为 1～2 倍线宽（见图 8-10）。

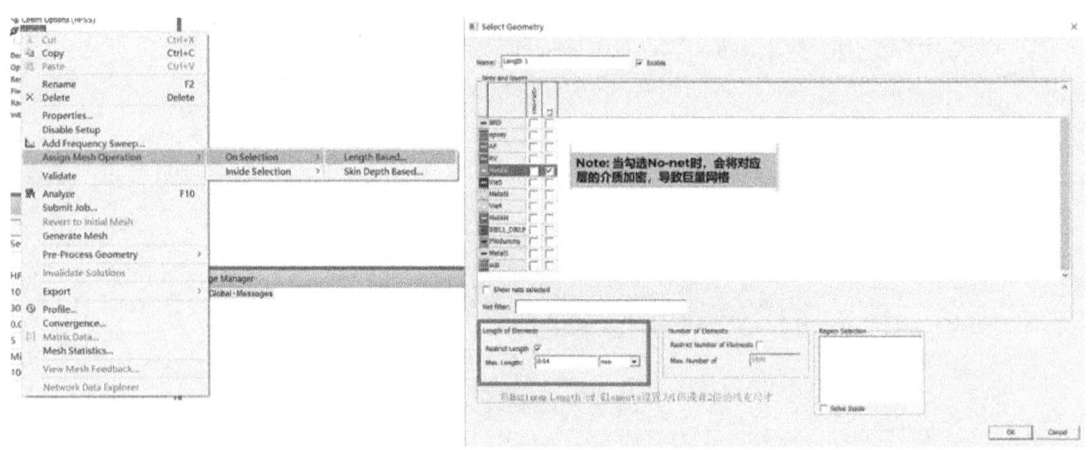

图 8-10　Mesh Operation 设置

在 Project Manager 窗口中的 Analysis 上右击，在菜单中选择 Add HFSS Solution Setup 进行求解设置。由于射频 Wi-Fi 频率为 2.4GHz，扫频范围可设置为 0～5GHz，求解频率设置为 5GHz，如图 8-11 所示。

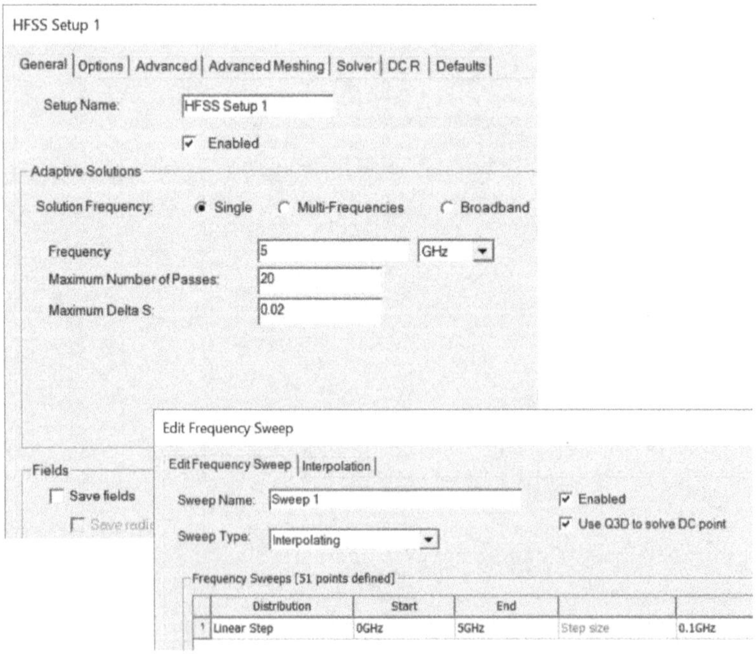

图 8-11　求解设置

HFSS 3D Layout 默认收敛条件为 Delta S=0.02。要求螺旋电感值（L）和品质因子（Q）更精确，也可直接将这两项设为收敛条件之一，与 Delta S 并行判定，需要同时满足两者的判定条件才能收敛。

电感 L 和品质因子 Q 与 Y 参数可以通过下式进行转换：

$$L = \frac{\text{im}\left(\frac{1}{Y_{11}}\right)}{2\pi f}$$

$$Q = \text{abs}\left(\frac{\text{im}\left(\frac{1}{Y_{11}}\right)}{\text{re}\left(\frac{1}{Y_{11}}\right)}\right)$$

在 Result 标签中单击 Output Variables，在对话框中输入变量名 Ind_Spiral 以及对应的表达公式。

注：
1）图 8-12 中表达式里的 1e9 表示电感单位是 nH。
2）pi 是软件默认设置的 π 常数。
3）Freq 是软件默认设置的频率缩写。

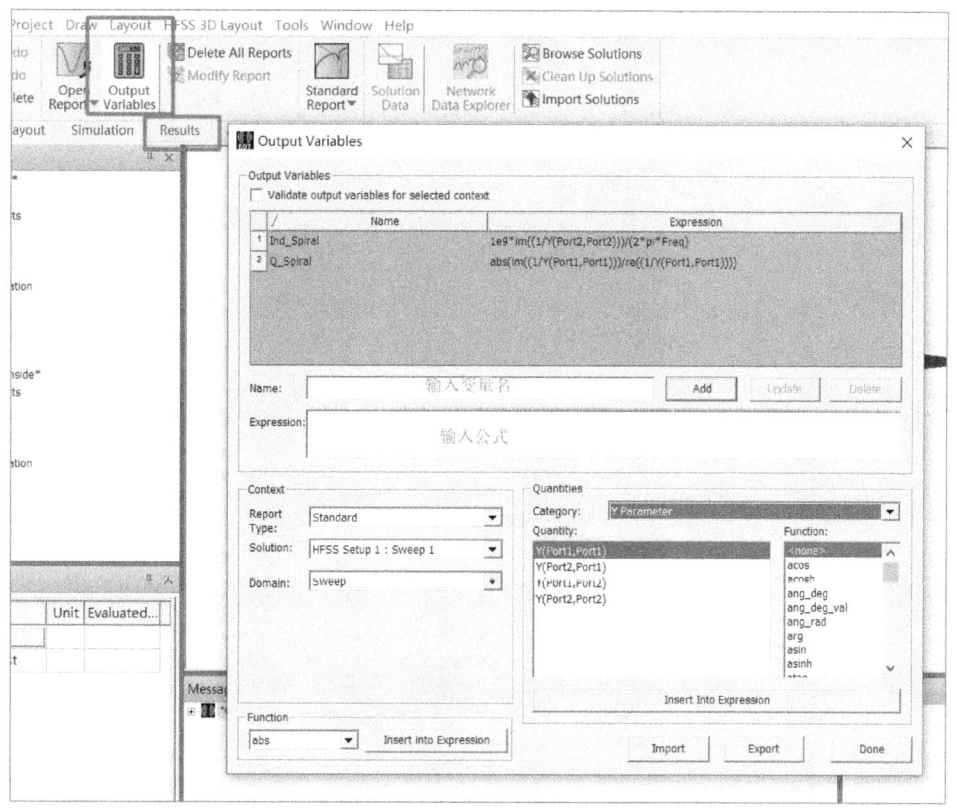

图 8-12　设置变量 L 和 Q

修改原始的 HFSS Solution Setup 为 Multi-Frequencies 求解，在 5GHz 这一行上单击 Add 按钮，添加 L 值和 Q 值收敛条件小于 0.05（绝对值），如图 8-13 所示。

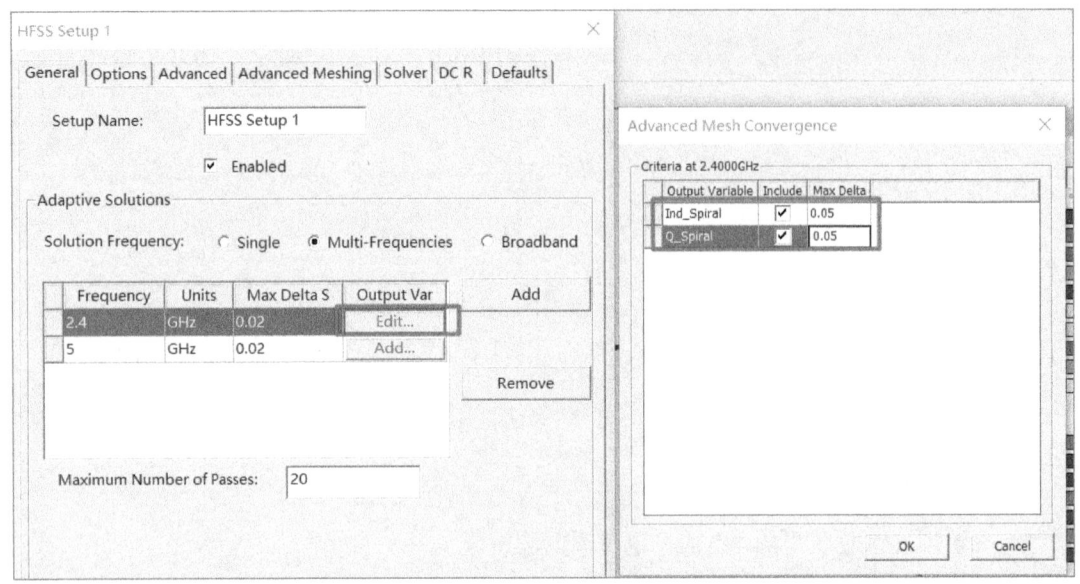

图 8-13　添加收敛条件

另外如果想看场分布，也可以选中 Save fields 复选按钮来保存场信息（见图 8-14）。

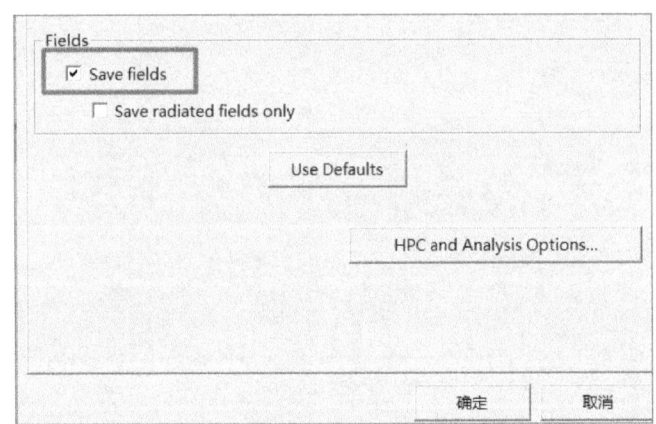

图 8-14　保存场信息

设置完成，单击检查并求解（见图 8-15）。

图 8-15　运行求解

8.2.3 查看结果

在 Project Manager 窗口中的 Analysis 上右击，在菜单中单击 HFSS Solution Setup → Profile 可查看 log 信息和收敛情况。可以看到直到满足 Delta S < 0.02 和 Delta L 和 Q < 0.05，自适应网格迭代才完全结束（见图 8-16）。

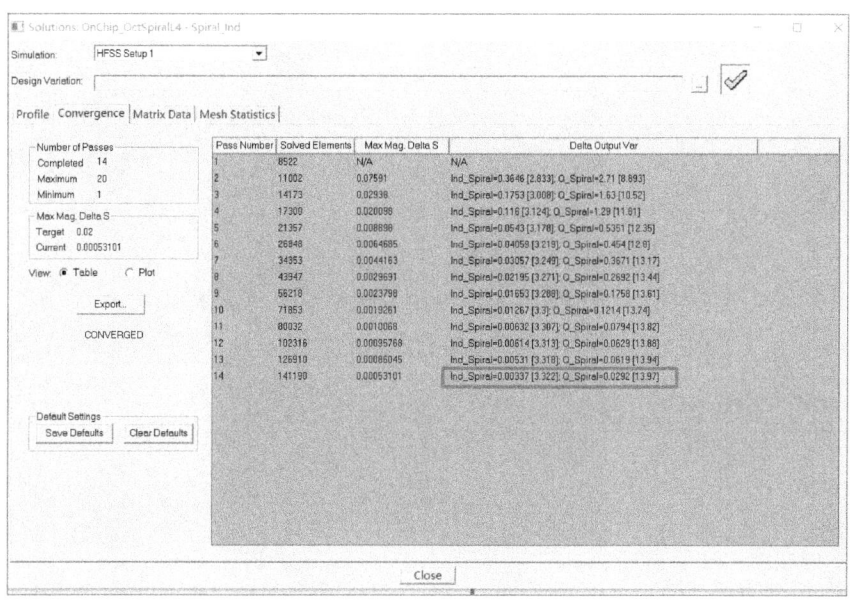

图 8-16　查看 log 信息

在 Results 界面单击 Standard Report，选择 2D，可以查看 L 和 Q 值（见图 8-17）。

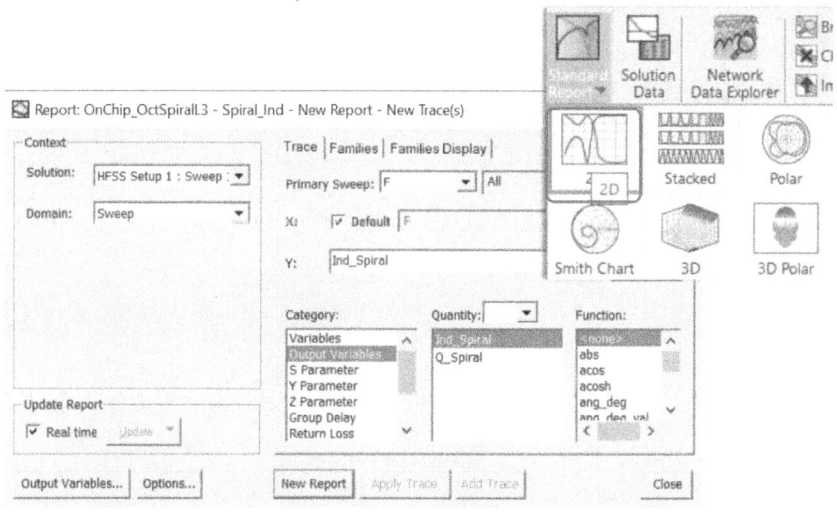

图 8-17　查看结果

下面展示不做网格加密和收敛条件加严的对比结果（浅色），可以看到结果存在明显差异（见图 8-18）。

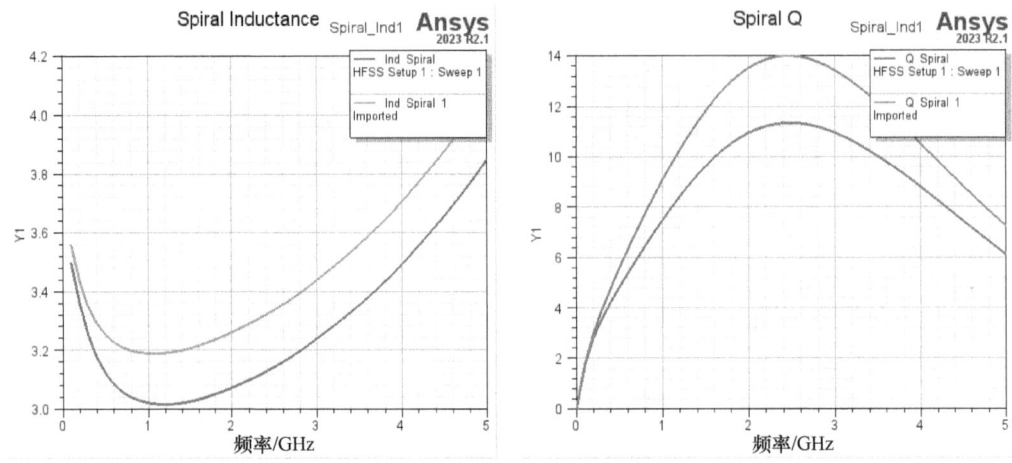

图 8-18　电感和品质因子结果对比（加密 VS 未加密）

8.3　片上电容仿真案例

8.3.1　叉指电容仿真

叉指电容原理主要基于电容器的设计，特别是利用金属指条之间的边缘电容。这种电容器由两组具有周期性图案的指状或梳状电极交错排布在一起形成。当被检测物体接近叉指电容片时，会改变感应电极与参考电极间的电容值，从而使电路中的电流和电压发生变化。这个变化随后被电路中的信号处理器转换为相应的输出信号，从而可以检测物体与传感器的接近程度。

叉指电容主要利用的是金属指条之间的边缘电容，这种电容是通过相邻金属线横向通量耦合形成的。然而，由于金属指条的间距受到晶圆代工厂工艺的限制，能够实现的边缘电容值相对较小，通常最大只能达到 1pF 左右。因此，叉指电容主要应用在毫米波频段的电路设计中。

下面以叉指电容仿真为案例进行讲解，如图 8-19 所示。与上面的片上电感仿真流程类似，导入模型文件→检查叠层→ Port 设置→空气盒子设置→网格设置→求解设置→仿真求解→结果查看。

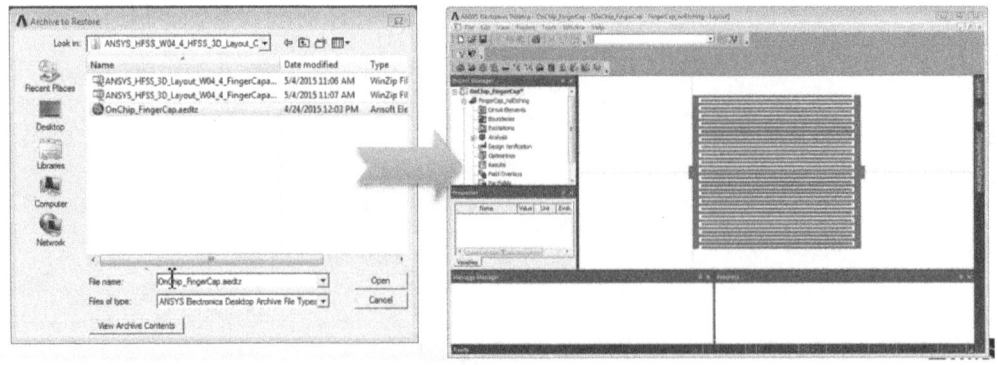

图 8-19　叉指电容工程案例

不同于电感设置的 Lumped Port，电容的两臂由于距离太远，Lumped Port 不适用，所以选择 Circuit Port。在 UI 界面空白处右击，在菜单中单击 Port → Create Circuit Ports，然后将光标移到对应的 pad 上，当光标移到对象中心后会变成圆形，单击放置 Port 的正极和负极位置，生成 Port，如图 8-20 所示。

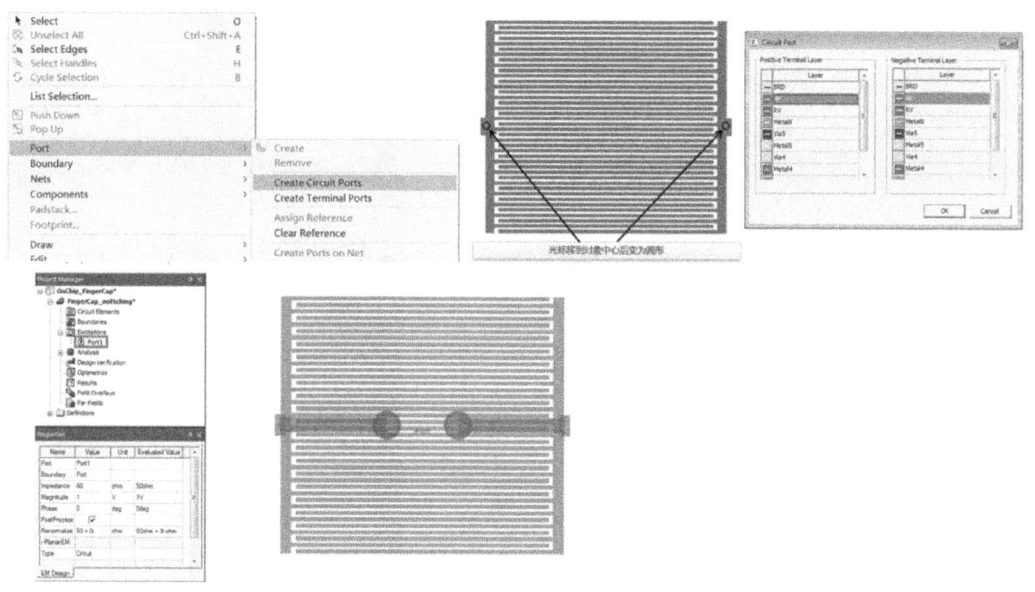

图 8-20　设置电路端口

由于叉指电容的金属指条和指条间的间隙非常细，网格的剖分精度格外重要。需手动进行加密，最大网格长度建议设置为 1 倍线宽。

同片上电感一样，叉指电容也可以将电容值作为收敛条件之一，电容值与 Y 参数可以通过下式进行转换：

$$C = \frac{\mathrm{im}(Y_{11})}{2\pi f}$$

注：
1）图 8-21 中表达式里的 1c12 表示电感单位是 pF。
2）pi 是软件默认设置的 π 常数。
3）Freq 是软件默认设置的频率缩写。

修改原始的 HFSS Solution Setup 为 Multi-Frequencies 求解，在 5GHz 这一行上单击 Add 按钮，添加 C 值收敛条件小于 0.05（绝对值），如图 8-22 所示。

8.3.2　电容参数化建模仿真

叉指电容作为一种特殊的电容器结构，其性能受到多种结构参数的影响，如电极宽度、电极间距、电极厚度、电极对数、电极长度以及基板厚度和基板介电常数等。这些参数的变化会直接影响叉指电容的电容值、频率响应、灵敏度等特性。因此，通过参数化建模仿真，可以系统地研究这些参数对叉指电容性能的影响，进而优化电容器的设计。

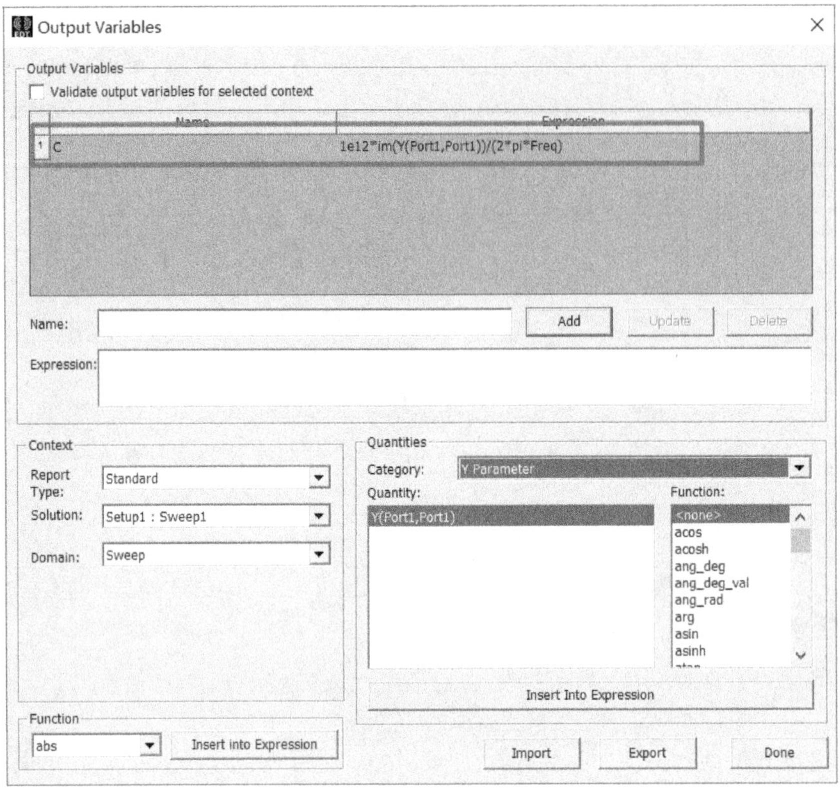

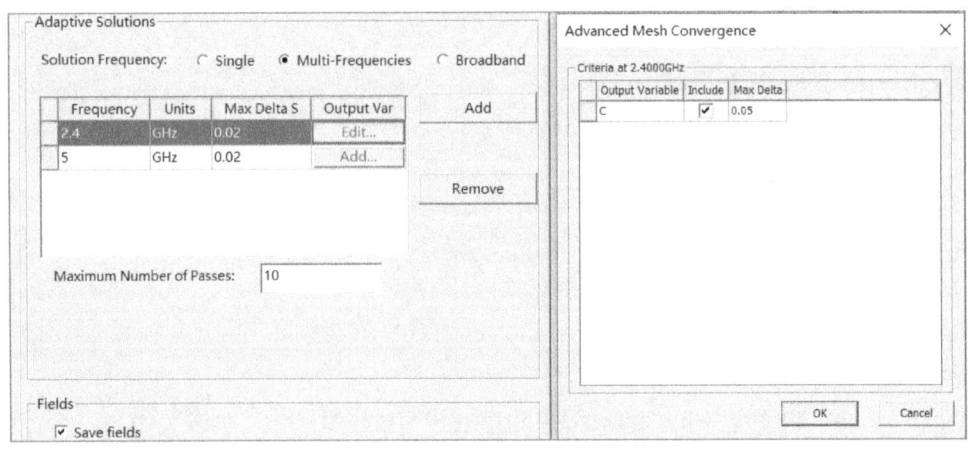

图 8-21 设置变量值 C

图 8-22 设置额外收敛条件

本案例主要对电极宽度（LW）、电极长度（L1）以及电极间隙（H0）进行了参数化建模（见图 8-23）。电极宽度和电极间隙是影响叉指电容性能的关键因素。电极宽度的变化会直接影响电容的边缘效应，而电极间隙则决定了相邻电极之间的耦合程度。通过调整这些参数，可以优化叉指电容的电容值、灵敏度以及频率响应特性等。此外，电极长度和电极厚度以及基板介电常数等因素也会影响叉指电容的性能。电极长度的变化可以影响电容的感应范围和灵敏度。

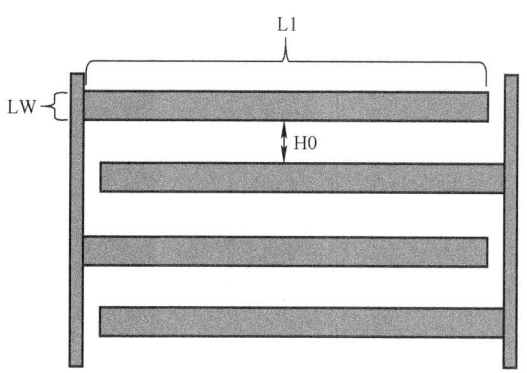

图 8-23　叉指电容结构参数

HFSS 3D Layout 里的直线结构是通过输入走线两端坐标和线宽确定的。在坐标以及线宽处可以设置对应变量来实现参数化建模（见图 8-24）。输入变量名如 H0，按 Enter 键后会弹出添加变量的对话框，输入具体值。单击目录树中的工程名，Properties 窗口里就会显示该工程中所有的参数。另外由于 HFSS 3D Layout 是基于叠层结构的仿真软件，对于叠层厚度无法进行参数化，若想考虑电极厚度的参数优化，可使用 HFSS 进行建模仿真。

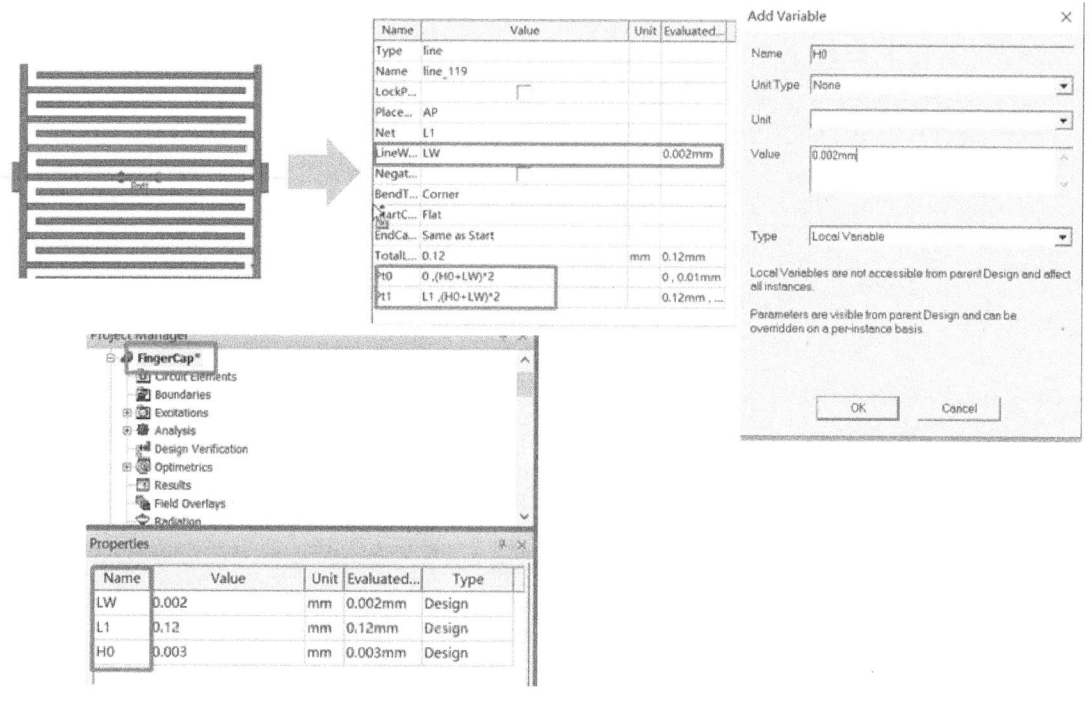

图 8-24　定义结构变量

当所有模型都已经建立好参数化后，在工程树下右击 Optimetrics，在菜单中单击 Add → Parametric，在弹出的对话框中设置要优化的参数和参数扫描范围。最后右击 Optimetrics，在菜单中选择 Analyze 进行仿真（见图 8-25）。

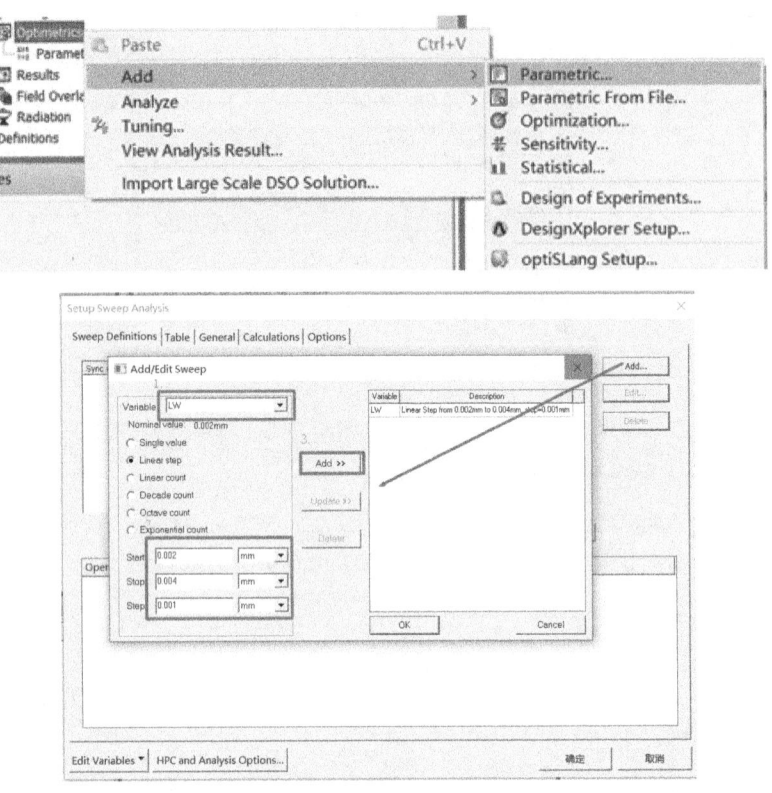

图 8-25 添加参数扫描变量及扫描范围

待仿真结束后可以查看参数扫描后的 C 值变化，直接单击 New Report 按钮会将所有参数情况下的 C 值全部 plot 出来，若只想选择某一类 case，可在 Families 里选择性进行 plot，如图 8-26 所示。

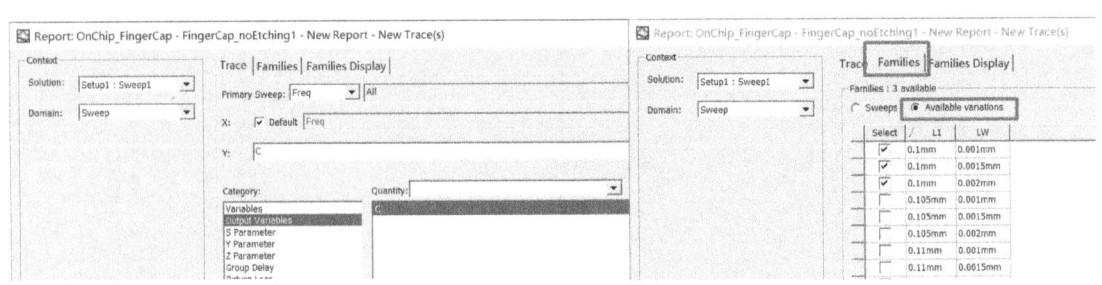

图 8-26 plot 参数扫描结果

此案例中，结构参数变量为电极宽度（LW）、电极长度（L1）以及电极间隙（H0）。仿真结果显示当其他变量保持不变时：

1）电极宽度（LW）越大，电容越大，如图 8-27 所示。

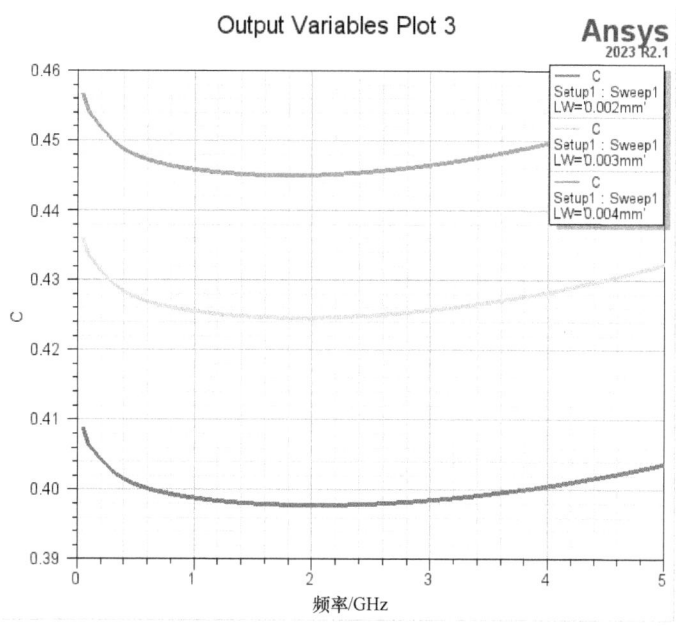

图 8-27　不同电极宽度下的电容

2）电极长度（L1）越长，电容越大，如图 8-28 所示。

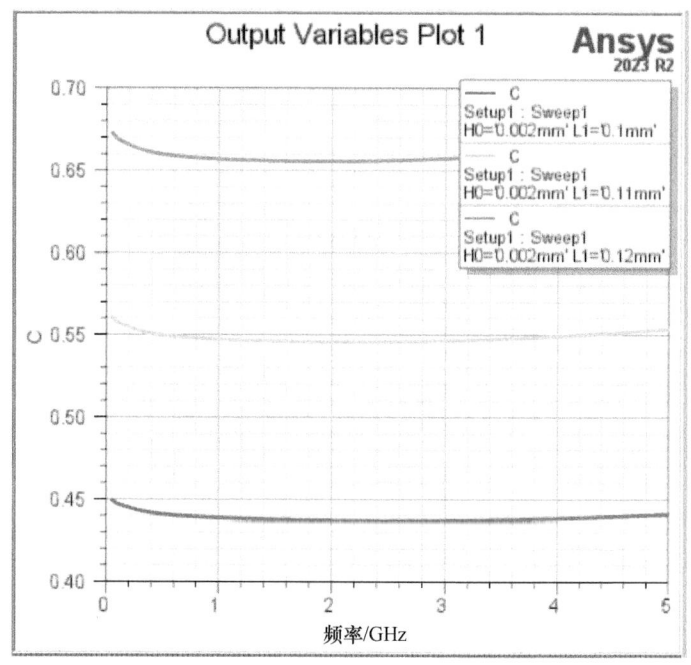

图 8-28　不同电极长度下的电容

3）电极间隙（H0）越小，电容越大，如图 8-29 所示。

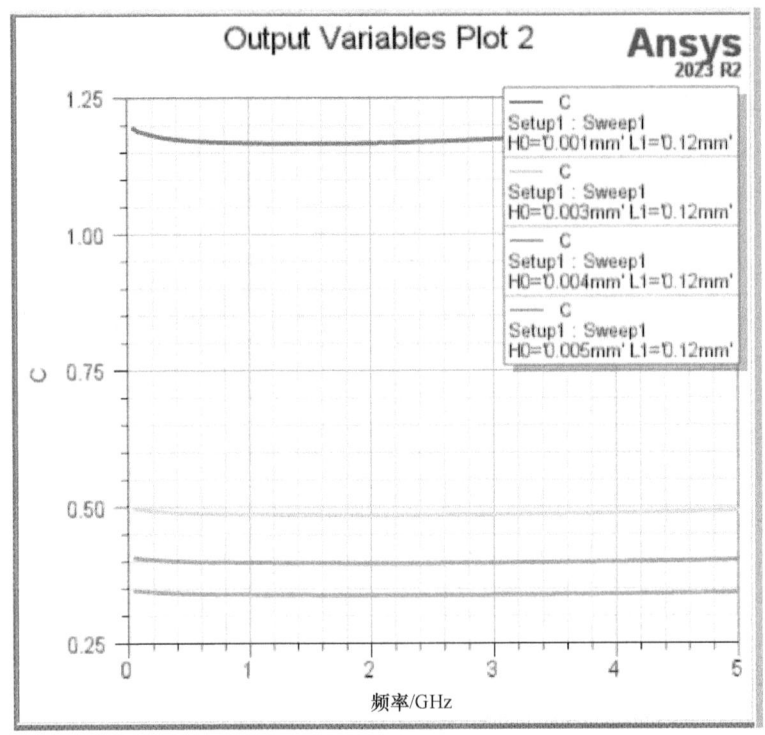

图 8-29　不同电极间隙下的电容

仿真趋势符合实际理论，叉指电容的电极宽度和长度增加会直接导致电容值增大，这是因为电容值与电极间的重叠面积呈正比关系。当电极宽度和长度得到拓展时，每一对叉指电极间的重叠区域也将随之扩展，从而促使电容值相应提升。同时，电极长度的增加也导致电场线在电极间的分布更为紧密，从而增强了电容效应。

另外电极间隙的缩小意味着两极板之间的距离减小，这直接导致了电容值的增大。因为电容值与两极板间的距离成反比关系。当电极间隙变窄时，电场线的分布变得更加密集，电场强度也随之增强，从而提高了电容值。此外，缩小电极间隙还有助于提升传感器的形变敏感度，使电容值对微小形变变化更为敏感。

综上所述，叉指电容的电极宽度和长度的增加以及电极间隙的缩小，均会导致其电容值的提升。这些特性使得叉指电容在要求高电容值和精确测量的应用中具有显著优势。通过对叉指电容的电极宽度、长度和间隙参数扫描，可以实现对电容值的精确控制，以满足不同应用的需求。

第9章 仿真自动化

9.1 仿真自动化的必要性

仿真自动化指的是利用计算机技术进行有效的仿真分析，并通过自动化技术来提高仿真分析的效率和可靠性。仿真自动化对于工程领域的设计、制造和测试工作非常重要，如下：

1）提高仿真的速度和准确性：仿真自动化可以通过自动化建模、自动优化和自动分析，大幅提高仿真的执行速度和结果的准确性。

2）降低应用成本：通过仿真自动化技术，能够降低实际试验成本，避免人为测试中的人为错误和安全风险。

3）优化设计：仿真自动化可以快速地验证和优化早期的设计方案，减少后期的问题，缩短产品的市场推广时间。

4）改进产品质量：通过仿真自动化提升产品的质量，能够避免现场试验中出现不可预测的问题，提高质量可靠性，减少故障率，加强产品品牌形象。

因此，仿真自动化在现代工程设计、制造、测试等诸多方面都具有不可或缺的作用，是提高工程效率、提高产品质量的必要手段。

在 AEDT 中，脚本接口和参数化得到了广泛的支持，这使得自动化开发在模型处理、仿真设定、仿真控制、报告和数据以及优化设计等多个方向上成为可能（见图9-1）。通过脚本接口和参数化，用户可以轻松地定制并实现设计和仿真流程自动化，从而提高工作效率并减少手动操作的时间。

模型处理	仿真设定	仿真控制	报告和数据
• PCB导入	• 求解类型	• 过程控制	• 报告生成
• MCAD导入	• 端口设置	• 参数扫描	• 图片导出
• 模型简化	• 边界设定	• 设计优化	• 数据处理
• 叠层	• 求解设置	• DOE分析	• 数据导出
• 材料	• 网格设置	• 敏感度分析	• 自动化报告
• 拼接			
• 裁剪			

图9-1 仿真自动化的应用范围

9.2 仿真自动化的开发环境

使用脚本是完成重复任务的一种快速有效的方式。当执行一个脚本时，其中的命令会按照它们出现的顺序依次执行。

AEDT 提供了多种脚本编写和执行的选项。用户可以录制 VBScript 或 IronPython 脚本，也可以运行使用 VBScript、IronPython、CPython 或 JavaScript 编写的外部脚本。此外，AEDT 还包含一个用于执行脚本的 IronPython 命令行界面。

在命令行中运行 AEDT 时，可以使用任何支持 Microsoft COM 方法的语言编写脚本。

这些功能使得用户可以根据自己的偏好和需求选择合适的脚本编写和执行方式，并利用脚本来自动化执行重复性的任务，提高工作效率。

9.3 AEDT 脚本的录制和执行

AEDT 提供了用户友好的自动化脚本录制功能，支持 VBScript 和 Python 两种语言，大大减低了用户开发脚本的难度。

当脚本录制功能开启时，用户在软件中的每一步操作都会被自动记录为程序语言。用户可以轻松地通过脚本执行功能来执行整个脚本，从而实现软件的自动化工作流程。

用户可以基于录制的脚本进行学习，可以形成完整的执行代码，完成所需工作流程的搭建。通过简单的修改，录制的脚本可以在 IronPython 和 PyAEDT 环境中执行。

在用户开始录制脚本后，其进行的所有后续操作都会被添加到脚本中。每个界面命令都会有一个或多个相关的脚本命令被记录。这些脚本以文本文件的形式被保存，可以是 Python（.py）或 VBScript（.vbs）文件格式。

按照以下步骤将脚本录制并保存到文件中：

1）单击 Tools → Record Script，打开一个资源浏览窗口。

2）在资源浏览窗口中，导航到希望保存脚本的文件夹。找到一个合适的文件夹，然后单击它以展开其内容。

3）双击文件夹以展开其内容，然后单击空白处关闭资源浏览窗口。

4）在文件名文本框中输入想要给脚本命名的名称，或者单击文件名并从下拉列表中选择一个文件类型（见图 9-2）。

5）单击"保存"按钮，脚本将被保存在选择的文件夹中，文件名为自定义的名称。

接下来，需要执行录制的步骤。在完成录制后，请单击"工具"菜单，然后选择"停止脚本录制"。

此时，已经成功地将操作录制并保存为一个脚本文件，可以在后续工作中再次执行它。

获取的脚本代码如图 9-3 所示，可以通过查询 help 获取每个接口函数的参数和使用说明。通过修改输入参数，可以适用更多的应用场景。

运行脚本：单击 Tools → Run Script，运行已经存在的脚本，在弹出的文件界面（见图 9-4）中选择需要运行的脚本，AEDT 会自动执行脚本中的命令。

集成脚本到 AEDT：单击 Tools → External Tools 设置外部工具，此时可以选择设置 Python 脚本，Menu Text 设置显示的工具名称。Command 设置脚本路径。设置完成后可以在 Tools 菜单下看到新增加的工具（见图 9-5）。

第 9 章 仿真自动化

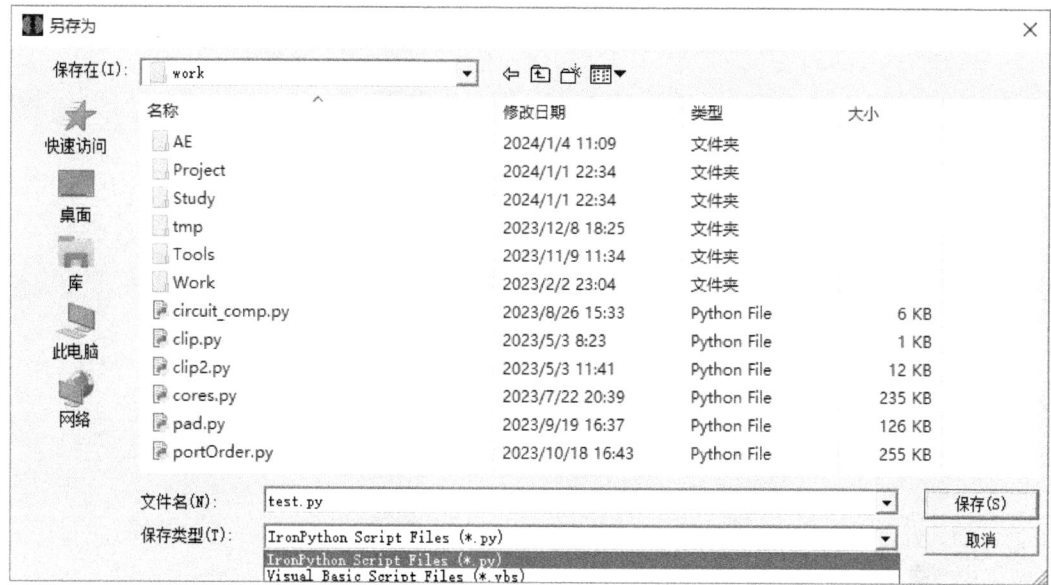

图 9-2 选择录制脚本的类型

```
1   # ---------------------------------------------------
2   # Script Recorded by Ansys Electronics Desktop Version 2023.1.1
3   # 8:25:23  5月 03, 2023
4   # ---------------------------------------------------
5   import ScriptEnv
6   ScriptEnv.Initialize("Ansoft.ElectronicsDesktop")
7   oDesktop.RestoreWindow()
8   oProject = oDesktop.SetActiveProject("SSN")
9   oDesign = oProject.SetActiveDesign("ssn")
10  oEditor = oDesign.SetActiveEditor("Layout")
11  oEditor.CutOutSubDesign(
12      [
13          "NAME:Params",
14          "Name:="         , "ssn_cutout",
15          "InPlace:="      , False,
16          "CleanupFactor:=", 0.05,
17          "AutoGenExtent:=", True,
18          "Type:="         , "Conformal",
19          "Expansion:="    , "0.1",
20          "RoundCorners:=" , True,
21          "Increments:="   , 1,
22          "UseSelection:=" , False,
23          "ExtentSel:="    , [],
24          [
25              "NAME:Nets",
26              "net:="      , ["ssn:GND",True],
27              "net:="      , ["ssn:CHASSIS4",False],
28              "net:="      , ["ssn:CHASSIS3",False]
29          ]
30      ])
```

图 9-3 AEDT 获取的脚本

239

图 9-4　运行脚本

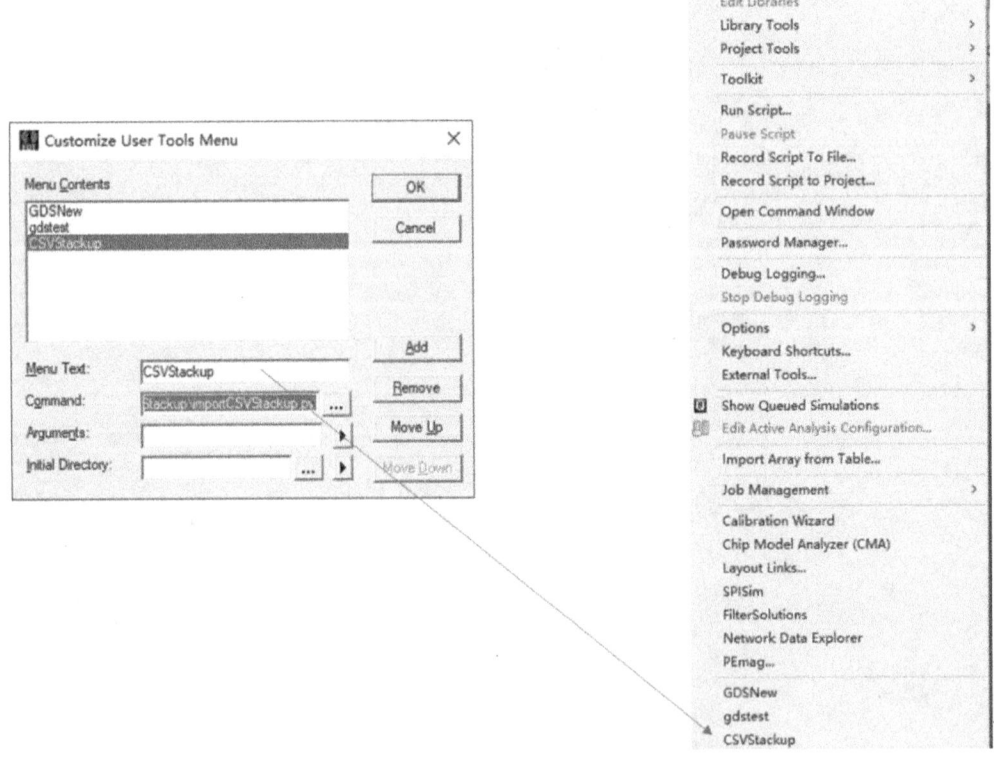

图 9-5　AEDT 外部工具脚本的设置

AEDT 的脚本录制功能为用户提供了一个快速获取操作步骤所对应的 API 和代码的途径，这对于学习和进一步开发非常有帮助。

通过脚本录制功能，用户可以执行其在 AEDT 图形界面上的操作，例如创建几何体、设置仿真参数或运行仿真。在执行这些操作的同时，AEDT 会自动生成相应的 Python 脚本，并展示执行这些操作所需的 API 调用和代码。

这对于新手来说尤其有用，因为其可以通过实际操作和观察生成的代码来学习如何使用 AEDT 的 API。同时，对于有经验的用户来说，这个功能也可以帮助其更快地进行自动化工作流程或开发定制化的功能。

通过学习和理解生成的代码，用户可以更深入地了解 AEDT 的 API，从而可以更灵活地利用这些 API 来解决特定的设计问题或执行复杂的仿真任务。这种学习和开发过程是一个持续的循环，通过不断地实践和探索，用户可以不断提升其在 AEDT 环境下的技能水平和应用能力。

9.4　IronPython 环境概述

IronPython 是针对 .NET 运行时的 Python 编程语言实现的。这在实际应用中意味着，IronPython 既具备 Python 编程语言的语法和标准库，同时也能利用 .NET 的类和对象，从而实现 Python 和 .NET 的优势结合。这种利用 .NET 类的方式非常流畅，因为 .NET 程序集中定义的类可以作为 Python 类的基类。IronPython 能够充分利用整个 .NET 生态系统。举例来说，可以通过 IronPython 代码中的 System.Windows.Forms 程序集创建一个现代化的图形用户界面（GUI），并调用其他任何 .NET 程序集来实现这一功能。

本节主要关注 AEDT 的脚本编写，适合对 Python 或 IronPython 有基本了解的用户阅读参考。

AEDT 提供了一个脚本接口，支持用户使用 VBScript 或 IronPython 编写脚本。这些脚本可用于自动化产品内的任务，如运行仿真或管理项目。

本节内容假设读者已对 Python 或 IronPython 的结构和语法有一定了解，并熟悉如何使用这些语言创建和运行脚本。同时，也假设读者已经接触过 AEDT 及其相关脚本接口。

本节所提供的信息并非详尽无遗，而是旨在为希望使用 IronPython 编写 Ansys EM 产品的用户提供一个起点。建议用户可以参考官方文档以获取关于使用 AEDT 进行脚本编写的更详细信息。

目前 AEDT 正在使用的 IronPython 版本为 2.7，它是基于 .NET 框架 4.0 构建的。该版本专门针对 Python 2.7 的兼容性进行了优化。尽管大多数 Python 文件可以在 IronPython 环境下无修改地运行，但那些依赖于 C 语言扩展（例如 NumPy 或 SciPy）的 Python 库，可能无法在 IronPython 上正常工作。面对这种情况，可以寻找这些库的 .NET 实现版本，或者使用 Pythonnet 库进行互操作。

IronPython 的优势：使用 IronPython 的优点众多，以下是一些主要优点。

1）Python 拥有庞大的生态系统，其中包括众多支持库、可视化 IDE 和调试器。它正不断地得到积极开发和增强。

2）此外，IronPython 还具备访问整个 .NET 生态系统的能力。这提供了诸多便利，例如，能够使用 IronPython 代码中的 System.Windows.Forms 程序集来创建现代化 GUI，并调用其他任何 .NET 程序集。

3）通过运用 IronPython 技术，能够交互式地编写 Desktop 脚本。这将能够更好地探索脚本 API，并在 Python 中直接编程到脚本 API。与 VBScript 相比，Python 是一种更易于处理且独立于平台的语言。

4）在向脚本方法提供参数时，Python 的字典语法更易于读写。

5）本文将简要介绍 IronPython，然后进一步阐述 IronPython 提供的桌面脚本控制台以及用 IronPython 编写的脚本。

可以通过单击"工具"→"打开命令窗口"来打开 IronPython 命令窗口（见图 9-6）。

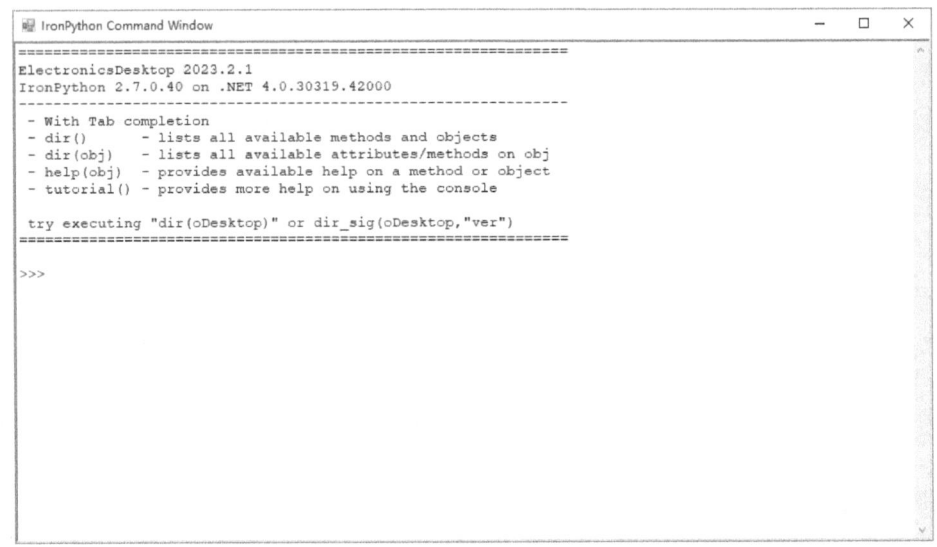

图 9-6　AEDT IronPython 命令窗口

9.5　PyAEDT 概述和安装

PyAEDT 是一个与 AEDT 紧密集成的 Python 库。AEDT 是 Ansys 电子仿真套件的核心组件，专门用于电磁场仿真、高频电路仿真和射频仿真。PyAEDT 的强大之处在于它允许用户通过 Python 脚本来自动化 AEDT 的各种操作，从而实现参数化建模、仿真设置、结果后处理和详细分析。

通过 PyAEDT，用户能够以编程方式精确控制 AEDT，从而快速执行重复任务、进行大规模仿真批处理，以及创建自定义的工作流程。这为用户提供了前所未有的灵活性和效率。

PyAEDT 提供了一套丰富的 API 和函数，使用户能够创建、修改和配置 AEDT 中的几何模型、材料属性、边界条件以及激励信号等关键要素。此外，它还提供了运行仿真、获取结果数据以及进行后处理和可视化的工具。

最重要的是，PyAEDT 允许用户根据自身需求编写自定义脚本，这意味着用户可以更精细地控制 AEDT 的各个方面，并与其他 Python 库和工具无缝集成。

PyAEDT 开源位置：https://github.com/ansys/pyaedt。

PyAEDT 的目标是整合并扩展围绕 AEDT 脚本编写的所有现有功能，以实现现有代码的重

第 9 章 仿真自动化

用、最佳实践的共享以及协作的加强。PyAEDT 的发布遵从 MIT License。

要运行 PyAEDT，必须安装已许可的 AEDT 软件。

AEDT 是一个平台，用于实现真正的电子系统设计。AEDT 通过 ECAD 和 MCAD 工作流程提供对 Ansys 黄金标准电磁仿真解决方案的访问，例如 HFSS、Maxwell、Q3D Extractor、SIwave 和 Icepak。此外，它还包括与完整的 Ansys 热、流体和机械求解器模块的直接链接，用于进行全面的多物理场分析。这些解决方案之间的紧密集成为设置提供了前所未有的易用性，并加快了设计和优化的复杂仿真的解决速度。

PyAEDT 包括与以下 AEDT 工具和 Ansys 产品交互的功能：

1）HFSS 和 HFSS 3D Layout。
2）Icepak。
3）Maxwell 2D/3D 和 RMxprt。
4）Q3D/2D Extractor。
5）Mechanical。
6）Nexxim。
7）Simplorer。
8）EDB Database。

PyAEDT 已在 HFSS、Icepak 和 Maxwell 3D 上进行了严格的测试，并对 EDB 和 Circuit（Nexxim）提供了基础支持。请注意，为了确保最佳性能和兼容性，PyAEDT 需要 AEDT 2022 R1 或更高版本。学生版本的 AEDT 同样受到支持。

用户可以从 PyPI 上轻松安装适用于 CPython 3.7 ~ 3.10 版本的 PyAEDT：pip install pyaedt（见图 9-7）。

图 9-7　pyaedt 的安装

如果在工作中受到限制无法访问外部网络，使用 wheelhouse 进行安装会非常有帮助。适用于 CPython 3.7、3.8 和 3.9 的 wheelhouse 可以在 PyAEDT v0.4.70 及更高版本的发布中找到，并且适用于 Windows 和 Linux 操作系统。可以从 PyAEDT 存储库的发布页面中找到特定版本的 wheelhouse，并下载适合设置的 wheelhouse。

然后，可以从单一的入口点安装 PyAEDT 及其所有依赖项，这个入口点可以在内部共享，从而简化对 PyAEDT 内容的安全审查。

例如，在 Windows 操作系统上使用 Python 3.7 时，可以使用以下代码从 wheelhouse 安装 PyAEDT 及其所有依赖项：

```
pip install --no-cache-dir --no-index --find-links=file:///<path to wheelhouse>/PyAEDT-v<release version>-wheelhouse-Windows-3.7 pyaedt
```

升级 PyAEDT 到最新版本：

```
pip install -U pyaedt
```

Linux 支持情况：PyAEDT 可以在 AEDT 2022 R2 及更高版本的 Linux 环境中与 CPython 3.7 ~ 3.10 兼容。但是必须设置以下环境变量：

```
export ANSYSEM_ROOT222=/path/to/AedtRoot/AnsysEM/v222/Linux64
export LD_LIBRARY_PATH=$ANSYSEM_ROOT222/common/mono/Linux64/lib64:$ANSYSEM_ROOT222/Delcross:$LD_LIBRARY_PATH
```

9.6 PyAEDT 进行脚本的开发

PyAEDT 基于 CPython 实现，使用 CPython 能够充分发挥 Python 在 AEDT 中的全部功能，包括：

1）能够构建高级自动化程序来预处理 / 后处理模型。
2）利用现有的 Python 库快速扩展功能。
3）可以访问流行的库，并允许与 AEDT 进行动态交互。其中包括 NumPy、SciPy、VTK、MatPlotLib、TensorFlow 等。
4）改善了脚本调试和开发，利用常用的工具，如 Spyder、Visual Studio 和 / 或 Jupyter Lab 等。
5）生成更有效的代码。
6）PyAEDT 软件包还提供了简化的脚本语法。

当涉及电子设计流程的自动化和数据交换时，PyAEDT 脚本发挥着至关重要的作用。这个强大的 Python 库允许工程师轻松地从一个项目中提取所需信息，并将其无缝地用作另一个项目的输入。

通过 PyAEDT，用户可以编写脚本来执行各种任务，包括获取电路连接、提取元件参数、分析仿真结果等。这些信息可以被动态地转换和格式化，以适应不同工具或流程的要求（见图 9-8）。

第 9 章 仿真自动化

图 9-8　通过 PyAEDT 控制 AEDT

PyAEDT 环境的一个强大功能是能够同时控制多个应用程序。这意味着用户可以通过一个统一的接口来管理和操作不同的电子设计工具，而无须切换或重新学习不同的软件界面。

这种能力对于跨工具集成和设计流程的自动化至关重要。用户可以编写 PyAEDT 脚本来执行各种任务，例如从一个工具中提取数据，然后将其传递到另一个工具中进行后续分析或处理。这种无缝的集成和数据交换使得设计流程更加高效，并且减少了因为手动转换数据或复制粘贴而引入错误的风险。

通过 PyAEDT 的多应用程序控制功能（见图 9-9），工程团队可以更加灵活地组织和管理其设计流程。他们可以选择最适合其需求的工具，并将它们集成到一个统一的工作环境中，从而提高团队的生产力和效率。

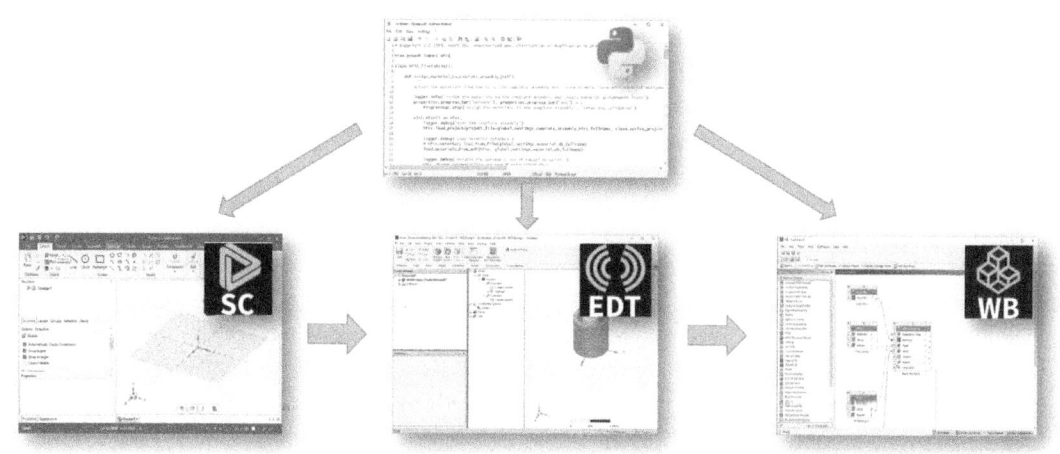

图 9-9　通过 PyAEDT 控制多个应用

通过 PyAEDT，用户还能够远程控制安装在服务器或高性能计算（HPC）集群上的应用程序。这为用户提供了更大的灵活性和便利性，尤其是在处理大规模设计或需要大量计算资源的任务时。

远程控制的能力使得用户可以通过本地计算机与远程服务器上的应用程序进行交互，而不必直接登录到服务器或集群节点上。这意味着用户可以轻松地在本地环境中编写和运行 PyAEDT 脚本，并将任务发送到远程服务器执行，从而充分利用服务器的计算资源。

对于需要进行大规模仿真或优化的任务，使用远程控制可以显著加速计算速度。用户可

245

以利用服务器或 HPC 集群的并行计算能力，同时处理多个任务，从而大大缩短仿真或优化的时间。

此外，远程控制还提高了团队协作的效率（见图 9-10）。团队成员可以共享远程服务器上的资源，协作完成复杂的设计任务，而无须将数据频繁地复制或传输。这种协作模式不仅提高了工作效率，还降低了由于数据不一致或丢失而引起的问题。

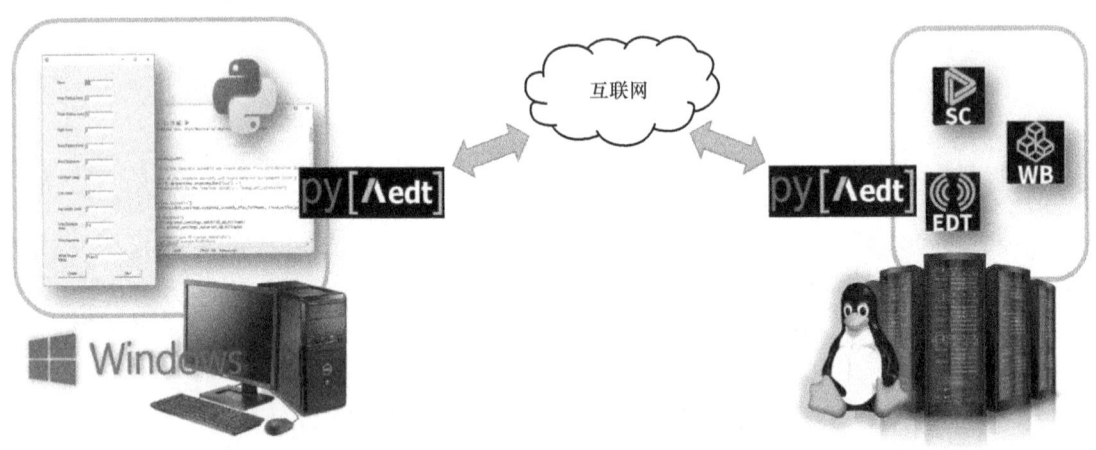

图 9-10 通过 PyAEDT 远程调用服务器资源

PyAEDT API 包含以下类，用于创建应用程序和模块：

1）应用程序类：这是必须由用户初始化的核心类。所有其他类和方法都从该类继承。

2）桌面应用程序：这种应用程序类型会在其他任何应用程序中隐式启动。

3）适用范围：专为 AEDT 或 PyAEDT 设计，既可用于内部集成，也可作为独立应用程序运行。

4）环境检测与初始化：自动检测当前环境中运行的 Python 版本（IronPython 或 CPython），并根据检测结果初始化相应的桌面环境。

5）高级错误管理：提供详细的错误日志记录、异常捕捉与处理机制，帮助开发者快速定位和解决潜在问题。

可以使用以下代码从 Python 中以图形模式启动 AEDT：

```
# Launch AEDT 2023 R2 in graphical mode
import pyaedt
with pyaedt.Desktop(specified_version="2023.2", new_desktop_session=True, close_on_exit=True,
        student_version=False):
    circuit = pyaedt.Circuit()
    ...
    # Any error here will be caught by Desktop.
    ...
# Desktop is automatically closed here.
```

上述代码启动 AEDT 并初始化一个新的电路设计（见图 9-11）。

第 9 章 仿真自动化

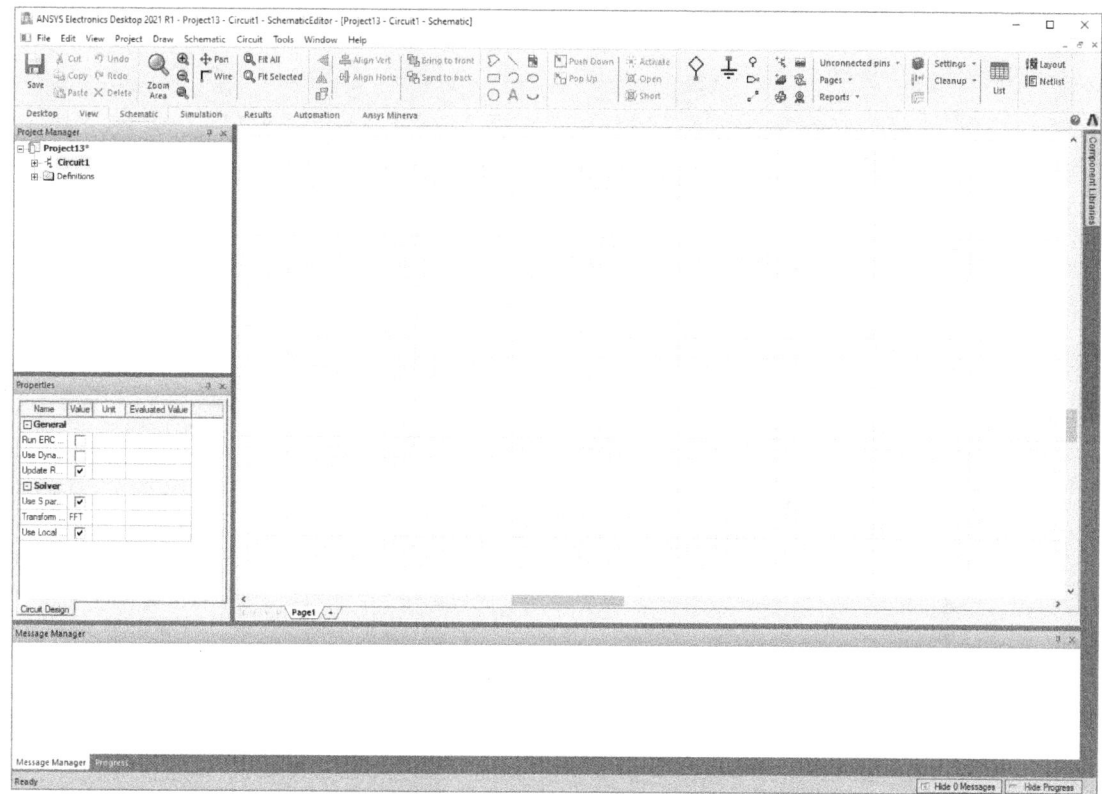

图 9-11 通过 PyAEDT 启动 Circuit 窗口

这段代码使用 PyAEDT 创建一个项目并保存它：

```
# Launch the latest installed version of AEDT in graphical mode.
import pyaedt
cir = pyaedt.Circuit(non_graphical=False)
cir.save_project(my_path)
...
cir.release_desktop(save_project=True, close_desktop=True)
# Desktop is released here.
```

通过以下代码，可以使用 PyAEDT 访问 Ansys EDB 专有的 Layout 格式：

```
# Launch the latest installed version of EDB.
import pyaedt
edb = pyaedt.Edb("mylayout.aedb")

# User can launch Edb directly from PyEDB class.

import pyedb
edb = pyedb.Edb("mylayout.aedb")
```

显式调用声明 AEDT 和错误管理：

```python
# Launch AEDT 2023 R1 in non-graphical mode

from pyaedt import Desktop, Circuit
with Desktop(specified_version="2023.1",
             non_graphical=False, new_desktop_session=True,
             close_on_exit=True, student_version=False):
    circuit = Circuit()
    ...
    # Any error here will be caught by Desktop.
    ...

# Desktop is automatically released here.
```

隐式调用声明 AEDT 和错误管理：

```python
# Launch the latest installed version of AEDT in graphical mode

from pyaedt import Circuit
with Circuit(specified_version="2023.1",
             non_graphical=False) as circuit:
    ...
    # Any error here will be caught by Desktop.
    ...

# Desktop is automatically released here.
```

远程调用，在 Server 上启动 PyAEDT 服务：

```python
# Launch PyAEDT remote server on CPython

from pyaedt.common_rpc import pyaedt_service_manager
pyaedt_service_manager()
```

在用户端发起脚本：

```python
from pyaedt.common_rpc import create_session
cl1 = create_session("server_name")
cl1.aedt(port=50000, non_graphical=False)
hfss = Hfss(machine="server_name", port=50000)
# your code here
```

开发案例请参考 PyAEDT 官方文档：https://aedt.docs.pyansys.com/。

推荐阅读

《ANSYS 电磁兼容仿真与场景应用案例实战》

肖运辉　张伟　主编　　曹根林　李旭　杨利辉　副主编

　　本书是一本站在仿真角度，面向电磁兼容设计与整改工程应用的实战指导参考书。

　　本书希望将一套浅显而完整的仿真逻辑，将电磁兼容仿真涉及的方方面面，用到的各种工具和流程，用最具体的方式呈现给读者，说清楚其思路、方法、过程及结果，并能提供实际操作案例甚至是视频教程，帮助使用者快速建立系统化的仿真框架，在工具层面实现落地，结合实际工程问题，先模仿，再创新，最后融会贯通，将最先进的仿真技术应用到工程实践中去。

　　本书适合从事电磁兼容设计和整改的电子设计工程师，以及相关研究院所、高校从事电磁兼容研究的研究人员和相关师生用于工作实战指导和学习参考。

推荐阅读

《大话芯片制造：从工厂、制造、工艺、材料到行业战略》

[日]菊地正典 著　周忠 译

■ 图解芯片制造入门书，轻松读懂芯片制造技术。
■ 双色图解，犹如亲历芯片产线，全景讲解芯片制造各环节。
■ 从工艺、材料、设备、检验、管理到制造工厂揭秘，全面解答芯片制造的畅销之作。

本书以轻松有趣的风格全面讲解芯片制造工厂的基础设施、设备、相关制造工艺、原理、材料、检验等相关信息，从科普到深入的"工厂"视角，沉浸式讲解芯片制造产业，读者不仅可以从传统角度理解半导体芯片，还可以从人、产品、资金和产业的角度全面理解半导体芯片。关于芯片制造工厂的知识不仅值得相关行业的人员学习，也可以作为其他行业的人员在制造方面的参考。

推荐阅读

《大话芯片：读懂芯片原理、周期、产业链与技术趋势》

[日]菊地正典 著　易京　敖孜蕾　敖金平 译

■ 详解芯片制造及原理应用，揭秘芯片周期与危机应对。
■ 全景分析产业链核心图谱，前瞻探讨下一代芯片方向。

本书从近几年席卷全球的芯片危机谈起，讲解芯片发展周期与影响因素，再通过介绍曾经的半导体强国日本的兴衰与全球最新发展趋势，呈现芯片的发展现状。从芯片的制造过程解释芯片如何诞生，涉及哪些技术、材料与产业，说明芯片产业链上各关键节点的核心企业如何通过核心产品掌控产业链。